ANALYSE DU MOUVEMENT HUMAIN PAR LA BIOMÉCANIQUE

2e ÉDITION

Paul Allard, Ph.D., ing.
Professeur titulaire
Département de kinésiologie
Université de Montréal

Jean-Pierre Blanchi
Professeur
Laboratoire de recherche en Sciences du Sport
Université Joseph Fourier
Grenoble

VIGOT DÉCARIE

Analyse du mouvement humain par la biomécanique, 2e édition

Dépôt légal : 2e trimestre 2000
Bibliothèque nationale du Québec
Bibliothèque nationale du Canada

Maquette de couverture et infographie :
Nathalie Ménard

Décarie Éditeur inc.
233, avenue Dunbar, bureau 201
Ville Mont-Royal (Québec)
H3P 2H4

ISBN 2-89137-159-3

Nous reconnaissons l'aide financière du gouvernement du Canada par l'entremise du Programme d'Aide au Développement de l'Industrie de l'Édition pour nos activités d'édition.

IMPRIMÉ AU CANADA 2 3 4 5 04 03 02

COLLABORATEURS

FRANCK BARBIER
Université de Valenciennes.

OLIVIER CARON
Université de Toulon.

JACQUES DESSUREAULT
Université du Québec à Trois-Rivières.

FRANCK QUAINE
Université Joseph Fourier, Grenoble.

FRANÇOIS LAVASTE
École Nationale Supérieure des Arts et Métiers, Paris.

KARINE MONTEIL
Université de Lyon.

ANDRÉ PLAMONDON
Université Laurentienne, Sudbury.

GEORGES POUMARAT
Université Blaise Pascal, Clermont-Ferrand.

PHILIPPE PUDLO
Université de Valenciennes.

ANNIE ROUARD
Université de Savoie, Chambéry.

BENOIT ROY
Université Laval, Québec.

GILMEN SMYTH
Centre Universitaire Saint-Louis Maillet, Edmundston.

REDHA TAÏAR
Université de Lyon.

RENÉ THERRIEN
Faculté d'éducation physique et sportive,
Université de Sherbrooke.

AVANT-PROPOS

Marey, Muybridge et Demeny ont communiqué des résultats sur le mouvement des animaux et de l'Homme qui aujourd'hui encore sont appréciés par la communauté scientifique. Ces innovateurs ont aussi créé et amélioré les techniques instrumentales de l'époque. Après eux, le silence de plusieurs décennies dans le domaine de l'analyse du mouvement peut être interprété comme la conséquence d'une avancée technologique insuffisante. Il a fallu attendre un essor important de l'ensemble de ces techniques pour voir resurgir les études biomécaniques du mouvement humain.

Grâce à une instrumentation développée et à une meilleure connaissance des effecteurs humains, l'étude du mouvement a permis de mettre en place des regroupement pluridiciplinaires comme, par exemple, dans les domaines médical, sportif et aérospatial. La biomécanique est le terrain privilégié de ces convergences.

Dans ce manuel, nous tenterons de montrer que l'approfondissement de la connaissance dans l'étude du mouvement nécessite l'apprentissage de quelques concepts et principes. En effet, la mécanique occupe une place de choix en physique, à cause du nombre important d'applications qui découlent de quelques principes élémentaires seulement. Pour en faciliter la compréhension, nous décrivons en détail certains gestes empruntés au domaine sportif, c'est-à-dire au mouvement, et donc à la dynamique. Les aspects théoriques devraient être accessibles. Si nous avons réussi notre essai, le lien entre la théorie et la pratique devrait devenir évident parce que plus attrayant.

Dans les livres classiques de biomécanique, les connaissances de base de physique et de mathématiques sont présentées dans les premiers chapitres. Dans cet ouvrage, nous avons tenté une nouvelle façon de présenter la biomécanique appliquée à l'analyse du mouvement humain. À titre d'exemple, l'interprétation du geste est facilitée grâce à quelques principes fondamentaux du mouvement qui sont exposés au fur et à mesure plutôt que d'avoir été regroupés dans un seul chapitre. De plus, les notions de trigonométrie sont présentées lors du calcul de la position du centre de masse. En effet, nous pensons qu'il est plus facile de comprendre la trigonométrie en relation avec la réalité d'un geste que par rapport à une notion abstraite telle que la force.

Ce manuel s'adresse en premier lieu aux étudiants des premières années d'université et plus spécifiquement à ceux qui n'ont pas de formation particulière en physique mais qui désirent avoir un guide pour mieux approfondir les fondamentaux de la gestuelle dans les activités physiques et sportives. Il est aussi un outil de référence pour les étudiants inscrits dans des programmes tels que la physiothérapie, la kinésithérapie, la chiropractie et la médecine, disciplines pour lesquelles l'analyse du mouvement est un aspect important de leur formation.

Nous avons sélectionné un nombre suffisant d'illustrations pour retenir l'attention du lecteur sur des situations faciles à appréhender grâce à une observation attentive. En sciences expérimentales, c'est en effet la première démarche fondamentale; l'observation intelligente est aussi utilisée en technologie des activités physiques et sportives. Au delà de cette première étape, nous présentons pas à pas les notions de mécanique utiles pour construire les représentations classiques de la cinématique, c'est-à-dire les profils descriptifs des trajectoires, des vitesses, des accélérations en fonction du temps de différents repères anatomiques. De telles représentations permettent d'apporter les éléments de réflexion nécessaires au champ scientifique du contrôle moteur. Puis en cinétique, les forces, les moments et les puissances recouvrent le champ de l'énergétique.

Nous n'avons pas donné d'exemple relevant de la mécanique des fluides appliquée à la natation et le geste n'est pas analysé à travers la mécanique musculaire; de plus, nous n'avons pas abordé tout le domaine de l'électrophysiologie où l'électromyographie donne de précieuses informations sur l'activité musculaire. Les équations du mouvement sont écrites de manière simplifiée afin de ne pas confondre un lecteur inexpérimenté.

À tout instant de la progression, les étudiants ont la possibilité de contrôler l'acuité de leur compréhension en complétant des exercices. Des exemples de travaux dirigés sont proposés aux enseignants et aux étudiants isolés désireux d'approfondir leur évaluation eux-mêmes. Des notes biographiques permettent de bien situer le rôle historique de chacun des fondateurs de la biomécanique.

Les auteurs ont construit leur expérience pédagogique sur le tas, en plusieurs années au cours desquelles l'aide du Centre Jacques-Cartier leur a été précieuse. Ils sont reconnaissants aux collaborateurs dont les noms figurent ailleurs dans ce manuel et qui nous ont fait également profiter de leur expérience dans l'enseignement de la biomécanique. Chacun d'eux a apporté un éclairage différent mais complémentaire qui a influencé le contenu et la présentation de ce manuel. Nous désirons également remercier M. Sylvain Bougie, étudiant au baccalauréat du Département d'Éducation Physique de l'Université de Montréal pour ses suggestions au niveau du contenu de quelques chapitres. Les auteurs prennent plaisir à tenter de montrer combien l'effort de réflexion, conforté par les outils de la mécanique, permet de réaliser un éclairage tout à fait pertinent sur la technologie des activités physiques et sportives, le contrôle moteur et l'énergétique. L'observation intelligente permet de « voir » sous la peau, « dans » les muscles et « dans » le cerveau de l'homme et de la femme en mouvement !

Paul Allard et Jean-Pierre Blanchi

TABLE DES MATIÈRES

CHAPITRE SIX

TRAJECTOGRAPHIE

CHAPITRE SEPT

MOUVEMENTS SEGMENTAIRE ET ARTICULAIRE

CHAPITRE HUIT

INSTRUMENTATION ET TRAITEMENT DES SIGNAUX

CHAPITRE TREIZE

FORCES EXTERNES

CHAPITRE QUATORZE

CHAUSSURES DE SPORT

CHAPITRE QUINZE

ÉQUILIBRE POSTURAL

CHAPITRE SEIZE

IMPULSION ET MOMENT LINÉAIRE

CHAPITRE DIX-SEPT

TRAVAIL, ÉNERGIE ET PUISSANCE MÉCANIQUE

CHAPITRE DIX-HUIT

SYSTÈMES DE FORCES

CHAPITRE DIX-NEUF

ANALYSE DES CORPS LIBRES ET MOUVEMENT HUMAIN

chapitre

UN

INTRODUCTION À LA BIOMÉCANIQUE

Objectifs d'apprentissage

1 Circonscrire le champ d'étude de la biomécanique et le situer par rapport aux sciences de l'activité physique et sportive.

2 Illustrer quelques applications de la biomécanique à différents domaines tels que le sport, la médecine et la biologie.

3 Évoquer quelques perspectives nouvelles pour le spécialiste de l'analyse du mouvement.

1.1 PLACE DE LA BIOMÉCANIQUE

On peut définir la biomécanique comme étant l'application de la mécanique à l'étude des systèmes biologiques de l'homme, des animaux et même des végétaux. Bien qu'elle soit acceptée, cette définition étymologique ne correspond pas tout à fait au sens et à la portée de la biomécanique moderne. Même si elle intègre les notions d'étude de l'homme en mouvement ou celles des forces agissant sur lui, cette définition n'est pas tout à fait complète. En effet, la biomécanique moderne dépasse les cadres de la mécanique et de la biologie humaine traditionnelles.

La biomécanique est un champ d'intérêt relativement récent qui, après une longue période d'incubation, émergea des sciences naturelles, de l'ingénierie et de la médecine.

Rappelons qu'après la Deuxième Guerre mondiale on encouragea le regroupement des sciences fondamentales, créant ainsi de nouveaux champs scientifiques et de nouvelles disciplines telles que la biochimie, la biophysique, les biomathématiques pour en nommer quelques-unes, reconnaissant ainsi de nouveaux besoins et champs d'intérêt. C'est dans ce contexte que la biomécanique apparaît comme un champ d'application horizontal, puisant ses connaissances d'un grand nombre de sciences pour ensuite les appliquer à des domaines aussi spécialisés que le sport, la réadaptation, l'ergonomie. Aujourd'hui, la biomécanique est considérée comme étant l'application de la physique à l'étude de tout organisme vivant, à l'étude des forces générées ou subies par l'organisme et de leurs effets sur son mouvement ou ses déformations (Allard et Blanchi, 1999).

1.2 BIOMÉCANIQUE, SPORT ET MÉDECINE

Le sport est un des champs privilégiés d'application de la biomécanique. Que se soit pour mieux comprendre un geste, améliorer une performance sportive ou adapter le matériel sportif, on a souvent recours aux principes et aux connaissances de la mécanique, de la physiologie et des sciences neurologiques. Ainsi la biomécanique fait appel à plusieurs sciences, tel qu'illustré à la figure 1.1.

1.2.1 Sport et matériel

Le sport occupe une place importante dans l'étude du mouvement; rappelons l'intérêt qu'Aristote portait aux sports olympiques, Marey et Muybridge à l'analyse de la course du cheval. Après la marche, la course est probablement l'activité la plus étudiée, celle-ci étant une activité commune à plusieurs disciplines sportives dont les sauts et certains lancers. De nos jours, la course est devenue une activité populaire et son analyse quantitative a influé sur l'industrie de la chaussure et du vêtement.

L'analyse du mouvement humain est une entreprise relativement complexe. Par exemple, on distingue l'analyse d'un geste particulier de celle du mouvement en général. Ainsi, on peut décrire le salto arrière dans son ensemble ou le disséquer en quatre phases, à savoir, a) l'amorce du salto, b) le salto en lui-même, c) la réception puis d) l'activité subséquente. Ce découpage est nécessaire à l'analyse intelligente, qui nous apporte des informations utiles pour améliorer en-

Saviez-vous que...

L'être humain est capable d'exploits remarquables. La traversée de la Manche à la nage prend près de 20 heures sans arrêt. Même amputés, des handicapés physiques participent à plusieurs activités sportives. Une aveugle peut jouer au golf avec l'aide d'une personne pour corriger sa posture. Un score de 85 pour un parcours de 18 trous n'est pas mauvais pour une aveugle... Une balle de base-ball peut atteindre 170 km/h, une balle de tennis atteint 260 km/h, et 200 km/h une rondelle de hockey.

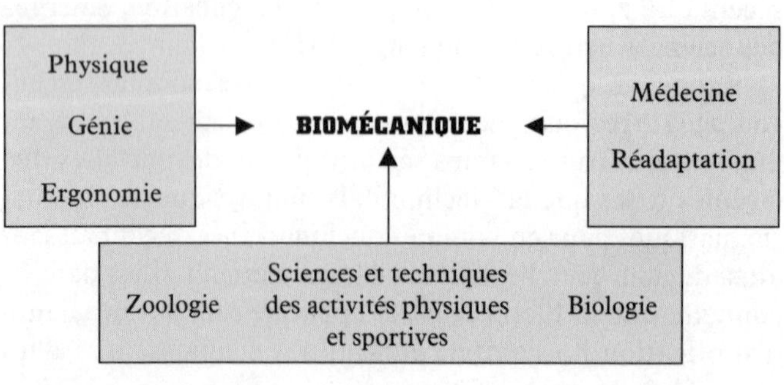

Figure 1.1
La biomécanique est au croisement des sciences exactes et appliquées, médicales et naturelles.

suite la performance du salto. On ne pourrait pas effectuer une analyse fine sur l'activité globale.

Dans d'autres sports, on prend en considération des facteurs externes comme les obstacles, les adversaires. À la rencontre d'obstacles fixes, telle qu'une haie, le coureur va adapter sa foulée. Il en est de même lorsque nous nous approchons d'un escalier. Il y a aussi les obstacles mobiles comme les coéquipiers, le ballon. Ces situations sont beaucoup plus difficiles à étudier à cause de la variabilité des conditions.

Aussi, les paramètres biomécaniques significatifs varient d'un mouvement à l'autre. L'impulsion ou la propulsion verticale produite par un sauteur est déterminante pour obtenir la hauteur désirée, alors que pour un gardien de but, ce sont les temps de réaction très courts qui sont essentiels à la performance.

Ces notions ainsi que les méthodes analytiques et expérimentales utiles à la quantification du mouvement humain sont décrites plus loin à travers l'étude du saut en longueur. Ce saut comprend plusieurs phases élémentaires comme la course, l'impulsion, la suspension et la réception, chacune ayant ses principales caractéristiques biomécaniques. Elles illustrent ainsi plusieurs principes biomécaniques associés à l'analyse du mouvement.

Pour la pratique de certains sports, l'athlète se sert d'engins et de matériels sportifs. On a reconnu depuis fort longtemps l'apport de la technologie dans la conception et la fabrication de matériel et d'équipements sportifs. Cette technologie consiste en de nouveaux procédés de fabrication qui augmentent la production et en de savants calculs visant l'amélioration de la performance et la sécurité du matériel. Les matériaux composites tels que les fibres de carbone, les polymères, ont révolutionné les procédés manufacturiers et le matériel sportif.

CONTRÔLE DES CONNAISSANCES

C 1.1 De quelle manière les chaussures de course ont-elles évolué au cours des dernières années ?

* *Les réponses et corrigés des contrôles des connaissances sont en fin de volume.*

1.2.2 Analyse du mouvement humain normal et pathologique

L'analyse du mouvement n'est pas limitée à l'élite sportive. En fait, les mouvements les plus étudiés sont souvent des gestes quotidiens comme la marche. En effet, la marche, la course, la flexion au coude sont toutes des activités des plus communes et cependant, des centaines de chercheurs continuent à analyser, disséquer ces mouvements dans des conditions rigoureuses de laboratoire.

À partir de ces mouvements relativement simples, on cherche à mieux comprendre le fonctionnement des éléments moteurs qui, tout en étant parfaitement normaux, ne se comportent pas toujours de la même façon. Chercher à expliquer les raisons pour lesquelles une situation plutôt qu'une autre se produit, c'est essayer de comprendre la nature même du mouvement. Ce type d'étude fait appel à plusieurs spécialités en commençant par les sciences de l'activité physique et sportive, la mécanique, les sciences neurologiques. À partir de notre connaissance du geste normal ou perturbé, on peut élaborer des stratégies de mouvement.

L'analyse quantitative ou la mesure du geste ou du mouvement tel que l'étude de la marche remonte à la fin du XIXe siècle alors que celle de la démarche pathologique commence à peine. Déjà des efforts ont été faits pour décrire certaines pathologies de la marche chez les patients atteints de myopathie (faiblesse musculaire), de paralysie cérébrale, ou d'ataxie de Friedreich. Depuis peu, on s'intéresse à quantifier l'efficacité des orthèses (appareil remplaçant une fonction, souvent celle de support ou de protection) ou des prothèses (appareil remplaçant une partie du corps) lors de la marche ou de la course.

Les orthopédistes doivent à l'occasion substituer une partie d'une articulation par une prothèse interne, appelée implant. Par exemple, la hanche peut être remodelée par une nouvelle tête fémorale en céramique ou en alliage tels que certains aciers inoxydables de haut de gamme. L'acétabulum, servant de réceptacle à la tête du fémur, est souvent remplacé par une coupole en polymère résistant à l'usure et au milieu salin. L'étude du mouvement, le calcul des forces exercées sur les articulations et une connaissance des propriétés des matériaux sont essentiels pour concevoir de tels implants.

La biomécanique orthopédique s'étend aussi à l'étude des maladies musculo-squelettiques comme la scoliose (déviation latérale de la colonne vertébrale) et les problèmes de maux de dos. En utilisant une technique de radiographie biplanaire et un logiciel de reconstruction tridimensionnelle, la position spatiale des vertèbres et des côtes est identifiée et la forme scoliotique de la colonne est facilement reconstituée dans les trois plans. Les forces entraînant ces déformations sont souvent estimées à partir des propriétés mécaniques des tissus biologiques. Ainsi, on arrive à prédire avec un certain succès la correction espérée de la scoliose par une modélisation biomécanique des vertèbres et des tiges employées pour redresser la colonne.

Après les maladies respiratoires, les maux de dos constituent la principale raison d'absentéisme dans l'industrie. Une des causes probables est étroitement liée à la manutention des charges; l'effet jumelé de l'effort musculaire et de la posture prise par le travailleur peut créer une surcharge des tissus musculo-squelettiques. Une analyse de la tâche et des forces en jeu nous renseigne sur les efforts musculaires et les forces de compression exercées sur les disques vertébraux. Ce genre d'étude appliquée au milieu de travail constitue la biomécanique ergonomique ou occupationnelle.

1.3 BIOMÉCANIQUE BIOLOGIQUE

Tout ce qui se rapporte à la biomécanique humaine s'applique en grande partie à l'étude des animaux et des végétaux. À titre d'exemple, la dégénérescence de la hanche chez certaines races de chien est une maladie fréquente, grave et incapacitante. Certains chiens portent des implants pour pallier ce problème orthopédique.

Pour mieux comprendre le système nerveux de l'être humain, on effectue des recherches chez l'animal. Ainsi, la marche et le galop des chats sont analysés dans le but d'identifier les mécanismes d'équilibration et de recrutement des fibres musculaires dans diverses conditions expérimentales.

Les zoologistes s'intéressent de près à l'évolution du règne animal et se servent de la biomécanique pour étudier l'adaptation des espèces au cours des temps. Ils cherchent aussi à expliquer les similitudes entre les différentes espèces existantes à travers certains paramètres biomécaniques telles que la résistance des os à supporter des charges, la densité osseuse, etc.

La défoliation des régions exposées aux intempéries et la difficulté des arbres à résister au vent sont des problèmes qui intéressent les botanistes. Comment les arbres peuvent-ils demeurer debout sans perdre toutes leurs feuilles après un tremblement de terre ou un ouragan, alors qu'une maison se voit littéralement arracher son toit ? Afin d'élucider ce mystère, un botaniste américain a étudié en soufflerie le comportement mécanique d'une seule feuille attachée à sa branche ainsi que celle d'une branche bien garnie. En faisant varier la vitesse du vent, il remarque que la feuille se replie mécaniquement sur elle-même, se donnant un profil aérodynamique pour laisser passer librement le vent. Le phénomène se généralise aux feuilles de toute la branche.

Peu importe le mouvement étudié, celui des arbres, des animaux, d'un malade ou d'un athlète, on a souvent recours aux mêmes concepts de base en biomécanique, sans compter les connaissances spécifiques propres à la discipline. L'analyse du mouvement est une des premières démarches à entreprendre avant de passer à l'explication ou à la rééducation d'un geste.

Contrôle des connaissances

C 1.2 Autres que le sport, nommer et décrire trois champs d'application de la biomécanique.

1.4 PERSPECTIVES D'AVENIR EN BIOMÉCANIQUE

Au début de ce chapitre, nous avons évoqué l'étendue et les champs d'application de la biomécanique et souligné son importance dans l'étude des gestes sportifs, et dans l'analyse du mouvement normal et pathologique. Voyons maintenant quelles sont les perspectives d'avenir pour la biomécanique appliquée aux sciences de l'activité physique et sportive. Nous ferons une projection basée sur les activités en cours tant au niveau de la recherche que de l'industrie.

Il est évident qu'une des préoccupations des spécialistes du sport est l'évaluation et l'amélioration des performances. À l'aide de caméras vidéo synchronisées et contrôlées par ordinateur, on est en mesure de décrire le mouvement dans l'espace. Les systèmes de mesures électromyographiques (mesure de l'activité électrique des muscles) faisant appel à la télémétrie (science qui a pour but de mesurer à distance) nous informent sur l'efficacité du recrutement et de la coordination des muscles.

Ces techniques de mesure ont été employées pour identifier et quantifier les paramètres les plus susceptibles d'expliquer la performance d'athlètes de haut niveau. En regroupant ces paramètres sous forme analytique, on élabore un modèle mathématique du mouvement. Cet exercice est en réalité une modélisation servant à localiser et à expliquer les forces et les faiblesses de nos espoirs nationaux. Des travaux faisant appel à la modélisation biomécanique ont été réalisés pour le saut en longueur, le triple saut et certains mouvements gymniques.

Si les modèles s'avèrent justes, on peut ensuite les utiliser pour prédire la performance. On fait alors de la simulation assistée par ordinateur. La simulation de gestes sportifs suppose une connaissance parfaite de la mécanique du mouvement, de la commande motrice et de la physiologie musculaire. Cette approche novatrice s'avère très encourageante pour le dépistage des futurs champions, pour l'amélioration des performances physiques et pour la réadaptation des personnes physiquement handicapées.

Performance et sécurité dans les sports ne vont pas toujours de pair. En gymnastique, l'exécution d'une routine à risque élevé rapporte beaucoup de points si elle est bien réussie; mais une erreur du gymnaste peut aussi entraîner une blessure grave et compromettre son avenir.

La sécurité dans la pratique sportive prend une place de plus en plus importante, étant donné non seulement la gravité des blessures (hockey) mais aussi le nombre et la fréquence des accidents (ski). Les différents paliers de gouvernement interviennent par le biais de normes de sécurité tant pour le matériel sportif que pour les équipements et les installations. L'émergence de nouveaux sports tels que le bengy où du haut d'un pont on se lance dans le vide les pieds retenus à la cheville au moyen d'un câble élastique, et le surf sur la neige rendent la tâche difficile à tous ceux qui veillent à la sécurité dans les sports.

En s'appuyant sur des études épidémiologiques et à partir d'une bonne connaissance du geste sportif, en terme de forces, de rapidité d'exécution, de propriétés mécaniques des structures ostéo-musculaires et ligamentaires, on arrive à estimer le risque et ses incidences. De telles études ont un impact sur le matériel et les installations sportives. Déjà, les manufacturiers se servent des connaissances associées à l'étude du mouvement, en plus des tests mécaniques et de l'expérimentation chez les athlètes de haut niveau.

Le développement du matériel sportif est souvent issu d'une collaboration privilégiée entre un ou plusieurs athlètes de haut niveau et une entreprise. Avec une compétition serrée sur le marché, on a recours à l'expertise d'ingénieurs afin d'augmenter le taux de production tout en minimisant le coût de fabrication et en adaptant la production aux nouveaux matériaux. À titre d'exemple, on a construit une machine à swinger pour tester la performance mécanique d'un nouveau type de bâton de golf. Avant tout, on a dû analyser le geste du swing à l'aide d'une caméra à haute vitesse (2000 images par seconde). L'analyse des vitesses et des accélérations a permis de déduire les forces en jeu, permettant aux ingénieurs de concevoir l'appareil. Après, il ne resta qu'à fabriquer la machine. Oui ? En réalité, pas tout à fait. Que fait-on de l'athlète ? Suite aux essais mécaniques, on a demandé à des golfeurs d'essayer les bâtons. Cette approche a permis de progresser beaucoup plus rapidement et à des frais moindres. La compétition sur le marché exige toujours de nouvelles stratégies de recherche et de développement. Déjà, quelques entreprises ont fait appel aux spécialistes de l'analyse du mouvement pour mieux cibler leurs produits.

Saviez-vous que...

Nous avons des textes vieux de plus de deux mille ans où Aristote (384-322 av. J.-C.) décrit le mouvement des animaux.

Contrôle des connaissances

C 1.3 Quels aspects doit-on considérer dans le développement d'un nouveau matériel sportif ?

1.5 LA DÉMARCHE DE LA BIOMÉCANIQUE

OBSERVER. – La première démarche commune à toute approche scientifique est l'observation qui permet d'obtenir un répertoire de phénomènes.

CLASSIFIER. – Puis, devant le grand nombre d'informations reçues, il est nécessaire de les classifier, c'est-à-dire de regrouper les phénomènes qui nous paraissent *a priori* comparables. Ce regroupement va mettre en évidence des éléments communs à plusieurs phénomènes, ce qui est déjà une première étape vers leur compréhension.

NOMMER. – Ce qui frappe à première vue au cours de l'observation d'un athlète en action c'est l'élégance de l'enchaînement gestuel, qui diffère de celui d'un sportif débutant. Dans les gestes du quotidien il suffit d'observer attentivement un adulte en train de marcher pour se rendre compte rapidement qu'il n'est pas facile de décrire précisément toutes les phases de ce mouvement. C'est pourquoi les entraîneurs et les athlètes utilisent un certain nombre de termes techniques pour se communiquer des informations précises.

MESURER. – Néanmoins les descriptions sont quelquefois limitées et l'utilisation de la mesure ou de l'évaluation peut affiner le niveau de compréhension de la gestuelle observée et permettre de dévoiler partiellement les facteurs de son amélioration. En athlétisme, par exemple, on mesure l'amplitude des foulées et leurs fréquences. La performance est effectivement bien définie par la relation fréquence (f)-amplitude (a), puisque la vitesse de course v est égale au produit de ces deux grandeurs mécaniques :

$$v = a \cdot f \qquad (1.1)$$

ANALYSER. – Comment l'athlète organise-t-il sa gestuelle pour ajuster la fréquence et l'amplitude de ses foulées au cours de la réalisation de sa performance ? On peut essayer de noter plus finement son organisation intersegmentaire qui lui permet de réaliser a et f.

Pour ce faire, on peut soigneusement recopier la gestuelle enregistrée sur une bande vidéo. Pour cela il faut choisir une méthode simplifiée de représentation en assimilant les segments corporels à des lignes. On construit ainsi un kinogramme de l'enchaînement gestuel (figure 1.2). L'image vient ainsi suppléer à l'observation directe. En effet, une bonne méthode pour analyser la technique gestuelle est de faire des représentations schématiques qui permettent de bien polariser l'attention. Tel est le but de la réalisation de kinogrammes.

DÉTERMINER UNE PROBLÉMATIQUE. – Néanmoins, avant de se lancer dans une analyse, il est nécessaire de bien poser la problématique appropriée. Pour cela, après avoir fait le tour des données et des préoccupations relatives à une activité physique, on dispose d'un ensemble de questions dont la réponse demande réflexion. Prenons, à titre d'illustration, le cas de l'escalade. Dans toute la technique de l'escalade plusieurs aspects doivent être pris en compte. Il semble cependant, après réflexion que la gestion de l'équilibre soit un des aspects les plus importants.

Cette question peut être abordée sous de multiples points de vue concernant entre autres : a) la maîtrise de la peur de la chute; b) apprendre à s'assurer; c) comment engendrer des déplacements segmentaires tout en restant stable, etc.

Toutes ces questions autour de la notion d'équilibre relèvent bien de la technologie de l'escalade; il s'agit d'une problématique propre aux sciences et techniques des activités physiques et sportives.

L'équilibre d'un sujet debout est stable parce que l'aplomb de la force représentant son poids est situé à l'intérieur de son polygone de sustentation. Les concepts utilisés comme force, polygone de sustentation, appartiennent à la mécanique classique. Le problème de l'équilibration d'un sujet grimpeur peut donc se poser dans ce cadre. Il est évident que la gestion de l'équilibre par le grimpeur n'est pas le seul critère d'expertise, mais il est essentiel. À ce titre il devient un paramètre nécessaire et donc un fondamental de l'activité.

La problématique biomécanique peut alors s'énoncer « comment gérer l'organisation intersegmentaire pour que l'ensemble des forces et des moments articulaires s'annulent afin de réaliser l'équilibre ». D'autres problématiques biomécaniques se posent dans les mêmes conditions pour d'autres activités comme en gymnastique par exemple où il s'agit essentiellement de savoir positionner ses segments afin de provoquer les rotations désirées.

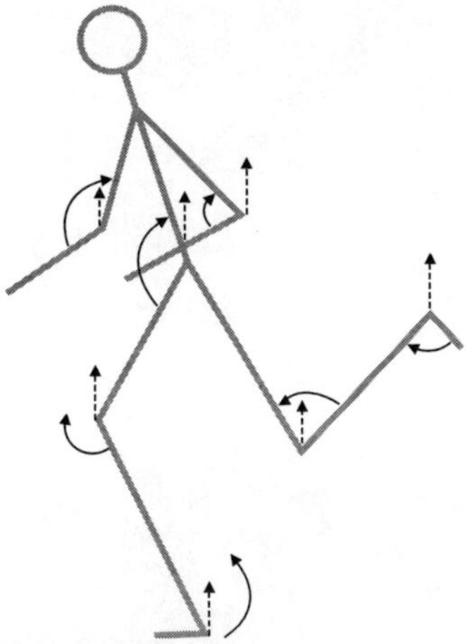

Figure 1.2

Kinogramme de l'enchaînement gestuel. Les flèches indiquent les réactions articulaires qui représentent la charge subie à chaque articulation. Le moment musculaire créé à chaque articulation illustré par un arc d'une courbe assure la posture et le mouvement.

Ces exemples montrent que l'essentiel des problématiques biomécaniques du mouvement reviennent à savoir résoudre les problèmes d'un ensemble de segments corporels soumis à leur poids, aux forces de réaction articulaires, aux moments musculaires et aux accélérations de translation et de rotation lorsque le corps est en mouvement (figure 1.2).

L'analyse du mouvement par la biomécanique se fait en quatre parties, telle qu'illustré à la figure 1.3. La première partie (statique) où le corps en équilibre et au repos sert à introduire la notion de centre de masse, l'endroit auquel se retrouve virtuellement toute la matière. Cela nous permet d'introduire des concepts de base en biomécanique tout en conservant une représentation simplifiée du corps humain. La localisation de la position du centre de masse fait appel à certains aspects relatifs à l'anatomie fonctionnelle, aux notions de force et de moment ainsi qu'aux systèmes de levier.

Dans la seconde partie (cinématique), le corps humain est toujours considéré comme un point matériel. En négli-

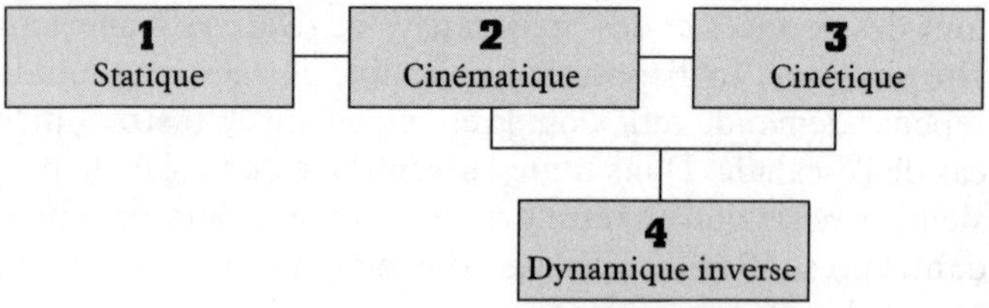

Figure 1.3
Les aspects de l'analyse du mouvement par la biomécanique.

geant l'action individuelle des membres du corps, on aborde les déplacements aériens tel que pour les sauts, les plongeons ou encore les mouvements gymniques. Cette approche sert aussi à décrire la trajectoire des engins tels que ballons, balles de golf, de tennis ou encore de base-ball. Ces connaissances sont ensuite développées à l'analyse du mouvement de tous les segments.

La troisième partie (cinétique) met en jeu les forces externes comme le frottement et les forces musculaires qui sont la cause du mouvement. Les notions d'impulsion, de travail et d'énergie mécanique sont présentées et expliquées en relation avec certaines activités comme la marche et la course.

La quatrième partie (dynamique inverse) met en relation les notions de mouvement (partie deux) et de forces (partie trois) qui sont intégrées dans la méthode dynamique inverse. Cette dernière partie présente l'outil d'analyse alors que les deux précédentes portaient sur la pertinence des paramètres biomécaniques.

chapitre
DEUX

PLANS, AXES ET MOUVEMENT

Objectifs d'apprentissage

1. Connaître les plans dans lesquels le mouvement s'effectue et les axes autour desquels se font les rotations.
2. Associer les mouvements articulaires aux gestes quotidiens et sportifs.

2.1 INTRODUCTION

Avant d'aborder l'analyse du mouvement humain, il faut se familiariser avec certaines notions d'anatomie. À quoi bon tenter d'étudier un double salto arrière avec vrille si l'on n'est pas en mesure de repérer correctement les plans dans lesquels une partie de l'action se passe. En d'autres termes, il faut être capable de décrire le mouvement des segments corporels (figure 2.1) par rapport aux articulations et déterminer autour de quel axe ces rotations s'effectuent. Pour effectuer ses déplacements, le corps humain possède différents mécanismes qui peuvent mettre en jeu tantôt la force musculaire, tantôt l'amplitude articulaire. Il faut savoir reconnaître l'une et l'autre.

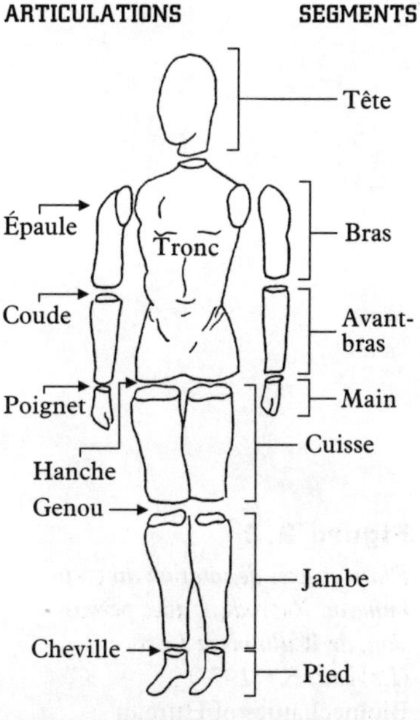

Figure 2.1
Segments corporels et articulations.

2.2 PLANS ANATOMIQUES

On peut facilement indiquer la direction à suivre pour se rendre à un restaurant ou à un cinéma. La trajectoire d'un ballon de basket-ball ou de football est aussi facilement décrite. Mais décrire un lancer au base-ball est beaucoup plus complexe, car il faut expliquer la position de tous les segments du membre supérieur à chaque instant durant le lancer.

Souvent, on décrit le mouvement du corps humain par rapport à sa position debout. Nous avons recours à trois plans imaginaires orientés perpendiculairement les uns aux autres. Lorsque l'on observe le corps humain de face ou de côté sa forme peut être projetée sur une surface plane que l'on appelle un plan. Ce sont les plans anatomiques du corps humain tels qu'illustrés à la figure 2.2. Le croisement de ces plans forme l'origine, o, du système d'axe qui se situe au niveau de la seconde vertèbre sacrée (S2).

Vu de face, le plan frontal divise le corps humain en deux parties, avant et arrière. Chaque plan est déterminé par deux axes perpendiculaires qui se rejoignent au niveau de S2 qui constitue l'origine ou le référentiel. Ainsi, le plan frontal est formé de deux axes anatomiques, les axes vertical et transverse tel qu'illustré à la figure 2.2. L'axe transverse possède une direction médio-latérale.

De côté ou de profil, le plan sagittal partage le corps en deux moitiés, droite et gauche. Il est délimité aussi par un axe vertical et un axe sagittal. Ce dernier est orienté dans une direction postéro-antérieure. Finalement, si l'on observe le tout d'une position située au-dessus de la tête on aperçoit le plan horizontal. Ce plan divise la partie supérieure de la partie inférieure du corps. Il est formé des axes sagittal et transverse.

À titre d'illustration, un coup franc au football (soccer) s'effectue essentiellement dans le plan sagittal (figure 2.3); alors qu'au golf, le coup d'envoi suit une trajectoire dans le plan frontal (figure 2.4). Bien que ces deux mouvements de rotation soient relativement similaires, ils ne se produisent pas dans le même plan.

Saviez-vous que...

Le corps humain a plus de 650 muscles, plus de 206 os et plusieurs kilomètres de nerfs. Un bébé naissant a 150 os de plus qu'un adulte ! Ces os ne disparaissent pas mais plusieurs se fusionnent lors de la croissance.

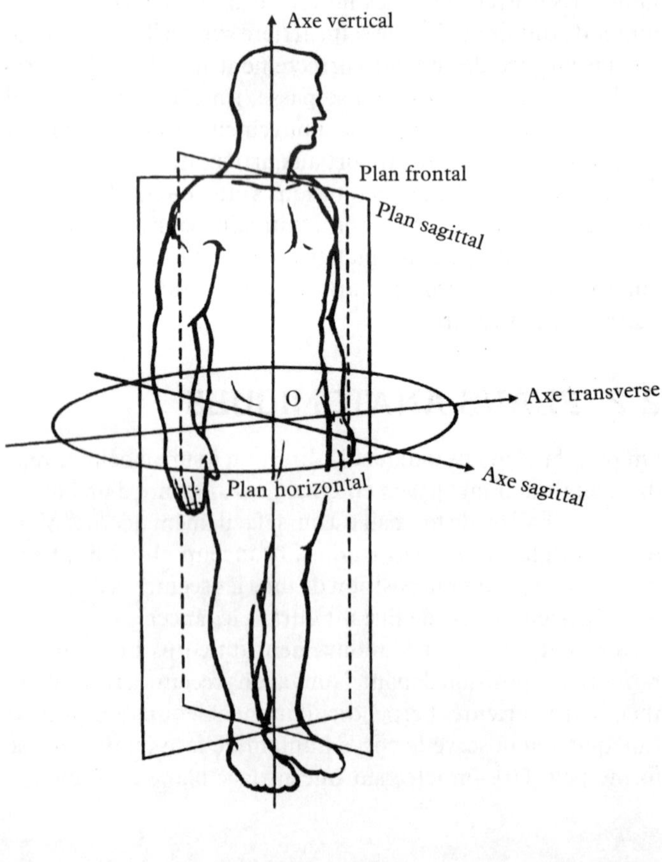

Figure 2.2

Plans et axes de rotation du corps humain. Reproduit, avec permission, de Williams et Lissner (LeVeau, B.) (1977). Biomechanics of Human Motion. *W. B. Saunders Company, Philadelphia, Pa.*

Figure 2.3
Coup franc au football (soccer). Le mouvement de la jambe droite s'effectue principalement dans le plan sagittal.

Bien des mouvements impliquent plusieurs segments corporels (cuisse, jambe et pied) qui ne travaillent pas tous dans les mêmes plans, tel qu'un salto arrière avec vrille. Dans ce cas on va décrire le mouvement de chaque segment en situant nos plans anatomiques aux articulations ou origines. C'est autour de ces origines que le bras, la jambe, effectuent des mouvements de rotation.

Figure 2.4
Swing au golf. Le mouvement des membres supérieurs s'effectue essentiellement dans le plan frontal.

CONTRÔLE DES CONNAISSANCES

C 2.1 Nommer un geste sportif correspondant à chacun des trois plans anatomiques.

C 2.2 Donner un exemple d'un mouvement s'effectuant dans plus d'un plan. Nommer les plans en question.

2.3 AXES DE ROTATION

Pour décrire le mouvement des segments corporels, on transpose au niveau de chaque articulation le système d'axes et de plans anatomiques du corps humain. Le centre articulaire où les segments corporels se rejoignent sert de référentiel ou d'origine au système d'axes articulaires. Le mouvement à l'articulation s'effectue autour d'un axe de rotation qui est perpendiculaire au plan dans lequel le segment se déplace et coïncide avec un des axes articulaires.

Pour un mouvement au genou, la jambe se déplace dans le plan sagittal; la flexion se fait autour de l'axe transverse comme l'indique la figure 2.2. Les rotations de la cuisse dans le plan horizontal se font autour d'un axe vertical. Lorsque la cuisse est à l'horizontale, elle peut aussi faire ces mêmes mouvements. Cet axe ne sera plus vertical; on parlera plutôt d'un axe longitudinal.

Saviez-vous que...

À l'époque médiévale un médecin grec, Galien, était considéré comme l'expert incontesté de l'anatomie humaine. On a dû attendre au XVIe siècle pour le premier livre d'anatomie, écrit par André Vésale.

Contrôle des connaissances

C 2.3 Nommer un geste sportif correspondant à chacun des trois axes anatomiques.

C 2.4 Donner un exemple d'un mouvement s'effectuant autour de plus d'un axe. Nommer les axes.

2.4 MOUVEMENT ARTICULAIRE

Les mouvements effectués autour de chacun des axes articulaires portent des noms spécifiques propres au plan d'exécution et par conséquent à l'axe de rotation. On réserve les termes de flexion et extension aux mouvements effectués dans le plan sagittal autour de l'axe transverse, la flexion diminuant l'angle entre deux segments adjacents, l'extension l'augmentant.

Les adductions et abductions se font autour de l'axe sagittal, donc les mouvements se font dans le plan frontal comme à la figure 2.4. L'adduction correspond à un rapprochement du segment par rapport au corps alors que l'abduction est l'inverse.

Les rotations autour de l'axe vertical ou longitudinal portent différents noms selon le membre déplacé. Généralement, on va les décrire comme des rotations médiale (interne) ou latérale (externe). Par contre, s'il s'agit de la main on dira plutôt supination ou pronation. En supination la paume de la main est visible. Pour le pied, on employera les termes d'inversion et éversion. Ceux-ci correspondent respectivement à la supination et à la pronation.

Le tableau 2.1 donne la correspondance des plans dans lesquels le membre se déplace et l'axe autour duquel les rotations s'effectuent.

Bien que pour la plupart des articulations les axes de rotation soient bien définis, il existe une confusion pour les mouvements du pied et de la cheville. En effet, on associe tous les mouvements de rotation à la cheville et on considère le pied comme un segment parfaitement rigide. Ce n'est pas tout à fait le cas. Les mouvements de dorsiflexion et de flexion plantaire s'effectuent à la cheville autour d'un axe passant à

Saviez-vous que...

Le grec Aristote (384-322 av. J.-C.) fut beaucoup plus qu'un philosophe; il fut aussi un scientifique dévoué à la recherche et à l'analyse dans des domaines aussi différents que l'art dramatique, les constitutions politiques, les sports olympiques. Il fonda l'anatomie et la physiologie comparées. La première constitue une des pierres angulaires de la biomécanique.

Tableau 2.1

Plans et axes de rotation.

Plan	Axe	Exemple
Frontal	Sagittal	Mouvement latéral du tronc
Sagittal	Transverse	Flexion du genou
Horizontal	Vertical ou longitudinal	Rotation du tronc

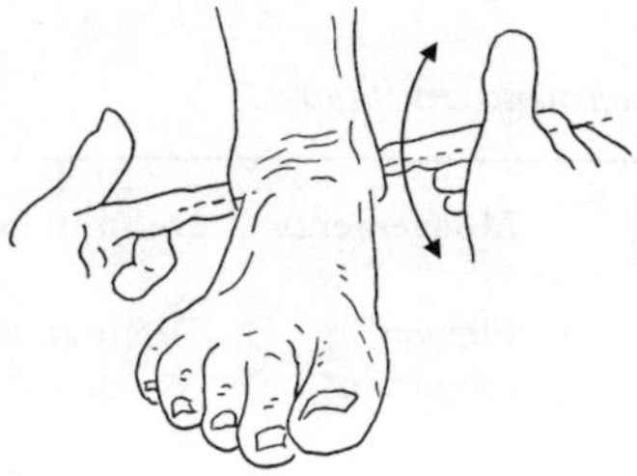

Figure 2.5

Axe de rotation de la cheville. Cet axe est légèrement incliné de 5 à 10° par rapport à l'horizontale. Les mouvements de flexion plantaire et de flexion dorsale s'effectuent autour de cet axe.

peu près au niveau des malléoles, tel qu'indiqué à la figure 2.5. P ar contre, les mouvements d'inversion/éversion se font à l'articulation sous-astragalienne. L'axe est incliné de 45° par rapport à l'horizontale et se situe principalement dans le plan sagittal tel que démontré à la figure 2.6. L'axe est aussi légèrement déporté de 15° vers le gros orteil. Le mouvement autour de l'articulation sous-astragalienne s'observe facilement chez les individus ayant une laxité ligamentaire au niveau de l'arrière-pied ou encore chez les personnes portant des chaussures à talon haut. Le mouvement du talon vu de l'arrière est associé aux rotations effectuées autour de l'articulation sous-astragalienne comme l'indique la figure 2.7. La mécanique du pied est beaucoup plus complexe que les mouvements se produisant à la cheville; ses mouvements se produisent autour de plusieurs axes dont un des plus importants est celui de l'articulation sous-astragalienne.

Flexion, extension, abduction, adduction, supination et pronation sont les rotations les plus courantes parmi une quinzaine décrites au tableau 2.2. En ce qui nous concerne, elles sont suffisantes pour décrire, avec les plans anatomiques et les axes de rotation, la majorité des mouvements du corps humain. Le tableau 2.3 donne l'amplitude articulaire maximale de chaque articulation.

De part et d'autre d'une articulation, les muscles sont sollicités afin de produire un mouvement dans une direction donnée. Les articulations sont des pivots autour desquels les muscles travaillent. En effet, les muscles et les articulations forment un système de levier qui permet d'exploiter la force musculaire et faciliter ainsi nos déplacements.

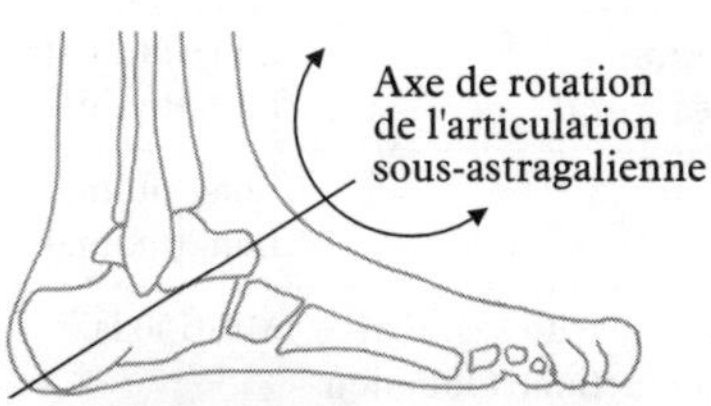

Figure 2.6

Les mouvements d'inversion et d'éversion se font autour de l'axe de rotation associé à l'articulation sous-astragalienne.

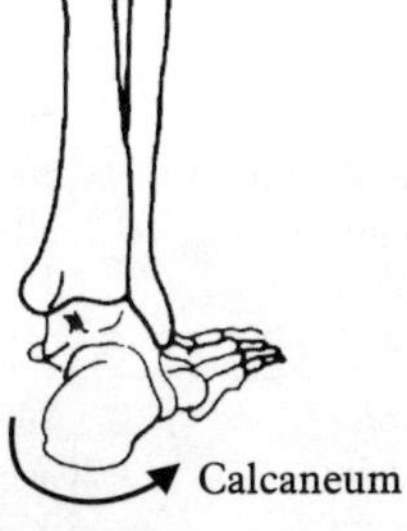

Figure 2.7

Le mouvement latéral du talon représente des rotations dans le plan frontal autour de l'articulation sous-astragalienne.

Contrôle des connaissances

C 2.5 Nommer un geste sportif correspondant à chacune des six principales rotations.

C 2.6 Donner un exemple d'un mouvement complexe impliquant plus d'une rotation autour de la même articulation.

Tableau 2.2
Définition des mouvements articulaires.

Plans, segments corporels	Mouvements	Définitions	Axes
Sagittal	Flexion	Diminution de l'angle entre deux segments adjacents.	Transverse
	Extension	Augmentation de l'angle entre deux segments adjacents.	Transverse
Frontal	Abduction	Éloignement d'un segment par rapport au corps.	Sagittal
	Adduction	Rapprochement d'un segment par rapport au corps.	Sagittal
	Élévation	Déplacement vers le haut.	Sagittal
	Dépression	Déplacement vers le bas.	Sagittal
Horizontal	Antépulsion	Déplacement vers l'avant.	Vertical
	Rétropulsion	Déplacement vers l'arrière.	Vertical
	Rotation	Mouvement autour de l'axe longitudinal.	Vertical
Main	Supination	Rotation vers l'extérieur ou le haut.	Longitudinal
	Pronation	Rotation vers l'intérieur ou le bas.	Longitudinal
Pied	Inversion	Élévation du bord interne.	Longitudinal
	Éversion	Élévation du bord externe.	Longitudinal
Cou, épaule, poignet, hanche, cheville	Circumduction	Mouvement de rotation de l'extrémité d'un segment comprenant flexion, extension, abduction, adduction.	Multi-axial

Tableau 2.3
*Amplitudes articulaires selon l'*American Academy of Orthopaedic Surgeons *(1965).*

Articulation	Mouvenent	Amplitude (degrés)
Épaule	Flexion	180
	Extension	60
	Abduction	180
	Adduction interne	75
	Rotation	70
	Rotation externe	90
Articulation sterno-claviculaire	Circumduction	
	Élévation	
	Dépression	
	Antépulsion	
	Rétro-pulsion	
Coude	Flexion	150
	Neutre	0
	Hyperextension	10
	Pronation	80
	Supination	80
Poignet	Flexion	80
	Extension	70
	Adduction	20
	Abduction	30

Articulation	Mouvement	Amplitude (degrés)
Hanche	Flexion	120
	Extension	30
	Abduction	50
	Rotation interne	45
	Rotation externe	45
Genou	Flexion	135
	Extension	0
Cheville et pied	Flexion dorsale	20
	Flexion plantaire	50
	Inversion	30
	Éversion	15
	Circumduction	
Tronc	Flexion	80
	Extension	20 à 30
	Inflexion	35
	Rotation	45

chapitre TROIS

LES LEVIERS DU CORPS HUMAIN

Objectifs d'apprentissage

1. Définir les trois types de levier.
2. Expliquer les notions de poids, de masse, et de force.
3. Donner des exemples de ces leviers dans le corps humain.
4. Calculer l'avantage mécanique et cinématique d'un levier.
5. Calculer les forces et les résistances d'un système de levier au moyen de la seconde condition d'équilibre.
6. Comprendre et illustrer la règle de la main droite.

« Donnez-moi un levier et je soulèverai le monde » s'écria Archimède ! Les leviers sont des systèmes mécaniques permettant de multiplier une force dans le but de contrer une résistance. Les articulations sont des points d'appui autour desquels se dressent des muscles qui entraînent un mouvement dans une direction tel que la flexion au coude. Les articulations font partie des leviers du corps humain. Les leviers sont aussi utilisés pour effectuer rapidement des mouvements de grande amplitude. Les ciseaux par exemple : on effectue un léger mouvement des doigts pour les ouvrir ou les fermer. Les leviers font intervenir un système de forces. Mais qu'est-ce qu'une force ?

3.1 POIDS ET MASSE

Pour calculer les forces qui interviennent dans un système de levier, nous devons être en mesure de distinguer entre poids et masse d'un objet et de reconnaître les similitudes entre poids et force.

Un pèse-personne nous indique notre poids. Il quantifie la pesanteur ou l'action de la gravité sur nous. La gravité cherche à nous attirer vers le centre de la terre. Même couché à plat sur le sol, la force due à la gravité nous attire vers le centre de la terre.

Sur la terre, soumis à la force gravitationnelle, ou dans l'espace, où nous sommes en état d'apesanteur, notre quantité de matière demeure pourtant inchangée. Cette quantité de matière est notre masse.

La masse est une propriété physique fondamentale. Elle est constante dans l'Univers et indépendante de l'effet de la gravité. Ainsi, notre masse est toujours la même sur la lune, sur la terre ou dans l'espace. L'affichage des balances domestiques est ajusté afin de compenser l'effet dû à la gravité. Par conséquent, ces balances donnent directement notre masse dont l'unité de mesure est le kilogramme (kg). Il en est de même dans les supermarchés où le « poids » des aliments est indiqué en grammes et en kilogrammes. En toute rigueur, une balance devrait nous indiquer notre poids et non pas notre masse.

En multipliant la masse par l'accélération due à la gravité (9,8 m/s^2), on obtient le poids. Par exemple si votre masse est de 70 kg, votre poids est de 686 Newton. Le Newton représente une unité de force. Ainsi, les masses sont exprimées en kilogramme et les forces en Newton. Pour faciliter les calculs dans les exemples qui suivent, on va souvent arrondir l'accélération due à la gravité à 10 m/s^2.

Le poids est lui aussi exprimé en Newton. Le symbole N est employé pour Newton. Il est facile de comprendre cette force qui est le poids mais qu'en est-il des autres forces ? Qu'est-ce qui distingue une force de 100 N d'une autre de 3000 N ? Examinons ce qui caractérise le poids. Un poids de 686 N possède une valeur exacte ou un module. À cause de la gravité, on sait que cette force agit vers le bas, donc le poids a une direction et une ligne d'action (la verticale). Finalement, il y a une quatrième caractéristique : le point d'application. Quand vous poussez quelqu'un sur l'épaule, le contact de la main sur l'épaule correspond au point d'application de la force; mais où est-il pour le poids ? Vous allez le découvrir au prochain chapitre !

Ces quatre caractéristiques décrivent non seulement les forces mais bien d'autres paramètres mécaniques telles que la distance, les vitesses, etc. Celles-ci sont toutes des quantités vectorielles ou vecteurs car elles en possèdent les quatre caractéristiques : ligne d'action, direction, point d'application et module. Par exemple, la force de 100 N (module) développée par le muscle fléchisseur illustré à la figure 3.1 est représentée par une flèche verticale (ligne d'action) dirigée vers le haut (direction) et située près du coude (point d'application).

Saviez-vous que...

L'effet de la gravité lunaire est 6 fois plus faible que celle de la terre. Un homme de 70 kg pèse 686 N sur la terre alors que sur la lune son poids serait de 114 N ! Si vous êtes en mesure de soulever une charge maximale de 900 N sur la terre, sur la lune vous seriez capable de lever un poids de 5280 N ! Dans l'espace les forces d'attraction de la gravité terrestre et lunaire sont très faibles. Dans une telle condition d'apesanteur, l'astronaute n'a plus de poids, il flotte dans l'espace; par contre il a toujours une masse !

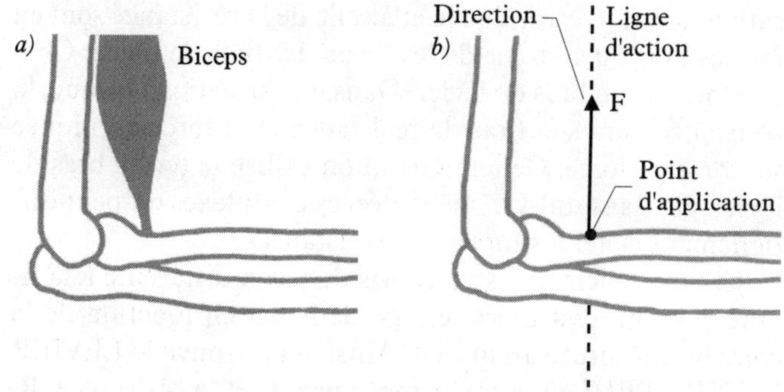

Figure 3.1

La force musculaire développée par des fléchisseurs représentée par le biceps en a) est donnée par une force F en b) qui a une direction, un module, une ligne d'action et un point d'application.

3.2 COMMENT LES LEVIERS TRAVAILLENT POUR NOUS

Les leviers font intervenir les notions de force, de point d'appui et de longueur. Bien que les forces sont invisibles, nous observons leur manifestation. Pour l'instant, ces forces sont représentées par l'effort musculaire et le poids. Ainsi, la force est représentée par une flèche dont la longueur est proportionnelle au module de cette force. La flèche est tracée à partir de son point d'application et son orientation donne à la fois sa ligne d'action et sa direction. Un système de levier se représente comme à la figure 3.2 et à la figure 3.3 où les forces se situent à une certaine distance du point A, formant le point d'appui. Ce point d'appui est le point de rencontre de l'atlas, de la première vertèbre cervicale et du crâne. La force appliquée, F est la force musculaire nécessaire pour compenser le poids de la tête ou la résistance, R. Ces forces sont indiquées par une flèche pointant dans la direction de son application. Les distances du point d'appui au point d'appli-

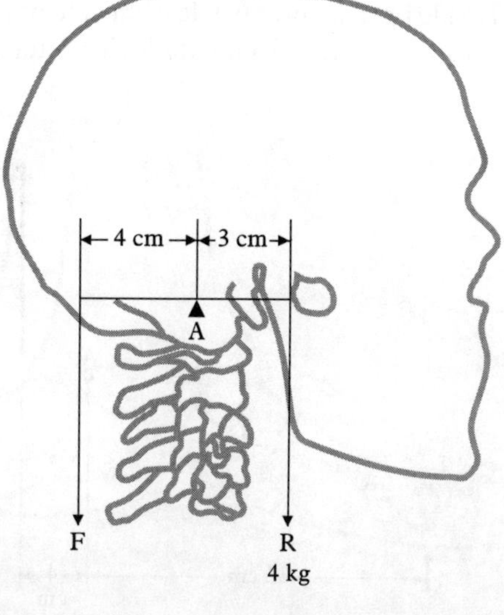

Figure 3.2

Système de levier inter-appui ou F est la force musculaire des extenseurs du cou et R la résistance ou poids de la tête. Le point A est le pivot ou point d'appui.

cation de la force appliquée et à celle de la résistance sont en fait les bras du système de levier ou des bras de levier. Chaque force a son bras de levier. Dans une situation typique, la résistance aura son bras de résistance et la force appliquée son bras de force. Généralement on utilise le terme bras de levier, car dans un système de forces complexes on peut difficilement isoler les forces des résistances.

Ces trois éléments sont repris de façon différente à la figure 3.3. On identifiera le type de levier en fonction de la composante située au milieu. Ainsi, on retrouve le LEVIER INTER-APPUI où la force appliquée, F, et la résistance, R, se trouvent de part et d'autre de l'appui, A. Dans un levier inter-appui, on cherche à garder la force appliquée le plus loin possible du point d'appui.

L'efficacité ou l'avantage mécanique, AM, d'un système de levier est le rapport des bras de levier, ou

$$AM = \frac{\text{distance de l'appui à la force appliquée } (l_F)}{\text{distance de l'appui à la résistance } (l_R)}$$

$$AM = l_F/l_R \qquad (3.1)$$

À la figure 3.3, la longueur RA est délimitée par la force de résistance, R et le point d'appui, A et la distance FA est située entre la force musculaire F et le point d'appui, A. Le rapport des distances FA/RA est de 4:3 ou un AM de 1,33. Cela implique qu'il faudra exercer une force musculaire plus faible que celle due à la résistance pour maintenir le tout en équilibre.

Bien qu'il soit efficace dans ce cas particulier, le corps humain possède très peu de tels leviers inter-appui ! En se tenant sur un pied, tel qu'indiqué à la figure 3.4, la résistance, R se trouve au point de contact du sol avec le pied alors que l'appui, A, se situe à la cheville. Le tout est maintenu en équilibre par l'action de la force musculaire du triceps sural, F. Si le bras de force est de 4 cm et le bras de résistance est de 16 cm, notre système de levier inter-appui est

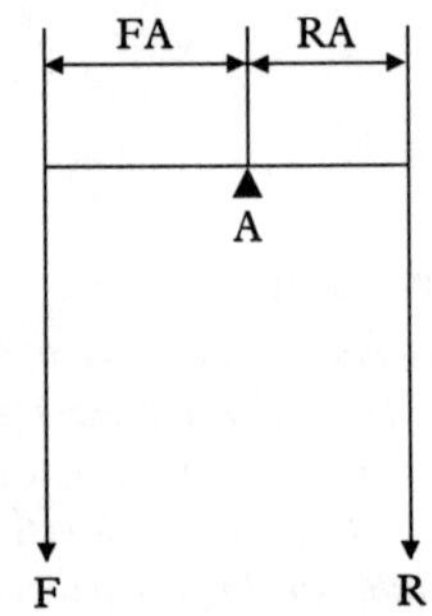

Figure 3.3
Représentation schématique du système de levier inter-appui de la tête illustré à la figure 3.2. La force musculaire F pour maintenir le poids de la tête en équilibre, R, est inconnue. Par contre, les bras de levier des forces par rapport au point d'appui, A, et le poids de la tête sont tirés des données anatomiques.

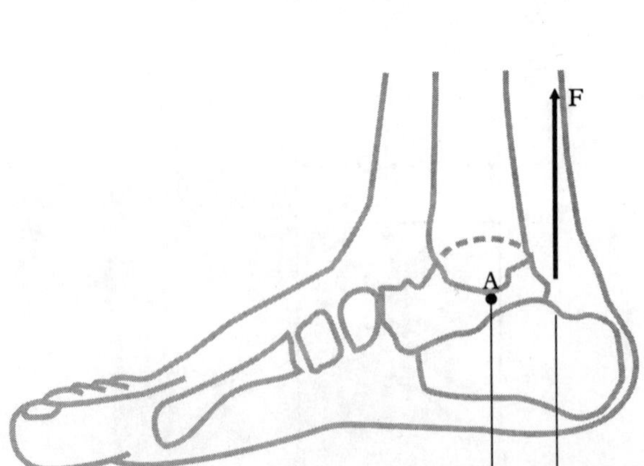

Figure 3.4
Système de levier inter-appui où la force musculaire du triceps sural et la force de réaction au sol sont situées de part et d'autre du point d'appui A.

Saviez-vous que...

Archimède (287-212 av. J.-C.) fit de nombreuses contributions aux mathématiques et à la mécanique. Il établit une méthode permettant d'obtenir le rapport pi ou π (= 3,1416) entre la circonférence d'un cercle et son diamètre. Il établit aussi la théorie des leviers. Ainsi, la balance est une application directe de la théorie des leviers. Cette théorie intervient lors d'un coup droit au tennis ou d'un lancer frappé au hockey. On attribue aussi à Archimède les bases de la statique des solides.

relativement inefficace, car le rapport des bras de levier est de 1:4 (4:16) ou un avantage mécanique en faveur de la résistance !

Le second type de levier est un LEVIER INTER-RÉSISTANT. La résistance se situe entre la force motrice et le point d'appui. On n'en trouve que très peu sinon aucun dans le système musculo-squelettique. Par contre, ils abondent dans les activités physiques. Pour déplacer de la terre, un ouvrier va se servir d'une brouette, illustrée à la figure 3.5. La charge (ou résistance) à transporter se situe entre le point d'appui correspondant à l'essieu de la roue et la force appliquée par l'ouvrier. Ce levier est toujours efficace, car le bras de levier de la résistance est toujours plus petit que celui de la force appliquée.

Le troisième exemple de levier (figure 3.6) est un LEVIER INTER-MOTEUR ou inter-puissant car la force appliquée ou la puissance motrice se situe entre le point d'appui et la résistance. Pour le bicep, la force musculaire se situe à une distance de 3 cm du coude (point d'appui) alors que la résistance, R est à 36 cm. Le rapport des bras de levier est de 3:36 ou de 1:12, pour un AM très faible de 0,083. Donc la force développée par le biceps devra être 12 fois supérieure à celle de la résistance ! Les leviers inter-puissants sont toujours inefficaces car la longueur du bras de levier de la résistance est toujours supérieure à celle du bras de levier de la force motrice. Ainsi, on exercera toujours une force plus élevée que celle de la résistance. Ce type de levier est, malheureusement pour nous, le plus commun dans le système musculo-squelettique !

La même articulation peut agir comme un levier inter-moteur ou un levier inter-appui. Le coude, illustré à la figure 3.7, travaille maintenant en extension. L'extenseur du coude se situe à gauche du coude et la force de résistance est du côté droit de l'appui. Nous avons donc un levier du type inter-appui.

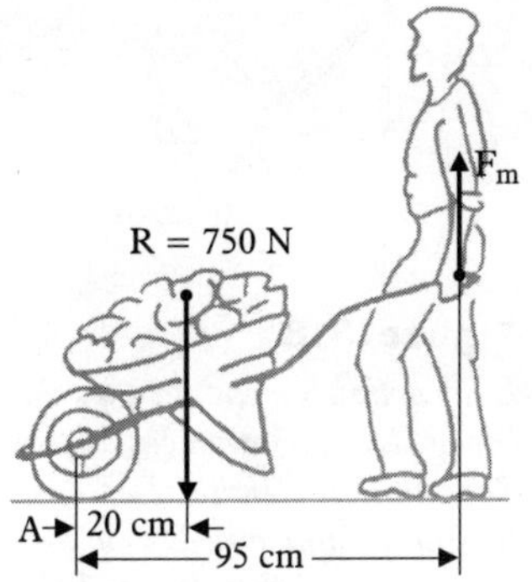

Figure 3.5

Système de levier inter-résistant.

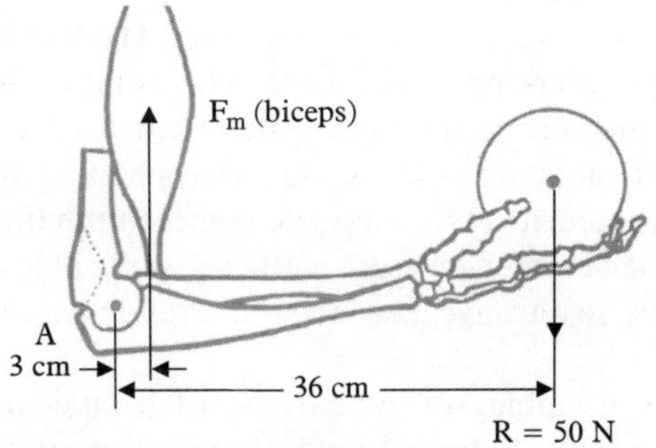

Figure 3.6

Système de levier inter-moteur où la force musculaire du biceps se situe entre le point d'appui A et la résistance R (poids de 50 N).

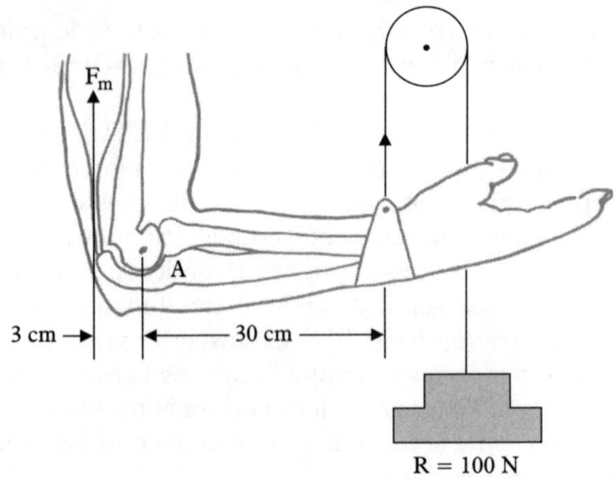

Figure 3.7
Système de levier inter-appui. La force des extenseurs se situe à gauche du point d'appui.

CONTRÔLE DES CONNAISSANCES

C 3.1 La figure 3.8 illustre un homme déplaçant de la terre et les mains d'un frappeur au base-ball. Quels type de levier retrouve-t-on pour les points d'appui indiqués ?

C 3.2 Donner un exemple d'une activité physique où les leviers inter-appui interviennent.

C 3.3 Donner un exemple d'une activité physique où les leviers inter-résistants interviennent.

C 3.4 Quel type de levier représente a) un push-up (pompe), b) un diable, c) un marteau, d) une pince à épiler et e) un décapsuleur ?

C 3.5 Un coupe-ongles fait appel à deux types de levier, lesquels ?

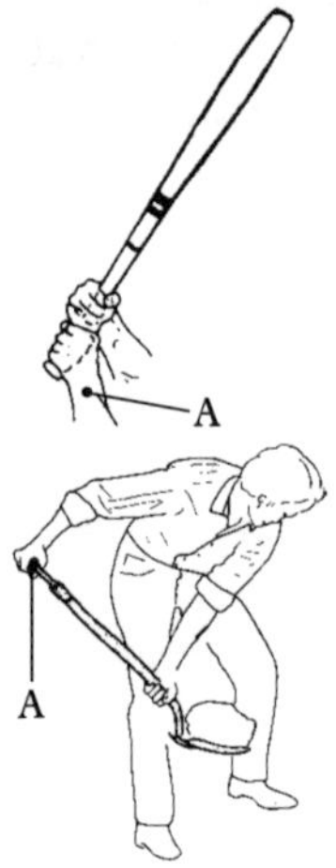

Figure 3.8
Deux activités mettant en jeu des leviers. Dans les deux cas, le point d'appui A est identifié. La résistance est la terre dans la pelle et le poids du bâton de base-ball. Reproduit, avec permission, de Kreighbaum, E. et Barthels K. M. (1985). Biomechanics. A qualitative approach for Studying Human Movement. *MacMillan Publishing Company, New York, N. Y.*

3.3 COMMENT LES LEVIERS AUGMENTENT L'AMPLITUDE DU MOUVEMENT

Il doit certainement y avoir une raison pour laquelle la majorité des leviers du corps humain sont du type inter-moteur ou du type inter-appui inefficace. Sans compter les raisons d'esthétique corporelle qu'entraîneraient les leviers inter-appuis efficaces, on peut expliquer ce phénomène par des raisons de sécurité et de survie de l'espèce humaine. L'avantage d'un levier inter-puissant inefficace sur le plan de la force musculaire se retrouve dans une plus grande amplitude articulaire.

Dans l'ensemble, si l'on ne transporte rien d'autre que sa petite personne, le travail musculaire est relativement faible. Donc il n'y a pas d'inconvénient à être pourvu de leviers ayant un avantage mécanique faible à moins d'avoir à déplacer de lourdes charges ou à combattre pour se défendre.

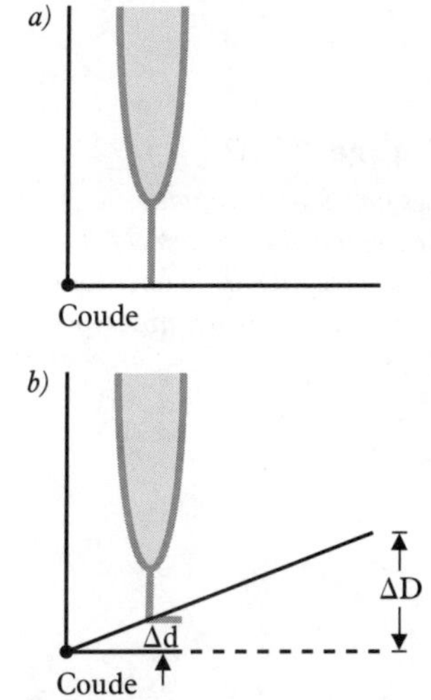

Figure 3.9

Position a) initiale et b) en flexion de l'avant-bras. Noter qu'une légère contraction musculaire de Δd entraîne un grand déplacement ΔD de l'extrémité de l'avant-bras.

Certains systèmes de levier (inter-résistants) ont un avantage mécanique, AM supérieur à 1; ils sont efficaces. D'autres (inter-puissants) ont un avantage mécanique plus petit que 1; ils sont inefficaces. Quant le bras de force est plus petit que le bras de résistance, le système de levier possède un avantage cinématique, AC. L'avantage cinématique exprime l'amplitude du déplacement ou la rapidité du mouvement. Il est le rapport des bras de levier ou

$$AC = \frac{\text{distance de l'appui à la résistance } (l_R)}{\text{distance de l'appui à la force appliquée } (l_F)}$$

$$AC = l_R/l_F \qquad (3.2)$$

Ainsi l'utilisation de leviers inter-puissants permet des mouvements de grande amplitude. Par exemple, un léger raccourcissement d'un muscle Δd illustré à la figure 3.9 entraîne aussitôt une grande flexion ΔD de l'avant-bras au coude. En présence d'un danger ou d'une urgence, cette contraction musculaire s'effectue très rapidement et par conséquent, on développe une très grande rapidité d'exécution de mouvement tant pour fuir l'ennemi que pour attaquer.

Par exemple, les fléchisseurs du coude de la figure 3.6 ont un bras de levier de l'ordre de 3 cm par rapport à la distance de 36 cm entre le coude et la main. L'avantage mécanique est de :

$$AM = \frac{\text{distance de l'appui à la force appliquée } (l_F)}{\text{distance de l'appui à la résistance } (l_R)}$$

$$= 3/36$$

$$= 1/12$$

$$= 0{,}083$$

mais l'avantage cinématique est

$$AC = \frac{\text{distance de l'appui à la résistance } (l_R)}{\text{distance de l'appui à la force appliquée } (l_F)}$$

$$= 36/3$$

$$= 12$$

C'est-à-dire que pour une vitesse de contraction quelconque des fléchisseurs, la main aura une vitesse 12 fois supérieure à celle du muscle. On peut facilement apprécier pourquoi le système musculo-squelettique a été construit pour se déplacer rapidement avec un effort minimal. Par contre quand il s'agit de travailler...

La figure 3.10 représente les trois systèmes de levier ainsi que leur application. Le levier inter-appui a une fonction neutre lorsque que le bras de force est égal au bras de résistance. Par contre, si le bras de force est plus petit comme on le trouve dans le corps humain, sa principale fonction est d'augmenter la rapidité du mouvement. Si au contraire il est

Saviez-vous que...

Giovanni Alfonso Borelli (1608-1679), un savant italien du XVIIe siècle a démontré que les os agissaient comme des leviers controlés par les muscles. Borelli a également suggéré que la contraction musculaire obéit à un message du cerveau acheminé par les nerfs.

Genre \ Avantage	Cinématique (rapidité)	Aucun	Mécanique (force)
Inter-appui	F A R	F A R	F A R
Inter-moteur	F A R		
Inter-résistant			F A R

Figure 3.10

Les fonctions de rapidité d'exécution du mouvement et d'augmentation de la force sont propres à chacun des trois types de levier.

plus long, la force musculaire appliquée peut facilement lever des charges. Le levier inter-moteur que l'on retrouve abondamment dans le corps ne sert uniquement qu'à augmenter la rapidité du geste. À l'opposé, le levier inter-résistant ne favorise que la force appliquée. On n'en retrouve pas dans le système musculo-squelettique.

Contrôle des connaissances

C 3.6 Donner un exemple d'un mécanisme ou d'une machine se servant du principe des leviers pour faciliter le déplacement de charges lourdes et un autre pour sa rapidité d'exécution.

3.4 CALCUL DES FORCES ET DES RÉSISTANCES

Les leviers font appel à trois éléments importants, à savoir les forces appliquées ou de résistance, le point d'appui et les bras de levier. Si l'une des deux forces est absente, il y a un déséquilibre. La force qui demeure entraîne une rotation dans le sens horaire ou anti-horaire comme l'indique la figure 3.11. Le sens de la rotation est donné par la position de la force et la direction de la force. Ainsi, à la figure 3.12, les deux forces sont du même côté du point d'appui; mais le sens de la force fait en sorte que la rotation s'effectue dans le sens anti-horaire ou horaire.

La grandeur de cette rotation ou moment est donnée par le produit du bras de levier par la force. Nous avons donc l'équation :

$$M = l \times F \qquad (3.3)$$

où M est le moment, F la force (appliquée ou résistante) et l, la longueur du bras de levier perpendiculaire à la force. Le moment sera positif ou négatif selon la convention adoptée, par exemple positif pour une rotation dans le sens horaire. Chaque force possède son bras de levier et, par conséquent, chaque force appliquée est à une certaine distance d'un centre de rotation et développe son propre moment.

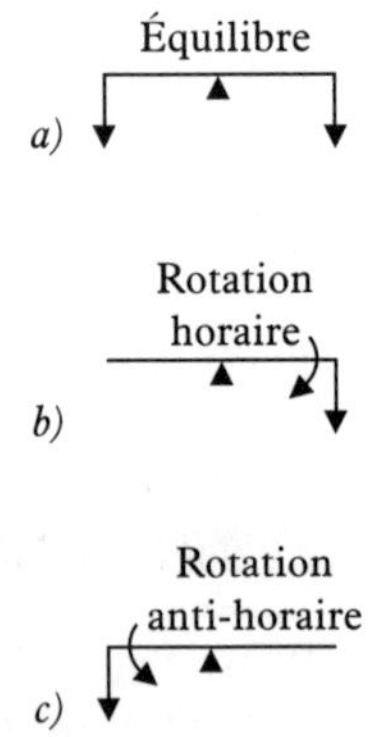

Figure 3.11

Le système de levier décrit en a) est en équilibre. Si l'on retire une des deux forces, celle qui demeure va faire basculer le levier dans un mouvement de rotation b) horaire ou c) anti-horaire.

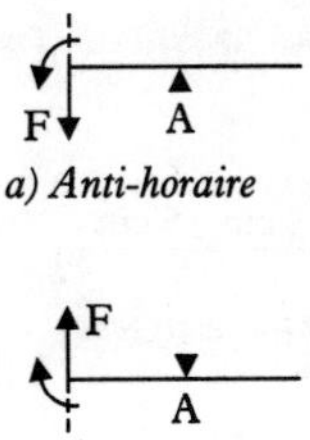

a) *Anti-horaire*

b) *Horaire*

Figure 3.12

Le mouvement de rotation, a) anti-horaire ou b) horaire, dépend de la direction de la force et de sa position par rapport au point d'appui.

Dans un système de levier inter-appui, il y a deux forces, une appliquée, l'autre de résistance. On retrouve deux moments, un pour chaque force. À la figure 3.2, le bras de résistance était de 3 cm et le poids de la tête de 40 N. Le moment (résistance) dans le sens horaire est égal à 120 Ncm. Le moment de la force musculaire doit être aussi égal à 120 Ncm sinon tout basculerait d'un côté ou de l'autre. Il doit aussi agir dans le sens opposé pour annuler l'effet du moment de la force de résistance. Sachant que le moment de la force est de 120 Ncm, on obtient la force appliquée en divisant ce moment par son bras de levier.

$M = l \times F$

$F = M/l$

$F = 120\,N/4\,cm$

$F = 30\,N$

On aurait pu dire que la somme des moments est égale à zéro.

$$\circlearrowright\ \Sigma M_o = 0 \qquad (3.4)$$

La somme des moments étant égale à zéro constitue la seconde condition d'équilibre. Cette condition ou cette approche est utilisée pour estimer toutes les forces appliquées dans n'importe quel système de levier.

On adopte une convention en précisant que le moment est positif dans le sens horaire ou anti-horaire et qu'il est calculé à partir d'un point quelconque. Au chapitre quatre, on traitera de la première condition d'équilibre; en un mot elle se rapporte à l'équilibre des forces.

Dans ce cas particulier, le moment pris au point d'appui A est positif quand il agit dans le sens horaire. Ainsi la sommation des moments au point A :

$\circlearrowright\ \Sigma M_A = 0$

$-$ (Moment de la force) $+$ (Moment de la résistance) $= 0$

$-(l_{force} \cdot F) + (l_{résistance} \cdot R) = 0$

$F = (l_{résistance} \cdot R)/l_{force}$

$F = (3\,cm \cdot 40\,N)/4\,cm$

$F = 30\,N$

Pour estimer la force musculaire nécessaire à soulever la charge de 750 N, illustrée à la figure 3.5, on applique la seconde condition d'équilibre. Le système inter-résistant de cette figure est composé d'un bras de résistance de 20 cm ou 0,20 m et d'un bras de force de 95 cm ou 0,95 m. Quelle force musculaire doit-on développer ?

Le moment de la résistance, calculé par rapport au point d'appui, A est de 150 Nm (0,2 • 750 N) et il est positif car il agit dans le sens horaire. Le moment de la force est négatif et on ne connaît que son bras de levier. Par la seconde condi-

COMMENT DÉTERMINER LA DIRECTION D'UN MOMENT ?

Il faut d'abord se doter d'une convention. Par exemple, une force qui crée une rotation dans le sens horaire donne un moment positif peu importe si cette force est dirigée vers le haut ou le bas, vers la droite ou la gauche. Pour déterminer la direction d'un moment, on trace un arc de cercle à partir d'une origine située au point autour duquel la rotation doit se faire comme l'indique la figure 3.13 a). Cela correcpond souvent au centre articulaire. Cet arc de cercle indique le sens de la rotation. Pour calculer le moment M_1 de la force F_1 illustrée en b) :

1. On se place au point A où les moments sont calculés.
2. Ensuite, on trace l'arc de cercle en le dirigeant vers le point d'application de la force.
3. On poursuit l'arc de cercle pour se rendre à l'extrémité de la force.
4. Finalement, on retourne à l'origine, A.

Le moment M_1 égal au produit du bras de levier (5 cm) par la force F_1 (6 N) est de 30 Ncm. La direction de l'arc de cercle donne un sens horaire à ce moment qui est positif.

Pour la force F_2 illustrée à la figure 3.13 c), on suit les mêmes instructions. La direction du moment étant dans le sens anti-horaire est donc négative. Le moment M est de -30 Ncm (3 cm x 10 N). Comme ce système de levier est en équilibre, les moments sont égaux mais de sens opposés.

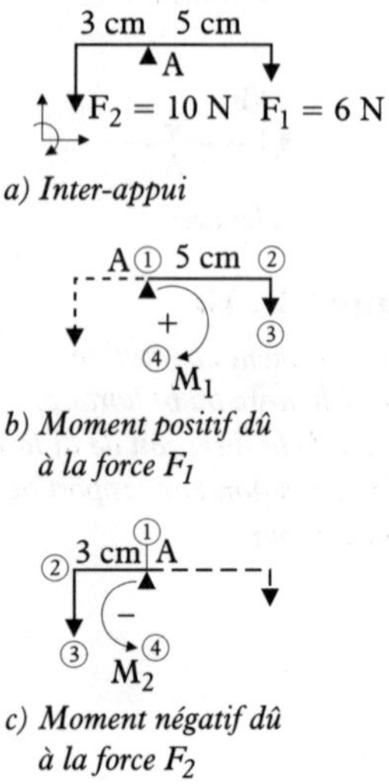

a) *Inter-appui*

b) *Moment positif dû à la force F_1*

c) *Moment négatif dû à la force F_2*

Figure 3.13

Pour un système de levier inter-appui, les moments M_1 et M_2 associés respectivement aux forces F_1 et F_2 sont illustrés.

tion d'équilibre, nous mettons la sommation des moments égale à zéro.

$\circlearrowright \Sigma M_A = 0$

(Moment de résistance) – (Moment de force) = 0

150 Ncm – 0,95 m • F = 0

F = 150 Nm/0,95 m

F = 157,9 N

Ainsi, il faut une force musculaire de près de 160 N pour soulever une charge de 750 N pour autant que nous ayons un système de levier pour nous aider ! Notons que dans l'esprit de cet ouvrage, l'activité musculaire est schématisée par une simple force mécanique. Le domaine de la mécanique musculaire faisant appel à des notions anatomiques, neurophysiologiques, n'est pas traité ici.

Pour renforcer les extenseurs du bras, la personne de la figure 3.14 soulève un poids de 50 N (5 kg). La force musculaire développée (F) est estimée au moyen de la seconde condition d'équilibre.

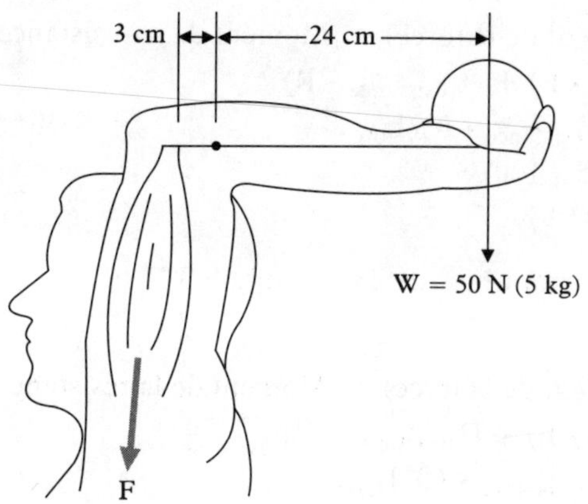

Figure 3.14
Système de levier inter-appuis dans un exercice de musculation.

$\circlearrowright \Sigma M_O = 0$

$-(\text{Moment de la force}) + (\text{Moment de la résistance}) = 0$

$-(l_F \cdot F) + (l_W \cdot W)$

$F = (l_W \cdot W)/l_F$

$= (24 \cdot 50)/3$

$= 400\ N$

Un poids de 50 N force le muscle à travailler huit fois plus !

3.6 INFLUENCE DE LA LONGUEUR DES BRAS DE LEVIER

Dans un système de levier, une modification dans la longueur d'un des bras de levier influe sur les forces en jeu. Par exemple, examinons l'effet des variations de longueur des bras de résistance dans un système de levier inter-moteur représenté à la figure 3.15 par le membre supérieur qui soulève un poids.

On peut apprécier la différence entre un avant-bras court ou long. Quelle sera la force musculaire nécessaire pour soulever un poids de 100 N si le point d'attache du muscle se situe à 3 cm du coude ? Pour un avant-bras de 25 cm (figure 3.15 a) :

$\circlearrowright \Sigma M_O = 0$

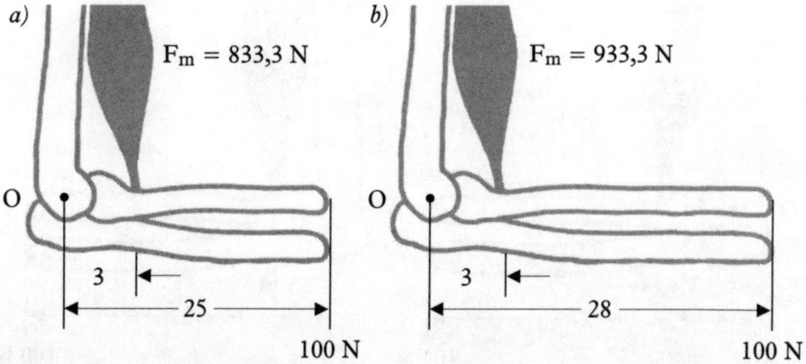

Figure 3.15
Pour supporter un poids de 100 N, la force musculaire développée par le biceps sera d'autant plus élevée que l'avant-bras est long. Les longueurs sont données en cm.

$-$ (Moment de la force) + (Moment de la résistance) $= 0$

$-(1_{force} \cdot F) + (1_{résistance} \cdot R)$

$F = (I_{résistance} \cdot R)/I_{force}$

$= (25 \cdot 100)/3$

$= 833{,}3$ N

Pour un avant-bras de 28 cm (figure 3.15 b) :

↻ $\Sigma M_O = 0$

$-$ (Moment de la force) + (Moment de la résistance) $= 0$

$-(1_{force} \cdot F) + (1_{résistance} \cdot R)$

$F = (1_{résistance} \cdot R)/1_{force}$

$= (28 \cdot 100)/3$

$= 933{,}3$ N

Ainsi un avant-bras plus long de 3 cm va demander une force musculaire plus élevée de 100 N !

Il est aussi possible que le point d'insertion du muscle soit différent d'une personne à l'autre pour une même longueur d'avant-bras comme l'indique la figure 3.16. Pour un bras de force de 3 cm et une longueur d'avant-bras de 27 cm, la force musculaire développée est

↻ $\Sigma M_O = 0$

$-$ (Moment de la force) + (Moment de la résistance) $= 0$

$-(1_{force} \cdot F) + (1_{résistance} \cdot R)$

$F = (1_{résistance} \cdot W)/1_{force}$

$= (27 \cdot 100)/3$

$= 900$ N

Par contre, pour un bras de force de 2,5 cm :

↻ $\Sigma M_O = 0$

$-$ (Moment de la force) + (Moment de la résistance) $= 0$

$-(1_{force} \cdot F) + (1_{résistance} \cdot R)$

$F = (1_{résistance} \cdot W)/1_{force}$

$= (27 \cdot 100)/2{,}5$

$= 1\,080$ N

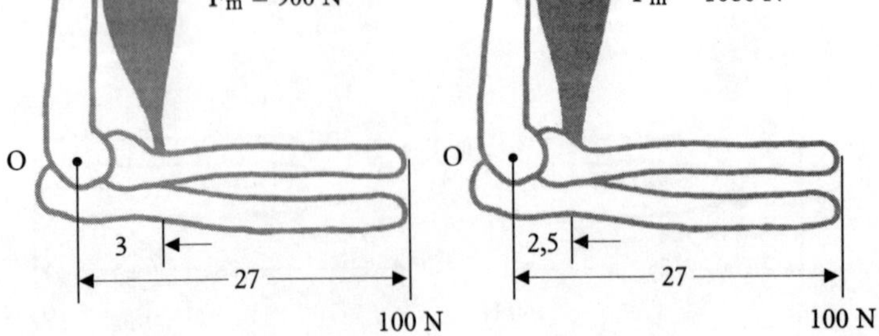

Figure 3.16

Pour supporter un poids de 100 N, la force musculaire développée par le biceps sera d'autant plus élevée que le bras de levier du muscle sera court. Les longueurs sont données en cm.

Ainsi, une légère diminution du bras de force ou une augmentation sensible du bras de résistance entraînent une augmentation substantielle de la force musculaire.

Contrôle des connaissances

C 3.7 À l'aide de la figure 3.7, estimer la force musculaire des extenseurs nécessaire pour maintenir le système de levier en équilibre.

3.7 SYSTÈME À PLUS DE DEUX FORCES

Dans les exemples précédents, la force musculaire venait contrer les efforts de la résistance. Ce n'est pas toujours le cas. Il peut y avoir plusieurs forces. Reprenons l'exemple de la figure 3.7 mais en y ajoutant le poids de l'avant-bras, 30 N appliqué à 12 cm du coude. Comme il est difficile de déterminer *a priori* si une force est une résistance ou non, on ne cherchera pas à les classer. Chaque force sera identifiée par rapport à sa fonction. Dans cet exemple, on retrouve la force musculaire, F_m, la force du poids de l'avant-bras, F_w et la force de résistance, F_R. Pour déterminer quelle sera la force musculaire pour maintenir le bras en équilibre, on a recours à la seconde condition d'équilibre. De gauche à droite, chaque force est multipliée par son propre bras de levier. Comme une rotation effectuée dans le sens horaire est considérée comme étant positive, on obtient, au coude, A

$$\circlearrowright \ \Sigma M_A = 0$$
$$\text{Moment de } F_m + \text{Moment de } F_w - \text{Moment de } F_R = 0$$
$$F_m \cdot l_m + F_w \cdot l_w - F_R \cdot l_R = 0$$
$$F_m \cdot 3 \text{ cm} + 30 \text{ N} \cdot 12 \text{ cm} - 100 \text{ N} \cdot 30 \text{ cm} = 0$$
$$F_m \cdot 3 \text{ cm} + 360 \text{ Ncm} - 3000 \text{ Ncm} = 0$$
$$F_m \cdot 3 \text{ cm} - 2640 \text{ Ncm} = 0$$
$$F_m \cdot 3 \text{ cm} = 2640 \text{ Ncm}$$
$$F_m = (2640/3)$$
$$F_m = 880 \text{ N}$$

Ainsi il faut une force de 880 N pour résister au poids de 100 N situé à 30 cm du coude. Au contrôle des connaissances 3.7, cette force était estimée à 1000 N. La différence est due au fait que le poids de l'avant-bras aide les extenseurs.

Au chapitre 4, nous allons voir comment aborder une situation où la ligne d'action des forces par rapport au point d'appui est oblique.

CONTRÔLE DES CONNAISSANCES

C 3.8 À l'aide de la figure 3.6 estimer la force musculaire des fléchisseurs si le poids de l'avant-bras est de 30 N, situé à 12 cm du coude.

3.8 RÈGLE DE LA MAIN DROITE

Nous venons de comprendre qu'une force agit en rotation autour d'un axe et crée un moment par rapport à cet axe. Le sens d'action de ce moment est intéressant à connaître puisqu'il nous informe sur le type de mouvement effectué comme par exemple une flexion ou une extension.

La règle des trois doigts de la main droite est faite pour connaître le sens d'action du moment d'une force, déterminé lorsqu'on connaît la distance du point d'application de la force par rapport à l'axe de rotation, la force, et sa direction. Elle s'énonce ainsi : pour connaître le sens d'action d'une force F par rapport à un axe X on utilise trois doigts de la main droite : où le pouce représente la distance du point d'application de F à l'axe X, l'index est pointé dans la même direction que F, le majeur représente le vecteur intensité du moment de la force dont le sens d'action tourne autour du majeur dans le sens inverse des aiguilles d'une montre.

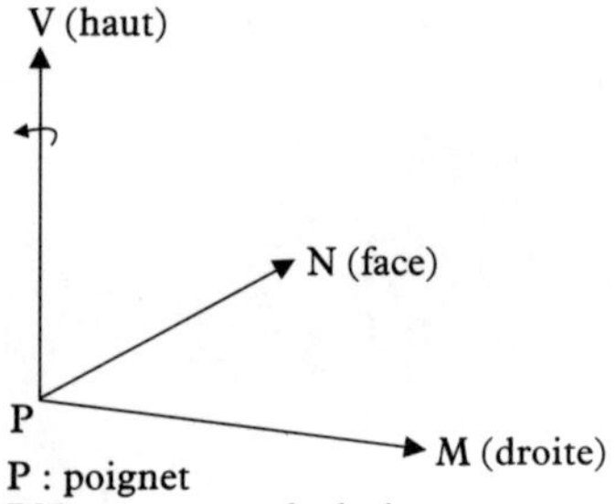

P : poignet
PM : pouce vers la droite
PN : index en face
PV : majeur vers le haut

Figure 3.17
Règle des trois doigts de la main droite.

La figure 3.17 schématise les trois doigts de la main droite qui sont matérialisés par les flèches des trois axes M, N, V au poignet P où PM représente le pouce dirigé vers la droite, PN l'index dirigé vers l'avant, alors PV est le majeur dirigé vers le haut dont le sens d'action ferme le poignet vers l'intérieur.

La figure 3.18 donne l'exemple d'une action des muscles de l'épaule lorsque le bras est tendu à l'horizontale. Le membre supérieur est soumis à l'action de la pesanteur représentée par le poids P dirigé vers le sol, sens de l'attraction terrestre. Nous allons déterminer le sens d'action de ce poids P auquel va être soumise l'épaule où se trouve le centre de rotation articulaire. L'action de P à l'épaule est un moment de réaction; l'action des muscles autour de l'épaule s'opposera au moment de réaction afin que le membre supérieur reste horizontal.

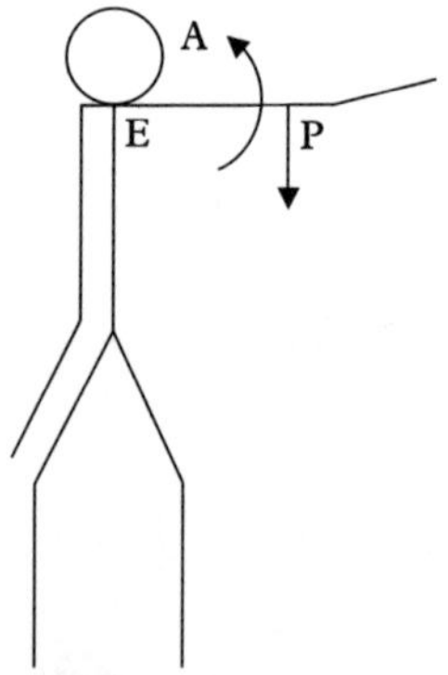

Figure 3.18
Action (A) des muscles de l'épaule (E) pour vaincre l'effet de la pesanteur (P) sur le bras tendu à l'horizontale.

Prenons les trois doigts de la main droite à l'épaule droite par exemple, le pouce est représenté par EP, le poids par l'index pointé vers le bas, le vecteur d'action est alors représenté par le majeur dirigé vers l'avant dont le sens d'action fait tourner l'épaule vers le bas. Le sens d'action de l'activité musculaire sera donc égal et opposé et donc dirigé vers le haut pour empêcher le bras de tomber le long du corps.

Dans ce chapitre, les articulations ont été représentées ou modélisées comme des systèmes de levier. La force musculaire nécessaire à contenir une résistance comme une charge, le poids corporel ou d'un segment a été estimée en faisant appel à la seconde condition d'équilibre. Au prochain chapitre, ces notions vont être utilisées afin de déterminer la position du centre de masse corporel à tout instant lors d'une activité physique ou sportive.

chapitre
QUATRE

CENTRES DE MASSE CORPOREL ET SEGMENTAIRE

Objectifs d'apprentissage

1. Expliquer la notion de centre de masse corporel.
2. Expliquer et illustrer la première condition d'équilibre.
3. Décrire la notion de base de support.
4. Expliquer et illustrer le Principe nº 1 : l' équilibre postural.
5. Expliquer le Principe nº 2 : la distribution des masses segmentaires.
6. Savoir calculer le poids, la masse et la longueur des différents segments corporels et localiser leur centre de masse.
7. Savoir calculer la position du centre de masse combiné de plusieurs segments corporels.
8. Expliquer et illustrer le théorème de Pythagore.
9. Savoir calculer le centre de masse segmentaire avec un ou des segments inclinés.

4.1 INTRODUCTION

Le centre de masse est un concept que l'on utilise pour faciliter la description des phénomènes mécaniques. Souvent on l'utilise inconsciemment. Lorsque l'on dit d'un sprinter qu'il est rapide, on sait fort bien que ce sont ses jambes qui courent et que c'est sa masse entière qui se déplace. Donc l'allusion au sprinter pris comme un tout est en soi une simplification qui nous rapproche de la notion de centre de masse.

4.2 CENTRE DE MASSE CORPOREL

Pour traiter plus facilement des phénomènes mécaniques, on fait l'hypothèse que la masse entière est située en un seul

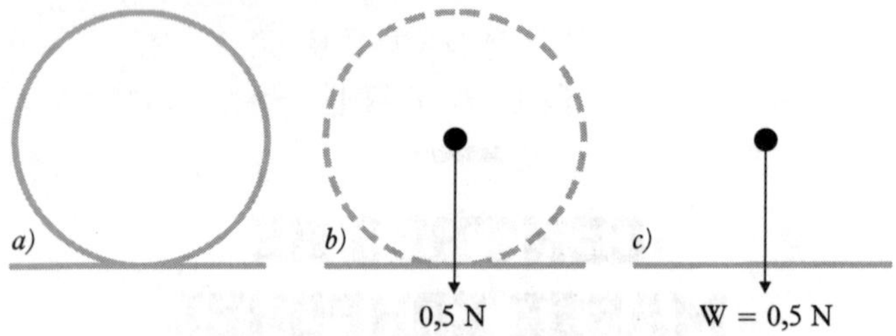

Figure 4.1

En a) un ballon de 0,5 N repose sur le sol. On représente son centre de masse comme en b) ou plus simplement comme en c).

point, appelé centre de masse. Le poids est une force exprimée en Newton. Cette force possède un module, une ligne d'action et une direction. Où est son point d'application ? Au centre de masse. Où est situé ce centre de masse ?

Pour une distribution uniforme de la matière comme l'indique la figure 4.1, le centre de masse d'un ballon est situé au centre de la matière qui le constitue. Le centre de masse est un point d'équilibre où les quantités de matière de part et d'autre sont égales. La figure 4.2 montre que l'équilibre d'une poutre est atteint lorsque le centre de masse est au-dessus du point d'appui. Par contre, il n'est pas toujours situé au centre physique de l'objet, comme pour le bâton de base-ball de la figure 4.3, où il est déporté loin des mains vers l'extrémité la plus lourde du bâton. En effet, il y a plus de matière à une extrémité du bâton qu'à l'autre. La forme de l'objet et la distribution de la matière déterminent la position du centre de masse.

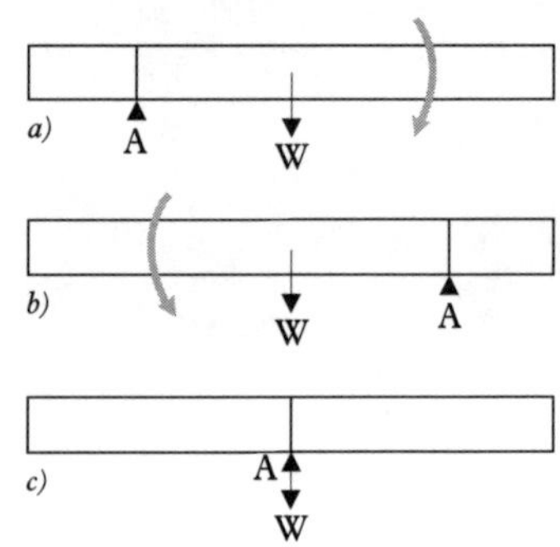

Figure 4.2

Le centre de masse de la poutre est indiqué par la flèche W. Lorsqu'il y a plus de matière d'un des côtés du point d'appui A, la poutre bascule d'un côté a) ou de l'autre b). Lorsque la matière est également répartie par rapport au point d'appui, la poutre est en équilibre. La ligne d'action du poids passe par le centre de masse et le point d'appui.

Pour localiser la position du centre de masse d'un individu, on fait appel au principe du levier. Notons que cette méthode nous a été proposée par Borelli en 1681. Le sujet se couche, le dos collé contre une planche étroite et longue de 2 m tel qu'illustré à la figure 4.4. Ce système représente un levier inter-résistant. Le poids du corps (la résistance) est placé entre le point d'appui situé à l'extrémité podale et la balance qui enregistre la charge sous la planche. L'effet de la planche est négligé dans le but de simplifier les calculs. Notre sujet pèse 700 N et a une taille de 1,70 m. Comme le centre de masse n'est pas situé au milieu du corps, la balance indique une charge de 329 N.

L'opération mathématique pour estimer la force au point d'appui correspond à l'application de la première condition d'équilibre : la somme des forces est nulle.

$$\Sigma F = 0 \quad (4.1)$$

Cette première condition d'équilibre s'applique séparément pour les directions horizontale et verticale. Il faut aussi indiquer la direction positive des forces. Ainsi, pour les forces horizontales F_h, et verticales F_v, l'équation 4.1 devient :

$$\overset{+}{\rightarrow}\Sigma F_h = 0$$
$$\uparrow\Sigma F_v = 0 \quad (4.2)$$

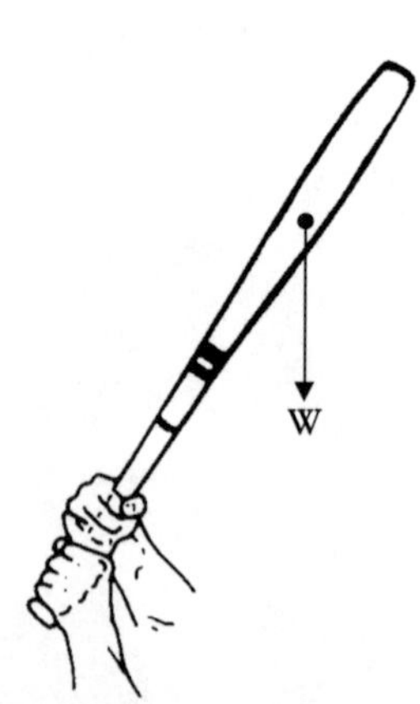

Figure 4.3

Le centre de masse d'un bâton de base-ball se situe du côté de l'extrémité la plus lourde.

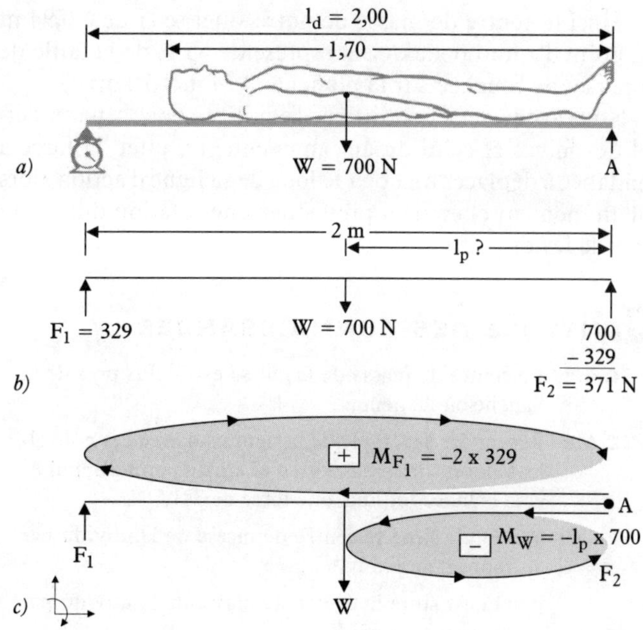

Figure 4.4

a) Système de mesure du centre de masse corporel; la longueur de la planche est de 2 m; la taille du sujet est de 1,70 m et son poids est de 700 N. b) Diagramme représentant le système de levier. La force, F_1, est de 329 N, le poids de 700 N et la force F_2 au point d'appui est de 371 N. On cherche la distance l_p entre le point d'appui podal et la position du centre de masse. c) Application de la seconde condition d'équilibre. Les moments sont calculés à partir du point A.

La force au point d'appui, F_2 est obtenue par

$$\begin{aligned} \uparrow\Sigma F_v &= 0 \\ F_1 - W + F_2 &= 0 \\ F_2 &= W - F_1 \\ &= 700 - 329 \\ &= 371 \text{ N} \end{aligned}$$

Comme le tout est en équilibre, la sommation des moments (seconde condition d'équilibre) est aussi égale à zéro.

$\Sigma M_O = 0$

Les moments sont pris au point d'appui, A et sont positifs pour une rotation horaire. On cherche la distance, l_p, représentant la position du centre de masse par rapport aux pieds.

On applique ainsi la seconde condition d'équilibre et les moments sont calculés à partir du point d'appui A. Trois forces sont rapportées à la figure 4.4 b) et chacune d'elle peut développer un moment. Le moment de la force F_1 et du poids W, sont représentés à la figure 4.4 c). La force F_2, appliquée au point d'appui ne développe pas de moment car cette force n'a pas de bras de levier. En effet, la distance entre le point d'appui et la ligne d'action de la force F_2 est nulle.

$\circlearrowright\Sigma M_A = 0$

Moment de la force de la balance – Moment dû au poids = 0

$$\begin{aligned} l_d \cdot 329 \text{ N} - l_p \cdot 700 \text{ N} &= 0 \\ 2{,}00 \text{ m} \cdot 329 \text{ N} - l_p \cdot 700 \text{ N} &= 0 \\ l_p &= (2{,}00 \text{ m} \cdot 329)/700 \\ l_p &= 0{,}94 \text{ m} \end{aligned}$$

Ainsi le centre de masse de notre sujet se situe à 0,94 m du point d'appui podal. Cela représente 55 % de la taille de la personne couchée sur la planche (0,94 m/1,70 m).

Nous avons deux conditions d'équilibre pour séparer l'effet des forces et celui dû aux moments. En effet, la force a tendance à déplacer un objet le long de sa ligne d'action alors qu'un moment cherche à provoquer une rotation due à son bras de levier.

CONTRÔLE DES CONNAISSANCES

C 4.1 Le centre de masse de la cuisse est-il plus près de la hanche ou du genou ?

C 4.2 Reprendre l'exemple de la figure 4.4 avec ces nouvelles valeurs : les pieds sont à 15 cm du point d'appui A, et la balance indique une force de 381,5 N.

a) Où est situé le centre de masse de l'individu par rapport au point A ?

b) Où est situé le centre de masse de l'individu par rapport à ses pieds ?

C 4.3 En utilisant seulement la seconde condition d'équilibre, déterminer la force au point d'appui de la figure 4.4 sachant que le centre de masse corporel se situe à 0,94 m du point d'appui.

C 4.4 Si à la figure 4.4, la balance indique une force de 379 N, où est situé le centre de masse d'une planche de 100 N ? Le centre de masse de l'individu est à 0,94 m du point d'appui.

4.3 MOBILITÉ DU CENTRE DE MASSE CORPOREL

Le centre de masse du corps humain est normalement localisé au niveau de la seconde vertèbre sacrée, S2. Mais dès que l'on déplace un bras ou une jambe on déplace le centre de masse corporel. Cela est dû au fait que notre corps n'est pas rigide mais articulé. La figure 4.5 illustre la position du centre de masse pour certaines activités sportives. Lors d'un saut, un déplacement des segments corporels ne changera pas la hauteur du centre de masse corporel par rapport au sol pour une même impulsion. Par exemple, le centre de masse corporel de chacun des deux joueurs de basket-ball de la figure 4.5 c) atteint la même hauteur, h quels que soient les changements de position du corps en l'air. Cependant, la hauteur de la main et de la tête au-dessus du sol varie avec la position que prend le corps. Lors d'une mise au jeu au basket-ball, le joueur de droite de la figure 4.5 c) garde son centre de masse corporel en dessous de sa ceinture alors que

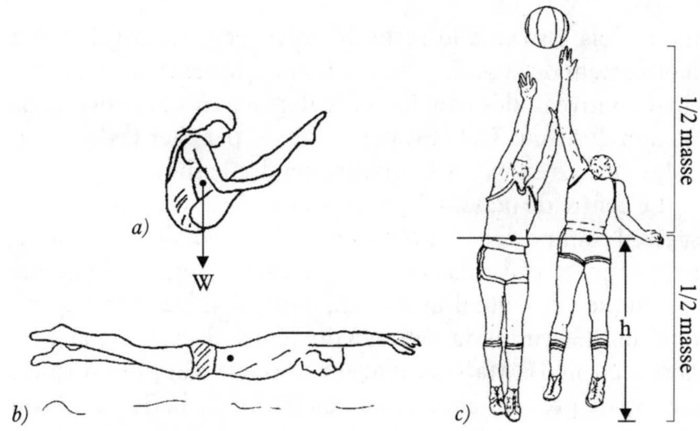

Figure 4.5

La position du centre de masse (•) varie selon la posture : a) plongeuse, b) nageur, c) basketteurs. D'après Kreighbaum, E. et Barthels, K.M. (1985). Biomechanics. A Qualitative approach for Studying Human Movement. *MacMillan Publishing Company, New York, N. Y.*

celui du joueur de gauche est situé au-dessus de sa ceinture, dû aux bras élevés. Le joueur de droite a déplacé son centre de masse corporel vers le bas en abaissant le bras et l'épaule gauches. Cela permet à la main d'atteindre une meilleure hauteur pour prendre le ballon avant son adversaire.

Au saut en hauteur ou à la perche, le sauteur va faire de son mieux pour garder le centre de masse global du corps le plus bas possible tout en faisant en sorte que chaque partie de son corps s'élève au-dessus de la barre horizontale indiquée à la figure 4.6. Le sauteur passe au-dessus de la barre alors que son centre de masse reste dessous ! En gardant son centre de masse le plus bas possible, le sauteur consommera moins d'énergie pour réussir son saut.

Il est important de noter que le centre de masse est plus élevé chez l'homme que chez la femme. Cela peut être vérifié tout simplement en se collant dos au mur devant une chaise basse sur laquelle repose un livre (de biomécanique, bien sûr !). Tout en maintenant les jambes bien droites et appuyées contre le mur, le centre de masse d'un homme se déplace devant les hanches lors d'une flexion du tronc pour saisir le

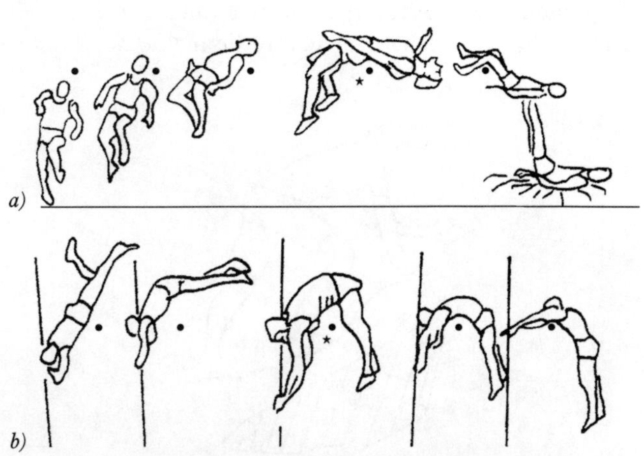

Figure 4.6

La position du centre de masse (⋆) lors a) d'un saut en hauteur, b) d'un saut à la perche. D'après Hay, J.G. (1978). The Biomechanics of Sports Techniques. *Prentice-Hall, Englewood Cliffs, N. Y.*

livre. Cela entraîne le reste du corps vers l'avant dans un mouvement de bascule. Chez la femme, le centre de masse se tient au niveau des hanches et se déplace très peu lors d'une flexion du tronc. Cela lui permet de se pencher le dos droit et les jambes en extension pour prendre le livre.

Le centre de masse corporel peut se déplacer dans le plan sagittal comme dans le plan frontal. Il est possible de le localiser dans les trois plans anatomiques. On emploie la même technique que celle illustrée à la figure 4.4. Dans cette position, on détermine la hauteur du centre de masse par rapport aux pieds. Mais en plaçant le point d'appui entre les jambes ou près des chevilles tel qu'indiqué à la figure 4.7, on obtient la position du centre de masse dans les plans frontal et sagittal respectivement.

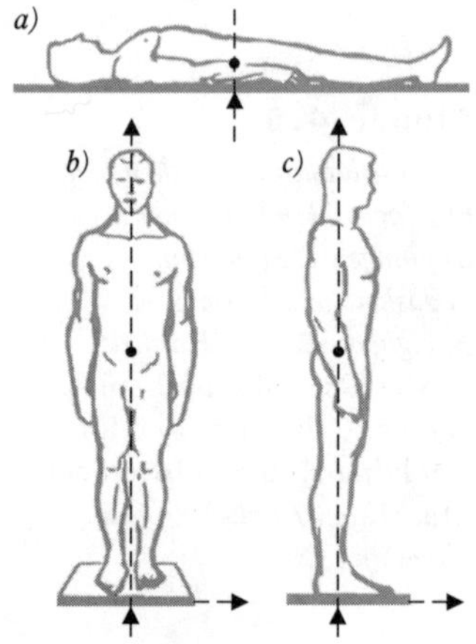

Figure 4.7
Position du centre de masse corporel par rapport a) au pied (hauteur), b) au plan frontal, c) au plan sagittal.

4.4 BASE DE SUPPORT ET ÉQUILIBRE POSTURAL

Lorsque l'on se déplace, le centre de masse corporel se déplace lui aussi. Nous avons vu plus haut que le centre de masse peut se situer à l'intérieur comme à l'extérieur du corps. Mais quelle est sa relation avec le type d'appui que nous avons au sol ?

Le contact avec le sol va délimiter notre base de support. En position debout illustrée à la figure 4.8, la base de support est circonscrite de chaque côté par le bord externe de nos pieds. À quatre pattes, la base de support vient de s'agrandir considérablement et est essentiellement délimitée par les appuis manuels et podaux comme à la figure 4.9. La position du centre de masse par rapport à cette base de support va directement déterminer notre stabilité ou équilibre.

> **Principe nº 1** : L'équilibre postural est assuré aussi longtemps que le centre de masse demeure à l'intérieur du périmètre de la base de support.

Reprenons notre exemple du livre à ramasser d'un siège peu élevé. En se penchant, le centre de masse de l'homme

Figure 4.8
La base de support est déterminée par le bord externe des pieds. La zone ombrée représente la surface de la base de support.

Figure 4.9
Avec un appui manuel et podal, la base de support (zone ombrée) augmente considérablement.

Figure 4.10

Avec les pieds au sol, les jambes séparées, le frappeur, en a) a une plus grande base de support que celle de la ballerine en b) qui se tient sur la pointe des pieds.

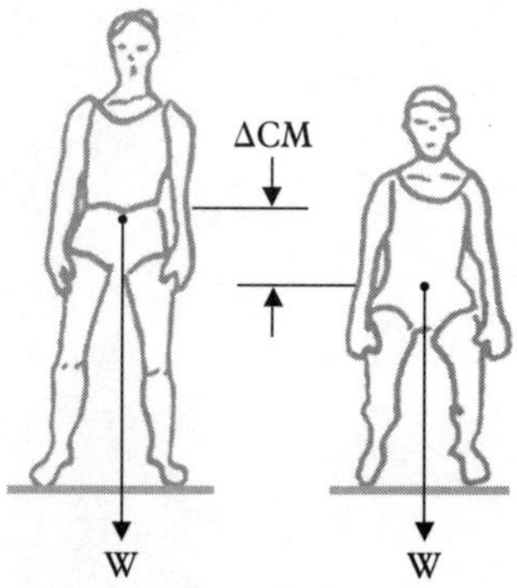

Figure 4.11

Deux personnes de même poids W mais de de tailles différentes n'auront pas leur centre de masse au même endroit. La plus grande sera moins stable car son centre de masse sera plus élevé de ΔCM.

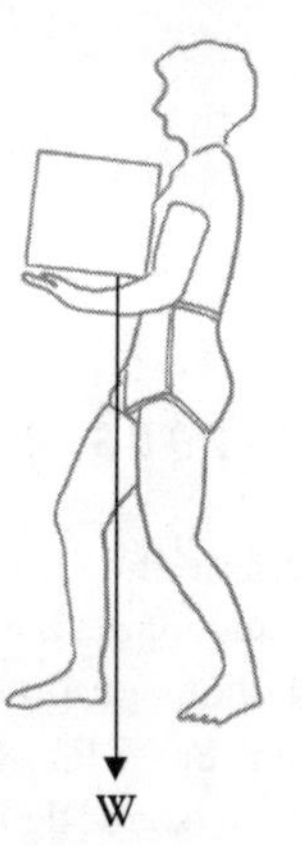

Figure 4.12

Femme transportant une boîte. La ligne d'action de la charge et du poids corporel passe entre les pieds et demeure à l'intérieur de la base de support, assurant ainsi une bonne stabilité.

quitte la petite base de support formée de l'aire sous les pieds collés ensemble et entraîne un déséquilibre vers l'avant. Chez la femme, le centre de masse est plus près des hanches et il demeure toujours à l'intérieur de la base de support, lui permettant de facilement prendre le livre sans perdre son équilibre.

Il y a plusieurs facteurs qui affectent notre équilibre postural. On vient de voir que plus la grandeur de la base de support est grande plus la stabilité est accrue. Ainsi comme l'indique la figure 4.10, un frappeur au base-ball a un équilibre moins précaire qu'une ballerine se tenant sur la pointe d'un pied.

De plus, la stabilité s'accroît si l'on élargit la base de support dans la direction d'où provient la force déséquilibrante. C'est pourquoi le joueur de base-ball de la figure 4.10 place ses pieds l'un devant l'autre dans la direction du lanceur.

La hauteur du centre de masse joue aussi sur la stabilité. Une personne de plus grande taille possède un centre de masse plus élevé qu'une de plus petite taille comme l'illustre la figure 4.11. Ainsi un lutteur va se tenir debout les genoux fléchis pour abaisser son centre de masse. De cette façon, l'adversaire aura plus de difficulté à le faire basculer car la distance verticale entre son centre de masse et le sol, le bras de levier, est plus petit.

Le poids du sujet influe aussi sur l'équilibre. Un individu lourd aura plus de difficulté à reprendre son équilibre lors d'une chute qu'une personne légère, son poids favorisant la chute. En effet, le moment dû au poids sera plus important chez un sujet lourd. Par contre, on aura plus de difficulté à le déséquilibrer.

Entre en jeu également, la position de la ligne d'action de la gravité d'une charge par rapport à la base de support. Dans l'exemple de la figure 4.12, la ligne d'action de la gravité de la charge soulevée et du poids corporel passe au milieu de la base de support, soit entre les pieds, assurant une bonne stabilité. On met à profit ce principe pour favoriser une chute en avant du corps lors des départs de course. Le coureur de la figure 4.13 se tient en équilibre en gardant la ligne d'ac-

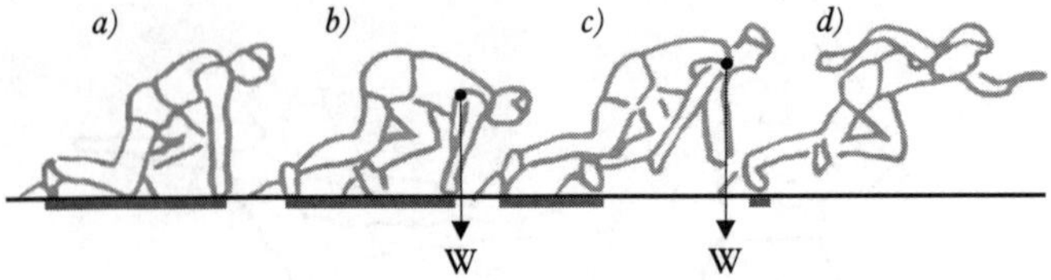

Figure 4.13
Positions de départ de course où a) le coureur se prépare, b) est en position de départ. À ce moment, il est en équilibre instable ou métastable. Dès que les mains quittent le sol c), son poids le fait basculer vers l'avant le forçant à accélérer au maximum pour reprendre son équilibre, d). Le trait horizontal indique la base de support.

tion de la gravité à l'intérieur de la base de support. Mais cet équilibre postural est instable ou métastable car la ligne d'action se situe à la limite antérieure de la base de support, c'est-à-dire au niveau des mains. Dès le départ donné, le coureur retire ses mains faisant en sorte que la ligne d'action passe bien au-delà de la base de support, le mettant ainsi en déséquilibre total. Cet effet est recherché afin de forcer le coureur à récupérer son équilibre en avançant le plus rapidement possible donc en lui conférant un départ rapide.

Enfin, une bonne adhérence entre les surfaces de contact telles que les pieds et le sol apporte un plus grand équilibre. Il est facile de comprendre les difficultés qu'une personne peut avoir à marcher sur de la glace vive ou sur un plancher mouillé.

Ainsi, les cinq facteurs biomécaniques responsables de notre équilibre postural sont : la grandeur de la base de support, la hauteur du centre de masse, le poids, la position de la ligne d'action de la gravité par rapport à la périphérie de la base de support et l'adhérence au sol.

CONTRÔLE DES CONNAISSANCES

C 4.5 Quand vous escaladez une pente abrupte que faites-vous pour maintenir votre équilibre ?

C 4.6 On va vous plaquer au hockey sur glace. Que faites-vous pour en atténuer les conséquences ?

4.5 MASSE ET LONGUEUR SEGMENTAIRE

Il existe une science, l'anthropologie physique, qui étudie les différentes caractéristiques physiques de l'être humain telles que sa taille, son poids, la forme de son nez, etc. En biomécanique, certains de ces attributs sont importants pour quantifier les forces musculaires. La branche de l'anthropologie physique qui a pour objet la mesure du corps humain s'appelle l'anthropométrie. Ces mesures anthropométriques sont souvent présentées sous forme de tableaux où les valeurs sont normalisées, c'est-à-dire généralisées à l'ensemble des individus d'âges, de masses et de sexes différents.

Ainsi, tout comme notre corps a un centre de masse, chacun de ses segments possède le sien. Le tableau 4.1 rapporte

Saviez-vous que...

Robert Wadlow était l'homme le plus grand au monde. Il mesurait 2,72 m ! Il chaussait du 48 ! Ses pieds étaient aussi longs que la cuisse d'une personne de 1,77 m ! En 1940, il mourut à l'âge de 22 ans.

Tableau 4.1

Centres de masse segmentaire adaptés de Winter (1990).

Membre	Segment	Masse seg./ masse corp.	Distance du CM/longueur du segment	
			Proximale	Distale
Tête, cou et tronc	Épaule/hanche	0,578	0,66	0,34
Tête et cou	7e cervical/oreille	0,081	1,000	0,000
Main	Poignet/2e articulation du majeur	0,006	0,506	0,494
Avant-bras	Coude/poignet	0,016	0,430	0,570
Bras	Épaule/coude	0,028	0,436	0,564
Membre supérieur	Épaule/poignet	0,050	0,530	0,470
Pied	Malléole lat./MTP II	0,0145	0,500	0,500
Jambe	Genou/malléolé méd.	0,0465	0,433	0,567
Cuisse	Hanche/genou	0,100	0,433	0,567
Membre inférieur	Hanche/malléole méd.	0,161	0,447	0,553

pour quelques segments la masse normalisée en fonction de celle de l'individu. Pour une masse totale de 70 kg, votre avant-bras a une masse de 1,12 kg (70 kg • 0,016 = 1,12 kg). Le tableau indique également les points de repère des articulations ainsi que la position des centres de masse segmentaires rapportés en relation avec la longueur de chaque segment défini par ses repères. Ainsi, pour un avant-bras de 0,255 m de long, le centre de masse est situé à 0,110 m (0,255 m • 0,430 = 0,110 m) de l'articulation proximale, soit le coude, comme l'indique la figure 4.14. Mais il est aussi bien situé à 0,145 m (0,255 m • 0,570 = 0,145 m) de l'articulation distale, soit celle du poignet.

La figure 4.15 illustre pour l'ensemble du corps la position des centres de masses segmentaires exprimée en pourcentage de la longueur des segments respectifs et par rapport aux articulations proximales et distales. Contrairement au centre de masse corporel qui peut se déplacer se-

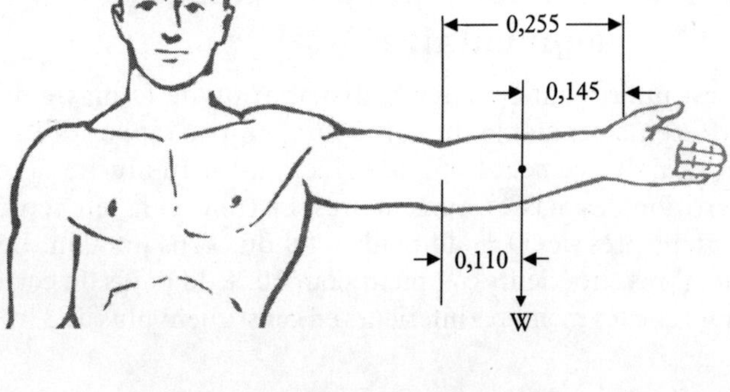

Figure 4.14

Le centre de masse de l'avant-bras est situé à 0,110 m du coude (articulation proximale) ou à 0,145 m du poignet (articulation distale).

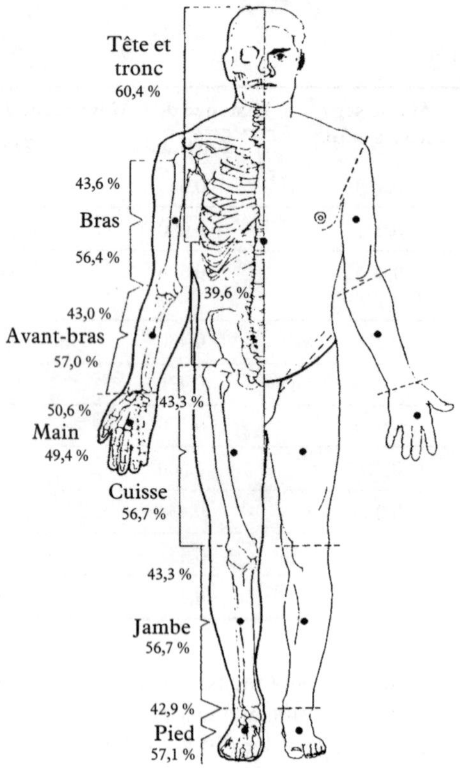

Figure 4.15

Position des centres de masse segmentaires exprimée en pourcentage de la longueur du segment. Reproduit avec permission de Williams et Lissner (Le Veau, B., 1977). Biomechanics of Human Motion. *W.B. Saunders Company, Philadelphia Pa.*

lon le mouvement des bras ou des jambes, le centre de masse segmentaire est fixe à l'intérieur du segment. Notons que, bien que le centre de masse soit fixe par rapport au segment, il peut se déplacer avec celui-ci, par rapport au reste du corps.

Contrôle des connaissances

C 4.7 Quelle est la masse de la cuisse d'une personne de 90 kg ?

C 4.8 Où est situé le centre de masse de la cuisse par rapport à la hanche et au genou si sa longueur est de 0,400 m ?

4.5.1 Distribution de la masse segmentaire

Il est intéressant de noter la distribution de la masse des différents segments du corps humain par rapport à l'axe vertical du segment tronc/tête. La figure 4.16 illustre la répartition des masses segmentaires. Le tronc et la tête représentent près de 60 % du poids total du corps humain. Les membres supérieurs comptent pour 10 % du poids du corps alors que les membres inférieurs en constituent plus de 32 %.

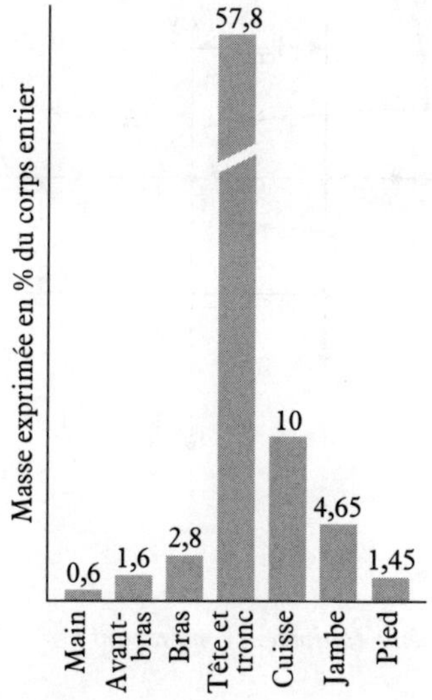

Figure 4.16
Distribution des masses segmentaires.

Les segments du membre supérieur et inférieur sont d'autant moins lourds que l'on s'éloigne de l'axe du tronc et cela dans un rapport d'environ 5:3:1 : le bras est 4,7 fois plus lourd que la main et l'avant-bras est 2,7 fois plus lourd que la main. Pour le membre inférieur, la cuisse fait 6,9 fois le poids du pied et la jambe 3,2.

L'effort nécessaire pour déplacer un segment dépend de sa masse et de la distance entre le centre de masse et l'axe de rotation. Or, les segments qui se déplacent le plus dans l'espace, comme la main ou le pied, sont les moins lourds, facilitant notamment la tâche de lancer ou de botter. C'est cette distribution des masses segmentaires du plus lourd au plus léger qui constitue le second principe de la biomécanique du mouvement humain.

Principe nº 2 : Les masses segmentaires les plus légères sont les plus éloignées du tronc.

Le fait d'avoir les masses segmentaires les plus légères aux extrémités nous favorise. Nos articulations font surtout partie d'un système de levier inter-moteur. C'est-à-dire que nous avons cédé l'avantage mécanique pour faciliter nos mouvements par un meilleur avantage cinématique. La position des masses segmentaires les plus lourdes près du tronc réduit l'effort musculaire que nous devons déployer dans un système de levier inefficace. Nous pouvons apprécier l'effet contraire en portant des poids aux poignets et aux chevilles ! Plusieurs sportifs s'entraînent de cette façon car des poids relativement légers deviennent un fardeau lorsqu'ils sont situés aux extrémités des membres.

4.5.2 Centre de masse combiné

En additionnant toutes les masses segmentaires on obtient la masse totale du corps. De la même façon, en tenant compte de tous les centres de masse segmentaire et de leurs valeurs individuelles on pourrait déterminer la position du centre de masse du corps humain. À titre d'exemple, calculons la position du centre de masse du complexe cuisse/jambe/pied tel qu'illustré à la figure 4.17.

Pour simplifier les calculs, on connaît déjà la masse de la cuisse, m_c, (7 kg) et celle du segment jambe-pied, m_{jp}, (4 kg). La position des centres de masse est aussi donnée. Il s'agit maintenant de déterminer la position du centre de masse combiné.

Pour déterminer la position du centre de masse on établit un système équivalent. C'est un peu comme échanger six œufs pour une demie douzaine. Dans l'exemple suivant, nous allons déterminer le centre de masse total ou combiné à partir de deux centres de masse segmentaires. On aurait pu aussi les estimer à partir de la masse corporelle de la personne et de ses propres longueurs segmentaires en se servant du ta-

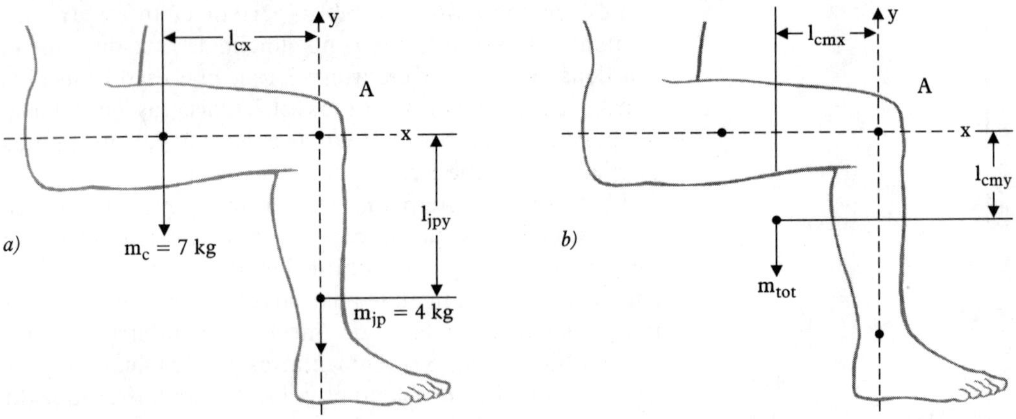

Figure 4.17

Les masses de la cuisse et du segment jambe/pied sont données en a). Un système équivalent comprenant l'ensemble cuisse/jambe/pied est représenté en b).

bleau 4.1. La figure 4.17 a) présente séparément la masse de la cuisse et celle du segment jambe/pied, alors que la figure 4.17 b) représente un système équivalent à une seule masse totalisant celle de la cuisse et du segment jambe/pied. Il s'agit de trouver le centre de masse de la masse équivalente ou totale. Si les masses segmentaires étaient similaires, la position du centre de masse combiné serait situé au point milieu. Cela correspondrait à la distance moyenne. Mais comme les masses segmentaires sont différentes, on effectue une moyenne pondérée en relation avec la distribution des masses. On effectue le calcul par rapport à un point donné, A, soit au genou dans ce cas particulier.

Au point A, se situe l'origine d'un système de coordonnées c'est-à-dire que l'on dresse un axe vertical (vers le haut) et un autre horizontal (vers la droite). L'axe vertical correspond à l'axe des y alors que l'axe horizontal est celui des x. Chaque axe constitue une échelle. Ici il s'agit d'une échelle de distance, mesurée en m. On identifie un point quelconque par une coordonnée correspondant au croisement des axes (échelles). Ainsi, l'origine ou le point A, possède les coordonnées 0,0, c'est-à-dire, zéro en x et zéro en y. Tous les points ou les coordonnées à gauche ou au-dessous de l'origine sont négatifs. Les coordonnées du centre de masse de la cuisse sont –0,227 m en x et 0,000 m en y (–0,227, 0,000). Lorsqu'une valeur est nulle, cela signifie que le point se situe sur un des axes. Le centre de masse de la cuisse se situe à gauche de l'origine et sur l'axe horizontal. Les coordonnées du centre de masse de la jambe/pied sont de 0,000 m en x et –0,240 m en y (0,000, –0,240).

Ce calcul s'apparente à celui du moment. Ici on ne considère pas l'effet de la gravité (9,8 m/s^2) car ce terme se retrouve de chaque côté de l'équation. Par contre si on le conserve, on a alors l'équation du moment car des Newton sont multipliés par une unité de longueur.

Données du problème pour l'axe des x (horizontal) :

Masse de la cuisse	m_c = 7 kg
Masse du segment jambe/pied	m_{jp} = 4 kg
Masse totale (7 + 4)	m_{tot} = 11 kg
Bras de levier de la cuisse en x	l_{cx} = – 0,227 m
Bras de levier du segment jambe/pied en x	l_{jpx} = 0,000 m (la ligne d'action passe par le point A donc aucun bras de levier en x)
Bras de levier de la masse totale	l_{cmx} = *à déterminer*

Pour déterminer la position du centre de masse combiné sur l'axe des x (axe horizontal), l_{cmx} on calcule l'effet de la cuisse et du segment jambe/pied à l'aide des données précédentes.

Effet cuisse	**Effet jambe/pied**	**Effet Complexe cuisse/jambe/pied ou total**
mc • l_{cx}	+ m_{jp} • l_{jpx}	= m_{tot} • l_{cmx}
7 kg • – 0,227 m	+ 4 kg • 0,000	= 11 • l_{cmx}
–1,589	+ 0,000	= 11 • l_{cmx}
–1,589/11		= l_{cmx}
–0,144 m		= l_{cmx}

ou 14,4 cm à gauche du point A.

Pour déterminer la position du centre de masse le long de l'axe des y, l_{cmy}, on procède de la même manière que pour trouver l_{cmx}. Cette fois-ci, par contre, les bras de levier ne sont plus pris à l'horizontale mais à la verticale et toujours par rapport au point A.

Données pour l'axe y (vertical) :

Bras de levier de la cuisse en y	l_{cy} = 0,000 m (la ligne d'action passe par le point A donc aucun bras de levier en y)
Bras de levier du segment jambe/pied en y	l_{jpy} = –0,240 m
Bras de levier de la masse totale	l_{cmy} = *à déterminer*

Pour déterminer la position du centre de masse combiné sur l'axe des y (axe vertical), l_{cmy} on calcule l'effet de la cuisse et du segment jambe/pied à l'aide des données précédentes.

Effet cuisse	**Effet jambe/pied**	**Effet total**
$m_c \cdot l_{cy}$	$+ m_{jp} \cdot l_{jpy}$	$= m_{tot} \cdot l_{cmy}$
7 kg • 0,000 m	+ 4 kg • –0,240	$= 11 \cdot l_{cmy}$
0,000	– 0,960 m	$= 11 \cdot l_{cmy}$
–0,960/11		$= l_{cmy}$
–0,087 m		$= l_{cmy}$

ou 8,73 cm en bas du point A. La coordonnée du centre de masse combiné est (–0,144, –0,087).

Contrôle des connaissances

C 4.9 Reprendre l'exemple ci-haut mais en situant l'origine (point A) à la hanche. La longueur de la cuisse est de 40 cm.

C 4.10 Reprendre l'exemple ci-haut mais situer par rapport au genou la position du centre de masse du complexe cuisse/jambe/pied lorsque le membre inférieur est en extension dans une position horizontale.

On utilise cette approche pour estimer le centre de masse corporel à partir de la position de tous les segments. Au lieu de deux segments, on en a plusieurs. À titre d'exemple, situons le centre de masse combiné des trois segments (tête/tronc, bras et avant-bras) illustrés à la figure 4.18. On établit un système équivalent ou total correspondant aux trois segments. Attention, l'origine, O, est située en bas à gauche. Les masses sont : tête/tronc = 40,0 kg, bras = 2,0 kg, avant-bras = 1,5 kg.

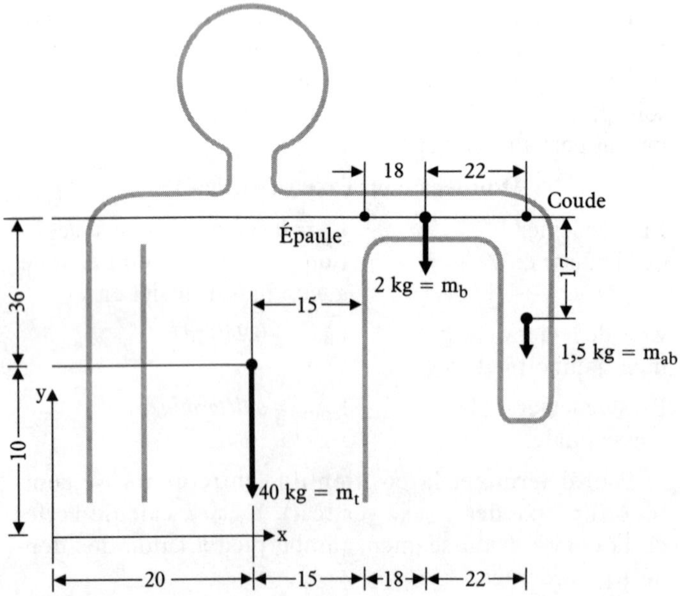

Figure 4.18

Localiser le centre de masse combiné des trois segments tête/tronc, bras et avant-bras par rapport à l'origine, 0. Les dimensions sont en cm. Les longueurs horizontales et verticales sont reprises en marge de la figure.

Effet tête/tronc	Effet bras	Effet avant-bras	Effet équivalent
$m_t \cdot l_t$	$+ m_b \cdot l_b$	$+ ma_b \cdot la_b$	$= m_{tot} \cdot l_{cmx}$
40 • 20	+ 2 • (20 + 15 + 18)	+ 1,5 • (20 + 15 + 18 + 22)	$= (43{,}5) \cdot l_{cmx}$
800	+ 106	+ 112,5	$= (43{,}5) \cdot l_{cmx}$
1 018,5			$= (43{,}5) \cdot l_{cmx}$
1 018,5/(43,5)			$= l_{cmx}$
23,4 cm			$= l_{cmx}$

Le centre de masse total est situé à 23,4 cm de l'origine ou à 3,4 cm à droite du centre de masse du segment tête/tronc.

Effet tête/tronc	Effet bras	Effet avant-bras	Effet équivalent
$m_t \cdot l_t$	$+ m_b \cdot l_b$	$+ ma_b \cdot la_b$	$= m_{tot} \cdot l_{cmy}$
40 • 10	+ 2 • (10 + 36)	+ 1,5 • (10 + 36 – 17)	$= (43{,}5) \cdot l_{cmy}$
400	+ 92	+ 43,5	$= (43{,}5) \cdot l_{cmy}$
535,5			$= (43{,}5) \cdot l_{cmy}$
535,5/(43,5)			$= l_{cmy}$
12,3 cm			$= l_{cmy}$

Le centre de masse total est situé à 12,3 cm de l'origine ou à 2,3 cm au-dessus du centre de masse du segment tête/tronc.

Contrôle des connaissances

C 4.11 Un individu porte un sac à dos de 20 kg et le centre de masse du sac se situe à 1,40 m de ses pieds; où sera situé le centre de masse combiné (personne et sac) ? On sait que le centre de masse de la personne couchée est à 0,94 m du point d'appui. Inspirez-vous de la figure 4.4.

4.5.3 Calcul avec positions inclinées

Dans les exemples précédents, les segments corporels étaient tous en position horizontale ou verticale pour faciliter les calculs. Lors d'une activité, les segments corporels prennent toutes sortes de position et sont souvent à un certain angle par rapport à l'horizontale ou à la verticale.

À titre d'exemple, prenons la figure 4.17 mais avec le genou fléchi à 30° par rapport à l'horizontale, les masses segmentaires et leur position demeurant inchangées. Les bras de leviers de la jambe sont toutefois différents alors que ceux de la cuisse demeurent les mêmes. Avant de pouvoir solutionner ce problème, il faut se rappeler certaines notions de trigonométrie (voir encadré, plus loin).

La figure 4.19 a) illustre comment le biceps maintient le bras horizontal (90° de flexion) en développant une force verticale de 500 N. Cette force est utilisée entièrement pour créer une flexion au coude et il n'y a aucune composante le long de l'axe du bras. C'est une force rotatoire. Si l'avant-bras fait une extension additionnelle de 20° (110°) tout en maintenant une force de 500 N, une composante de la force du biceps contrôle encore la rotation, F_r. Une autre force agit le long de l'axe du bras et sert à bien fixer l'avant-bras sur le bras au coude. C'est une force de coaptation, F_c. Pour la figure 4.19 b), les force rotative et de coaptation sont

$$\begin{aligned} F_r &= 500 \cos 20° \\ &= 500\,(0{,}940) \\ &= 469{,}8 \text{ N} \end{aligned}$$

$$\begin{aligned} F_c &= 500 \sin 20° \\ &= 500\,(0{,}342) \\ &= 171{,}0 \text{ N} \end{aligned}$$

Passons maintenant à un exemple de calcul du centre de masse combiné avec force oblique.

Les nouvelles données du problème de la figure 4.17 mais avec la jambe formant un angle de 30° avec l'horizontale sont :

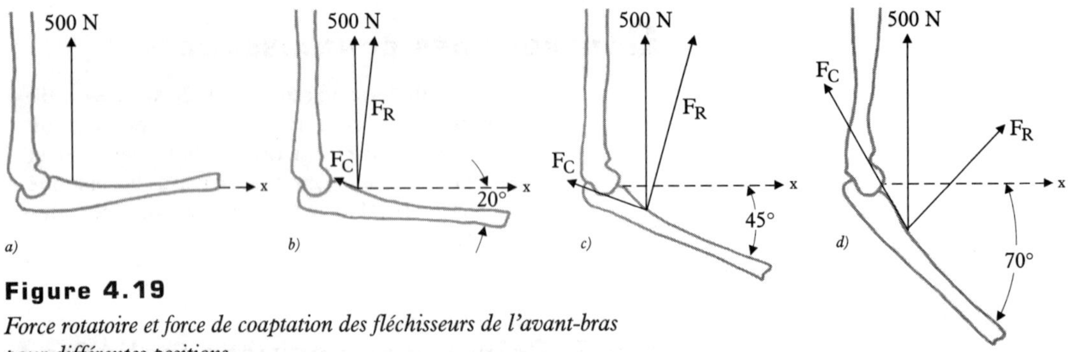

Figure 4.19

Force rotatoire et force de coaptation des fléchisseurs de l'avant-bras pour différentes positions.

CONTRÔLE DES CONNAISSANCES*

C 4.12 Si les côtés opposé et adjacent sont de 1 cm, quelle est la longueur de l'hypoténuse et quels sont les deux autres angles sachant qu'un des angles est de 90° ?

C 4.13 Quelle est la somme des trois angles d'un triangle droit dont les côtés sont de (ADJ) 3 cm, (OPP) 4 cm et (HYP) 5 cm ?

C 4.14 Quelles sont les forces rotatoire et de coaptation du biceps illustré aux figures 4.19 c) et 4.19 d) ?

* Lire l'encadré de la page suivante avant de solutionner ces problèmes.

NOTIONS DE TRIGONOMÉTRIE

Les principales notions de base à maîtriser en trigonométrie sont le sinus, le cosinus et la tangente. Ces notions sont définies à partir des côtés d'un triangle droit (figure 4.20). On y distingue, par rapport à un angle théta (θ), l'hypoténuse, qui est le côté le plus long, le côté opposé (à l'angle θ) et le côté adjacent (à l'angle θ).

Le sinus, le cosinus et la tangente expriment comment les côtés d'un triangle droit augmentent ou diminuent en relation avec l'angle théta pour une hypothénuse de longueur unitaire.

Le sinus (sin) exprime la variation de la longueur du côté opposé (OPP) par rapport à celle de l'hypothénuse (HYP).

$$\sin\theta = OPP/HYP \qquad (4.4)$$

Le cosinus (cos) exprime la variation de la longueur du côté adjacent (ADJ) par rapport à celle de l'hypothénuse (HYP).

$$\cos\theta = ADJ/HYP \qquad (4.5)$$

La tangente (tan) exprime la variation de la longueur du côté opposé (OPP) par rapport à celle du côté adjacent (ADJ).

$$\tan\theta = OPP/ADJ \qquad (4.6)$$

Les valeurs des sin, cos et tan sont répertoriées dans des tables trigonométriques données en partie dans l'annexe I et qui figurent aussi dans la mémoire des calculatrices. Si l'on connaît l'angle et la longueur d'un côté, on est en mesure de calculer les autres longueurs. De même, si l'on connaît les longueurs, l'angle peut aussi être calculé.

Le triangle de la figure 4.20 a les dimensions suivantes : HYP 5,0 cm, OPP 4,0 cm. Quel est l'angle ? Quelle est la longueur du côté adjacent ? À partir des deux longueurs et de l'équation 4.4, on obtient

$$\begin{aligned} \sin\theta &= OPP/HYP \\ &= 4{,}0/5{,}0 \\ &= 0{,}80 \end{aligned}$$

Une calculatrice ou le tableau de l'annexe 1 (colonne des sinus) associe un angle de 53,13° à une valeur de sinus de 0,800. Connaissant l'angle, la longueur du côté adjacent est obtenue par l'équation 4.5 et la valeur du cosinus de l'angle (cos 53,13° = 0,600) tiré du tableau de l'annexe 1 (colonne des cosinus).

$$\begin{aligned} \cos\theta &= ADJ/HYP \\ ADJ &= HYP \cdot \cos\theta \\ &= 5{,}0 \cdot 0{,}600 \\ &= 3{,}0\ \text{cm} \end{aligned}$$

Il y a une autre façon de déterminer la longueur du côté opposé en utilisant le théorème de Pythagore. L'hypothénuse est égale à la racine carré de la somme des carrés des longueurs des côtés où

$$HYP = (OPP^2 + ADJ^2)^{1/2} \qquad (4.7)$$

De l'équation 4.7 on obtient

$$\begin{aligned} HYP &= (OPP^2 + ADJ^2)^{1/2} \\ 5 &= (4^2 + ADJ^2)^{1/2} \\ 25 &= 16 + ADJ^2 \\ 25 &= 16 + ADJ^2 \\ ADJ^2 &= 25 - 16 \\ &= 9 \\ ADJ &= 3\ \text{cm} \end{aligned}$$

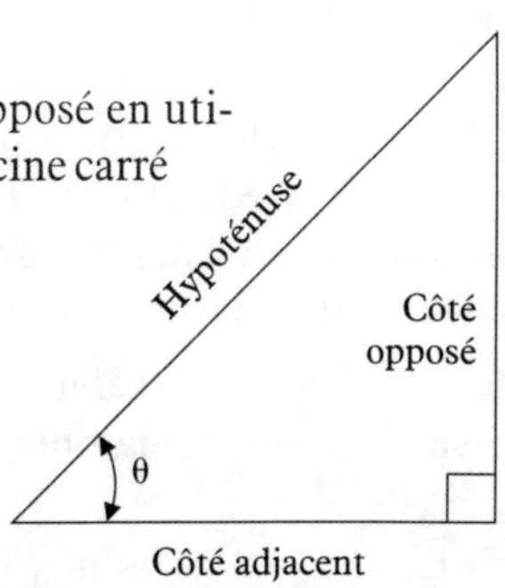

Figure 4.20

Les trois côtés d'un triangle droit et son angle théta.

Les données du problème sont :

Masse de la cuisse	m_c	= 7 kg
Masse du segment jambe/pied	m_{jp}	= 4 kg
Masse totale (7 + 4)	m_{tot}	= 11 kg

Position du centre de masse de la cuisse par rapport au genou

x :	– 0,227 m
y :	0,000 m
Distance du centre de masse au genou (distance mesurée le long de la jambe)	0,240 m

Bras de levier de la masse totale : l_{cmx} = *à déterminer*

l_{cmy} = *à déterminer*

À partir de ces données, il faut d'abord calculer les coordonnées des bras de levier du centre de masse de la jambe par rapport au genou, celles de la cuisse étant déjà connues. De l'angle de 30° et des règles trigonométriques, on obtient pour l'axe des x où x est le côté adjacent

$$
\begin{aligned}
\cos\theta &= \text{ADJ/HYP} \\
\text{ADJ} &= \text{HYP} \cdot \cos\theta \\
&= 0{,}240 \cdot \cos 30° \\
&= 0{,}240 \cdot 0{,}866 \\
&= 0{,}208 \text{ m}
\end{aligned}
$$

Le bras de levier a la coordonnée + 0,208 m en x car le centre de masse de la jambe est situé à la droite du genou.

Pour l'axe des y où y est le côté opposé, on obtient

$$
\begin{aligned}
\sin\theta &= \text{OPP/HYP} \\
\text{OPP} &= \text{HYP} \cdot \sin\theta \\
&= 0{,}240 \cdot \sin 30° \\
&= 0{,}240 \cdot 0{,}500 \\
&= 0{,}120 \text{ m}
\end{aligned}
$$

Le bras de levier a la coordonnée –0,120 m en y car le centre de masse de la jambe est situé en-dessous du genou. Maintenant on procède exactement comme auparavant mais en utilisant les nouvelles valeurs pour les coordonnées du centre de masse de la cuisse (+0,208, –0,120) :

Effet cuisse	**Effet jambe/pied**	**Effet complexe cuisse/jambe-pied ou total**
$mc \cdot l_{cx}$	$+ m_{jp} \cdot l_{jpx}$	$= m_{tot} \cdot l_{cmx}$
7 kg • –0,227 m	+ 4 kg • 0,208	$= 11 \cdot l_{cmx}$
–1,589	+ 0,832	$= 11 \cdot l_{cmx}$
(–1,589 +	0,832) ÷ 11	$= l_{cmx}$
	–0,069 m	$= l_{cmx}$

Saviez-vous que...

Pythagore (570-480 av. J.-C.) était un philosophe et un mathématicien grec. Le théorème qui porte son nom était connu des Babyloniens un millénaire avant lui !

ou 6,9 cm à gauche du genou.

Pour déterminer la position du centre de masse, l_{cmy}, le long de l'axe des y on procède de la même manière que pour trouver l_{cmx} :

Effet cuisse	**Effet jambe/pied**	**Effet total**
$m_c \cdot l_{cy}$	$+ m_{jp} \cdot l_{jpy}$	$= m_{tot} \cdot l_{cmx}$
7 kg • 0,000 m	+ 4 kg • –0,120	$= 11 \cdot l_{cmx}$
0,000	–0,480 m	$= 11 \cdot l_{cmx}$
	–0,480/11	$= l_{cmx}$
	–0,044 m	$= l_{cmx}$

ou 4,4 cm en bas du genou. La coordonnée du centre de masse combiné est (-0,069, –0,044).

Pour l'exemple précédant, les fonctions trigonométriques ont servi au calcul des bras de leviers. Ainsi pour calculer les moments, on peut décomposer les forces en leur composantes, rapporter les distances le long des axes horizontal et vertical ou faire les deux. De cette façon, on peut trouver une manière de calculer les moments.

Contrôle des connaissances

C 4.15 Pour les téméraires, reprendre l'exemple de la figure 4.18 mais avec un avant-bras faisant un angle de 25° avec l'horizontale. (À noter que l'avant-bras est plus bas que le coude.)

4.6 MESURES ANTHROPOMÉTRIQUES

Avec la Renaissance, le corps humain est considéré comme un système mécanique complexe composé de leviers et de poulies activés par des muscles. On cherche alors à déterminer ses caractéristiques anthropométriques. La méthode de la planche, illustrée à la figure 4.4 fut développée à cette époque par Alphonso Borelli. Mais on a du attendre jusqu'au milieu du XIXe siècle pour que l'intérêt des études anthropométriques reprennent. Avec l'évolution de la cinématographie, on avait besoin des données sur les masses segmentaires et autres caractéristiques inertielles du corps humain. Entre 1850 et 1950, plusieurs études furent réalisées sur un nombre limité de cadavres. À partir de 1951, la qualité et la quantité de mesures s'améliorent, de nouvelles techniques sont proposées et les expériences se font sur des sujets vivants et encore sur des cadavres. Dempster (1955) a effectué des mesures directement sur huit cadavres. Il est un des principaux artisans du tableau 4.1 présenté plus haut. D'autres ont fait simplement des rapports de poids et de statures. Il y a aussi la méthode du *quick release* présenté par Bouisset et Pertuzon (1968) où le segment maintenu par une force connue est libéré spontanément. On peut également faire osciller le membre et à partir de sa fréquence naturelle estimer ses propriétés inertielles. Aujourd'hui, la technologie médicale comme la radiographie, la tomographie et les système à résonnance magnétique nous permettent d'obtenir des valeurs propres à chaque personne. Jensen (1989) a utilisé la photographie pour obtenir la forme externe du corps humain. Il a produit des données anthropométriques pour les enfant, les jeunes adultes, les personnes âgées ainsi que pour les femmes durant les stades de grossesse. Zatsiorski *et al.,* (1990) fait état des différentes techniques pour estimer les paramètres anthropométriques. Ils ont eux-même mesuré directement la masse segmentaire et sa distribution *in vivo* au moyen d'une méthode radiographique faisant appel aux rayons gamma. Bien que les données individualisées sont préférables, il n'en demeure pas moins que les valeurs normalisées qu'on retrouve dans les tableaux anthropométriques sont adéquats pour nos besoins.

À l'aide du tableau 4.1, on peut facilement déterminer la masse des segments corporels et du poids corporel ainsi que la position du centre de masse à partir des longueurs segmentaires. Bien que cette méthode soit relativement simple et aisée à appliquer, elle comporte plusieurs limitations. Les rapports exprimés au tableau 4.1 proviennent d'un nombre limité d'observations et ne tiennent pas compte du type morphologique. Ainsi pour deux personnes de même taille, les centres de masse segmentaires seront situés aux mêmes endroits peu importe si l'une est très musclée par rapport à l'autre. Il en est de même pour les centres de masse segmentaires d'un enfant et d'un adulte.

Afin d'individualiser les paramètres anthropométriques, on a élaboré des modèles géométriques du corps humain tenant compte de la forme des différents segments et de leur densité. Vaughan *et al.,* (1992) ont décrit le corps humain par des formes cylindriques ou coniques telles qu'à la figure 4.21.

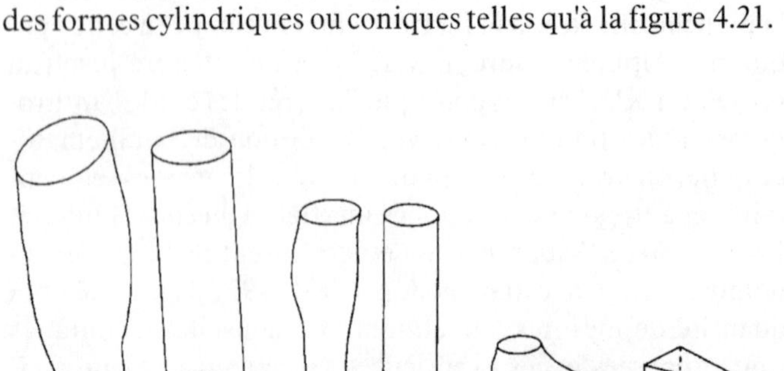

Figure 4.21

Formes géométriques utilisées par Vaughan et al., (1992). Reproduit avec permission, de Vaughan, C.L., Davis, B.L. et O'Connor. J.C. (1992). Dynamics of Human Gait. *Human Kinetics Publishers, Champaign, Ill.*

À partir de quelques longueurs et de quelques circonférences, on est capable d'estimer les masses segmentaires et de situer les centres articulaires et les centres de masses segmentaires du membre inférieur. À titre d'exemple, la masse de la cuisse, m_c et sa position par rapport à la hanche, cm_c sont données par

$$m_c = 0,1032\,(m_{tot}) + 12,76\,(l_{cir})^2\,(l_c) - 1,023 \qquad (4.8)$$
$$cm_c = 0,39\,(l_c) \qquad (4.9)$$

où m_{tot} est la masse totale et l_{cir} est la circonférence (m) à la mi-cuisse.

Zatsiorsky *et al.*, (1990) ont eux aussi associé la masse segmentaire (kg) et sa position à la masse totale en kg et à la longueur segmentaire exprimée en cm. Pour la cuisse, ils obtiennent

$$m_c = -2,649 + 0,1463\,(m_{tot}) + 0,0137\,(l_c) \qquad (4.10)$$
$$cm_c = -2,420 + 0,038(m_{tot}) + 0,135\,(l_c) \qquad (4.11)$$

Contrôle des connaissances

C 4.16 Pour une personne de 70 kg dont la longueur de la cuisse est de 40 cm et la circonférence à la mi-cuisse de 40 cm, calculer la masse de la cuisse et la position de son centre de masse par rapport à la hanche en vous servant du tableau 4.1 et des équations 4.8 et 4.9 de Vaughan *et al.*, (1992).

C 4.17 Pour une personne de 60 kg dont la longueur de la cuisse est de 35 cm calculer la masse de la cuisse et la position de son centre de masse par rapport à la hanche si la circonférence à la mi-cuisse est de : a) 40 cm et b) 60 cm en vous servant des équations 4.8 et 4.9 de Vaughan *et al.*, (1992).

Il est important de noter que les repères anatomiques de Zatsiorsky (1990) ne sont pas les mêmes que ceux de Dempster (1955) ou ceux de Winter (1990), Jensen *et al.* (1989) et de Vaughan (1992). En effet, Zatsiorsky (1990) utilise la crête iliaque antérieure ou supérieure pour localiser le centre de masse de la cuisse. Il faut donc porter une attention particulière aux conditions d'application des données expérimentales.

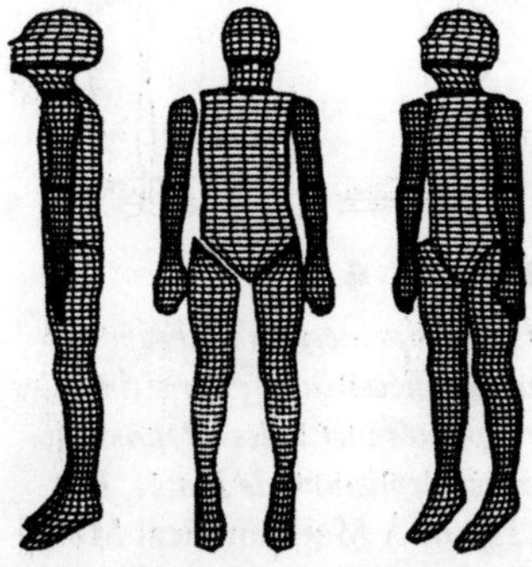

Figure 4.22
Modèle géométrique de Jensen et al., *(1988).*

Jenson et Nassas (1988) modélisent l'ensemble du corps en 17 segments, tel qu'illustré à la figure 4.22. Il est divisé en plusieurs zones elliptiques de 2 cm d'épaisseur et de densité connue. L'étude a été réalisée chez 12 garçons et s'échelonne sur une période de 9 ans. L'erreur sur l'estimation de la masse des sujets d'expérience est de 0,82 % alors que celle sur la position du centre de masse varie entre 1,64 % et 3,0 %. Tout comme Vaughan (1992), ils ont établi des équations de régression permettant de calculer les paramètres anthropométriques pour un créneau d'âge de quatre à vingt ans.

L'utilisation des équations de régression pour estimer les masses segmentaires constitue une grande amélioration sur l'estimation faite à partir de la masse corporelle et des longueurs segmentaires. Néanmoins, elle comporte des risques d'erreur assez élevés à cause du nombre restreint de mesures sur les sujets. Jensen (1989) estime la masse de la cuisse en fonction de l'âge par

$$m_c = \{0{,}04309 + 0{,}0088978\ (ans) - 0{,}00027425\ (ans)^2\}\ m_{tot} \quad (4.12)$$

Le modèle d'Hatze (1980), illustré à la figure 4.23, comporte 17 segments et demande 242 mesures anthropométriques. L'erreur moyenne de 3 % entre les valeurs estimées et réelles est relativement faible mais demande près de 80 minutes de prise de mesures !

Il est important de s'en tenir à une seule source de référence à la fois. C'est-à-dire qu'il ne faut pas prendre les équations de Vaughan (1992) pour estimer les masses segmentaires et celle de Winter (1990) pour calculer leur position par rapport à une articulation. On peut facilement comprendre l'erreur lorsqu'on pense que les données de Zatsiorsky (1990) ne correspondent pas exactement aux repères anatomiques des autres. De plus, le nombre et les caractéristiques anthropométriques des sujets d'expérience ne sont pas pareils d'une étude à l'autre. Hatze (1980) présente des données de quatre sujets dont celles d'un jeune. Les sujets de Jensen (1989) sont souvent des jeunes, bien qu'une de ses études portent sur les caractéristiques de gens âgés.

Contrôle des connaissances

C 4.18 Pour une personne de 70 kg âgée de 18 ans et dont la longueur de la cuisse est de 40 cm et la circonférence à la mi-cuisse est de 40 cm, calculer la masse de la cuisse en vous servant de l'équation 4.12 de Jensen (1989) et celles (4.10) de Zatsiorski (1990). Comparer vos réponses à celle obtenue à l'aide du tableau 4.1 et de l'équation 4.8 de Vaughan ?

C 4.19 Pour une personne de 70 kg dont la longueur de la cuisse est de 40 cm calculer la position du centre de masse de la cuisse en vous servant de l'équation 4.11 de Zatsiorski (1990). Comparer vos réponses à celle obtenue à l'aide du tableau 4.1 et de équation 4.9 de Vaughan.

En somme, nous sommes capables d'avoir une bonne estimation des paramètres anthropométriques à partir de la masse corporelle et des longueurs segmentaires. L'utilisation de équations de régression nous permettent d'affiner notre

Saviez-vous que...

Selon Vitruvius, un architecte romain, nous pouvons estimer notre taille en multipliant la longueur de notre main par 10. Notre taille correspond à peu près à la distance entre les doigts lorsqu'on tient les bras tendus de chaque côté du corps.

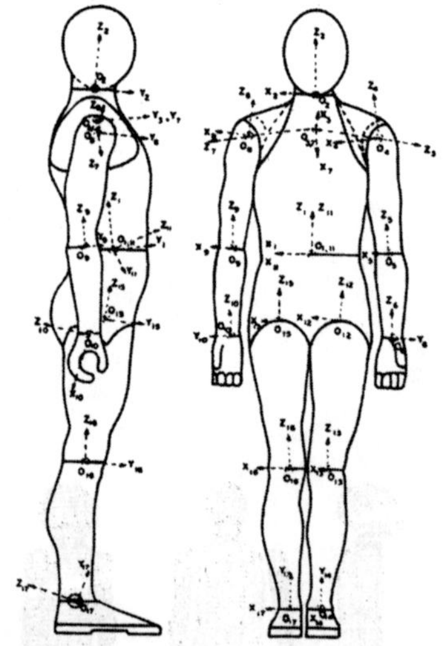

Figure 4.23

Détail des mesures anthropométriques nécessaires pour estimer les propriétés inertielles. Reproduit, avec permission, de Hatze, H. (1980). A Mathematical Model for the Computational Determination of Parameter Values of Anthropomorphic Segments. *J. of Biomechanics, 13, p. 835.*

estimation mais exige souvent un plus grand nombre de mesures.

Dans ce chapitre, nous avons abordé la notion de centre de masse corporel et comment sa position est dépendante de la position et de l'orientation des masses segmentaires. Nous pouvons profiter du fait que le centre de masse corporel peut se situer à l'extérieur du corps en rapprochant le tronc des membres inférieurs lors d'un plongeon ou en déplaçant consécutivement nos masses segmentaires au-dessus de la barre horizontale lors d'un saut en hauteur. La méthode de calcul des centres de masses combinés permet à l'aide des masses segmentaires et de leur positions respectives, de calculer la position du centre de masse corporel à chaque instant durant une activité physique ou sportive. Avant d'exploiter cette notion du centre de masse corporel dans le but de décrire la trajectoire aérienne d'un athlète lors d'un saut en hauteur, le prochain chapitre va nous indiquer ce qu'il faut faire pour dégager les principales tâches fonctionnelles lors d'activités sportives.

chapitre CINQ

ÉVÉNEMENTS, PHASES ET PÉRIODES

Objectifs d'apprentissage

1 Savoir distinguer entre événement, phase et période.

2 Appliquer ces définitions et connaître les termes spécifiques au saut en longueur, à la marche et à la course.

3 Savoir définir vitesse moyenne, cadence, pas, foulée, cycle de marche.

4 Connaître les caractéristiques de la course à pied et du départ au sprint.

5 Nommer, décrire et connaître les avantages et les limitations de certains instruments de mesure temporelle.

5.1 INTRODUCTION

En athlétisme comme en gymnastique et en natation, l'activité globale de l'athlète est composée d'éléments fondamentaux et d'éléments particuliers. À titre d'exemple, la course et la suspension aérienne sont des éléments communs aux sauts, aux plongeons et aux saltos, alors que le ramené des jambes est plus spécifique au saut en longueur. Ces éléments peuvent eux aussi comprendre des sous-ensembles. La course est à son tour découpée en phases de support et d'oscillation.

Les différentes périodes et phases caractérisant le mouvement dans son ensemble ainsi que les événements qui les délimitent seront décrits à travers le saut en longueur. Le saut en longueur a été tout particulièrement sélectionné à cause de sa diversité d'éléments de base et du nombre imposant de principes fondamentaux associés au mouvement. Deux autres exemples, à savoir la marche et la course, sont également traités à cause de leur importance dans les activités quotidiennes.

5.2 ÉVÉNEMENTS, PHASES ET PÉRIODES

Le début et la fin d'une activité sont démarqués par des événements ou incidents ponctuels bien identifiables. Par exemple, la suspension (partie aérienne du mouvement) s'amorce lorsque le sauteur quitte le sol, et se termine au contact avec le sol : ce sont des événements. Ils sont parfois difficiles à repérer à l'œil nu. L'utilisation de caméras vidéo permet de fixer le mouvement dans le temps et ainsi bien déterminer ces événements critiques.

Si l'activité principale peut se subdiviser, ces sous-activités porteront le nom de phases. La phase est une partie importante et fondamentale du mouvement ayant une durée précise et délimitée par des événements ponctuels. La figure 5.1 présente la position corporelle d'un sauteur à différents moments dans le temps. On y reconnaît quatre phases, à savoir la course d'élan, l'impulsion, la suspension et la réception.

La première phase, soit la course d'élan, est tout simplement une course préparatoire dont les objectifs sont d'acquérir de la vitesse et de bien viser la planche. Si le pied d'élan dépasse la planche, le saut est raté. La course d'élan débute en position d'arrêt, bien avant la position 1 de la figure 5.1 et se termine par le contact initial avec la planche (position 3) où commence la seconde phase, celle de l'impulsion. La course d'élan dure 3 secondes ou plus selon la distance horizontale entre le sauteur et la planche d'appel.

La course, l'avant-dernier appui et le dernier appui sont des sous-phases ou périodes de la course d'élan. Celles-ci sont aussi nettement identifiées par des événements. Les phases, les périodes et les événements propres au saut en longueur sont résumés au tableau 5.1. On note que certains événements portent le même nom que leur période. Il faut éviter de les confondre.

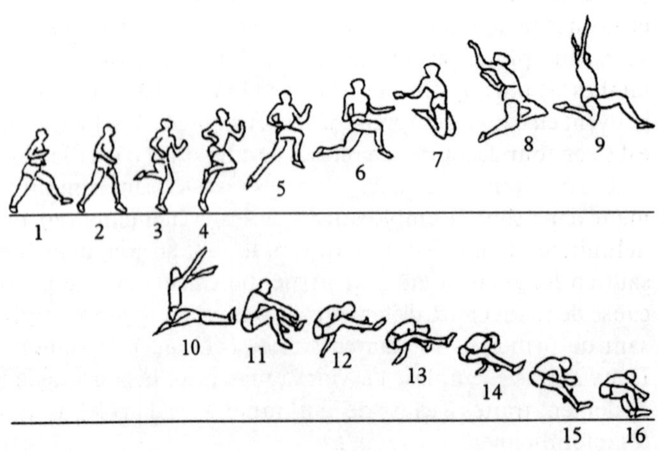

Figure 5.1

Le saut en longueur et ses différentes phases :
1, 2, 3 : la course d'élan;
3, 4 : l'impulsion;
4 à 15 : la suspension;
16 : la réception.
D'après Houvion, M., Prost, R. et Raffin-Peyloz (1988). Traité d'athlétisme; les sauts. *Éditions Vigot, Paris (avec permission).*

Tableau 5.1

Phases, périodes et événements du saut en longueur.

Phase	Période (initiale)	Événement
Course d'élan	Course Avant-dernier appui Dernier appui	Arrêt Avant-dernier appui Dernier appui
Impulsion	Griffé Poussée	Contact initial Pied-plat
Suspension	Grandissement Ramené des jambes	Contact terminal Apogée
Réception		Impact

Dans la première période de la course d'élan, la course, le sauteur cherche à développer la plus grande vitesse possible. Lors de l'avant-dernier appui (position 1, figure 5.1) et du dernier appui (positions 2 à 4, figure 5.1 et figure 5.2 a et b), le sauteur fait les ajustements nécessaires pour atteindre la planche d'appel. Au dernier appui, le centre de masse s'abaisse légèrement sans perdre de vitesse. Cela correspond à une légère flexion du genou de la jambe portante, l'autre genou pointant vers le bas, préparant la phase suivante de l'impulsion.

La seconde phase, à savoir celle de l'impulsion, débute par le contact initial avec la planche, événement final de la course d'élan, et se termine lorsque le sauteur quitte le sol. Elle comprend les périodes de griffé et de poussée. Le griffé et la poussée ne durent que très peu de temps et ne sont pas tout à fait bien représentés à la figure 5.1. Le griffé correspond à l'impact du pied qui s'écrase légèrement (pied-plat) sur la planche.

Tout de suite après le griffé vient la poussée. Elle dure entre 10 et 15 centièmes de seconde pour les champions et débute par le pied-plat. C'est là que le genou de la jambe

Figure 5.2

Le saut en longueur et ses différentes phases, comprenant une bonne illustration de la réception. D'après Houvion, M., Prost, R. et Raffin-Peyloz (1988). Traité d'athlétisme; les sauts. *Éditions Vigot, Paris (avec permission).*

libre monte et se déplace vers l'avant et la jambe portante s'allonge complètement dans une détente pour catapulter le sauteur vers l'avant et dans les airs où se termine cette période (contact terminal). En se propulsant, le sauteur crée une rotation vers l'avant comme s'il trébuchait.

La troisième phase, la suspension, se termine à l'impact au sol. Elle comprend les périodes de grandissement et du ramené des jambes. La rotation vers l'avant force une chute prématurée du centre de masse qui ne parcourrait qu'une partie de la courbe idéale. L'athlète tombe vite au sol en déséquilibre avant. Durant le grandissement, le sauteur va enrayer la rotation avant en écartant ses membres supérieurs et inférieurs comme aux positions 5 à 9 de la figure 5.1 ou à la figure 5.2, c à e. Cette extension ou ciseau des membres inférieurs entraîne un redressement de l'athlète et une élévation du centre de masse comme l'indique le nom de cette période. Celle-ci se termine au moment où le centre de masse atteint son point le plus élevé ou apogée (position 10 de la figure 5.1 ou figure 5.2 f) de sa trajectoire aérienne.

Le ramené des jambes s'amorce à l'apogée où le corps entre dans une chute libre (positions 11 à 16 de la figure 5.1 ou figure 5.2, g à i) jusqu'à l'impact. Le tronc fléchit; les bras, entre les jambes, sont portés vers l'arrière (position 12) pour entraîner les jambes vers l'avant.

La suspension correspond à 10 % du résultat final par rapport à la course d'élan (50 %) et à l'impulsion (40 %). Le fait que seule la gravité agit sur l'athlète lorsque celui-ci est dans les airs explique en grande partie la diversification dans les styles, les techniques adoptées et les tendances individuelles durant cette phase.

Dans la dernière phase, la réception, les jambes fléchissent pour amortir l'impact. Cette poussée vers l'arrière doit être compensée par le mouvement des bras vers l'avant pour éviter que le sauteur bascule vers l'arrière. En effet, la distance est mesurée entre le point de contact au sol le plus rapproché de la planche et celle-ci, peu importe si les mains ont touché le sol à l'arrière des pieds.

CONTRÔLE DES CONNAISSANCES

C 5.1 Quelle est la phase entre la course d'élan et la suspension dans le saut en longueur ?

C 5.2 Quelle est la période délimitée par le contact initial et le pied-plat dans la phase d'impulsion ?

C 5.3 Quels événements délimitent le ramené des jambes dans le saut en longueur ?

5.3 APPLICATIONS

La description temporelle est l'étape initiale de l'analyse du mouvement. On ne peut s'exprimer clairement que si l'on en maîtrise les différentes phases. La description temporelle s'applique à toutes les activités. Parmi celles-ci, nous allons retenir la marche et la course, deux activités de base.

5.3.1 Marche

La marche est une activité qui nous apparaît tout à fait naturelle et même banale. Il suffit d'avoir des ampoules aux pieds pour comprendre combien cette activité nous est essentielle et complexe.

Même avant les systèmes informatisés, Braune et Fisher (1894) ont décrit de manière quantitative le déplacement du corps humain durant la marche normale. Perry et Hislop (1967) sont parmi les premiers à proposer une terminologie pour décrire les différentes phases et périodes de la marche normale. Inman *et al.*, (1981) présentent tout comme Braune et Fisher, la mécanique de la marche, mais en ajoutant une section sur le coût énergétique et l'activité musculaire. Winter (1987) fait une mise à jour de la terminologie descriptive de la marche et, lui aussi, rapporte des données sur le déplacement, les forces aux articulations et l'activité musculaire.

La marche est divisée en deux phases, à savoir celle de support et celle d'oscillation (figure 5.3). La phase de support débute au contact initial du pied avec le sol. Normalement, c'est le talon qui touche au sol en premier. Néanmoins, dans certaines pathologies, le premier contact est réalisé par le bout du pied (dystrophie musculaire de Duchenne) ou par le pied au complet (paralysie neuromusculaire). La fin de la phase de support et le début de l'oscillation sont délimités par le contact terminal (décollement des orteils).

Un cycle de marche commence au contact initial d'un pied (0 %) et se termine par le contact initial subséquent du même pied (100 %). La figure 5.4 illustre bien la relation entre le pas et la foulée. La distance parcourue entre chaque contact du même pied correspond à la foulée alors

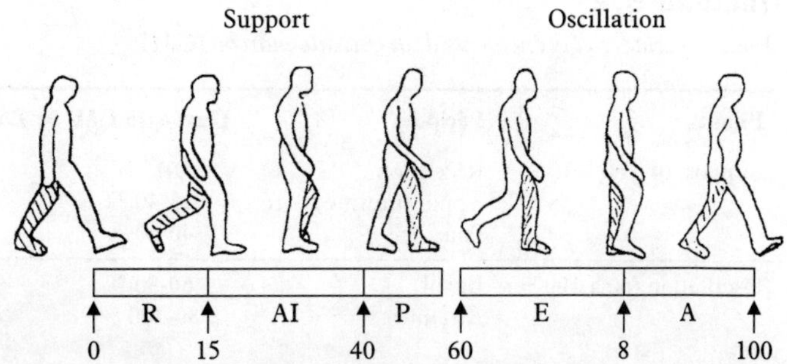

Figure 5.3
Phases et périodes du cycle de la marche. La phase de support comprend 3 périodes : la réception R, l'appui intermédiaire AI, et la poussée P, alors que la phase d'oscillation n'en a que 2, l'envol E et l'atteinte A.

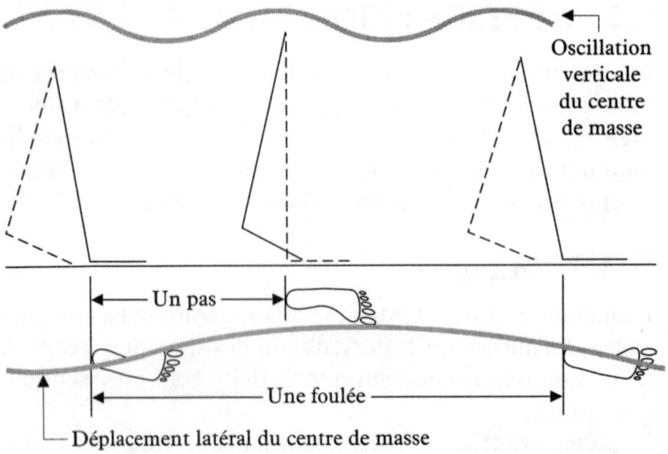

Figure 5.4

Relation entre le pas et la foulée. Les lignes pleines correspondent à la jambe droite alors que les lignes pointillées représentent la jambe gauche et les lignes continues indiquent la trajectoire du centre de masse.

que la distance entre chaque pied constitue le pas. Ainsi, il faut faire un pas avec chaque jambe pour compléter une seule foulée. Le cycle de marche normal ou naturel dure près de 1,1 seconde.

Durant la marche, nous nous déplaçons vers l'avant en effectuant un mouvement latéral de va-et-vient dont l'amplitude maximale se produit chaque fois qu'une des jambes est en phase de support. Ce balancement est aussi accompagné par une oscillation verticale du centre de masse comme l'indique la figure 5.4. Cela représente des déplacements de l'ordre de 4 cm dans chacune des deux directions.

Le tableau 5.2 résume les phases et les périodes caractéristiques de la marche ainsi que leur durée. La phase de support correspond à 60 % du cycle de marche, soit 0,66 s ou 660 millisecondes (660 ms). On y distingue trois périodes : la réception du poids (*weight acceptance*) est délimitée par le contact initial et le moment où le genou a une flexion maximale dans cette phase; celle-ci ne dure que 15 % du cycle; elle est suivie par l'appui intermédiaire (*mid-stance*), qui occupe près de 25 % du temps du cycle de la marche; l'appui intermédiaire se termine à l'instant où la cheville amorce une

Tableau 5.2

Phases, périodes et événements d'un cycle de marche (CM).

Phase	Période	Durée du CM	Durée (relative)	Événement (initial)
Support (0 à 60 %)	Réception	0-15 %	15 %	Contact initial
	Appui intermédiaire	15-40 %	25 %	Flexion du genou
	Poussée	40-60 %	20 %	Talon quitte le sol
Oscillation (60 à 100 %)	Envol	60-80 %	20 %	Pied quitte le sol
	Atteinte	80-100 %	20 %	Pied passe devant l'autre jambe

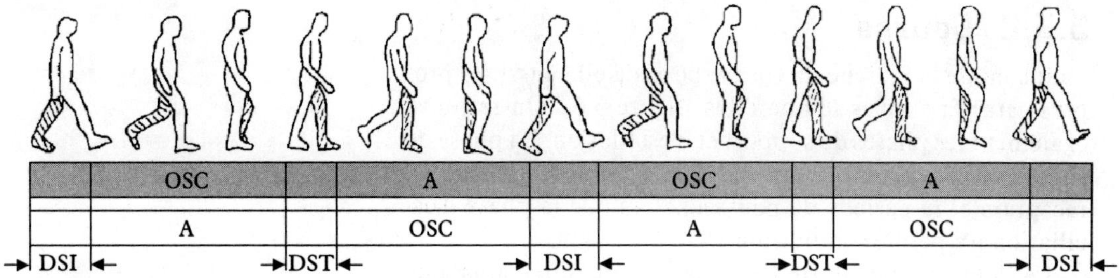

Figure 5.5

Les phases de la jambe gauche sont représentées par la zone grise alors que celles de la jambe droite sont plus claires. OSC : oscillation; A : appui unilatéral; DSI : double support initial jambe droite; DST : double support terminal jambe droite.

flexion plantaire, soit un peu après que le talon quitte le sol (décollement du talon); finalement, jusqu'à la fin de la phase de support, soit 20 % du cycle, on retrouve la période de poussée, correspondant à la propulsion de la jambe vers l'avant.

La phase d'oscillation ne comprend que deux périodes d'égale durée. L'envol (*lift-off*) ou l'oscillation initiale débute au moment où le pied quitte le sol, et se termine au milieu de la durée de la phase d'oscillation. L'atteinte (*reach*) ou l'oscillation terminale complète la phase d'oscillation. Comme l'oscillation correspond à 40 % du cycle de marche, l'envol et l'atteinte occupent chacun 20 % du cycle.

La phase de support est plus longue que celle de l'oscillation de 20 %. Il y a forcément un temps où les pieds sont simultanément en contact avec le sol. Il s'agit du double support et cela se produit deux fois dans le cycle de marche. La figure 5.5 illustre cette synchronisation des membres inférieurs durant la marche. Le double support initial se produit à l'instant du contact initial d'une jambe et se termine quand la jambe controlatérale quitte le sol. La seconde période de double support ou de double support terminal se produit vers la fin de la poussée, au moment où la jambe controlatérale qui était en oscillation retourne au sol. Les doubles supports sont également répartis et correspondent à 10 % du cycle de marche. Lorsqu'une jambe est en double support initial, l'autre est en double support terminal. À tout autre moment la jambe est en appui unilatéral ou en oscillation pour une durée de 40 % du cycle de marche.

Contrôle des connaissances

C 5.4 Que fait la jambe controlatérale lors de l'appui unilatéral ?

C 5.5 Durant la poussée, que fait l'autre jambe ?

5.3.2 Course

Tout comme la marche, la course possède elle aussi ses propres caractéristiques temporelles (figure 5.6). On retrouve également les phases de support et d'oscillation. La phase de support n'est cependant divisée qu'en deux, la période de réception et la période de poussée, alors que la phase d'oscillation n'a pas de subdivision.

La figure 5.7 démontre les variations de durée ainsi que les phases de support et d'oscillation en fonction de la vitesse de marche et de course. La durée relative des phases de support et d'oscillation est variable selon la vitesse de la course. Pour la marche, on a un rapport support/oscillation de 60/40. Ce rapport diminue avec la vitesse de locomotion. Pour la marche rapide, ce rapport est de 50/50 alors que pour la course il est de 30/70 et pour le sprint seulement de 20/80 (Vaughan, 1984).

Avec une augmentation de la vitesse, les doubles supports diminuent pour finalement disparaître complètement durant la course. L'absence de double support caractérise la course et la distingue de la marche. Comme les phases de support et d'oscillation ne sont pas égales, on retrouve un envol à l'opposé des doubles supports de la marche. La durée de l'envol est la différence entre le temps passé en phase d'oscillation et celui passé en phase de support. Donc, pour une course de 5,0 m/s, la figure 5.7 indique un envol correspondant à 40 % du cycle de la course alors que pour une course de 9,0 m/s, l'envol est de 60 %.

La vitesse de course est modulée par la cadence ou le nombre de pas par minute et la longueur de l'enjambée. À la figure 5.8 a), on note que la vitesse augmente régulièrement avec une augmentation de la longueur de l'enjambée. À partir de 7 m/s, la vitesse continue d'augmenter malgré un plafonnement de la longueur de l'enjambée. Jusqu'à peu près 5 m/s, la cadence (figure 5.8 b) reste stable; donc l'augmentation de la vitesse en dessous de 5 m/s résulte d'une augmentation de la longueur de l'enjambée. Entre 5 et 7 m/s la

Saviez-vous que...

L'homme se classerait à peu près cinquième, juste derrière le chameau dans une course olympique ouverte à toutes les espèces ! Le léopard arriverait bon premier avec une vitesse moyenne de 112 k m/h suivi de près de la gazelle (96 km/h). Avec une vitesse de 64 km/h vient ensuite le cheval, suivi du chameau (43 km/h) et de l'homme (40 km/h). La tortue serait bien la moins rapide (1,6 k m/h) mais pas nécessairement la dernière !

Figure 5.6

Phases de la course : support (2 à 4); oscillation (4 à 9). À la course, il n'y a pas de double support, mais un envol (4 et 5 ainsi que 7 et 8).

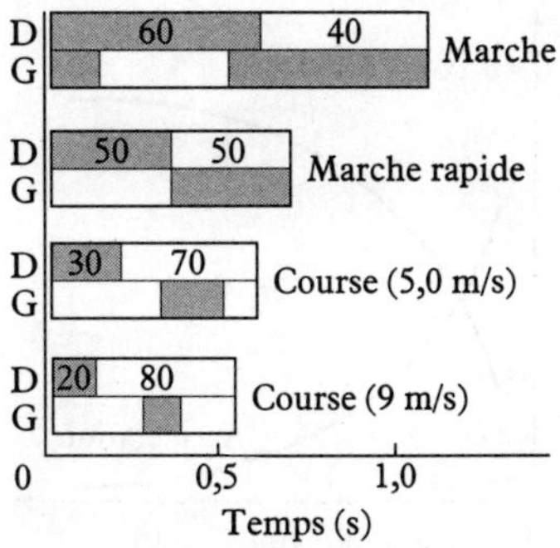

Figure 5.7

Relation entre la phase de support et l'oscillation durant la marche, la marche rapide et la course (d'après Vaughan et al., *1984).*

cadence et la longueur de l'enjambée s'accroissent simultanément et après 7 m/s, la cadence est à elle seule responsable de l'augmentation de vitesse. Il est important de souligner qu'un coureur n'a pas qu'une seule longueur d'enjambée. Celle-ci varie selon la vitesse de course et la surface du terrain. Le coureur va aussi adapter sa longueur d'enjambée en la réduisant en montant une pente ou en l'augmentant en descendant.

La consommation d'oxygène est rapportée en fonction de la longueur d'enjambée à la figure 5.9 pour deux athlètes courant à une vitesse de 3,8 m/s. Pour ceux-ci, il existe une longueur optimale de l'enjambée où la consommation d'oxygène est minimale. Une variation de 5 % à 10 % dans la longueur de l'enjambée entraîne aussitôt une augmentation de la consommation d'énergie. Les athlètes de grande taille n'ont pas nécessairement une longueur de foulée optimale plus

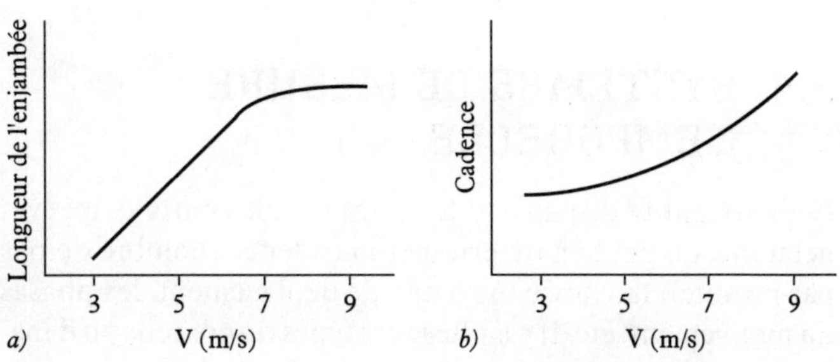

Figure 5.8

La vitesse linéaire à la course est mise en relation avec a) la longueur de l'enjambée et b) la cadence.

longue que celle d'un coureur de taille plus petite. Comme la relation entre la taille d'un athlète et la longueur de son enjambée n'est pas très forte, elle ne peut pas être utilisée pour prédire la longueur d'enjambée.

Les blessures à la course se produisent le plus fréquemment durant la phase de support. Celle-ci ne dure que deux dixième de seconde à une vitesse de course de 3,8 m/s sur un cycle de course de 0,700 s. Le risque de blessure est plus important à la réception, où le pied est en pronation durant 50 millisecondes (0,050 s). À cette vitesse, le pied vient en contact avec le sol 5 100 fois durant une session d'une heure de pratique.

Contrairement à la marche où le déplacement vers l'avant est accompagné de mouvements latéraux, les coureurs suivent une trajectoire plus rectiligne. La trajectoire d'un individu oscille légèrement autour d'une droite, indiquant la direction de la course. D'autres peuvent aussi suivre une trajectoire parallèle à la direction de la course pendant un certain temps. Une telle trajectoire rectiligne s'explique par une plus grande pronation à la cheville durant la phase de support à la course qu'à la marche. À la course, le pied doit se poser

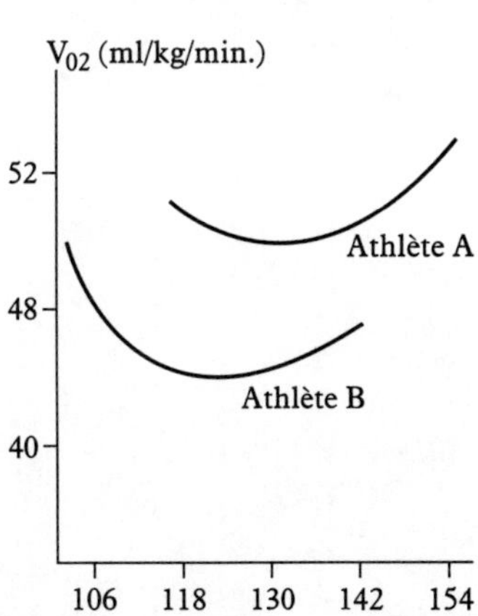

Figure 5.9

Variation du coût énergétique physiologique en relation avec la longueur d'enjambée chez deux athlètes.

presque sous le centre de masse corporel afin de réduire l'effort des adducteurs de la hanche du membre qui est en appui. Il arrive parfois que le pied croise la ligne de direction de la course comme le pied droit qui se poserait à la gauche de la ligne de progression. Une telle situation entraînerait une pronation excessive à la cheville et pourrait aussi surcharger le bord externe du genou.

Jusqu'à maintenant, on n'a considéré que la phase stable de la course à pied. Mais que se passe-t-il au départ ou dans un sprint ? La figure 5.10 rapporte la courbe de vitesse et d'accélération en relation avec le nombre d'enjambées. Plusieurs facteurs biomécaniques interviennent dans le départ d'un sprint. La cadence et la longueur de l'enjambée augmentent avec la vitesse. La durée totale du cycle diminue avec des foulée de plus en plus rapides. La phase d'envol augmente par rapport à la phase de support. Les forces de réaction au sol augmentent. Ces facteurs se stabilisent entre la 6e et la 10e enjambée.

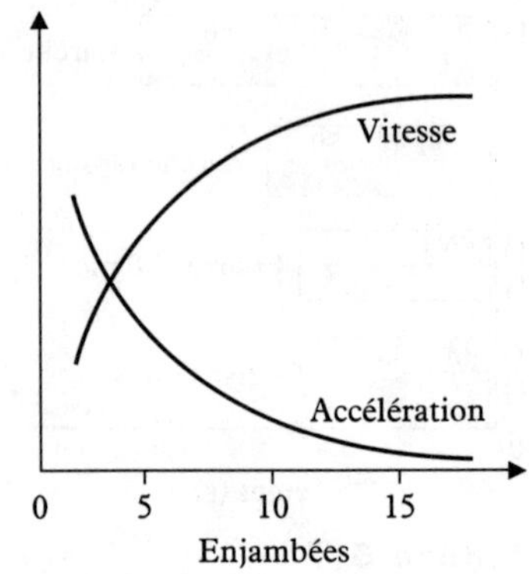

Figure 5.10
Variation de la vitesse et de l'accélération linéaire avec le nombre d'enjambées dans un départ au sprint.

5.4 SYSTÈMES DE MESURE TEMPORELLE

Connaissant la distance et le temps écoulés entre deux événements, on peut en déterminer la cadence (nombre de pas par minute), la vitesse moyenne de déplacement, les phases du mouvement, etc. Il y a plusieurs types d'appareils ou d'instruments de mesure nous permettant de quantifier ces données biomécaniques. En voici deux.

5.4.1 La cellule photo-électrique

Le système de cellules photo-électriques, illustré à la figure 5.11, comprend une source de lumière et un réflecteur . La cellule sert à la fois de source lumineuse et de capteur. La cellule émet un faisceau lumineux qui, lui, est réfléchi par le réflecteur situé à un ou deux mètres directement devant. Lorsqu'on traverse le faisceau lumineux, le capteur photo-électrique ne reçoit plus de lumière et indique la présence du coureur. Utilisé en série (c'est-à-dire plusieurs cellules photo-électriques échelonnées le long du trajet suivi par le coureur), on est capable de déterminer à quel moment il franchit chaque borne ou capteur. Comme on peut facilement mesurer la distance entre les capteurs, on en arrive à calculer la vitesse moyenne du coureur tout le long du parcours en divisant la distance par le temps de passage écoulé entre deux capteurs.

PARAMÈTRES MESURÉS ET DÉRIVÉS
– Durée du passage;
– Vitesse moyenne.

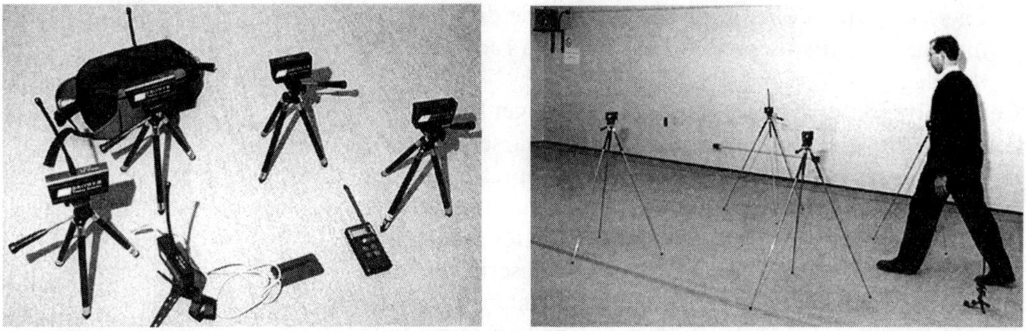

Figure 5.11

Le système de cellules photo-électriques est composé de deux modules comprenant un émetteur/récepteur et d'une semelle de déclenchement qui se range de manière compact dans un sac. On se sert d'un tel système pour déterminer la vitesse moyenne parcourue à chaque module d'émetteur/récepteur.

PRINCIPAUX AVANTAGES

– Mesure directe et rapide.

PRINCIPAUX INCONVÉNIENTS

– Mesure moyenne;
– Se limite à peu d'informations.

Saviez-vous que...

Observer c'est déranger ! En effet, tremper un thermomètre qui est à la température de la pièce dans un bocal élève la température de l'eau froide. C'est le principe d'Heisenberg. Werner Heisenberg (1901-1976), un physicien allemand, est considéré comme l'un des fondateur de la théorie de la mécanique quantique. Il reçut le prix Nobel en 1932.

5.4.2 Semelles munies d'interrupteurs

Des semelles minces fixées aux pieds sont munies d'un certain nombre d'interrupteurs, habituellement un au talon, deux aux articulations métatarso-phalangiennes et un au gros orteil. En plus des semelles on retrouve une source d'alimentation portative (pile de 9 V) et un microprocesseur servant à enregistrer puis à traiter les données. Les semelles ainsi instrumentées et portées par le coureur permettent de déterminer quelle partie du pied touche au sol ainsi que sa durée de contact.

PARAMÈTRES MESURÉS ET DÉRIVÉS

– Paramètres mesurés : temps, parties du pied en contact avec le sol;
– Paramètres calculés : cadence, vitesse moyenne, longueur de la foulée, durée d'une foulée, phases, périodes, et événements de la marche ou de la course.

PRINCIPAUX AVANTAGES

– Résultats immédiats;
– Valeurs pour les deux membres inférieurs.

PRINCIPAUX INCONVÉNIENTS

– Plusieurs paramètres représentent des valeurs moyennes.
– Le sujet doit être pieds-nus, de préférence, bien que parfois il soit possible d'insérer les semelles à l'intérieur de la chaussure.

- Ce système peut être employé pour l'étude de la course, mais la majorité des modèles se limitent à l'analyse de la marche.

Ce chapitre souligne l'importance de départager les activités comme le saut en longueur, la marche et la course à pied afin de focaliser les objectifs et les fonctions propres à chacune de leurs phases et périodes. Il est plus facile d'analyser le mouvement en le découpant en ses principales sous-activités. Leur connaissance sera nécessaire à la description fonctionnelle des amplitudes articulaires, des moments et des puissances musculaires développés durant la marche ou la course.

chapitre

SIX

TRAJECTOGRAPHIE

Objectifs d'apprentissage

1 Nommer et expliquer les facteurs qui influent sur la distance parcourue lors du saut en longueur.

2 Calculer la vitesse linéaire.

3 Savoir utiliser les équations du mouvement parabolique pour estimer la hauteur, la distance horizontale, l'angle et la vitesse de projection.

4 Maîtriser les facteurs influant sur le mouvement parabolique et les appliquer à différentes pratiques sportives.

La notion de centre de masse nous permet de représenter le corps humain comme une masse qui se déplace dans l'espace. Le mouvement le plus simple à analyser est celui de la chute libre car il n'y a aucune force externe à l'exception de celle due à la gravité. Des règles simples servent à décrire toutes les trajectoires aériennes qu'il s'agisse de celle d'un ballon, d'une balle de golf, d'un plongeur ou d'une gymnaste. Dans ce chapitre, nous allons décrire la trajectoire aérienne du centre de masse corporel d'un athlète lors d'un saut en longueur. Cela permettra d'estimer sa performance en calculant la distance horizontale franchie durant son vol. Mais auparavant, examinons les facteurs biomécaniques qui influent sur le saut en longueur.

6.1 FACTEURS BIOMÉCANIQUES ASSOCIÉS À LA LONGUEUR DU SAUT

L'objectif du sauteur est d'obtenir un déplacement horizontal maximal de son centre de masse tout en respectant les règles qui régissent l'épreuve. Cela signifie que le sauteur doit atteindre la plus grande distance horizontale possible.

La distance totale du saut, à savoir du bord avant de la planche d'appel à la marque dans le sable produite par le

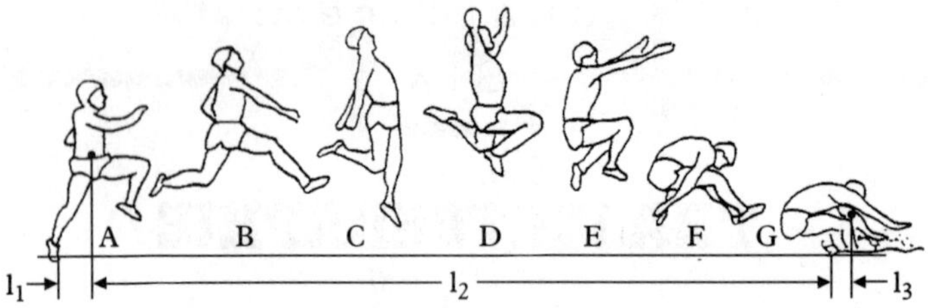

Figure 6.1

Les longueurs d'appel, l_1, de vol, l_2, et de réception, l_3, totalisent la longueur totale du saut. D'après Hay, J.G. (1978). The Biomechanics of Sports Techniques. *Prentice-Hall, Englewood Cliffs N.J. (avec permission).*

sauteur, est considérée comme étant la somme de trois longueurs telle qu'indiqué à la figure 6.1 :

1. La distance entre le bord avant de la planche d'appel et le centre de masse du sauteur constitue la longueur d'appel, l_1.
2. La distance horizontale parcourue par le centre de masse lors de la phase de suspension est la longueur de vol, l_2.
3. La distance entre la position du centre de masse à l'impact et la marque produite dans le sable donne la longueur de réception, l_3.

La contribution de chacune des trois longueurs par rapport à la distance totale parcourue est donnée au tableau 6.1. Près de 90 % de la distance est parcourue dans les airs. Or dans les airs, la principale force qui agit c'est la force due à la gravité. Nous allons maintenant examiner les facteurs qui influent sur la trajectoire aérienne d'engins ou de l'athlète.

Les facteurs affectant chacune des trois longueurs fondamentales du saut en longueur sont résumés au tableau 6.2.

Tableau 6.1

Contributions relatives des trois longueurs totalisant la distance parcourue lors d'un saut en longueur.

Longueur	Distance (m)	%
Appel	0,24	3,6
Vol	5,98	88,6
Réception	0,53	7,8
Total	6,75	100,0

6.1.1 Longueur d'appel

La longueur d'appel dépend premièrement de la précision avec laquelle le sauteur pose son pied sur le bord avant de la planche. D'une part, tout ce qui est avant la planche d'appel ne compte pas dans la mesure de la longueur du saut. D'autre part, le sauteur doit s'efforcer de ne pas dépasser le bord avant de la planche d'appel car le saut sera rejeté. On parle donc de la précision d'appel.

Les facteurs morphologiques sont aussi très importants. La longueur d'appel est proportionnelle à la longueur du membre inférieur du sauteur. Elle correspond à peu près à la longueur du membre inférieur fois le cosinus de l'angle formé par l'axe de la jambe et l'horizontale. Plus l'athlète est petit, moins grande sera sa longueur d'appel.

La position du corps au moment du contact terminal joue sur l'angle du membre inférieur. Plus l'athlète est penché vers l'avant, plus la distance d'appel sera grande.

Tableau 6.2

Facteurs affectant chacune des trois longueurs fondamentales du saut en longueur.

Longueurs	Facteurs
Appel	Précision d'appel Morphologie Position du corps
Vol	Hauteur d'appel Vitesse d'appel Angle d'appel Résistance de l'air
Réception	Position du corps à l'impact Grandeur et orientation des forces

6.1.2 Longueur de vol

Les facteurs qui affectent la longueur de vol chez le sauteur sont les mêmes qui régissent le vol des engins et des missiles.

Ces facteurs affectent le saut en longueur, le saut en hauteur et le triple saut aussi bien que le plongeon. Le mouvement de l'athlète dans les airs est régi par les lois de la trajectographie. La trajectographie est l'étude de la trajectoire ou du chemin parcouru par un projectile, un sauteur ou un engin.

La résistance de l'air, la hauteur d'appel, la vitesse d'appel et l'angle d'appel déterminent la trajectoire aérienne du sauteur.

La vitesse de l'air peut aider ou nuire au saut. Si le vent vient de l'arrière et pousse dans le dos du sauteur, son saut sera d'autant meilleur; par contre, si le vent souffle de face, la résistance de l'air va réduire sa vitesse horizontale et forcer le sauteur à atterrir vite.

À la fin de l'impulsion, l'athlète se tient debout, légèrement incliné vers l'avant. Son centre de masse est à peu près à 1,10 m du sol. Cela correspond à la hauteur d'appel. À la réception, le sauteur est replié sur lui-même avec les jambes presqu'à l'horizontale. Son centre de masse est à 0,45 m du sol. Il y a une différence de 0,65 m entre la hauteur du centre de masse à l'appel et celle à l'impact. Cette différence permet à l'athlète de parcourir une plus grande distance horizontale.

On voit immédiatement une situation complexe à la fin de la phase d'impulsion. D'une part, on veut s'incliner le plus possible pour augmenter la longueur d'appel et d'autre part, on doit augmenter la hauteur du centre de masse en restant le plus droit possible pour favoriser une plus grande longueur de vol. Une façon d'augmenter la hauteur d'appel ou d'élever son centre de masse sans jouer sur l'inclinaison du tronc est de relever les bras et la jambe lors de la phase d'impulsion. Cela aura pour effet d'augmenter la hauteur effective du centre de masse et par conséquent la hauteur d'appel.

La vitesse d'appel est la vitesse de l'athlète au moment du contact terminal avec la planche. C'est de loin le facteur le plus important et il dépend entièrement de la vitesse que l'athlète pourra développer lors de la course d'élan et des pertes de vitesse associées aux ajustements qu'il a faits dans la préparation de la phase de suspension. La combinaison idéale est de maximiser la vitesse de course et minimiser les pertes d'ajustement.

Le rapport des vitesses verticale et horizontale (plus exactement l'arctangente du rapport des vitesses) constitue l'angle de projection.

$$\text{Angle de projection} = \arctan\left(\frac{\text{vitesse verticale}}{\text{vitesse horizontale}}\right) \qquad (6.1)$$

L'angle de projection est l'angle auquel un engin ou un corps quelconque est propulsé dans les airs. Au golf, il y a plusieurs sortes de bâtons mais les plus communs sont les bois, les fers et le putter. Les bâtons sont utilisés pour frapper la balle à différentes distances selon que le trou est proche ou éloigné du golfeur. Les bois sont employés pour les longs coups de départ. Le poids de la tête ou de l'extrémité d'un bois va conférer une bonne impulsion à la balle de golf. Dans le *fairway* ou le parcours, les fers sont habituellement utilisés. Une fois sur le vert, le golfeur se sert d'un putter pour faire rouler la balle dans le trou. Le choix d'un bâton repose sur l'inclinaison de la lame qui confère à la balle un angle de projection adapté à la distance à franchir jusqu'au trou. L'inclinaison de la tête des bâtons de golf, illustrée à la figure 6.2, varie entre 7° pour un bois 1 (driver) à 23° pour un bois 5. Et entre 15° pour un fer 1 et 56° pour un *sand wedge* utilisé dans les trappes de sable. À titre d'exemple, un fer 2 servira loin du trou afin de donner une longue trajectoire à la balle de golf. Par contre, un fer 9 sera employé près du trou afin que la balle s'élève haut dans les airs pour retomber sur le vert souvent situé sur un monticule légèrement plus élevé que le *fairway*. Le *putter* qui a une lame plate sans inclinaison fera rouler la balle plutôt que la projeter dans les airs.

Pour le saut en longueur, l'angle de projection est appelé angle d'appel, pour l'associer à l'instant où l'athlète quitte la planche d'appel. Il ne faut pas confondre l'angle d'appel avec l'angle du membre inférieur. Le premier est un rapport de vitesses alors que le second est une position adoptée par l'athlète. Il faut toutefois préciser que l'angle d'appel se maintient aux environs de 22°, témoignant d'une vitesse horizontale trois fois supérieure à la vitesse verticale. Encore une fois, l'athlète est pris dans une situation de compromis. Il cherche à développer la vitesse verticale qui le maintiendra le plus longtemps possible dans les airs tout en favorisant une vitesse horizontale pour franchir la plus grande distance. De plus, en courant rapidement, l'athlète passe moins de temps

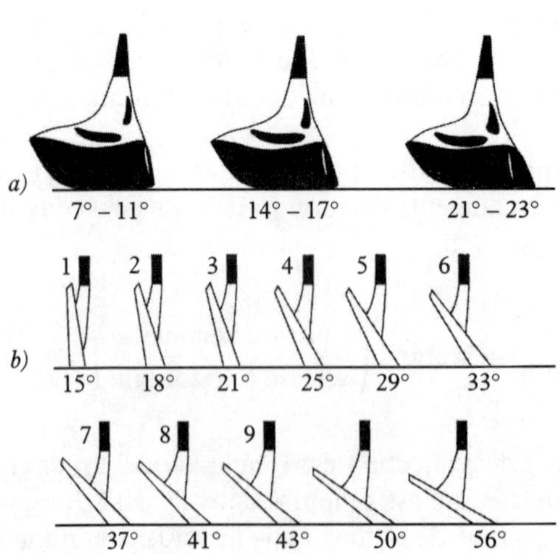

Figure 6.2
Inclinaison de la tête des bâtons de golf. a) Les bois et b) les fers. (Kreighbaum, E.K. et Smith, M.A., 1975.)

au sol. Il lui est donc difficile de développer une grande vitesse verticale tout en maintenant une vitesse horizontale élevée.

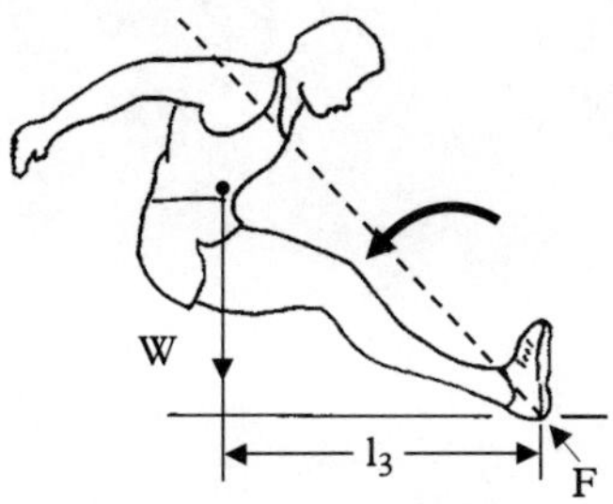

Figure 6.3
Les jambes tendues et la force au sol font en sorte que la longueur de réception l_3 est maximale. L'athlète aura tendance à s'assoir. D'après Kreighbaum, E. et Barthels, K.M. (1985). Biomechanics. A Qualitative approach for Studying Human Movement. *MacMillan Publishing company, New York, N. Y.*

CONTRÔLE DES CONNAISSANCES

C 6.1 Quel est l'angle d'appel pour des vitesses initiales horizontale de 8,90 m/s et verticale de 3,41 m/s.

C 6.2 Quelle est la vitesse verticale initiale si l'angle d'appel est de 22° et la vitesse initiale horizontale est de 8,56 m/s ?

6.1.3 Longueur de réception

La longueur de réception dépend de la position du corps de l'athlète au moment de l'impact (figure 6.1 g) et des actions mises en œuvre pour le projeter vers l'avant et éviter de le faire basculer vers l'arrière. Une mauvaise réception réduirait la longueur de son saut. Les facteurs affectant la position du corps à l'impact sont les rotations imparties au corps lors de l'impulsion (figure 6.1 a), les mouvements effectués à la phase de suspension (figure 6.1, b à f) et la préparation à l'impact.

Le fait que le sauteur tombe à la renverse dans le sable ou bascule vers l'avant dépend de la position du corps de l'athlète en relation avec la magnitude et l'orientation des forces exercées sur lui lors de l'impact. Si l'athlète touche le sable de la fosse, les jambes tendues comme à la figure 6.3, la force d'impact au sol aura tendance à freiner son mouvement vers l'avant. Son poids situé à l'arrière du point de contact fera tomber le sauteur vers l'arrière. Par contre, si ses pieds touchent au sol légèrement en avant de son centre de masse, le corps aura tendance à pivoter sur les pieds et à basculer vers l'avant comme l'indique la figure 6.4. (Il y aussi un autre facteur, la quantité de mouvement, qui cherche à entraîner l'athlète vers l'avant. Ce facteur sera traité plus longuement aux chapitres 12 et 16.) L'athlète doit atteindre un compro-

Saviez-vous que...

L'homme saute un peu plus loin que le kangourou : 8,8 m contre 8,2 m. Le puma, le cheval et l'impala, tous font des bonds de près de 12 m ! À l'exception du puma qui saute à une hauteur de 3,6 m, tous les autres peuvent atteindre une hauteur de 2,6 m.

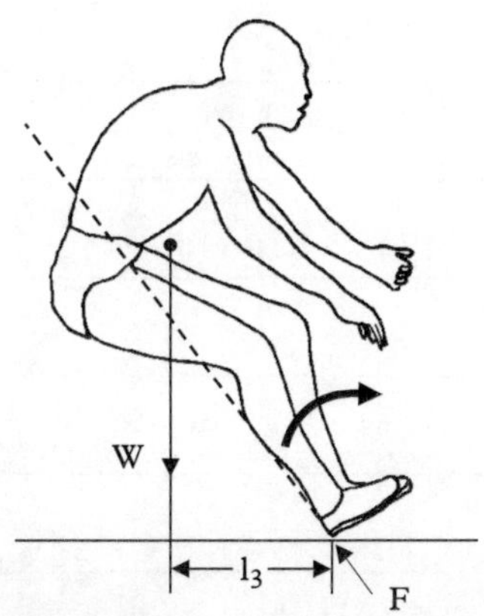

Figure 6.4
Les jambes fléchies, le centre de masse le plus près possible du point d'impact, l'athlète a une longueur de réception, l_3, raisonnable. Il aura tendance à basculer vers l'avant. D'après Kreighbaum, E. et Barthels, K.M. (1985). Biomechanics. A Qualitative approach for Studying Human Movement. *MacMillan Publishing company, New York, N. Y.*

mis entre ces deux positions extrêmes où la première (figure 6.3) lui donne la meilleure distance de réception, l_3 et l'autre l'empêche de tomber vers l'arrière (figure 6.4).

6.2 MOUVEMENT PARABOLIQUE

Dans le saut en longueur, la longueur la plus importante est celle parcourue dans les airs. À ce moment, seul l'effet de la gravité tend à faire retomber sur terre l'athlète dans son vol. Quatre facteurs influant sur la trajectoire aérienne ont été décrits ci-haut. Mais de quelle manière ces facteurs interviennent-ils ?

Avant d'appliquer les lois de la trajectographie aux sports et plus particulièrement au saut en longueur, nous allons revoir quelques notions de base de la cinématique (analyse du mouvement sans considérer les forces qui entraînent le mouvement).

À la figure 6.5, deux boules sont libérées en même temps et des clichés photographiques ont été pris à un intervalle régulier (tous les soixantièmes de seconde ou tous les 0,0167 s) pour fixer dans le temps la position des boules. La première tombe suivant une ligne droite correspondant à la verticale. On note l'effet de la force due à la gravité qui attire tout objet vers le centre de la terre. La seconde suit une trajectoire bien différente. On remarque cependant que son déplacement vertical est exactement le même que celui de la première boule ! Cela est parfaitement normal car les deux boules sont attirées de la même manière par l'attraction de gravité. Ce qui distingue la seconde de la première boule est sa trajectoire courbée ou parabolique. La première boule a été tout simplement laissée tomber alors que la seconde a été poussée horizontalement par un ressort. On remarque que la distance

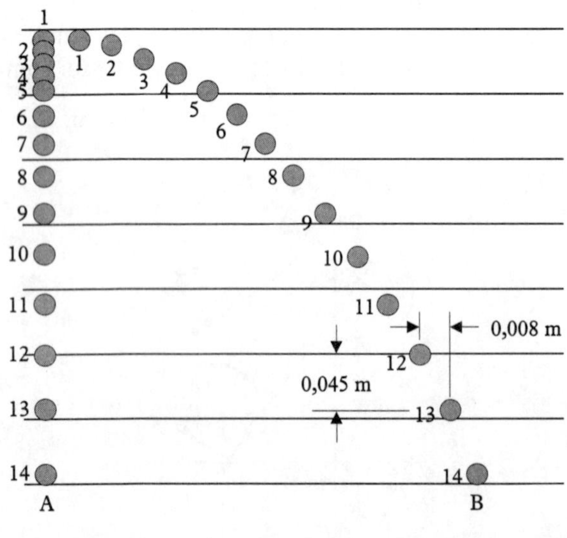

Figure 6.5

Deux boules sont libérées simultanément. La boule A n'a pas de vitesse de départ alors que la boule B possède seulement une vitesse horizontale. La gravité attire les boules de la même manière.

horizontale entre deux positions successives de la seconde boule est constante alors que son déplacement (ou distance) vertical d'une position à l'autre augmente sans cesse.

À partir du déplacement parcouru par une des deux boules et le temps écoulé entre deux positions de celle-ci, on calcule sa vitesse :

$$v = \Delta d/\Delta t \qquad (6.2)$$

où v est la vitesse exprimée en mètre par seconde (m/s), Δd le déplacement en mètre (m) et Δt l'intervalle de temps en seconde (s). Comme le déplacement vertical des boules augmente continuellement pour un intervalle de temps régulier, la vitesse verticale augmente au fur et à mesure que les boules s'approchent du sol, soit un mouvement uniformément accéléré. Par contre, le déplacement horizontal pour la première boule est nul; donc la vitesse est aussi nulle. Pour la seconde boule, son déplacement horizontal est régulier et sa vitesse est constante; elle a donc un mouvement uniforme.

Par exemple, le déplacement vertical de la première boule entre les positions 12 et 13 est de 45 mm ou 0,045 m et le temps écoulé est de 0,0167 s. La vitesse verticale est de 2,7 m/s (0,045/0,0167). Pour le même instant (positions 12 et 13), le déplacement horizontal de la seconde boule est de 0,008 m; donc la vitesse horizontale est de 0,48 m/s (0,008/0,0167).

Dans un autre exemple, il est important de distinguer la trajectoire parabolique telle que suivie par la flèche de la figure 6.6 a) et la ligne de vision. Cette dernière est simplement une droite allant de l'œil à la cible. La ligne de vision correspond à l'horizontale lorsque l'œil et la cible sont de même niveau. En absence de gravité, la vitesse verticale demeurerait constante tout comme la vitesse horizontale. La trajectoire de la flèche à vitesse constante serait une droite dont la pente ou l'angle avec l'horizontale serait égale à l'angle de projection.

La figure 6.6 b) illustre une trajectoire parabolique où les vitesses aux points A à E sont identifiées. La vitesse horizontale est constante (en absence de la résistance de l'air) et est toujours dirigée vers la droite. Par contre dans la phase ascendante (point A) de la courbe, la vitesse verticale est orientée vers le haut alors que dans la phase descendante (points C à E) elle est dirigée vers le bas. Par conséquent, la vitesse verticale doit avoir un point, situé entre A et C, où elle est nulle, ni dirigée vers le haut, ni orientée vers le bas. Ce point est l'apogée, tout comme pour le saut en longueur. Il se situe au sommet de la trajectoire au point B.

Pour la partie au-dessus de l'horizontale, la trajectoire d'une courbe parabolique est symétrique par rapport à son apogée. On peut poursuivre la trajectoire plus loin que le point D, tel que représenté par le segment DE situé au dessous de la ligne horizontale à la figure 6.6 b). Cette trajec-

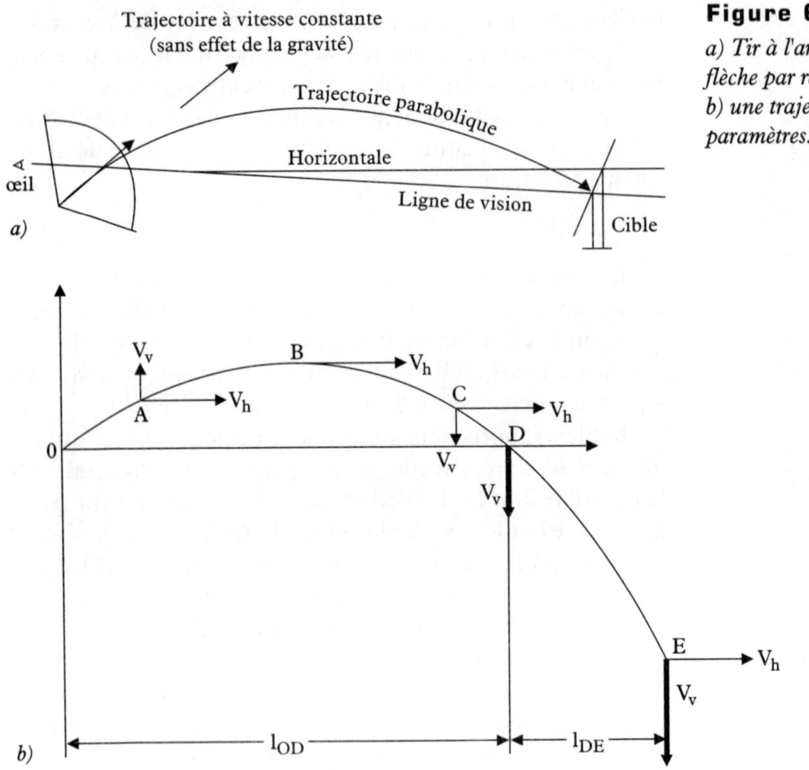

Figure 6.6

a) Tir à l'arc et trajectoire de la flèche par rapport à l'horizontale; b) une trajectoire parabolique et ses paramètres.

toire correspond à celle du centre de masse de l'athlète effectuant un saut en longueur, celui d'un caillou projeté dans les airs, ou d'un plongeon, etc. Le fait de partir d'un point O, un peu plus haut qu'à l'arrivée E, permet de parcourir une longueur horizontale l_{DE} de plus à la longueur de base l_{OD}.

Durant la phase de suspension du saut en longueur, on peut calculer les vitesses horizontale et verticale du sauteur. Comme pour la boule, les vitesses représentent celles du centre de masse du sauteur. Un peu plus loin on verra comment calculer les déplacements et les vitesses de tous les segments du corps (chapitre 7).

CONTRÔLE DES CONNAISSANCES

C 6.3 Combien de temps prendra un automobiliste pour se rendre à destination si sa vitesse moyenne est de 89 km/h pour un trajet de 240 km ?

C 6.4 Quelle distance va parcourir une balle de golf si sa vitesse horizontale d'envol est de 65 m/s et le temps écoulé est de 2,35 s ?

C 6.5 Une plume est lâchée au même instant qu'une boule de bowling. Partie de la même hauteur et négligeant la résistance de l'air, laquelle des deux arrivera au sol en premier ?

Saviez-vous que...

L'astronome et physicien italien Galilée (1564-1642) observe que si deux objets de poids différents sont lâchés simultanément de la même hauteur, ils toucheront le sol au même instant. Cette notion est fondamentale à l'étude des mouvements balistiques du corps humain ou d'engins tels que balle ou javelot.

6.3 ÉQUATIONS DU MOUVEMENT PARABOLIQUE

Comment fait-on pour calculer la hauteur ou la distance parcourue ? On se sert des vitesses, de la gravité et du temps écoulé.

Avant tout, on décompose le mouvement parabolique en deux, à savoir les composantes horizontale et verticale. En effet le mouvement vertical est indépendant du mouvement horizontal. Il y a un peu moins de deux mille quatre cents ans, Aristote (384 à 322 av. J.-C.) faisait déjà la distinction entre le mouvement dit « naturel » et le mouvement « non-naturel » (Parker, 1992). Un objet qui se déplace vers le haut ou vers le bas est animé d'un mouvement « naturel ». C'est l'exemple d'une pierre qui tombe, de la fumée qui s'élève. Par contre, le mouvement est « non naturel » s'il a une trajectoire horizontale comme un caillou ou une balle projetée au loin. Aristote avait compris les principes du mouvement aérien quelque deux mille ans avant que Galilée (1564-1642) les énonce.

6.3.1 Mouvement horizontal

La vitesse d'appel ou de projection correspond à la vitesse de l'athlète à l'instant où il quitte le sol. Cette vitesse a une composante horizontale et une verticale. La composante horizontale est obtenue en multipliant la vitesse d'appel par le cosinus de l'angle de projection (angle d'appel).

6.3.2 Mouvement vertical

Trois équations régissent la composante verticale de la trajectoire parabolique. Elles sont :

$$v_f^2 = v_i^2 - 2\,g\,y \qquad (6.3)$$

$$v_f = v_i - g\,t \qquad (6.4)$$

$$y = v_i t - 1/2\,g\,t^2 \qquad (6.5)$$

et où v_i est la vitesse verticale initiale en m/s, au centre de masse; v_f est la vitesse finale en m/s au point d'intérêt et NON PAS À LA FIN DU SAUT; g est la constante due à la gravité et est égale à 9,8 m/s^2 et t est le temps exprimé en seconde. La position y du centre de masse du sauteur ou de l'engin est donnée par rapport à sa hauteur initiale avant son envol. Ainsi, à l'instant où le sauteur quitte la planche d'appel, y (la hauteur) augmente lorsque le centre de masse s'élève dans les airs (figure 6.6 b) et devient négatif lorsque le centre de masse est plus bas que sa position initiale à l'appel (figure 6.6, point E).

Avec les équations 6.2 à 6.5 on décrit de manière quantitative toutes les trajectoires paraboliques. Pour mieux saisir le sens de ces quatre équations, nous allons les reprendre pour décrire un saut en longueur.

6.4 DESCRIPTION ANALYTIQUE D'UN SAUT EN LONGUEUR

Le tableau 6.3 rapporte pour quelques athlètes les principales caractéristiques de leur saut. À titre d'exemple, prenons le saut d'Owens (USA). La vitesse de projection ou d'appel est de 9,2 m/s et son angle de projection ou d'appel est de 22°. Si son centre de masse se situe à 1,10 m du sol, quelle est sa longueur de vol ? Quelle est la distance totale parcourue incluant les longueurs d'appel et de réception ?

Pour répondre à ces questions, les équations 6.2 à 6.5 vont être utilisées pour décrire de manière analytique la trajectoire aérienne du saut d'Owens. La trajectoire du centre de masse ressemble beaucoup à celle de la figure 6.6 b) où le point de départ (l'origine, O) est situé à 1,10 m du sol et le point d'arrivée à l'impact est à 0,45 m du sol de la fosse.

Aux exemples suivants, nous allons calculer dans l'ordre la hauteur à l'apogée (point C de la figure 6.6 b), le temps pour atteindre l'apogée, la longueur horizontale parcourue par le sauteur une fois que son centre de masse revient à la hauteur de départ (distance OD de la figure 6.6 b), la longueur de vol et finalement la longueur totale du saut. Ces exemples sélectionnés à des instants précis sur la trajectoire aérienne du sauteur illustrent des aspects importants relatifs à l'utilisation des équations du mouvement parabolique. Si notre objectif est tout simplement d'estimer la longueur de vol, il n'est pas nécessaire de faire tous ces calculs mais seulement ceux qui se rapportent à la longueur de vol.

6.4.1 Vitesse horizontale initiale

Sachant que la vitesse d'appel de 9,2 m/s est orientée à 22° par rapport à l'horizontale, on détermine la composante horizontale de la vitesse en multipliant 9,2 x cos 22° = 9,2 x

Athlète	Longueur du saut (m)	Vitesse d'appel (m/s)	Angle d'appel (degré)
G. Bell (É.-U.)	7,77	9,10	21°50'
R. Boston (É.-U.)	8,28	9,54	21°50'
J. Owens (É.-U.)	8,13	9,20	22°00'
I. Robertson (É.-U.)	8,11	9,31	19°10'
E. Shelby (É.-U.)	7,50	8,80	21°10'

Tableau 6.3

Performances de sauts en longueur ainsi que la vitesse et l'angle d'appel respectifs.

0,927 = 8,53 m/s. La vitesse horizontale initiale est de 8,53 m/s.

6.4.2 Vitesse verticale initiale

Pour obtenir la vitesse verticale initiale on multiplie la vitesse d'envol par sin 22°. Ainsi on obtient 9,2 x sin 22° = 9,2 x 0,375 = 3,45 m/s. La vitesse verticale initiale est de 3,45 m/s.

6.4.3 L'apogée ou le plus haut point de la trajectoire

On se sert de l'équation 6.3 ou 6.5 pour estimer la hauteur, y. Mais comme on ne connaît pas le temps qui s'est écoulé pour arriver à l'apogée, on se sert de l'équation 6.3 et on isole y, la hauteur.

$$\begin{aligned} v_f^2 &= v_i^2 - 2\,g\,y \\ y &= (v_i^2 - v_f^2)/2\,g \\ &= (3{,}45^2 - 0) / (2 \times 9{,}8) \\ &= 11{,}9/19{,}6 \\ &= 0{,}61 \text{ m} \end{aligned}$$

La hauteur maximale atteinte par Owens est de 0,61 m au-dessus de son point de départ qui était déjà à une hauteur de 1,10 m. Donc la hauteur par rapport au sol est de 0,61 + 1,10 m = 1,71 m. C'est le point B de la figure 6.6 b). L'apogée est donc à 1,71 m au-dessus de la fosse.

6.4.4 Temps pour atteindre l'apogée

Maintenant que la hauteur atteinte à l'apogée est connue, on peut utiliser l'équation 6.4 ou 6.5 afin d'estimer le temps pour l'atteindre, car on connaît tous les paramètres à l'exception du temps. L'équation 6.5 est plus complexe que l'équation 6.4; donc, nous utiliserons l'équation 6.4 et où v_f est nulle car nous ne nous déplaçons ni vers le haut ni vers le bas.

$$\begin{aligned} v_f &= v_i - g\,t \\ t &= (v_i - v_f)/g \\ &= 3{,}45/9{,}8 \\ &= 0{,}35 \text{ s} \end{aligned}$$

L'athlète a pris 0,35 s pour atteindre l'apogée.

CONTRÔLE DES CONNAISSANCES

C 6.6 Vérifier avec l'équation 6.5 si l'on obtient la même hauteur à l'apogée en utilisant le temps de 0,35 s trouvé avec l'équation 6.4.

6.4.5 Longueur l_{OD}

Quelle est la longueur parcourue par le centre de masse pour atteindre la même hauteur que celle de départ à savoir 1,10 m au-dessus du sol de la fosse ? Cette distance est la longueur l_{OD} et correspond au point D de la figure 6.6 b). Il ne faut pas oublier que l'origine est située à 1,10 m au-dessus du sol. Donc, la hauteur y au point D est nulle (zéro mètre) et NON PAS 1,10 m, car le sol se trouve à –1,10 m par rapport à notre origine située au centre de masse de l'athlète.

Au point D, le centre de masse a une vitesse verticale dirigée vers le bas. Celle-ci nous est inconnue. Donc, pour estimer la distance l_{OD}, on prend différents chemins tout en se reposant sur les équations 6.2 à 6.5. Une façon est d'utiliser l'équation 6.3 pour estimer la vitesse finale, v_f, de prendre l'équation 6.4 pour calculer le temps pris pour arriver au point D puis employer l'équation 6.2 pour trouver la distance l_{OD}, car l_{OD} est une distance horizontale et non verticale.

$$v_f^2 = v_i^2 - 2\,g\,y$$
$$v_f = (v_i^2 - 2\,g\,y)^{1/2}$$
$$= (3{,}45^2 - 2 \times 9{,}8 \times 0)^{1/2}$$
$$= \pm 3{,}45 \text{ m/s}$$

ATTENTION, la racine carrée d'un nombre peut être positive ou négative. Ici, nous savons que la vitesse finale verticale est négative puisqu'elle est dirigée vers le bas. Elle a la même valeur que la vitesse initiale mais avec une orientation ou une direction opposée. La vitesse verticale est donc de –3,45 m/s.

L'équation 6.4 nous donne le temps, mais cette fois-ci on utilise 3,45 m/s pour la vitesse initiale et –3,45 s pour la vitesse finale.

$$v_f = v_i - g\,t$$
$$t = (v_i - v_f)/g$$
$$= (3{,}45 - (-3{,}45))/9{,}8$$
$$= 6{,}90/9{,}8$$
$$= 0{,}70 \text{ s}$$

Le temps de 0,70 s correspond au double du temps pris pour atteindre l'apogée ! La symétrie de la courbe fait en sorte que le temps pris durant la partie ascendante de la courbe est la même que pour la portion descendante.

Avec l'équation 6.2 on obtient la distance l_{OD}, la vitesse étant égale à la vitesse horizontale initiale de 8,53 m/s.

$$v = \Delta d/\Delta t$$
$$\Delta d = v\,\Delta t$$
$$= 8{,}53 \times 0{,}70$$
$$= 5{,}97 \text{ m}$$

La longueur l_{OD} est de 5,97 m.

Il reste la derrière partie de la trajectoire où l'athlète franchit la longueur horizontale comprise entre 1,10 m au-dessus de la fosse et la réception où son centre de masse est à 0,45 m du sol, soit à –0,65 m par rapport à l'origine.

6.4.6 Longueur de vol

Pour déterminer la longueur de vol, on procède de la même manière que pour trouver la distance l_{OD}. La hauteur prend alors une valeur négative par rapport à l'origine et est de –0,65 m, car le centre de masse se situe à 0,45 m du sol. On estime la vitesse finale à l'aide de l'équation 6.3.

$$
\begin{aligned}
v_f^2 &= v_i^2 - 2\,g\,y \\
v_f &= (v_i^2 - 2\,g\,y)^{1/2} \\
&= (3{,}45^2 - 2 \times 9{,}8 \times -0{,}65)^{1/2} \\
&= (11{,}9 + 12{,}7)^{1/2} \\
&= (24{,}6)^{1/2} \\
&= \pm 4{,}96 \text{ m/s}
\end{aligned}
$$

La vitesse finale juste avant l'impact à la fin de la phase de suspension est de –4,96 m/s car l'athlète continue sa chute.

Avec l'équation 6.4, on obtient le temps écoulé entre l'impulsion et la réception.

$$
\begin{aligned}
v_f &= v_i - g\,t \\
t &= (v_i - v_f)/g \\
&= (3{,}45 - (-4{,}96))/9{,}8 \\
&= 8{,}41/9{,}8 \\
&= 0{,}858 \text{ s}
\end{aligned}
$$

Le temps écoulé est de 0,858 s. Finalement, l'équation 6.2 permet d'estimer la longueur de vol.

$$
\begin{aligned}
v &= \Delta d/\Delta t \\
d &= v\,\Delta t \\
&= 8{,}53 \times 0{,}858 \\
&= 7{,}32 \text{ m}
\end{aligned}
$$

La longueur de vol est de 7,32 m alors que la longueur calculée à l'instant où le centre de masse du sauteur revient à sa hauteur de départ est de 5,97 m. Cela représente une augmentation de 1,25 m de la longueur parcourue à cause d'une différence de seulement 0,65 m entre la hauteur d'appel et la hauteur du centre de masse à la réception.

La longueur de vol de 7,32 m ne correspond pas à la distance totale du saut d'Owens qui est de 8,13 m. Si on se rapporte au tableau 6.1, la longueur de vol représente près de 88,6 % de la longueur totale. En appliquant la règle de trois on obtient une longueur totale estimée de 8,26 m soit 13 cm de plus que la vraie performance d'Owens. Ne sachant pas exactement les longueurs d'appel et de réception ainsi que l'effet du vent (favorable ou non), l'estimation est relativement bonne.

CONTRÔLE DES CONNAISSANCES

C 6.7 Qu'arriverait-il à la longueur de vol si l'angle de projection (appel) était augmenté de 22° à 30° tout en gardant les autres paramètres tels que dans l'exemple du texte ?

C 6.8 Qu'arriverait-il à la longueur de vol si la vitesse de projection (appel) était augmentée de 9,2 m/s à 10 m/s tout en gardant les autres paramètres tels que dans l'exemple du texte ?

C 6.9 Au biathlon, vous devez viser une cible de 10 cm de diamètre située à 50 m. Le centre de la cible est à 1,50 m du sol et le fusil est à 30 cm. La vitesse horizontale de la balle est de 1,5 km/s. Entre quels deux angles (bas et haut de la cible) doit se situer l'angle de projection pour que le tir soit bon.

6.5 APPLICATIONS DE LA TRAJECTOGRAPHIE À LA PRATIQUE SPORTIVE

Pour le saut en longueur, le but de l'activité est d'atteindre la plus grande distance horizontale. Il en est de même pour certains lancers comme au base-ball. Les lois de la trajectographie s'appliquent tout aussi bien pour atteindre la plus grande hauteur, la précision lors d'un tir au basket-ball, ou la vitesse et la précision du tir au volley-ball. Allons voir maintenant comment les facteurs mécaniques qui régissent le mouvement parabolique peuvent être utilisés à l'avantage de l'athlète lors de mouvements aériens.

6.5.1 Plus grande distance horizontale

Pour obtenir la plus grande distance d'un lancer ou d'un saut en longueur, il faut augmenter la vitesse de projection en déplaçant son bras plus rapidement ou en courant. Comme l'angle de projection est directement affecté par la vitesse de projection, le but visé devient alors très important. S'il s'agit de parcourir la plus grande distance horizontale, on cherchera à garder un angle de projection tout près de 45°. C'est-à-dire que la composante horizontale de la vitesse de projection est égale à la composante verticale.

La figure 6.7 illustre trois trajectoires, toutes avec les mêmes conditions de départ sauf que l'angle de projection varie. Le premier lancer (A) est effectué avec un angle de projection de 90° où la vitesse horizontale est nulle; alors que le second lancer (B) est fait avec un angle de 45° et le troisième (C) avec un angle de projection très faible de 5°.

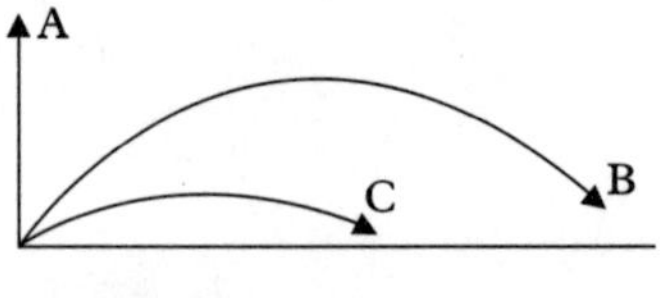

Figure 6.7
Trois balles sont lancées. La balle A a un angle de projection de 90° et atteint le point le plus haut. La balle B a un angle de 45° et parcourt la plus longue distance. La balle C a subit l'effet de la gravité qui l'attire très tôt vers le sol.

Avec un angle de projection de 90° la balle atteint la plus haute apogée mais revient au point de départ sans avoir progressé vers l'avant. Avec un angle de 5°, la balle possède la plus grande vitesse horizontale. Tout porte à croire qu'elle franchira la plus grande distance. Mais non. L'effet de la gravité l'entraîne prématurément au sol et toute cette vitesse horizontale ne peut la maintenir dans les airs. Entre ses deux extrêmes, il y a une condition où il existe un compromis entre la vitesse horizontale pour aller le plus loin possible et la vitesse verticale pour résister à l'effet de la gravité. Avec un angle de projection de 45°, le compromis est atteint et la plus grande distance horizontale est obtenue. Pour des hauteurs de départ similaires, on recherche une grande vitesse ainsi qu'un angle de projection tout près de 45°.

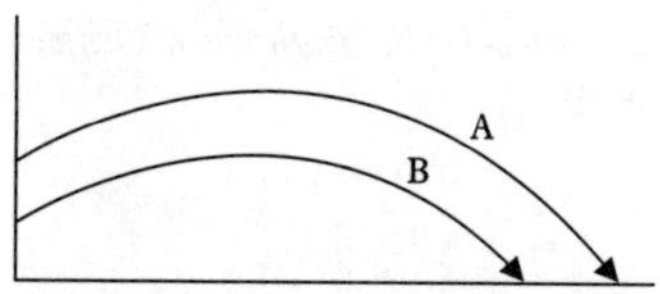

Figure 6.8

Les courbes A et B ont la même allure. Cependant, la balle A lancée avec la même vitesse et le même angle de projection va se rendre plus loin, car son point de départ est plus élevé.

La hauteur de départ est aussi importante. Un athlète de grande taille a un avantage marqué sur un plus petit. La différence de hauteur entre les centres de masse contribue à augmenter la longueur de vol. Cela est illustré à la figure 6.8 et correspond au segment l_{DE} de la courbe de la figure 6.6 b).

La taille de l'athlète favorise ou nuit à sa performance sportive. Coluche disait fort bien, tout le monde est égal; mais, mieux vaut être un athlète grand et fort que petit et faible du moins pour effectuer un bon saut en longueur.

6.5.2 Plus grande distance verticale

Pour le saut en hauteur, des périlleux, ou des rouleaux (ventral ou dorsal) on projette le corps haut dans les airs. Une bonne vitesse verticale et un angle de projection plus ouvert (vers 55°) vont faciliter le travail de l'athlète.

La figure 6.9 illustre un athlète amorçant un rouleau ventral, puis dorsal. Pour bien effectuer un rouleau ventral, l'athlète projette une jambe vers le haut, élevant son centre de masse. Par contre, lors du rouleau dorsal (figure 6.9 b) le centre de masse est plus bas et projette le sauteur vers le haut. Le sauteur aura moins de temps pour réaliser son rouleau

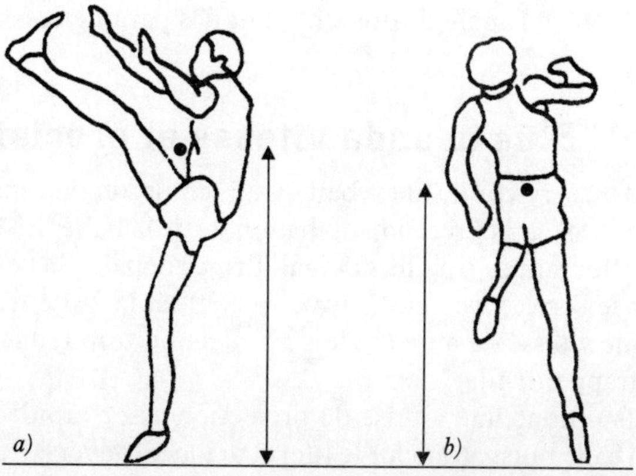

Figure 6.9

Avant d'amorcer un rouleau ventral a), le centre de masse est plus élevé que lors d'un rouleau dorsal b). D'après Kreighbaum, E. et Barthels, K.M. (1985). Biomechanics. A Qualitative approach for Studying Human Movement. *MacMillan Publishing company, New York, N. Y.*

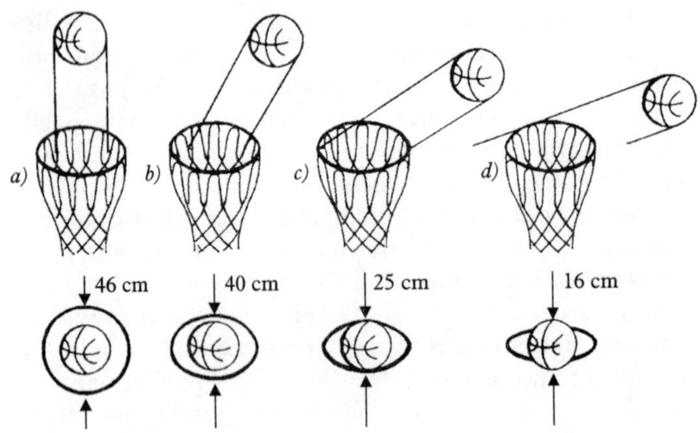

Figure 6.10
En a), le ballon arrive perpendiculaire à la surface délimitée par l'anneau du panier. L'angle d'approche est de 90° en a), 60° en b), 30° en c) et 20° en d). Reproduit avec permission de Hay, J.G. (1978). The Biomechanics of Sports Techniques. *Prentice-Hall, Englewood Cliffs, N. J.*

dorsal. Cela explique en partie la difficulté à réaliser un rouleau dorsal par rapport au rouleau ventral.

6.5.3 Plus grande précision

Au basket-ball, par exemple, on cherche la hauteur mais aussi de la précision dans le tir. Vu d'en haut, le panier a un diamètre de 46 cm. À partir d'un lancer qui projette le ballon assez haut, il y a suffisamment d'espace pour que le ballon puisse passer librement. Le ballon a un diamètre de 25 cm soit un peu moins que deux fois celui du panier. Mais qu'arrive-t-il quand le ballon entre de côté ? La figure 6.10 présente quatre tirs au panier où le ballon arrive avec un certain angle par rapport au panier. En premier, le ballon arrive avec un angle d'approche de 90°. Pour les trois autres conditions, le ballon arrive à l'oblique et la surface projetée par l'anneau du panier est plus petite. Ainsi à mesure que l'angle formé par la direction du ballon et l'horizontale diminue, on voit que le diamètre effectif du panier passe de 40 cm à 16 cm. Le dernier lancer est impossible à réussir. Pourquoi ?

Pour ces situations où l'on cherche de la précision, la vitesse de projection, la distance horizontale à parcourir, la taille de l'athlète et l'angle d'approche sont des paramètres à contrôler.

6.5.4 Plus grande vitesse et précision

Lors d'un service au volley-ball ou au tennis, on doit maîtriser la vitesse et la précision du ballon ou de la balle. En effet, une balle frappée trop fort et mal dirigée dépasse la zone de jeu et le service est rejeté. Inversement, si la balle n'a pas assez de vitesse ou a un angle de projection trop faible, elle peut frapper le filet.

Il faut donc une vitesse de projection assez rapide pour que la balle puisse franchir le filet et déjouer l'adversaire sans qu'il ne dépasse la zone de jeu si personne ne l'intercepte. Il faut également que l'angle de projection soit assez ouvert par rapport à l'horizontale pour franchir le filet, mais pas trop sinon la balle monte trop en haut et laisse le temps à l'adversaire de réagir.

La trajectoire du centre de masse représente assez bien celle d'un sauteur ou d'une gymnaste qui s'élance dans les airs. La notion de centre de masse est utile pour décrire les trajectoires aériennes, cependant, nous devons aussi considérer les actions individuelles de chacun des segments corporels. Par exemple, 10 % de la longueur du saut est attribué aux actions faites par le sauteur durant la phase de suspension. De plus, lorsque nous sommes en présence de forces externes, les équations du mouvement parabolique ne s'appliquent plus. Nous avons donc recourt à l'analyse des mouvements segmentaires et articulaires.

chapitre

SEPT

MOUVEMENTS SEGMENTAIRE ET ARTICULAIRE

Objectifs d'apprentissage

1 Nommer et reconnaître les différentes classes de mouvement.

2 Définir et appliquer les notions de déplacement, de vitesse et d'accélération linéaire et angulaire.

3 Connaître et appliquer les relations entre mouvement linéaire et mouvement angulaire.

4 Différencier mouvement segmentaire et mouvement articulaire.

5 Énoncer et expliquer le Principe nº 3 : Ordre d'intervention segmentaire.

6 Énoncer et expliquer le Principe nº 4 : Sommation des vitesses linéaires des articulations.

7 Connaître certains instruments de mesure cinématique ainsi que leurs avantages et leurs limitations.

7.1 INTRODUCTION

Jusqu'à présent, l'exemple du saut en longueur nous a permis d'illustrer certains concepts fondamentaux du mouvement tels que les phases, les périodes et le mouvement parabolique. Tout au long de cette analyse du mouvement, nous avons considéré le déplacement du centre de masse de l'athlète sans trop accorder d'importance aux membres inférieurs et supérieurs ainsi qu'à la tête ou au tronc.

L'inefficacité de l'œil à 1) quantifier les mouvements complexes impliquant plusieurs segments corporels; 2) mesurer les mouvements rapides comme les départs de course, les coups au tennis; 3) déterminer les efforts musculaires, contribua à l'essor de la biomécanique. La mesure doit avoir pour objectif l'intervention de l'entraîneur. Par exemple, elle doit pouvoir refléter l'effet d'un renforcement musculaire sur la performance de l'athlète. De plus, le choix dans les paramètres biomécaniques utilisés pour décrire le mouvement doit être pertinent. La vitesse de course est un des paramètres biomécaniques liés à la performance d'un saut en longueur. Une augmentation de la vitesse se manifeste par une amélioration de la longueur du saut. Le défi du biomécanicien est d'utiliser ses notions théoriques afin de guider l'intervention pour que celle-ci se traduise par une amélioration de la performance de l'athlète.

Nous allons maintenant approfondir notre analyse du mouvement humain en nous intéressant à la contribution individuelle des segments corporels par rapport aux gestes ou au mouvement global. Par exemple, le déplacement du centre de masse corporel durant la marche résulte à la fois d'une flexion plantaire produite par le pied à la cheville et d'une flexion à la hanche. Avant de passer à une description fine de la cinématique articulaire, examinons les grandes classes de mouvement humain.

7.2 LES CLASSES DE MOUVEMENT

On se déplace par des mouvements de translation ou de rotation. Une translation est le déplacement qui s'effectue le long d'une ligne droite. Ce déplacement peut être horizontal, vertical ou encore oblique, c'est-à-dire à la fois horizontal et vertical. Par conséquent la translation est un mouvement linéaire. La patineuse de la figure 7.1 se déplace sur la surface de la glace en suivant un mouvement linéaire. La distance parcourue par l'épaule est la même que celle franchie par le bassin ou le bout du patin. Pour toute translation, le déplacement ou la distance linéaire parcourue par chacune des parties du corps est la même.

Figure 7.1
La distance linéaire, d, franchie par la patineuse est la même partout. C'est un mouvement de translation.

Le mouvement de rotation, lui, s'effectue autour d'un axe comme la flexion au genou ou à la cheville. En fléchissant, l'angle contenu par l'axe de la jambe et de la cuisse diminue. La rotation est donc un mouvement angulaire. La figure 7.2 présente deux mouvements angulaires. Couché sur le dos, l'athlète redresse ses jambes en effectuant une rotation autour du bassin alors que le gymnaste tourne autour de la barre horizontale. On note que la distance parcourue par les pieds est plus grande que celle des jambes ou des cuisses. Ainsi dans un mouvement de rotation, le déplacement linéaire n'est pas constant à tous les points. Par contre, l'angle formé par les jambes de l'athlète et l'horizontale est le même peu importe où cet angle est mesuré sur la jambe. Dans un mouvement de rotation, l'angle ou le déplacement angulaire demeure constant.

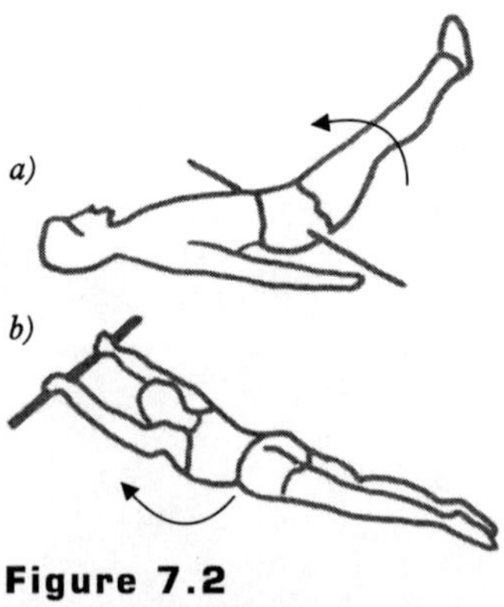

Figure 7.2
Mouvement de rotation autour d'un axe tel a) la hanche ou b) une barre horizontale.

Les figures 7.1 et 7.2 présentent des cas particuliers où le mouvement est soit linéaire soit angulaire. En général, le

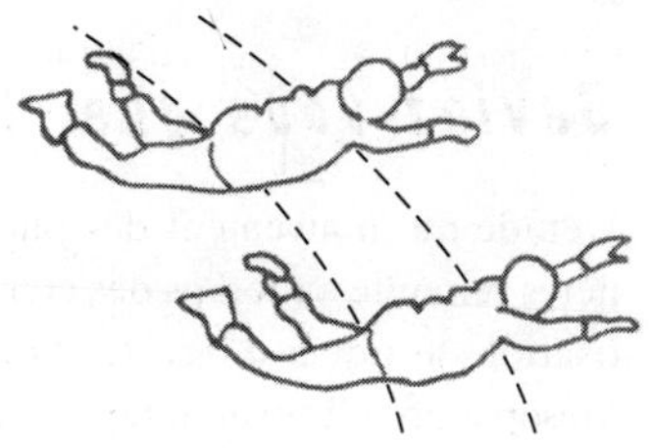

Figure 7.3
Le parachutiste suit une trajectoire curviligne telle qu'illustrée par les lignes pointillées. Son déplacement est par contre linéaire.

mouvement comprend à la fois des translations et des rotations. Il suffit d'observer le mouvement des membres inférieurs durant la marche ou à la course pour réaliser comment à l'aide de mouvements de flexion et d'extension on se déplace d'un endroit à un autre.

Le mouvement curviligne décrit la trajectoire d'une personne ou d'un objet. Le parachutiste qui saute de l'avion en marche illustré à la figure 7.3 en est un exemple. Il suit une trajectoire parabolique ou curviligne (formée de lignes courbes). Si le parachutiste entre dans un mouvement de rotation (vrille), sa trajectoire suivra celle d'une spirale comme celle d'un tire-bouchon. Par contre, s'il se laisse planer dans les airs, sa trajectoire sera une courbe parabolique mais son déplacement demeurera linéaire. Ainsi comme la patineuse de la figure 7.1, l'épaule et la hanche du parachutiste se déplaceront de la même distance d'une position à l'autre. Le déplacement sera oblique, ayant une composante horizontale et une verticale.

Contrôle des connaissances

C 7.1 Deux individus partent d'un même point. Le premier se déplace de 400 m le long de l'horizontale et escalade une pente raide qui s'élève verticalement de 300 m. Le second marche sur une distance de 500 m sur une pente ascendante de 36°. Lequel des deux s'est déplacé le plus loin de son point de départ ?

7.3 MOUVEMENTS LINÉAIRE ET ANGULAIRE

Les mouvements linéaire et angulaire s'expriment en distance ou en déplacement. Le temps pris pour parcourir cette distance reflète la vitesse; les variations de vitesse par rapport au temps représentent l'accélération. Ces trois notions de déplacement, de vitesse et d'accélération sont utilisées pour décrire la cinématique du corps en mouvement.

7.3.1 Mouvement linéaire

Le déplacement linéaire est celui fait en ligne droite entre deux points. Il est mesuré en mètres et est représenté par la lettre d. La vitesse représente la rapidité de notre mouvement ou de notre déplacement qu'il soit linéaire ou angulaire. En d'autre mots, la vitesse exprime notre déplacement ou changement de position en fonction du temps. La vitesse linéaire est la variation, Δ (delta), de la distance divisée par le temps écoulé, Δt pour la franchir. L'équation 7.1 exprime la vitesse linéaire, v en mètre par seconde (m/s)

$v = \Delta d/\Delta t$ (7.1)

ou encore

$v = (d_2 - d_1)/(t_2 - t_1)$ (7.1 bis)

où d_1 et d_2 sont les distances mesurées de l'origine aux temps t_1 et t_2. Il est important de noter que d_1 et t_1 sont souvent égaux à zéro car d_1 est le point de départ (origine) pris au temps zéro.

Si les deux individus de la question C 7.1 ont la même vitesse linéaire de 2 m/s, lequel arrivera le premier à destination et combien de temps après arrivera le second ? Le premier franchit une distance linéaire totale de 700 m (400 m + 300 m) à une vitesse de 2 m/s.

$$\begin{aligned} v &= \Delta d/\Delta t \\ \Delta t &= \Delta d/v \\ &= 700/2 \\ &= 350 \text{ s} \end{aligned}$$

Le premier arrivera au sommet 350 s après son départ. Le second parcourt une distance de 500 m à la même vitesse. Le temps écoulé est de

$$\begin{aligned} v &= \Delta d/\Delta t \\ \Delta t &= \Delta d/v \\ &= 500/2 \\ &= 250 \text{ s} \end{aligned}$$

Donc le second arrivera au haut de la pente 250 s après son départ soit 100 s avant le premier.

Contrôle des connaissances

C 7.2 Étant donné que l'homme peut courir à une vitesse de 40 km/h, la gazelle à 96 km/h, le léopard à 112 km/h, le chameau à 43 km/h et la tortue à 1,6 km/h, combien de temps chacun prendrait-il pour couvrir 200 m ?

L'accélération est définie comme une variation de vitesse, Δv par rapport au temps écoulé. L'accélération linéaire est représentée par la lettre a et est exprimée en m/s^2

$a = \Delta v/\Delta t$ (7.2)

ou

$a = (v_2 - v_1)/(t_2 - t_1)$ (7.2 bis)

ou v_1 et v_2 sont les vitesses aux temps t_1 et t_2.

Par exemple, en quittant la main du lanceur, une balle de base-ball atteint une vitesse de 40 m/s. Le lanceur a pris 0,3 s pour accélérer la balle avant de la libérer. Quelle est l'accélération de la balle de base-ball ? La vitesse initiale ou v_1 est nulle car la balle part d'une position arrêtée. Donc,

Saviez-vous que...

L'étude du mouvement des planètes remonte au temps des civilisations antiques d'Égypte et de Mésopotamie. Tout était rapporté dans leur système de numération en base de 60. Cette base numérique est encore utilisée aujourd'hui dans notre décompte des heures en 60 minutes et des minutes en 60 secondes ainsi que des angles en degrés (360° dans un cercle). Nous utilisons aussi d'autres bases numériques : binaire (2) utilisée dans les calculs effectués par l'ordinateur, décimales (10) dans le système métrique pour n'en nommer que quelques-unes.

$$a = (v_2 - v_1)/\Delta t$$
$$= (40 - 0)/0{,}3$$
$$= 133{,}3 \text{ m/s}^2$$

7.3.2 Mouvement angulaire

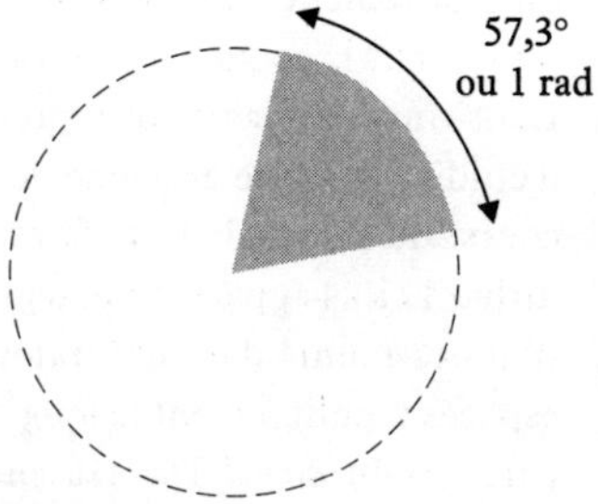

Figure 7.4
Correspondance entre degrés et radians.

Avez-vous déjà remarqué lors d'une parade ce qui se produit lorsque la fanfare fait un virage de 90° pour prendre une autre direction ? Celui ou celle qui est à l'intérieur tourne presque sur place alors que le dernier en bout de ligne parcourt une bien plus grande distance. Par contre, les deux ont couvert le même angle de rotation et les mêmes vitesse et accélération angulaires, car ils ont le même mouvement de rotation. C'est-à-dire, tout au long du virage, le rang reste droit.

Comme pour les déplacements linéaires, on peut aussi calculer la vitesse angulaire et l'accélération angulaire à partir de l'angle de rotation (ou déplacement angulaire) et le temps. Le déplacement angulaire est mesuré en degrés (°) ou en radians (rad) et est représenté par la lettre grecque θ (thêta). Pour l'instant il suffit de comprendre qu'un radian est une unité de mesure correspondant à 57,3° tel qu'illustré à la figure 7.4. Pour former un cercle comme à la figure 7.5, on trace une révolution de 360° ou de 6,28 radians. On utilise le degré ou le radian indifféremment sauf lorsqu'on effectue des multiplications ou des divisions impliquant des unités de mesure autres que le temps.

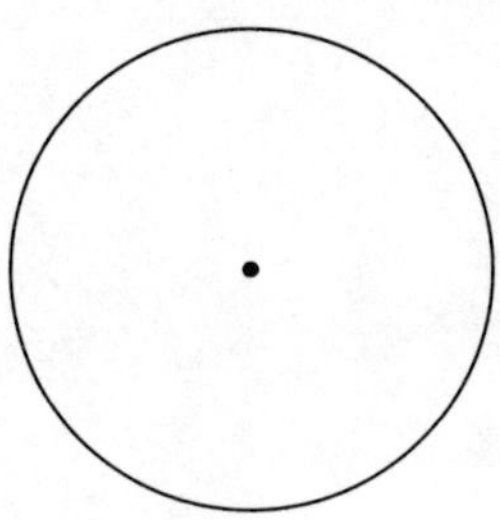

Figure 7.5
Un cercle, un trou et une révolution font 360° ou 6,28 radians.

La vitesse angulaire et l'accélération angulaire sont définies de la même manière que la vitesse et l'accélération linéaires. La vitesse angulaire, ω, (oméga) est exprimée ainsi :

$$\omega = \Delta\theta/\Delta t \qquad (7.3)$$

$$\omega = (\theta_2 - \theta_1)/(t_2 - t_1) \qquad (7.3\ bis)$$

où ω est en degrés par seconde (°/s) ou en radians par seconde (rad/s). Si une gymnaste fait un salto arrière en 1,5 s, sa vitesse de rotation sera

$$\omega = \Delta\theta/\Delta t$$
$$= 360°/1{,}5$$
$$= 240°/\text{s ou } 4{,}19 \text{ rad/s}$$

L'angle est de 360° car dans un salto, la gymnaste part d'une position debout pour retomber sur ses pieds, c'est-à-dire une révolution complète.

L'accélération angulaire, α (alpha) est

$$\alpha = \Delta v/\Delta t \qquad (7.4)$$

$$\alpha = (\omega_2 - \omega_1)/(t_2 - t_1) \qquad (7.4\ bis)$$

et α est exprimé en degrés par seconde carrée (°/s^2) ou en radian par seconde carrée (rad/s^2).

Le déplacement, la vitesse et l'accélération angulaire vont prendre de l'importance lorsque nous allons traiter des relations qui existent entre le mouvement linéaire et le mouvement angulaire ainsi que des mouvements segmentaire et articulaire. L'application de ces équations sera donc illustrée plus loin.

De façon générale, la vitesse et l'accélération, linéaires ou angulaires, s'écrivent comme suit

$$v_i = (d_i - d_{i-1})/(t_i - t_{i-1})$$
$$\omega_i = (\theta_i - \theta_{i-1})/(t_i - t_{i-1}) \qquad (7.5)$$

$$a_i = (v_i - v_{i-1})/(t_i - t_{i-1})$$
$$\alpha_i = (\omega_i - \omega_{i-1})/(t_i - t_{i-1}) \qquad (7.6)$$

où i représente l'instant d'intérêt et i-1 correspond à l'instant précédant. Ainsi, la vitesse d'une balle de base-ball filmée à 100 images par seconde et calculée à la 63e image se détermine à partir des valeurs de déplacement obtenues des images 63 et 62, correspondant aux instants i et i–1 respectivement.

Saviez-vous que...

Un photographe anglais Edward Muybridge (1830-1904) s'illustra par ses études photographiques du mouvement humain. Comme plusieurs, à l'époque, il émigra aux États-unis. Là-bas, il entreprend d'étudier la phase aérienne de la course du cheval. Pour ce faire, il utilise 12 à 24 appareils photographiques munis d'un obturateur, espacés régulièrement le long du parcours du cheval. Dans sa course, le cheval accroche au passage un fil raccordé à chaque appareil provoquant leurs déclenchements séquentiels.

CONTRÔLE DES CONNAISSANCES

C 7.3 Une roue fait une révolution en deux minutes. Quelle est sa vitesse angulaire en degrés par seconde et en radians par seconde ?

C 7.4 Si la roue de la question C 7.3 s'arrête en un dixième de seconde, quelle sera sa décélération ?

7.4 VITESSE ET ACCÉLÉRATION MOYENNES ET INSTANTANÉES

Le calcul des vitesses et des accélérations se fait entre deux instants. À titre d'exemple, un athlète qui franchit une distance de 100 m en 10 secondes le fait à une vitesse de 10 m/s. Cette vitesse ne reflète pas la vitesse de notre athlète au départ, ni sa vitesse en fin de course. Elle est plutôt sa vitesse moyenne. Pour obtenir une idée plus exacte de la vitesse du coureur, il faudrait la calculer à plusieurs instants consécutifs. On obtiendrait alors plusieurs valeurs allant d'une vitesse qui augmente rapidement en début de course pour ensuite se stabiliser puis augmenter dans le sprint final. Ces vitesses instantanées représentent fidèlement la stratégie du coureur.

La position du coureur tout au long de sa course est facilement déterminée à l'aide d'une caméra vidéo. On peut alors appliquer les équations 7.5 et 7.6 pour calculer les vitesses et les accélérations instantanées entre deux images. Mais que ce soit entre deux images très rapprochées dans le temps ou

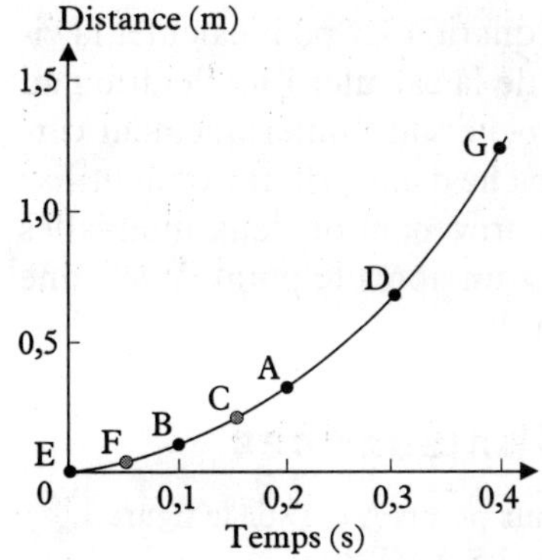

Point	t (s)	d (m)
E	0,0	0,0
B	0,1	0,1
A	0,2	0,3
D	0,3	0,7
G	0,4	1,2

Figure 7.6
Déplacement horizontal d'un coureur.

Saviez-vous que...

À l'époque de Muybridge, un médecin français, Étienne Jules Marey (1830-1904) a perfectionné et généralisé l'emploi des appareils photographiques pour l'étude des phénomènes physiologiques. Il enregistre le mouvement du cœur, la contraction musculaire, la locomotion humaine, le vol des oiseaux, pour en nommer quelques uns. En 1882, il crée la chronographie d'où dérive la cinématographie. Deux ans plus tard, il adapte le microscope à la caméra. On lui doit aussi le sphygmographe, appareil servant à enregistrer les pulsations et les variations de la pression sanguine.

entre deux instants éloignés tels que le départ et l'arrivée d'une course, ces équations représentent toujours des valeurs moyennes !

À la figure 7.6, le déplacement horizontal d'un coureur est exprimé en fonction du temps. Après 0,2 s le coureur a franchi une distance de 0,30 m (point A). En faisant appel aux équations précédentes, on obtient une vitesse de 2,0 m/s et une accélération de 10 m/s^2. Comme il s'agit de valeurs moyennes, la vitesse n'a pas été calculée au point A mais bien à C qui est situé entre les points B et A au temps 0,15 s alors que l'accélération moyenne est calculée au point B ! Non seulement la vitesse et l'accélération ne sont pas estimées au point A, elles ne sont pas données pour les mêmes instants.

Contrôle des connaissances

C 7.5 Expliquer pourquoi l'accélération moyenne de l'exemple ci-haut correspond à celle du point B.

Afin de caler la vitesse avec l'accélération, nous utilisons une approche numérique qui repose sur la méthode de la différence centrale. On modifie les équations 7.5 et 7.6 de manière à ce que la valeur moyenne se situe au point d'intérêt, i soit le point A dans notre exemple. Si l'intervalle de temps est identique entre chaque donnée, les vitesses linéaires et angulaires sont calculées à partir de :

$$v_i = (d_{i+1} - d_{i-1})/(2\Delta t),$$
$$\omega_i = (\theta_{i+1} - \theta_{i-1})/(2\Delta t) \qquad (7.7)$$

Attention : l'intervalle de temps est doublé. Avec ces équations la vitesse au point A est de 3,0 m/s au lieu de 2,0 m/s ! Les points B et D se situent sur une courbe qui augmente rapidement. Dans le premier calcul, la vitesse moyenne est celle du point C qui se trouve dans le bas de la courbe alors qu'avec la différence centrale, la vitesse correspond au point A où la courbe devient plus raide expliquant ainsi la plus grande vitesse au point A.

On pourrait se servir de l'équation 7.7 pour calculer la vitesse aux points B et D puis de là calculer l'accélération au point A. Bien que cette approche soit numériquement correcte, le résultat peut être entaché d'une erreur car on utilise des données de déplacement provenant de deux intervalles de temps à savoir un avant et un après le point A, sur une courbe qui évolue rapidement !

Saviez-vous que...

Carl Friedrich Gauss (1777-1855) a contribué largement à la théorie des nombres. Astronome, mathématicien et physicien allemand, Gauss est l'auteur de nombreux travaux en mécanique et en optique.

CONTRÔLE DES CONNAISSANCES

C 7.6 Quelle est la vitesse aux points A et D de la figure 7.6 (à l'aide des équations 7.5 et 7.7) ?

C 7.7 En vous servant des vitesses calculées en C 7.6 déterminer l'accélération au point D à l'aide des équations 7.6 et 7.8.

Afin de prendre des données plus près du point A, la vitesse moyenne est calculée entre les points i et i –1, soit au point B ainsi qu'au point D entre les point i+1 et i. L'intervalle de temps demeure Δt (figure 7.6).

$$a_i = (V_D - V_B)/(\Delta t)$$
$$= \{(d_{i+1} - d_i)/\Delta t - (d_i - d_{i-1})/(\Delta t\}/\Delta t$$
$$= \{(d_{i+1} - d_i) - (d_i - d_{i-1})\}/(\Delta t\ \Delta t)$$
$$a_i = (d_{i+1} - 2d_i + d_{i-1})/(\Delta t^2) \qquad (7.8)$$

ainsi

$$\alpha_i = (\theta_{i+1} - 2\theta_i + \theta_{i-1})/(\Delta t^2)$$

L'accélération au point A est de 20 m/s^2 et non pas de 10 m/s ^{2}. En effet cette dernière correspondrait plus à celle du point B où la pente de la courbe est plus douce qu'au point A.

Le calcul des vitesses pose un problème sur lequel il faut porter toute son attention car il est fondamental pour l'utilisation des profils de vitesse. La figure 7.7 illustre bien ce problème : la vitesse moyenne entre A et B est équivalente à la tangente de la corde AB, alors que les valeurs instantanées en A ou B sont très différentes. On peut remarquer aussi que la vitesse moyenne est égale à la vitesse instantanée à l'instant milieu entre t_A et t_B. Il faudra tenir compte de cette remarque pour intercaler les valeurs de vitesse calculées par différence pas à pas, par rapport aux valeurs d'origine des déplacements.

Figure 7.7
Comparaison de la vitesse moyenne avec les vitesses instantanées en A et B.

CONTRÔLE DES CONNAISSANCES

C 7.8 Compléter le tableau 7.1 où l'on remarquera la disposition du calcul dans les intervalles pour obtenir les vitesses moyennes et les accélérations moyennes aux temps intermédiaires.

C 7.9 Exemple de représentation graphique pour mettre en évidence les coordinations intersegmentaires dans un mouvement : étude du coup de pied au football. Voir les données du tableau 7.2. Tracer sur un premier graphique les variations angulaires en fonction du temps sachant que l'échantillonnage est à 66 images/seconde. Calculer ensuite les vitesses angulaires correspondantes et les représenter sur un même graphique.

C 7.10 Appliquer ensuite la technique de différence centrale et comparer les résultats obtenus par différenciation directe et centrale (voir figure 7.8).

Tableau 7.1

Positions-temps-vitesses-accélérations pour traiter le calcul à partir des valeurs de position. D'après Enoka (1988).

N°	Position (m)	Temps (s)	Vitesse (m/s)	Accélération (m/s²)
1	0,00	0,000	(0,59 – 0,00)/(0,1 – 0,0) = 5,9	(3,6 – 5,9) (0,100 – 0,000) = –23,0
2	0,59	0,100	(0,95 – 0,59)/(0,20 – 0,10) = 3,6	
3	0,95	0,200		
4	1,00	0,250		
5	0,95	0,300		
6	0,59	0,400		
7	0,00	0,500		
8	–0,59	0,600		
9	–0,95	0,700		
10	–1,00	0,750		
11	–0,95	0,800		
12	–0,59	0,900		
13	0,00	0,000		

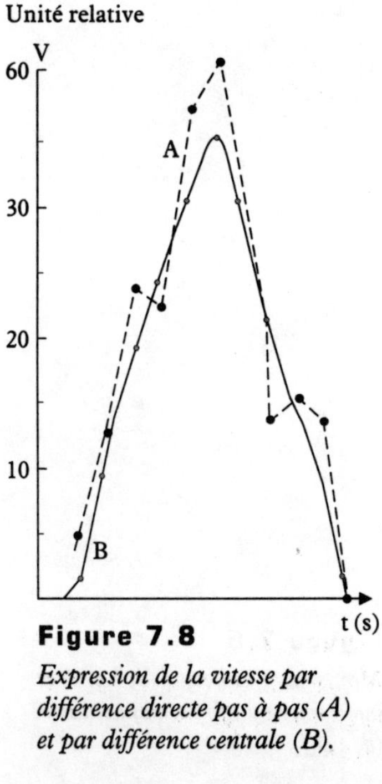

Figure 7.8

Expression de la vitesse par différence directe pas à pas (A) et par différence centrale (B).

Tableau 7.2

Angles en degrés de la cuisse et de la jambe par rapport à l'horizontale. D'après Plaghenhœf (1971).

N°	Angle jambe	Angle cuisse	Vit. ang. j.	Vit. ang. c.
1	138	238		
2	138	242		
3	135	250		
4	140	263		
5	153	282		
6	177	282		
7	200	298		
8	238	310		
9	270	312		
10	298	305		
11	312	314		
12	328	318		
13	332	328		
14	332	340		
15	318	350		

7.5 RELATIONS ENTRE LE DÉPLACEMENT, LA VITESSE ET L'ACCÉLÉRATION

Il existe deux conditions particulières au mouvement linéaire. Il peut être à déplacement uniforme ou à déplacement uniformément accéléré. La figure 7.9 illustre ces deux conditions. Lors d'un déplacement uniforme (figure 7.9 a), la distance franchie par unité de temps est constante, donc la vitesse est aussi constante comme l'illustre la figure 7.9 b). Comme la vitesse est constante, il n'y a aucune accélération (figure 7.9 c). Un mouvement à déplacement uniforme typique est celui d'un avion en vitesse de croisière.

Par contre, il arrive que l'on se déplace de plus en plus vite. Il en est de même pour tout objet qui tombe, attiré par la gravité tel qu'illustré aux figures 6.5. et 7.9 d). Le déplacement augmente de manière exponentielle (figure 7.9 d) alors que la vitesse augmente linéairement (figure 7.9 e). L'accélération est alors constante (figure 7.9 f) donc l'objet est uniformément accéléré.

À la figure 7.9 et par les équations 7.1 à 7.8, on note la relation temporelle qui existe entre le déplacement, la vitesse et l'accélération (linéaire ou angulaire). Ainsi en divisant le déplacement par un intervalle de temps on obtient la vitesse et en divisant celle-ci encore par le temps on arrive à l'accélération. Cette approche n'est autre qu'une méthode numérique de différenciation ou de dérivation.

Le cheminement inverse est également possible. En multipliant l'accélération par le temps, on obtient la vitesse, et la vitesse par le temps donne le déplacement. Ces multiplications reviennent à calculer l'aire ou la surface sous la courbe et cette approche est connue sous le nom d'intégration numérique. Donc on dérive quand on passe du déplacement à l'accélération et on intègre dans l'opération opposée.

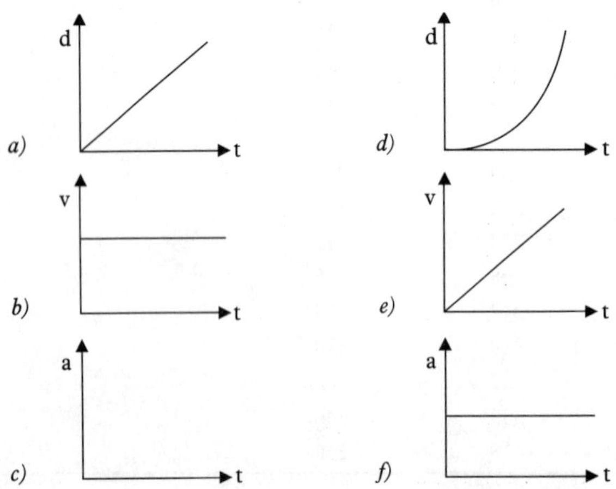

Figure 7.9
Mouvement uniforme (a, b et c) et mouvement uniformément accéléré (d, e et f).

7.6 RELATIONS ENTRE MOUVEMENT LINÉAIRE ET MOUVEMENT ANGULAIRE

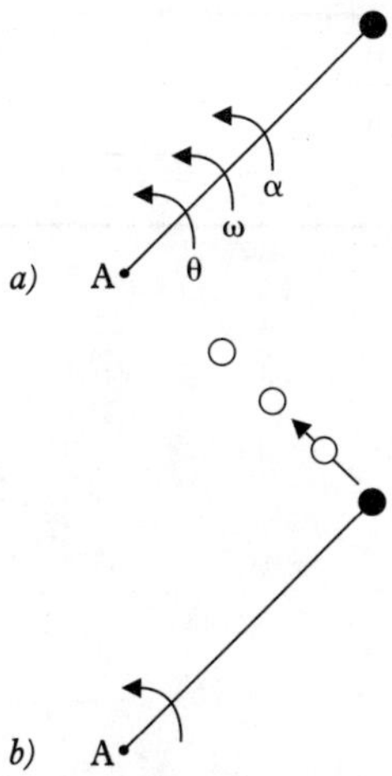

Figure 7.10

a) Une balle attachée à une ficelle tourne par rapport au point A.
b) Si la ficelle est coupée, la balle partira en flèche dans une direction perpendiculaire au rayon donné par la ficelle.

Quel est le lien ou le paramètre physique qui lie les mouvements linéaire et angulaire ? C'est le rayon ou la distance entre le point de rotation et le point d'intérêt. Si on attache une balle à l'une des extrémités d'une ficelle et qu'avec l'autre on la fait tourner, la balle aura une trajectoire circulaire. Dès que l'on lâche la ficelle, la balle prend une direction tangentielle ou perpendiculaire au rayon de la ficelle comme à la figure 7.10. Ces mouvements sont associés au rayon.

Le déplacement linéaire de la balle sera d'autant plus grand qu'elle sera éloignée du point de rotation. Comme pour la fanfare qui effectue un virage, le musicien le plus éloigné du point de rotation devra se déplacer plus rapidement que celui qui se situe près du point de rotation afin que le rang de musiciens reste bien droit.

Pour un déplacement angulaire θ, le déplacement linéaire d au point situé à une distance r du point de rotation est

$$d = r\theta \qquad (7.9)$$

Il est important de souligner que l'angle est exprimé en radians. La relation entre la vitesse et l'accélération linéaire et angulaire est similaire à l'équation 7.9

$$v = r\omega \qquad (7.10)$$

$$a = r\alpha \qquad (7.11)$$

Le tableau 7.3 résume les paramètres du mouvement linéaire et du mouvement angulaire et leur relation.

Le cycliste effectue des mouvements de rotation pour faire avancer son vélo; pourtant le résultat final est une translation du vélo et du cycliste vers l'avant. Le mouvement de rotation des jambes entraîne le pédalier et le plateau avant qui tirent sur la chaîne. Celle-ci fait tourner le plateau fixé à la roue arrière. Dans tous ces mouvements, il n'y a aucune translation et pourtant le cycliste avance en ligne droite !

Reprenons cet exemple mais en y ajoutant quelques valeurs numériques. Le tableau 7.4 nous donne les rayons du pédalier, des plateaux et de la roue arrière.

Tableau 7.3

Mouvements linéaire, angulaire et leurs relations.

	Linéaire	Angulaire	Relation
Déplacement	d	θ	d = r θ
Vitesse	v	ω	v = r ω
Accélération	a	α	a = r α

Tableau 7.4

Principaux rayons d'un vélo exprimés en cm.

Pédalier	r_p	16,5
Plateau avant	p_{av}	10,5
Plateau arrière	r_{par}	3,5
Roue	r_r	35,0

Si le cycliste pédale à une révolution par seconde, c'est-à-dire qu'il effectue une rotation ou un tour par seconde avec le pédalier, à quelle vitesse linéaire se déplace-t-il ? On utilise l'équation 7.10 à quelques reprises puis on obtient la vitesse linéaire du vélo. Avant d'effectuer les calculs, il faut ramener la vitesse angulaire du plateau aux mêmes unités que celles de la vitesse linéaire. Une révolution correspond à 360°; ainsi une révolution par seconde devient 360° par seconde. Comme on va multiplier des degrés avec des mètres, il faut transformer les degrés en radians en les divisant par 57,3. On obtient une vitesse angulaire de 6,28 rad/s. De plus, il faut convertir les rayons exprimés en cm en mètres pour obtenir des vitesses linéaires en m/s.

La première étape consiste à calculer la vitesse linéaire de la chaîne, v_c qui transfert la vitesse de rotation au plateau arrière. Le pédalier et le plateau avant ont la même vitesse angulaire, ω_{pav}. On obtient la vitesse linéaire de la chaîne avec

$$\begin{aligned} v_c &= r_{pav}\,\omega_{pav} \\ &= 0{,}105 \text{ x } 6{,}28 \\ &= 0{,}66 \text{ m/s} \end{aligned}$$

Si la vitesse de la chaîne au plateau avant est moindre que celle du plateau arrière, celle-ci va finir par coincer le plateau avant et entraîner un déraillement. Si au contraire, la vitesse de la chaîne au plateau avant est supérieure à celle du plateau arrière, celle-ci va se tendre, voire même glisser sur l'engrenage avant. Normalement la vitesse linéaire de la chaîne est partout pareille, en avant comme en arrière. Donc, la vitesse angulaire du plateau arrière, ω_{par} est liée directement à la vitesse linéaire de la chaîne comme suit.

$$\begin{aligned} v_c &= r_{pav}\,\omega_{pav} \\ v_c &= r_{par}\,\omega_{par} \\ \omega_{par} &= v_c/r_{par} \\ &= 0{,}66/0{,}035 \\ &= 18{,}85 \text{ rad/s} \end{aligned}$$

Le plateau arrière et la roue ont la même vitesse angulaire de 18,85 rad/s. On reprend encore l'équation 7.10 pour calculer la vitesse linéaire de la roue.

$$\begin{aligned} v_r &= r_r\,\omega_r \\ &= 0{,}35 \text{ x } 18{,}85 \\ &= 6{,}6 \text{ m/s} \end{aligned}$$

Ainsi notre cycliste va transformer un mouvement de rotation des jambes en un mouvement linéaire de déplacement horizontal. Un tour de pédale par seconde lui permet de se déplacer à une vitesse de 6,6 m/s ou 23,76 km/h.

Contrôle des connaissances

C 7.11 Pour l'exemple ci-haut, quelle est la vitesse linéaire du pied au pédalier ?

C 7.12 Par ordre croissant, classer les vitesses linéaires du pédalier, du plateau avant, de la roue.

C 7.13 Si le cycliste du problème C 7.12 fait un quart de tour de pédalier, quelle distance aura fait le vélo ?

C 7.14 Quelle est l'accélération linéaire d'un bobsleigh qui a une accélération angulaire de $45°/s^2$ dans un virage dont le rayon de courbure est de 50 m ?

7.7 MOUVEMENT SEGMENTAIRE

Nous venons de voir les différences ainsi que le lien entre les mouvements linéaire et angulaire. On les a aussi appliqués à l'étude du mouvement global d'un cycliste. Pour effectuer une analyse complète du corps humain, on doit décrire les mouvements de rotation et de translation de chacun des segments corporels.

Les mouvements de translation ne posent pas de problème en soi. On calcule les déplacements, les vitesses et les accélérations linéaires au centre de masse segmentaire. Les mouvements de rotation sont un peu plus complexes à analyser, car souvent ils sont utilisés pour décrire le mouvement des segments individuels sans considération pour les segments adjacents ou pour estimer le mouvement à une articulation ou entre deux segments adjacents.

La figure 7.11 représente un kinogramme d'un individu qui marche de droite à gauche. Là, le pied est représenté par un triangle alors que la jambe, la cuisse, les bras et les avant-bras sont formés par des lignes droites. Le tronc est un rectangle alors que la tête est un triangle.

Pour calculer les forces et la contribution musculaire aux articulations, on doit connaître la position et le changement

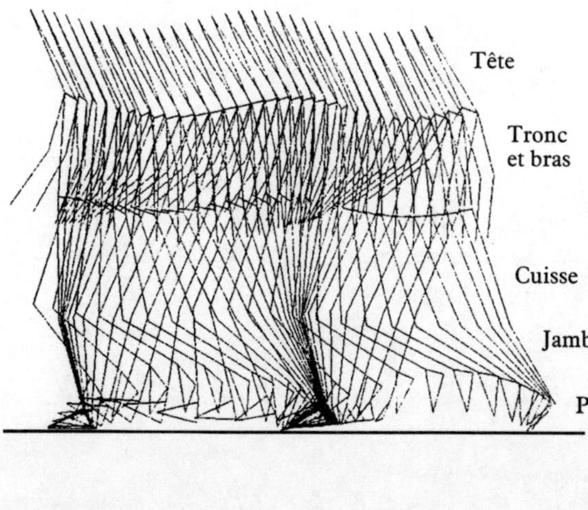

Figure 7.11
Kinogramme d'une personne marchant de droite à gauche.

de position de chaque segment en fonction du temps ou le mouvement segmentaire. À la figure 7.12, seul le membre inférieur est représenté. Pour décrire le mouvement de rotation de la cuisse (figure 7.12), on mesure ou calcule l'angle θ_c, entre l'inclinaison du segment et l'horizontale. Ensuite on recommence pour les images subséquentes comme à la figure 7.13. Les changements dans l'angle donnent les vitesses angulaires de la cuisse alors que les changements dans la vitesse indiquent l'accélération angulaire. Cela doit être effectué pour chaque segment et répété à chaque image analysée. Pour l'analyse de la marche seulement, on considère habituellement trois segments (cuisse, jambe et pied) sur 60 à 70 images. En tout, on calcule 180 angles segmentaires (3 segments x 60 images).

Le tableau 7.5 donne les déplacements angulaires de la jambe aux images 112 à 115 pour des intervalles de temps de 0,01 s. Ces images sont obtenues à partir de caméras vidéo et où la première image correspond au début du mouvement étudié. Ainsi, les images 112, 113, etc. gèlent le mouvement de la jambe à plus d'une seconde après l'initiation du geste. Pour obtenir l'accélération angulaire de la jambe à l'image 114, les équations 7.5 et 7.6 seront utilisées.

Comme tous les calculs reposent sur les données de déplacement, les vitesses angulaires sont calculées avant de passer aux accélérations. Pour connaître les vitesses angulaires à calculer, on écrit en premier l'équation de l'accélération à l'image désirée. L'équation 7.6

$$\alpha = (\omega_i - \omega_{i-1})/\Delta t \qquad (7.6)$$

devient pour i = 114,

$$\alpha_{114} = (\omega_{114} - \omega_{113})/\Delta t$$

Les vitesses angulaires sont donc

$$\begin{aligned}\omega_{114} &= (\theta_{114} - \theta_{113})/\Delta t \\ &= (78{,}7 - 78{,}6)/0{,}01 \\ &= 0{,}10/0{,}01 \\ &= 10{,}0°/s\end{aligned}$$

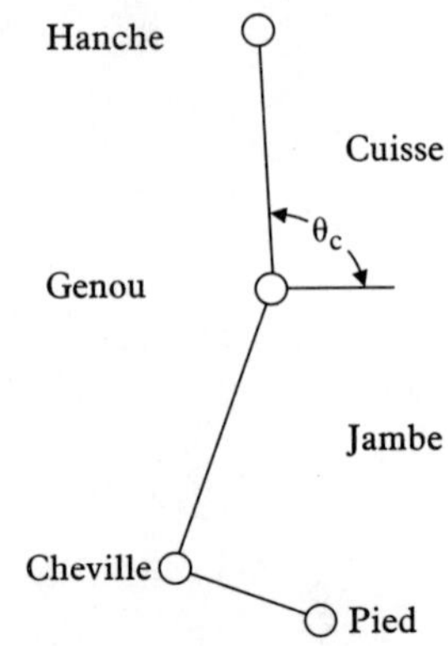

Figure 7.12
Représentation schématique du membre inférieur. L'angle segmentaire est mesuré à partir de l'horizontale vers le segment en question. D'après Winter, D.A. (1990). Biomechanics and Motor Control of Human Movement. *Wiley-Interscience Publication, New York, N. Y.*

Tableau 7.5
Données de déplacements angulaires de la jambe pour un Δt de 0,01 s.

Images	112	113	114	115
θ	78,8	78,6	78,7	79,0

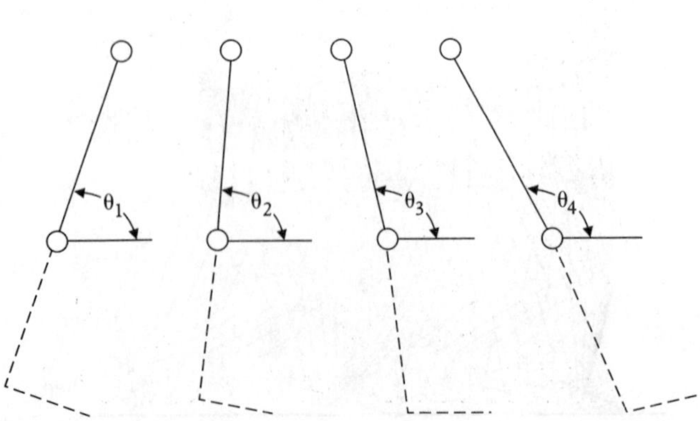

Figure 7.13
Angle segmentaire à la cuisse pour différentes positions dans le temps.

$$\begin{aligned}\omega_{113} &= (\theta_{113} - \theta_{112})/\Delta t\\ &= (78{,}7 - 78{,}8)/0{,}01\\ &= -0{,}20/0{,}01\\ &= -20{,}0°/s\end{aligned}$$

Ainsi

$$\begin{aligned}\alpha_{114} &= (\omega_{114} - \omega_{113})/\Delta t\\ &= (10{,}0 + 20/0{,}01\\ &= 30{,}0/0{,}01\\ &= 3000°/s \qquad (7.6)\end{aligned}$$

L'accélération angulaire de la jambe est de 3000°/s.

Ces angles nous renseignent sur le mouvement angulaire de la cuisse, de la jambe, etc., mais ne nous indiquent en rien des déplacements en flexion ou en extension se produisant au genou, à la hanche, etc.

CONTRÔLE DES CONNAISSANCES

C 7.15 Si θ_1 est de 89°, θ_2 de 90°, θ_3 de 93°, θ_4 de 94° et que l'intervalle entre chaque image de la figure 7.13 est de 0,017 s (1/60 s), quelle est la vitesse angulaire de la cuisse aux images 2 et 3 ? Utiliser les équations 7.3 et 7.7.

C 7.16 Quelle est l'accélération angulaire de la cuisse à l'image 3 de la question C 7.15 ? Utiliser les équations 7.4 et 7.8.

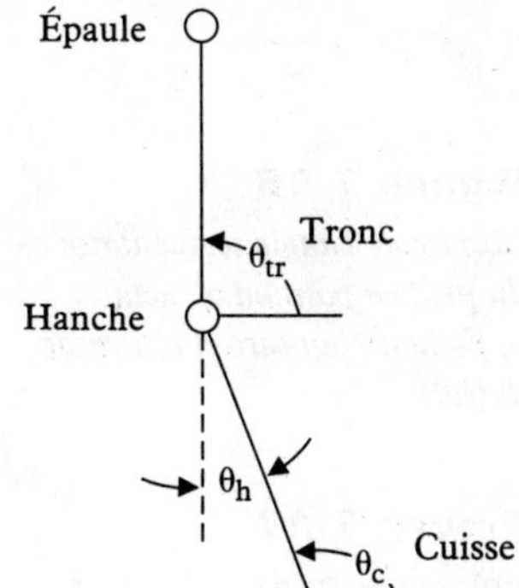

Figure 7.14

Angle articulaire de la hanche θ_h, du genou θ_g et de la cheville θ_{ch}. D'après Winter, D.A. (1990). Biomechanics and Motor Control of Human Movement. *Wiley-Interscience Publication, New York, N. Y.*

7.8 MOUVEMENT ARTICULAIRE

Le mouvement articulaire est tout simplement le mouvement de rotation entre deux segments corporels adjacents par rapport à l'articulation commune. Il s'agit de décrire l'angle et ses variations en fonction du temps.

À la figure 7.14 les angles segmentaires du tronc, θ_{tr}, de la cuisse, θ_c, de la jambe, θ_j et du pied, θ_p, sont donnés pour une image. On remarque que les angles segmentaires sont mesurés TOUJOURS DE LA MÊME FAÇON. L'horizontale est placée à l'extrémité du segment et l'angle est mesuré de l'horizontale vers le segment. C'est pourquoi l'angle de la cuisse est près de 120°.

L'angle articulaire à la hanche, θ_h est calculé entre une droite prolongée du tronc et la droite formant la cuisse de manière à

$$\theta_h = \theta_{cuisse} - \theta_{tronc} \qquad (7.12)$$

Un angle de zéro degré correspond à la position neutre. Un angle positif représente une flexion comme l'indique la figure 7.14. Une valeur négative est une extension, c'est-à-dire que la cuisse est derrière la hanche.

Le mouvement au genou, θ_g est exprimé par l'angle contenu entre une droite prolongée de la cuisse et la droite formant la jambe de manière à

$$\theta_g = \theta_{cuisse} - \theta_{jambe} \qquad (7.13)$$

En position neutre, la cuisse et la jambe forment une droite et θ_g est nul. Comme pour la hanche, une valeur positive indique une flexion tel qu'illustré à la figure 7.14. Par contre, une valeur négative représente une hyper-extension (figure 7.15).

L'angle du pied pose une difficulté qui est surmontée en respectant la façon de calculer les angles segmentaires. En position neutre (figure 7.16 a), l'angle du pied est de 180°, en flexion plantaire, l'angle par rapport à l'horizontale est inférieur à 180° (figure 7.16 b) et en flexion dorsale, cet angle est supérieur à 180° (figure 7.16 c). Bien que le mouvement à la cheville est décrit de la même manière, on soustrait cependant 90° pour obtenir la position neutre du pied qui n'est pas en flexion plantaire prononcée.

$$\theta_{cheville} = \theta_{pied} - \theta_{jambe} - 90° \qquad (7.14)$$

Une valeur positive correspond à une flexion dorsale illustrée à la figure 7.17 b), alors qu'une valeur négative représente une flexion plantaire (figure 7.17 a).

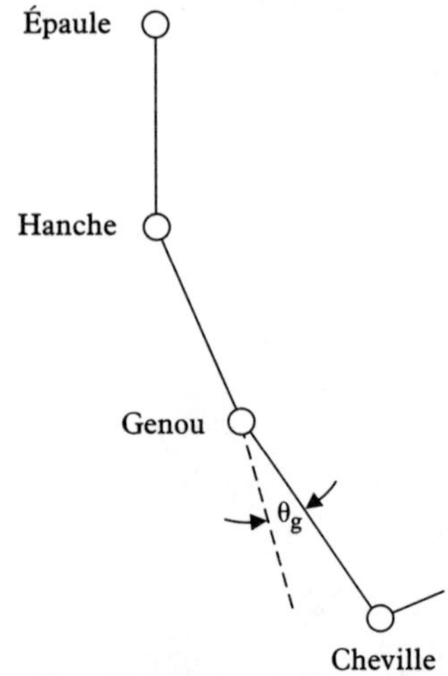

Figure 7.15

Hyper-extension du genou. Par exemple, $\theta_c = 120°$, $\theta_j = 130°$ donc $\theta_g = 120° - 130° = -10°$.

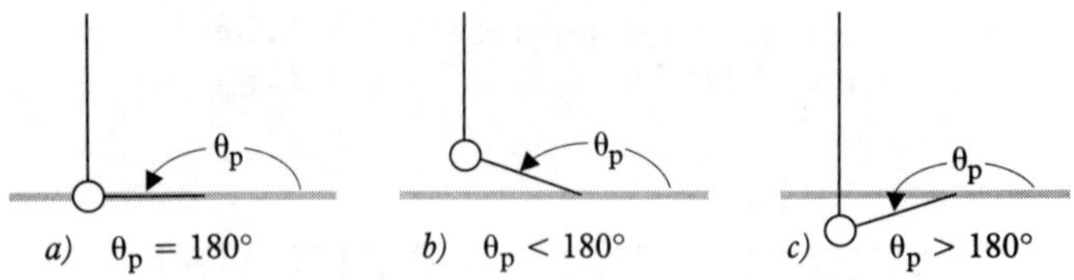

Figure 7.16

Mesure de l'angle segmentaire du pied en position a) neutre, b) flexion plantaire et c) flexion dorsale.

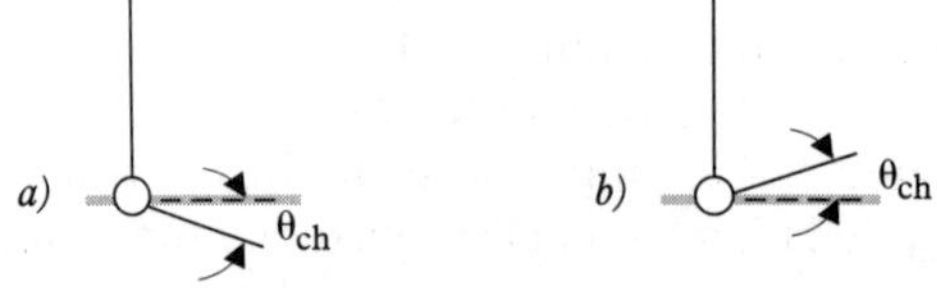

Figure 7.17

Position du pied en a) flexion plantaire. Par exemple, $\theta_p = 135°$, $- 90° - 90° = -45°$. Position du pied en b) flexion dorsale. Par exemple, $\theta_p = 200°$, $\theta_j = 90°$ donc $\theta_{ch} = 200° - 90° - 90° = 20°$.

7.9 MOUVEMENTS ARTICULAIRES DU MEMBRE INFÉRIEUR DURANT LA MARCHE ET À LA COURSE

Les mouvements de flexion/extension à la hanche, au genou et à la cheville sont exposés à la figure 7.18 pour un cycle de marche. La phase de support dure près de 60 %. Les mouvements articulaires du membre inférieur sont étudiés à chacune des articulations afin de déceler des limitations de

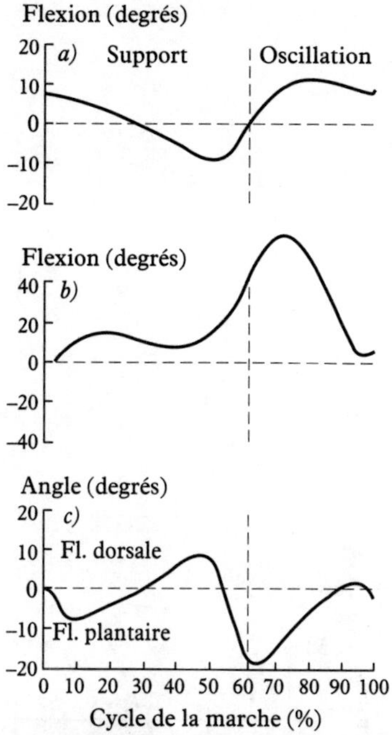

Figure 7.18

Mouvement articulaire a) à la hanche, b) au genou et c), à la cheville lors de la marche.

mouvement, ou encore un mouvement exagéré comme une hyper-extension du genou.

7.9.1 Marche

Durant la marche normale, l'amplitude articulaire à la hanche suit une trajectoire sinusoïdale. D'une flexion de 10° à la réception, la cuisse effectue un mouvement d'extension qui atteint une valeur maximale de 10° au milieu de la poussée. Ensuite, la cuisse fléchit pour soulever le membre inférieur et assurer ainsi son passage au-dessus du sol lors de la phase d'oscillation.

Durant tout le cycle de la marche, le genou est en flexion. À la réception, le genou est presque en extension complète (5° de flexion) mais pas tout à fait. Ensuite, le genou fléchit de 15° à 20° durant l'appui intermédiaire. Durant la poussée, la flexion au genou s'amorce pour atteindre une valeur maximale de près de 65° durant l'envol. À la fin de la phase d'oscillation, le genou effectue une extension pour préparer la phase de support subséquente.

Le mouvement à la cheville est plus complexe. À la réception, la cheville est à peu près en position neutre, c'est-à-dire que le pied forme un angle de 90° avec la jambe. Après le contact initial, le pied effectue un mouvement de flexion plantaire pour stabiliser l'appui podal. Durant l'appui intermédiaire, la dorsiflexion est produite par la jambe qui pivote sur le pied à la cheville, et à la poussée, la jambe et le pied contribuent à la flexion plantaire qui propulse le membre inférieur dans sa phase d'oscillation.

La locomotion est le résultat de la position des segments du membre inférieur et de la synchronisation de leurs mouvements. L'étude en colonne des mouvements à chacune des articulations met en évidence les stratégies biomécaniques employées par les segments pour répondre aux objectifs de chacune des périodes de la marche.

À la réception, la hanche est en flexion alors que le genou et la cheville sont presque en position neutre. Cela permet au membre inférieur de terminer sa phase d'oscillation et d'avancer le plus loin possible. En effet, une contracture au genou comme ont les enfants ayant une déficience motrice cérébrale réduirait la longueur du pas.

Durant la période de réception, le genou fléchit légèrement suite au mouvement de la jambe sur la cheville (flexion plantaire) et le tronc continue de progresser vers l'avant, entraînant un mouvement d'extension de la hanche. Durant cette période, le membre inférieur amortit sa réception au sol, assure sa stabilité et maintient la progression du centre de masse.

Durant l'appui intermédiaire, le poids du corps est assumé par une seule jambe, car la jambe controlatérale est en oscillation. En plus de préserver l'équilibre et la progression du centre de masse corporel, le membre inférieur se place de manière à produire une bonne poussée. Ainsi, la hanche est en extension, la cuisse étant située à l'arrière de la hanche, le genou est légèrement fléchi et le pied est en flexion dorsale.

Quand débute la poussée, la cuisse et la jambe sont alignées et le membre inférieur est incliné vers l'avant de manière à ce qu'une flexion plantaire puisse donner une propulsion efficace. À ce stade, la hanche et le genou fléchissent pour tirer le membre inférieur, aidant ainsi à la propulsion de la cheville.

Durant l'envol, la première période de la phase d'oscillation, la hanche poursuit sa flexion, le genou atteint sa flexion maximale et la cheville amorce un mouvement de flexion dorsale afin que le membre inférieur puisse dégager le sol d'un ou deux centimètres afin d'effectuer un pas vers l'avant.

La description des phases et des périodes nous est utile ici pour décrire les mouvements aux articulations. Par exemple, 15° de flexion au genou n'indique rien au mouvement car cette flexion se produit à quatre reprises dans le cycle de marche à savoir à la réception, l'appui intermédiaire, la poussée et l'atteinte tel qu'indiqué à la figure 7.18. C'est pourquoi il faut toujours spécifier dans quelle période se produit le mouvement articulaire ou encore les anomalies cinématiques telles qu'une hyper-extension.

7.9.2 Course

À la course, l'analyse visuelle est plus difficile qu'à la marche à cause de la vitesse du mouvement et de la courte durée de la phase de support. Il faut souligner que la vitesse de course a un effet sur la valeur des paramètres biomécaniques. Par exemple, la flexion maximale au genou augmente avec la vitesse de course. Il est donc important de préciser à quelle vitesse de course les données biomécaniques correspondent. Les vitesses de course se situent habituellement entre 3 et 4 m/s, à moins qu'il ne s'agisse d'un sprint.

Durant une course de 4 m/s, le mouvement vertical de la hanche est de près de 11 cm alors qu'au genou et à la cheville, ce mouvement est de 17 et 43 cm respectivement. La phase de support dure près de 3 dixièmes de seconde sur un cycle de course de 0,640 s. Les mouvements articulaires à la course sont donnés à la figure 7.19. Le mouvement de la hanche et du genou s'apparente bien à celui de la marche (figure 7.18) mais avec une amplitude nettement supérieure. L'amplitude de la hanche est de 60°, également partagée entre la flexion et l'extension. Le fléchi est à près de 40° durant la phase de support et de 115° en oscillation. La courbe à la cheville présente une flexion dorsale suivie d'une flexion plantaire. L'absence de flexion plantaire initiale comme

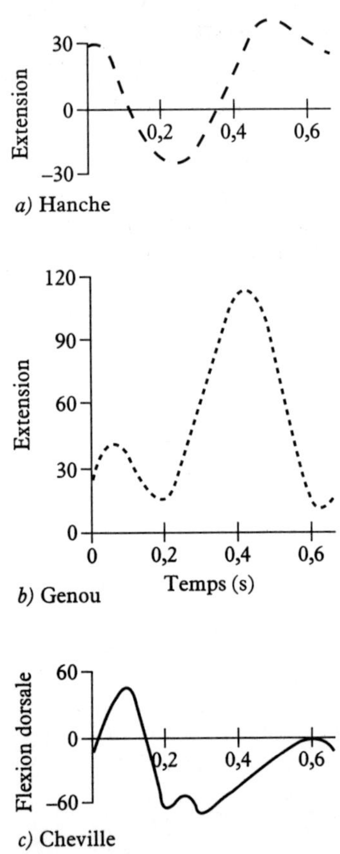

Figure 7.19

Déplacements angulaires en degrés à a) la hanche, b) au genou et c) à la cheville, lors de la course. Remarquez que la durée totale du cycle n'est que de 0,62 s.

Tableau 7.6
Données des déplacements angulaires du pied et de la jambe pour un Δt de 0,01 s.

Segments	Images				
	138	139	140	141	142
Pied θ_p	166,5°	166,1°	165,9°	165,7°	165,4°
Jambe θ_j	81,0°	81,1°	81,2°	81,4°	81,7°

à la marche s'explique par ce que le coureur fait son contact au sol avec la pointe des pieds. Sous l'impact, le pied fléchit puis propulse le coureur à la fin de la phase de support.

7.10 CALCUL DES VITESSES ET DES ACCÉLÉRATIONS ARTICULAIRES

La vitesse et l'accélération angulaires articulaires sont calculées à partir des variations de l'angle articulaire (hanche, genou, cheville) et non à partir des angles segmentaires.

Le tableau 7.6 donne les déplacements angulaires du pied et de la jambe aux images 138 à 142 et dont l'intervalle de temps est de 0,01 s. Pour obtenir l'accélération angulaire de la cheville à l'image 141, les équations 7.5, 7,6 et 7.14 seront utilisées.

Les vitesses angulaires sont calculées avant de passer aux accélérations. De plus, l'accélération sera calculée à partir des vitesses et des angles à la cheville et non pas des valeurs segmentaires. On écrit en premier l'équation de l'accélération de la cheville à l'image désirée (141) :

$$\alpha_{141} = (\omega_{141} - \omega_{140})/\Delta t$$

Les vitesses angulaires pour la cheville sont donc

$$\omega_{ch,141} = (\theta_{ch,141} - \theta_{ch,140})/\Delta t$$
$$\omega_{ch,140} = (\theta_{ch,140} - \theta_{ch,139})/\Delta t$$

Il faut donc calculer les angles à la cheville aux images 139, 140 et 141.

$$\begin{aligned}\theta_{ch,139} &= \theta_{pied,139} - \theta_{jambe,139} - 90° \\ &= 166{,}1 - 81{,}1 - 90 \\ &= -5{,}0°\end{aligned}$$

$$\begin{aligned}\theta_{ch,140} &= \theta_{pied,140} - \theta_{jambe,140} - 90° \\ &= 165{,}9 - 81{,}2 - 90 \\ &= -5{,}3°\end{aligned}$$

$$\begin{aligned}\theta_{ch,141} &= \theta_{pied,141} - \theta_{jambe,141} - 90° \\ &= 165{,}7 - 81{,}4 - 90 \\ &= -5{,}7°\end{aligned}$$

Les vitesses angulaires à la cheville sont donc :

$$\begin{aligned}\omega_{ch,141} &= (\theta_{ch,141} - \theta_{ch,140})/\Delta t\\ &= (-5{,}7 + 5{,}3)/0{,}01\\ &= -0{,}4/0{,}01\\ &= -40{,}0°/s\end{aligned}$$

$$\begin{aligned}\omega_{ch,140} &= (\theta_{ch,140} - \theta_{ch,139})/\Delta t\\ &= (-5{,}3 + 5{,}0)/0{,}01\\ &= -0{,}3/0{,}01\\ &= -30{,}0°/s\end{aligned}$$

Et l'accélération angulaire à la cheville est

$$\begin{aligned}\alpha_{ch,141} &= (\omega_{141} - \omega_{140})/\Delta t\\ &= (-40 + 30)/0{,}01\\ &= -10/0{,}01\\ &= -1\,000°/s^2\end{aligned}$$

L'accélération très élevée à la cheville provient de déplacements angulaires de l'ordre de deux ou trois dixièmes de degrés.

En utilisant l'équation 7.8, on aurait pu calculer l'accélération directement des angles de la cheville.

$$\alpha_{ch,i} = (\theta_{ch,i+1} - 2\theta_{ch,i} + \theta_{ch,i-1})/\Delta t^2$$

Pour l'image i = 141,

$$\alpha_{ch,141} = (\theta_{ch,142} - 2\theta_{ch,141} + \theta_{ch,140})/\Delta t^2$$

Il faut cependant calculer l'angle de la cheville à l'image 142

$$\begin{aligned}\theta_{ch,142} &= \theta_{pied,142} - \theta_{jambe,142} - 90°\\ &= 165{,}4 - 81{,}7 - 90\\ &= -6{,}3°\end{aligned}$$

$$\begin{aligned}\alpha_{ch,141} &= (\theta_{ch,142} - 2\theta_{ch,141} + \theta_{ch,140})/\Delta t^2\\ &= (-6{,}3 - 2 \cdot (-5{,}7) - 5{,}3)/0{,}01^2\\ &= -0{,}2/0{,}0001\\ &= -2\,000°/s^2\end{aligned}$$

Ce résultat est différent de celui obtenu avec l'équation 7.6. Cela s'explique par la méthode de calcul. En effet, l'équation 7.6 fait appel à un angle de cheville calculé à l'image 139, soit 0,02 s avant l'image d'intérêt. Par contre, la méthode utilisant une différence centrale utilise un angle de cheville à un intervalle de 0,01 s de part et d'autre de l'image 141. Cette méthode donne une représentation plus fidèle de l'accélération.

CONTRÔLE DES CONNAISSANCES

C 7.17 Quel est l'angle de flexion ou d'extension à la hanche, au genou et à la cheville si θ_{tronc} est de 90°, θ_{cuisse} de 98°, θ_{jambe} de 45°, et θ_{pied} de 140° ?

C 7.18 Quelle est la vitesse à la hanche, au genou et à la cheville si les angles de C 7.17 sont les suivants : θ_{tronc} est de 90°, $\theta_{cuisse} = 97°$, $\theta_{jambe} = 45°$, et $\theta_{pied} = 142°$ (équation 7.3) après 0,2 s.

7.11 RÉFÉRENTIEL FIXE ET RÉFÉRENTIEL MOBILE

Le type de repère de la figure 7.20 est affecté soit à la totalité du corps soit à chaque articulation. Il est utilisé pour repérer le déplacement du corps entier, en prenant par exemple le déplacement de la hanche par rapport à ce repère fixe. On peut aussi fixer un tel repère sur chacune des articulations pour observer les déplacements articulaires.

Pour l'analyse d'un geste, le résultat se présentera sous forme de kinogramme pour la retranscription globale de l'enchaînement, ou par un profil biomécanique. Dans la course à pied par exemple, on peut représenter la trajectoire d'un pied par rapport à la piste ou la trajectoire de la cheville par rapport à la hanche (figure 7.21).

Dans le cas de référence par rapport à la piste le repère est fixe; si l'on trace la trajectoire du déplacement de la cheville, la représentation graphique est une sinusoïde légèrement déformée.

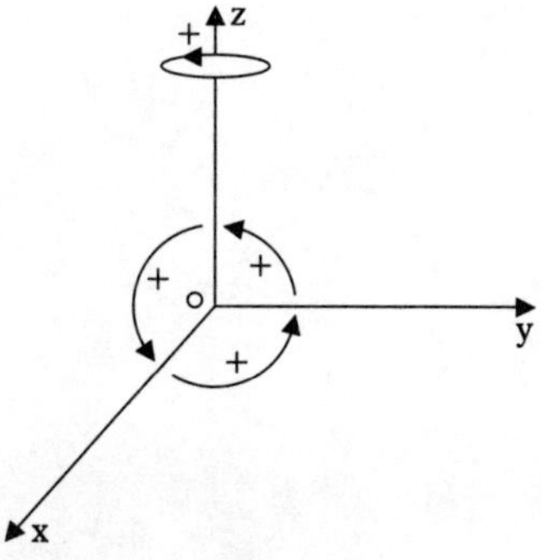

Figure 7.20

Repères utilisés pour étudier le déplacement des corps entiers ou des segments corporels.

7.12 PRINCIPES ASSOCIÉS AUX MOUVEMENTS SEGMENTAIRES

Deux principes sont intimement liés aux mouvements segmentaires. Il s'agit de l'ordre d'intervention segmentaire (nº 3) et de la sommation des vitesses linéaires des articulations (nº 4).

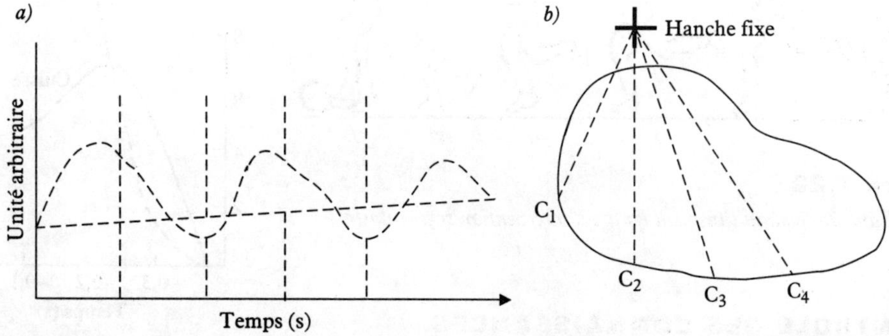

Figure 7.21

Mouvement de la cheville (C) analysé a) au moyen d'un repère fixé au sol, b) au moyen d'un repère mobile attaché à la hanche.

7.12.1 Principe n° 3 : Ordre d'intervention segmentaire

Pour produire un mouvement comme un smash au tennis ou un lancer frappé au hockey, plusieurs articulations sont recrutées. Rappelons-nous que le principe n° 2 portait sur la distribution des masses segmentaires. Ainsi, les segments les plus lourds comme les cuisses sont situés plus près de l'axe du tronc que les segments plus légers. Le Principe n° 3 ou de l'ordre d'intervention segmentaire découle du second principe. C'est-à-dire que nous allons recruter les segments les plus lourds ou les plus près du tronc en premier pour bien effectuer le mouvement désiré. Ainsi pour lancer une balle de base-ball le plus loin possible, on va commencer par déplacer le tronc, ensuite le bras, l'avant-bras puis la main.

Principe n° 3 : Dans l'exécution d'un geste complexe, on recrute d'abord les segments les plus lourds ou les plus près du corps.

La figure 7.22 montre un coup franc effectué par un joueur de football. On note en a) que le tronc est d'abord impliqué. Ensuite (figure 7.22 b, c et d), la cuisse amorce le coup. La jambe demeure presque horizontale pendant que la cuisse fléchit. Au dernier moment, la jambe va en extension (figure 7.22 e) pour frapper le ballon avec le membre inférieur presque droit pour obtenir la plus grande vitesse linéaire au pied en augmentant le rayon par rapport à la hanche.

Les vitesses de la cuisse et de la jambe lors du coup franc au football sont rapportées à la figure 7.23. On observe, tout d'abord, que la cuisse est sollicitée en premier et qu'elle atteint sa vitesse angulaire maximale à 0,2 s avant l'impact. Cela correspond à la figure 7.22 d). La vitesse maximale de la jambe se développe plus tard soit à 0,01 s avant l'impact comme à la figure 7.22 f).

Figure 7.22
Coup franc au football illustrant l'ordre d'intervention segmentaire.

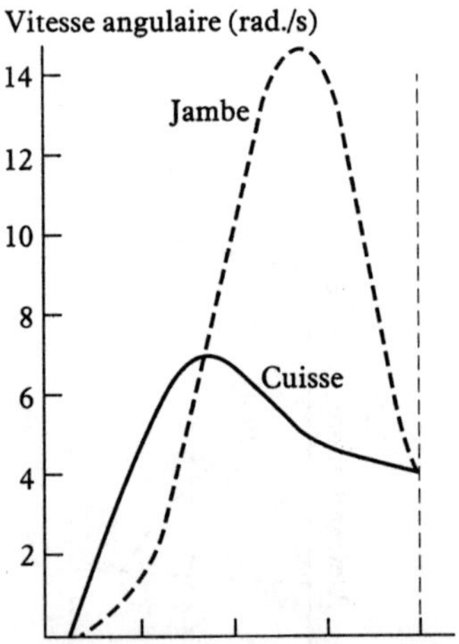

Figure 7.23
Vitesse angulaire segmentaire lors d'un coup franc au foot.

Contrôle des connaissances

C 7.19 Nommer et décrire deux autres gestes sportifs où l'ordre d'intervention segmentaire est respecté.

7.12.2 Principe n° 4 : Sommation des vitesses linéaires des articulations

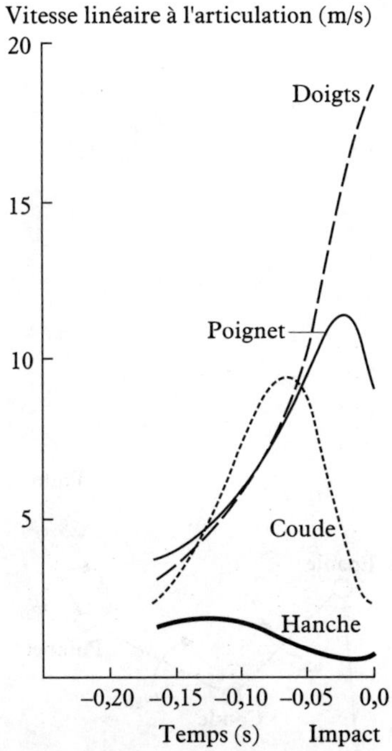

Figure 7.24
Vitesse linéaire à la hanche, au coude, au poignet et aux doigts lors d'un lancer au handball.

En respectant le Principe n° 3. ou l'ordre d'intervention segmentaire, on sollicite en premier les segments les plus rapprochés. Chaque fois qu'un segment est recruté, il augmente la distance entre le point de rotation, l'épaule par exemple, et l'engin (la balle). Comme pour le coup franc au foot, on augmente ainsi la vitesse linéaire à l'extrémité distale pour la même vitesse angulaire du membre inférieur.

En position stationnaire, je lance une balle qui atteint une vitesse de 20 m/s. Si je recommence le même geste en courant à une vitesse de 5 m/s, la vitesse de la balle sera composée de la vitesse développée lors de la course (5 m/s) et de la vitesse du lancer proprement dit (20 m/s). La vitesse totale sera de 25 m/s.

Les vitesses linéaires à la hanche, au coude, au poignet et aux doigts sont présentées à la figure 7.24 pour un lancer au handball. Comme pour le coup franc au foot, on note que l'on a respecté l'ordre d'intervention segmentaire, car les vitesses maximales de chaque segment sont atteintes dans un ordre séquentiel commençant par le plus rapproché du tronc. La vitesse totale au bout des doigts est en fait la sommation des vitesses linéaires des articulations.

Principe n° 4 : La vitesse linéaire d'un engin est égale à la somme de toutes les vitesses linéaires.

Pour calculer la vitesse finale de l'engin (balle, javelot, poids, etc.) on calcule la vitesse linéaire à chaque articulation.

Ainsi la vitesse linéaire totale, V_{totale} correspond à la sommation de toutes les vitesses de manière à ce que :

$$V_{totale} = \sum_{i=1}^{n} V_i = V_1 + V_2 + V_{3...} + V_n \qquad (7.15)$$

La vitesse linéaire aux articulations provient des déplacements angulaires. Elle s'exprime au moyen de l'équation 7.10 qui met en relation la vitesse angulaire, ω_i du segment i et sa longueur ou r_i. On obtient alors

$$V_{totale} = \sum_{i=1}^{n} \omega_i r_i = \omega_1 r_1 + \omega_2 r_2 + \omega_3 r_3 + \omega_n r_n \qquad (7.16)$$

Souvent les jeunes enfants tirent avantage du Principe n° 4 en prenant une course d'élan avant de lancer une balle très loin. La vitesse linéaire du centre de masse corporel, V_{CM} vient s'ajouter aux vitesses linéaires calculées aux articulations. L'équation 7.16 devient

$$V_{totale} = \sum_{i=1}^{n} \omega_i r_i + V_{CM} \quad (7.17)$$

Par exemple, la vitesse linéaire du ballon de football à l'impact correspond à celle du pied du joueur. De la figure 7.23, on obtient une vitesse angulaire pour la cuisse, $\omega_c = 4{,}2$ rad/s alors que celle de la jambe, ω_j est de 15,0 rad/s. Pour des longueurs de cuisse et de jambe de 40 cm et de 35 cm respectivement (valeurs estimées), on peut calculer la vitesse du ballon.

$$\begin{aligned} V_{totale} &= \sum_{i=1}^{n} \omega_i r_i + V_{CM} \\ &= \omega_c r_c + \omega_j r_j + 0 \\ &= 4{,}2 \cdot 0{,}40 + 15{,}0 \cdot 0{,}35 \\ &= 1{,}68 + 5{,}25 \\ &= 6{,}93 \text{ m/s} \end{aligned}$$

La vitesse du ballon est de 6,93 m/s. Par contre, si le joueur avait une vitesse d'élan de 5 m/s, la vitesse du ballon aurait été de 11,93 m/s.

CONTRÔLE DES CONNAISSANCES

C 7.20 À l'aide de la figure 7.25 calculer la vitesse linéaire des doigts (balle). La longueur du bras est de 30 cm, celle de l'avant-bras de 28 cm et celle de la main de 10 cm. La vitesse angulaire du bras est de 26 rad/s, de l'avant-bras 7 rad/s et de la main 100 rad/s. Indice : Utiliser l'équation 7.15 et l'énoncé du Principe n° 4.

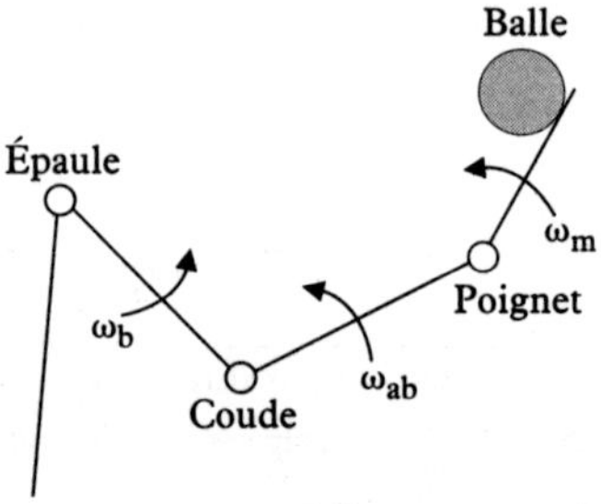

Figure 7.25
Mouvement du membre supérieur lors d'un lancer au handball.

Dans un mouvement planaire comme la marche, chacun des segments possède à son centre de masse, un déplacement, une vitesse et une accélération horizontale et verticale, et chaque segment a un déplacement, une vitesse et une accélération angulaire. En tout, la cinématique d'un segment est décrite par neuf paramètres qui évoluent avec la durée de l'activité. Pour analyser une foulée d'une durée de 0,7 s d'un coureur filmé à 100 images par seconde, on aura 1890 données cinématiques pour décrire l'ensemble des trois segments du membre inférieur (9 paramètres x 3 articulations x 70 images) ! On apprécie l'importance de sélectionner au préalable le ou les paramètres les plus pertinents. Le prochain chapitre donne un bref aperçu des appareils de mesure du mouvement humain.

chapitre
HUIT

INSTRUMENTATION ET TRAITEMENT DES SIGNAUX

Objectifs d'apprentissage

1. Connaître certains instruments de mesure cinématique, leurs avantages et leurs limitations.
2. Être capable de définir fréquence d'échantillonnage, capteur actif et capteur passif.
3. Connaître la différence entre une technique de lissage et une technique de filtrage.
4. Savoir les avantages et les inconvénients des fonctions polynômiales, des splines, des séries de Fourier et du filtre Butterworth.
5. Être en mesure de décrire un signal et son spectre.
6. Nommer des sources d'erreur.

8.1 INTRODUCTION

Ce chapitre couvre deux volets connexes, à savoir l'instrumentation et le traitement des signaux provenant des appareils de mesure. En effet, les données biomécaniques sont porteuses d'erreurs de mesure. Ces erreurs se propagent et ont tendance à s'amplifier avec les transformations des données. Ainsi, de légères erreurs dans les données de déplacement d'un marqueur entraînent de grandes variations dans les accélérations. Dans un premier temps, nous traiterons des systèmes de mesure servant à capter les déplacements. Ensuite les techniques pour éliminer l'erreur provenant de la mesure seront abordées.

8.2 SYSTÈMES DE MESURE CINÉMATIQUE

Les systèmes de mesure cinématique reposent sur la connaissance de la position, de la vitesse ou de l'accélération d'un objet. Il existe toute une gamme d'instruments variant en taille et en prix. Les principaux sont brièvement décrits plus bas en mettant en perspective leurs principales caractéristiques et leurs limitations.

Saviez-vous que...

Caméra veut dire chambre en latin. Un appareil photographique est composé d'une chambre noire au fond de laquelle se trouve la pellicule.

8.2.1 Appareil photographique

Un appareil photographique muni d'un obturateur réglable est jumelé avec une lumière stroboscopique. Le sujet est revêtu d'un vêtement noir porteur de bandes réfléchissantes. On éteint les lampes qui éclairent la pièce, on ouvre l'obturateur de l'appareil photo, on met en route le stroboscope et, au signal, le sujet effectue un mouvement. La lumière réfléchie par les réflecteurs est enregistrée directement sur la pellicule photographique.

Les paramètres mesurés et dérivés sont : le temps, la position des bandes réfléchissantes, les déplacements, les vitesses et les accélérations linéaires et angulaires des segments et des points articulaires. On obtient immédiatement les résultats (film Polaroïd) pour ensuite en faire une analyse cinématique complète. Par contre, les mesures ne s'effectuent que d'un côté à la fois; la lumière intermittente peut nuire aux mouvements du sujet; puis comme le stroboscope fonctionne à vitesse constante, on obtiendra peu d'information lors des déplacements très rapides alors que pour des déplacements lents, l'image des réflecteurs sera surexposée.

8.2.2 Caméras à grande vitesse

On trouve encore des caméras 8 et 16 mm. Le 8 mm est en réalité un film de 16 mm exposé séquentiellement sur chaque moitié puis coupé en deux après son développement. Les films 35 mm et 70 mm sont destinés à la cinématographie commerciale.

Parmi les caméras 16 mm les plus courantes, il y a la LOCAM (50 à 500 images par seconde, ips) illustrée à la figure 8.1 et la HYCAM (50 à 11 000 ips). Ces caméras sont munies d'un système permettant un réglage indépendant de la vitesse de défilement du film et de son exposition. Par exemple, la pellicule d'un film ayant une vitesse de 100 ips est normalement exposée à 1/100 de seconde. Avec l'utilisation d'un mécanisme spécial, réduisant l'exposition du film de moitié sans toutefois augmenter sa vitesse, la pellicule peut être exposée à 1/200 de seconde. Des pulsations électriques synchronisent parfaitement les images entre elles; car la vitesse mécanique indiquée ne correspond pas tout à fait à la vraie vitesse du film. On se sert de film couleur ou noir et blanc.

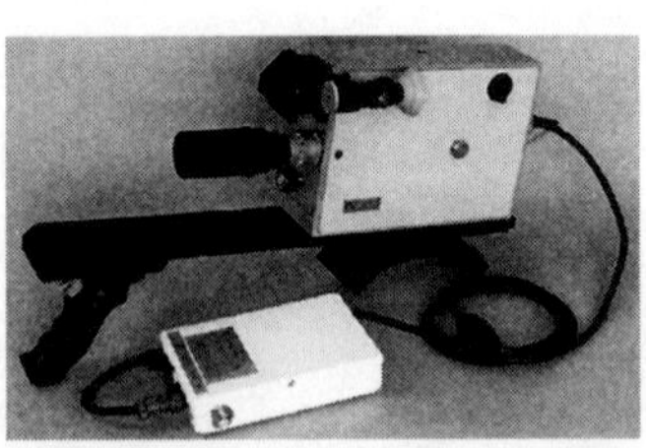

Figure 8.1
Caméra à haute vitesse Locam avec piles (source : Redlake Corporation).

Des points de repères sont fixés au niveau des principales articulations et segments corporels du sujet. Le sujet défile simplement devant la caméra. Une fois le film développé, les

Saviez-vous que...

Louis (1864-1948) et Auguste (1862-1954) Lumière entreprennent une série de travaux menant à de grandes améliorations dans le domaine de la photographie. Ils ont entre autre construit le premier cinématographe en 1885.

points de repères sont digitalisés manuellement à l'aide d'une tablette numérisante fixant une coordonnée planaire à chaque repère. Les paramètres mesurés et dérivés sont essentiellement les mêmes que ceux obtenus avec les appareils photographiques.

Les caméras à grandes vitesses sont très répandues. Elles sont exactes et précises. De plus, les mouvements très rapides comme ceux impliquant des impacts sont facilement analysés. Cela est particulièrement nécessaire pour l'étude du comportement mécanique du matériel sportif (skis, bâtons de golf, raquettes etc.).

Par contre, le sujet doit se déplacer selon un axe perpendiculaire à l'axe optique afin d'éviter les erreurs dues à la parallaxe. Il faut développer le film, ce qui occasionne des délais dans l'analyse des données. Le dépouillement manuel est relativement long et onéreux bien que l'utilisation d'ordinateurs facilite le traitement des données. Les mesures sont dans un seul plan à moins d'utiliser plus d'une caméra.

8.2.3 Caméra vidéo

L'image des caméras vidéo est numérisée et stockée directement sur ordinateur et parfois conservée sur une bande vidéo. Certains systèmes (SELSPOT de la Suède et WATSMART du Canada) font usage de points de repères ou capteurs actifs tels que des diodes émettrices de lumière (LED). La source de lumière est dans l'infrarouge, invisible à l'œil. La vitesse d'acquisition ou la fréquence d'échantillonnage atteint 300 Hz, ou 300 ips. Les systèmes ELITE (Italie), MOTION ANALYSIS (États-Unis) et VICON (Grande-Bretagne) utilisent des pastilles réfléchissantes ou capteurs passifs. La lumière du jour ou une lumière infrarouge est réfléchie avant d'être captée par les caméras vidéo. La vitesse d'acquisition varie entre 50 Hz et 240 Hz. La figure 8.2 illustre un système cinématique à plusieurs caméras. La source

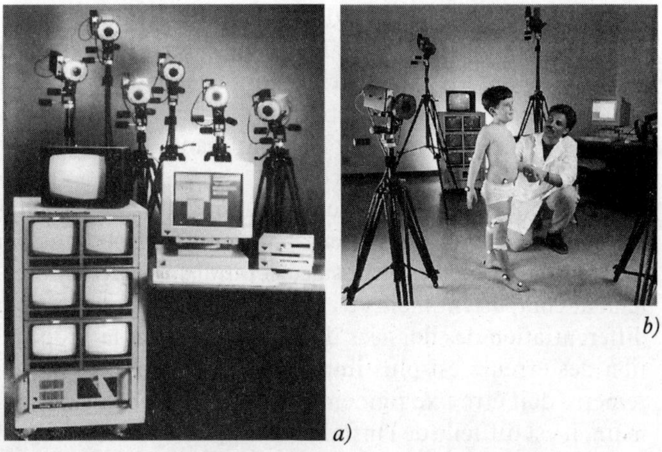

a) b)

Figure 8.2

a) Système d'acquisition cinématique tridimensionnelle à six caméras vidéo. b) Système en place pour l'acquisition (source : Motion Analysis Corparation).

lumineuse est circulaire et elle est fixée autour de la lentille afin que la lumière dirigée vers le marqueur réfléchisse le plus possible dans la direction de la caméra.

On trouve aussi des caméras vidéo à très grande vitesse telles que le HSV-200 ou 400 ou le SP-2000 de Kodak. Ces caméras sont conçues tout particulièrement pour la rapidité de défilement de la bande vidéo, le chiffre indiquant le nombre de trames (image) par seconde.

L'analyse planaire vidéo est tout à fait identique à celle des caméras à grande vitesse sauf que cette analyse peut être automatisée, facilitant de beaucoup le dépouillement de l'image. Cet aspect du dépouillement automatique de l'image vidéo en fait un outil d'analyse exceptionnel.

Ces systèmes permettent l'analyse tridimensionnelle (3-D) du mouvement humain. Les systèmes d'analyse 3-D font usage de caméras vidéo et de magnétoscopes pour l'enregistrement de l'image, d'une carte électronique pour la collecte et le traitement en temps réel ou différé de l'image et d'une unité de stockage tels un micro-ordinateur ainsi qu'un logiciel de traitement de données (figure 8.2). Comme pour le film, le sujet est muni de capteurs actifs ou passifs; puis il défile devant les caméras; la collecte de données peut se faire sous le contrôle de l'ordinateur. L'analyse tridimensionnelle est rapide et permet le traitement d'un très grand nombre d'images. L'erreur absolue des coordonnées se situe autour de 1 à 5 mm. Ces systèmes sont relativement coûteux et complexes à opérer. Ils nécessitent la présence de personnes compétentes pour leur bon fonctionnement. Le lecteur est prié de consulter l'ouvrage de Allard *et al.* (1994, 1997) pour plus d'information sur l'analyse tridimensionnelle du mouvement humain.

8.2.4 Accéléromètres

Les accéléromètres sont des capteurs actifs sensibles aux changements de vitesse ou à l'application de forces externes. Très légers, ils sont capables de mesurer des accélérations de l'ordre de 200 fois l'accélération due à la gravité. Il y a les accéléromètres uni-axiaux permettant des mesures dans un seul axe ou une seule direction et des accéléromètres tri-axiaux utilisés pour mesurer les composantes orthogonales, dans les trois plans de l'espace.

Les paramètres mesurés sont le temps et les accélérations alors que les déplacements et les vitesses sont obtenus par intégrations successives. Les accélérations mesurées directement comportent moins d'erreurs que celles obtenues par différentiation des données de déplacement où la propagation des erreurs est plus importante. Cependant, l'accéléromètre doit être fixé rigidement à l'objet. Sur un sujet humain, il est difficile de l'installer sans qu'il ne bouge trop. Il

Saviez-vous que...

Georges Demeny (1850-1917), un physiologiste et inventeur français, a mis au point avec Marey le phonoscope (1891) et le chronophotographe (1893).

Saviez-vous que...

Heinrich Hertz (1857-1894), un physicien allemand, a découvert les ondes électromagnétiques et l'effet photo-électrique. Il a démontré qu'on pouvait utiliser les ondes radio ou hertziennes comme moyen de transmission. L'unité de fréquence porte son nom.

va facilement enregistrer du bruit de vibration provenant du mouvement du capteur sur la peau. Il faut que l'accéléromètre uni-axial soit toujours orienté dans la même direction que celle du mouvement. Or, ce type d'accéléromètre fixé sur une jambe ou un bras enregistre seulement l'accélération tangentielle ou radiale selon la position initiale du transducteur. L'utilisation de l'accéléromètre tri-axial solutionne en partie ce problème. Pour bien quantifier le mouvement segmentaire, il faut un grand nombre d'accéléromètres uni-axiaux ou tri-axiaux. Ces appareils sont fragiles et très sensibles aux bruits provenant des vibrations.

CONTRÔLE DES CONNAISSANCES

C 8.1 Vous devez mesurer la performance d'un plongeur de haut niveau. Nommer deux méthodes de mesure pour arriver à cette fin.

8.3 TECHNIQUES DE LISSAGE ET DE FILTRAGE DES DONNÉES

L'étude du mouvement humain se fait à partir des données obtenues par différents instruments de mesure. Si à partir des données de déplacement on peut calculer les vitesses et les accélérations correspondantes, il n'est pas possible de dériver directement des données brutes, en particulier à cause du bruit (parasites brouillant le signal). La variation aléatoire du signal est connue sous le nom de bruit blanc. Ce bruit s'immisçant dans le signal peut avoir sa source dans l'imprécision des appareils, dans le défaut des lentilles des caméras, etc.

Un raisonnement simple basé sur le calcul d'erreur permet de comprendre pourquoi le travail direct sur les données brutes de déplacement conduirait à des valeurs erronées.

Les déplacements, d se calculent à partir des coordonnées (x, y) en fonction du temps. La distance horizontale est exprimée par

$$d = x_2 - x_1 \qquad (8.1)$$

L'erreur faite sur chaque mesure de position peut être considérée comme étant identique si toute les mesures sont faites dans les mêmes conditions. L'équation 8.1 devient

$$d + \Delta d = x_2 \pm \Delta x_2 + x_1 \pm \Delta x_1 \qquad (8.2)$$

$$\text{si } \Delta x_2 = \Delta x_1 \text{ alors}$$

$$\Delta d = \pm \Delta x_2 \pm \Delta x_1$$

Les erreurs extrêmes sur d sont donc de $2\Delta x$.

Le calcul de la vitesse s'obtient à partir des déplacements pendant l'intervalle de temps considéré tel que

$$v = d/t$$

L'erreur sur le temps est négligeable devant l'erreur sur la distance et donc, l'erreur sur la vitesse est

$$\Delta v = 1/t \cdot 2\Delta x \tag{8.3}$$

L'erreur sur la vitesse sera d'autant plus importante que les intervalles de temps sont faibles, en général t = 0,02 s soit 1/t = 50, donc l'erreur sur v sera 100 fois plus importante que l'erreur sur x.

Pour le calcul de l'accélération,

$$a = (v_2 - v_1)/t \tag{8.4}$$

donc l'erreur sur l'accélération devient

$$\begin{aligned} \Delta a &= 1/t \cdot 2\,\Delta v \\ &= 1/t \cdot 2\,(1/t \cdot 2\Delta x) \\ &= 1/t^2 \cdot 4\Delta x \end{aligned}$$

Si t = 0,02 s, soit 1/t = 2500, l'erreur sur l'accélération sera 10 000 fois plus importante que celle sur x. Il est important de noter que le bruit blanc sur x est de l'ordre du millimètre. Cela rendrait les valeurs d'accélération complètement aléatoires si on les calculait directement à partir des valeurs brutes de position.

On a alors recours à des techniques mathématiques afin d'éliminer le bruit ou les imperfections dans les données. Ces techniques bien qu'efficaces dans l'épuration du signal brut, sont toutefois limitées à traiter le bruit blanc et ne peuvent compenser l'erreur humaine. Notons qu'aucune technique de traitement des données ne pourra corriger l'erreur due à une mauvaise identification d'un site anatomique par l'expérimentateur !

CONTRÔLE DES CONNAISSANCES

C 8.2 Si l'erreur de mesure sur les positions est de 0,4 mm, calculer l'erreur maximale sur le déplacement estimé à partir de ces valeurs de position.

C 8.3 Avec une erreur de 0,4 mm sur les mesures des positions, quelle est l'erreur sur la vitesse si l'intervalle de temps est de 0,02 s ?

C 8.4 Avec une erreur de 0,4 mm sur les mesures des positions, quelle est l'erreur sur l'accélération si l'intervalle de temps est de 0,02 s ?

C 8.5 Refaire les exercices C 8.2 à C 8.4 avec une erreur de 0,3 mm sur les valeurs des positions et comparer les réponses.

8.3.1 Lissage

Le but recherché avec les méthodes de lissage est de conserver l'allure générale de la courbe formée par les données de déplacement. Le lissage consiste donc à trouver la fonction mathématique qui représente le mieux sa relation avec les données prélevées. On considérera donc le bruit comme la différence entre les données brutes et les valeurs correspondantes situées sur la courbe.

Lissage manuel

Un traitement qualitatif des données de position peut se faire à la main. On marque sur un graphique les coordonnées de x en fonction de t. On obtient une série de points expérimentaux. On trace alors la meilleure courbe qui passe au milieu de la série de points. Chacun des points expérimentaux correspond aux valeurs brutes des positions. On recherche sur l'axe des ordonnées (axe vertical) les nouvelles valeurs lissées obtenues à l'aide de la courbe tracée. Ce sont ces dernières valeurs qui seront utilisées pour le calcul des vitesses et des accélérations.

Les polynômes

La courbe formée de points expérimentaux est souvent estimée à partir d'une fonction polynômiale de degré n en fonction du temps t, pour une variable x :

$$x(t) = a_o + a_1x(t)^1 + a_2x(t)^2 + a_3x(t)^3 + a_4x(t)^4 + a_5x(t)^5 + ... a_nx^n \qquad (8.5)$$

où les a_i sont les coefficients du polynôme et les exposants représentent le degré du polynôme. Les polynômes de degré 2 à 5 sont aussi appelés respectivement quadratique, cubique, quartique et quintique. Le degré de la fonction joue un rôle important sur la forme de la courbe telle qu'illustré à la figure 8.3. Un polynôme de degré un est en fait la repré-

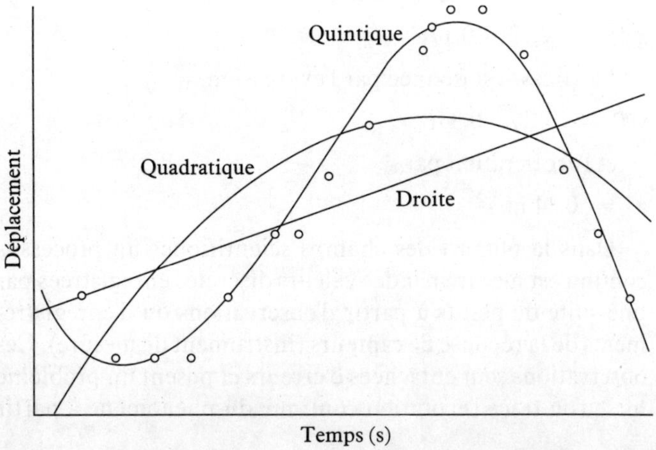

Figure 8.3

Les données de position lissées par des fonctions polynômiales de degrés différents. Noter les résiduels importants entre les données expérimentales, et les fonctions linéaires (droite) et quadratiques. Les courbes ne passent pas nécessairement par tous les points.

sentation d'une droite alors qu'un polynôme de degré deux est celle d'une parabole. La courbe devient plus complexe avec l'augmentation du degré du polynôme.

À titre d'exemple, le mouvement horizontal du centre de masse dans un saut en longueur est approché par une série de points relevés à partir du repère à la hanche. Si l'origine du temps et des ordonnées est prise à partir de la fin de l'appel, la série des relevés semble suivre une parabole d'équation générale de forme

$$x(t) = a_0 + a_1 t + a_2 t^2$$

Les coefficients a_i sont déterminés à partir des valeurs expérimentales de x(t) tel que

t (s)	x(t) (m)
0	0
1	2
3	5

ce qui donne une valeur de zéro à a_0 car au temps $t = 0$, le déplacement est nul. Les deux autres coefficients sont déterminés comme suit :

$$2 = a_1 + a_2 \quad \text{ou} \quad a_2 = 2 - a_1$$

et

$$\begin{aligned} 5 &= 3a_1 + 9a_2 \\ &= 3a_1 + 9\,(2 - a_1) \\ &= 18 + 3a_1 - 9a_1 \\ &= 18 - 6a_1 \\ 13 &= 6a_1 \\ a_1 &= 2{,}17 \end{aligned}$$

donc

$$\begin{aligned} a_2 &= 2 - a_1 \\ &= 2 - 2{,}17 \\ &= -0{,}17 \end{aligned}$$

La fonction est exprimée par

$$x(t) = 2{,}17t - 0{,}17t^2$$

La vitesse est donnée par l'expression

$$v(t) = 2{,}17 - 0{,}34t$$

et l'accélération par

$$a = 0{,}34 \text{ m/s}^2$$

Dans la plupart des champs scientifiques un processus continu est mesuré par des valeurs discrètes enregistrées par une suite de points à partir d'observations ou d'enregistrements de la réponse de capteurs (instrument de mesure). Ces observations sont entachées d'erreurs et posent un problème lorsqu'on trace l'évolution continue du phénomène à partir

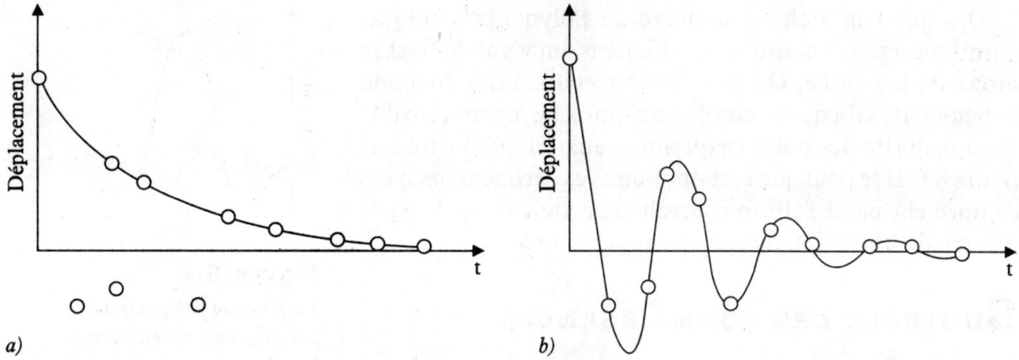

Figure 8.4
Les mêmes points expérimentaux ont été lissés par une fonction polynômiale a) de degré 2 et b) de degré élevé.

de l'action des valeurs discrètes. Ainsi dans l'exemple hypothétique suivant (figure 8.4), il n'est pas facile de trancher à priori sur la nature de la courbe générale. Deux choix sont possibles si l'on considère les points situés en dessous de l'axe du temps comme des points erronés ou comme des points représentatifs. À la figure 8.4 a), les points sont reliés entre eux par une fonction quadratique pour éliminer les points erronés alors qu'à la figure 8.4 b), un polynôme de degré élevé est utilisé afin de conserver ces points.

Bien que de nombreux auteurs ont utilisé les polynômes et les utilisent encore, il est difficile de suivre avec un écart négligeable toutes les variations des mouvements expérimentaux enregistrés. De petites erreurs au niveau des déplacements entraînent de grandes fluctuations dans les accélérations. La figure 8.5 montre sur le cas typique d'un rebond en ski les écarts dans les valeurs des accélérations calculées à partir d'un lissage polynômial de degré 4 à 8 effectué sur des déplacements verticaux d'un marqueur situé au niveau de la hanche. Il est important de noter qu'au début et à la fin du mouvement l'accélération n'est pas nulle.

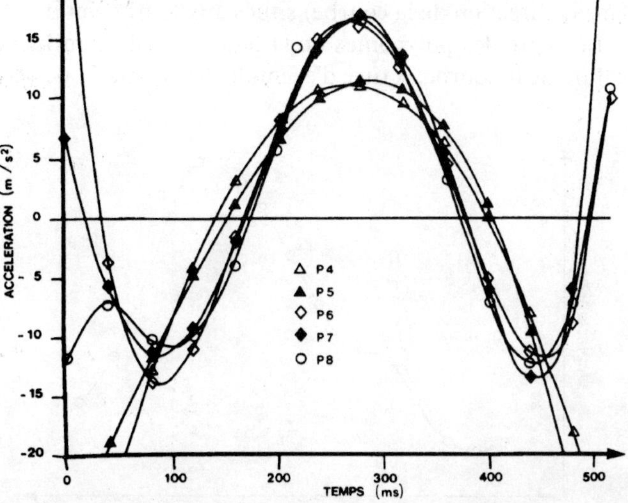

Figure 8.5
Accélérations obtenues après lissage polynomial sur des données de déplacement d'un rebond. Reproduit, avec permission, de Allard, P., Blanchi, J.-P. et coll., *(1990). Techniques de lissage et de filtrage de données biomécaniques.* Science et Sports, *5:27-38. Elsevier, Paris.*

Dès que l'on a choisi le degré du polynôme (cubique, quintique, etc.) et défini ses coefficients, on vient de fixer la forme de la courbe. On peut avoir recours à une fonction polynômiale afin que la courbe se rapproche le plus possible de la majorité des points expérimentaux tel qu'illustré à la figure 8.6. Il se peut que certains points expérimentaux ne se conforment pas à l'allure générale de cette courbe. C'est la principale limitation des fonctions polynômiales.

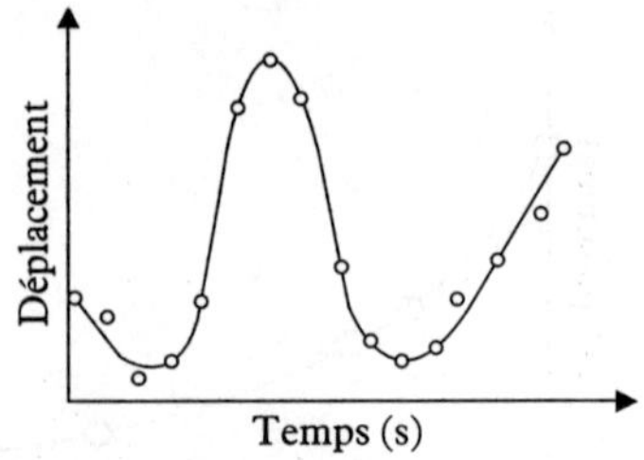

Figure 8.6
La fonction polynômiale sélectionnée suit relativement bien l'allure générale donnée par les points expérimentaux. Par contre, plusieurs points ne figurent pas sur la courbe.

Contrôle des connaissances

C 8.6 Quel est le nom des polynômes de degré 1 à 5 ?

C 8.7 Qu'arrive-t-il à la courbe lorsque le degré du polynôme augmente ?

Les splines

Pour corriger les écarts dans certaines zones du déploiement des points expérimentaux, on découpe la courbe continue représentant ces points en autant de régions distinctes à l'intérieur desquelles les fonctions polynômiales adéquates seront développées. Ces fonctions polynômiales ont le même degré et l'ajustement se fait sur les coefficients a_i. Un traitement est ensuite effectué pour raccorder les fonctions polynômiales régionales les unes aux autres afin d'obtenir une courbe continue telle que le raccord entre les fonctions polynômiales de base soit lissé. Cette technique encore très utilisée aujourd'hui est basée sur l'utilisation de splines composées à partir d'un polynôme de base.

Une spline cubique a été utilisée afin de lisser les données de position illustrées à la figure 8.7, tout en conservant l'allure générale de la trajectoire de points. Elle est composée d'une fonction polynômiale différente pour chacune des trois régions délimitées aux points d'inflexion (changement dans la direction de la courbe) situés aux temps a et b.

Le degré des polynômes de la fonction spline influence l'allure de la courbe. À titre d'exemple, les points de position

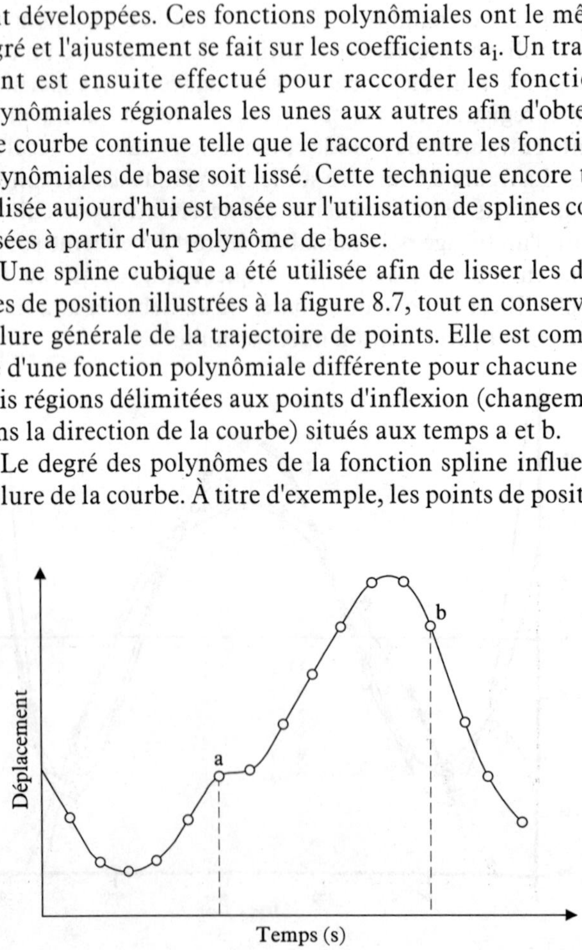

Figure 8.7
Trois fonctions polynômiales de degré (cubique) sont raccordées les unes aux autres aux instants a et b pour suivre la trajectoire des points expérimentaux. Elles forment une spline cubique.

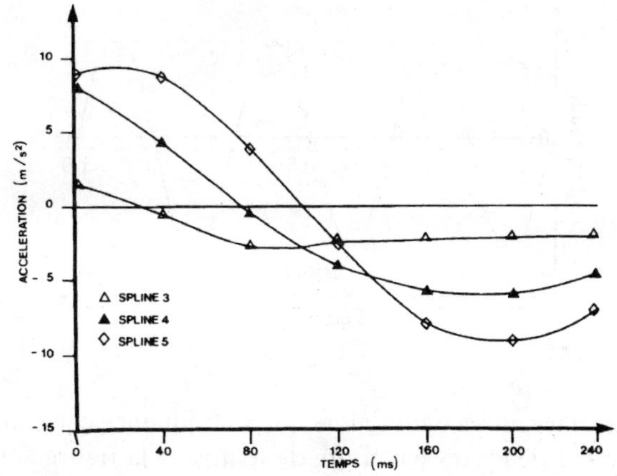

Figure 8.8

Accélérations obtenues d'un mouvement d'extension après lissage de spline. Reproduit, avec permission, de Allard, P., Blanchi, J.-P. et coll., *(1990). Techniques de lissage et de filtrage de données biomécaniques.* Science et Sports. *5:27-38. Elsevier, Paris.*

angulaire de la cuisse obtenus lors d'une extension ont été lissés consécutivement par une spline cubique, quartique et quintique et les accélérations correspondantes représentées à la figure 8.8. Il est important de noter que les accélérations calculées à partir d'une spline cubique donnent une droite entre les points d'inflexion. Bien que la spline quartique donne une allure plus raisonnable de l'accélération, la spline quintique est plus représentative.

Comme les courbes sont approximées par une ou plusieurs fonctions mathématiques, le calcul de la vitesse et de l'accélération se fait de manière analytique et non numérique (différence centrale). De cette façon, l'erreur dans les calculs est moindre. Cela constitue un avantage important des fonctions polynôminales. Cependant, le choix du degré du polynôme est important et influence les valeurs des accélérations comme le démontre les figures 8.5 et 8.8. Il est impossible de sélectionner *a priori* le degré le plus approprié du polynôme. Il faut donc avoir recours à d'autres techniques qui s'appuient sur les caractéristiques des données plutôt que sur l'allure générale de la courbe. Avant d'aborder ce sujet, nous allons revoir quelques notions sur le signal.

CONTRÔLE DES CONNAISSANCES

C 8.8 Quelle est la différence entre lissage polynômial et un lissage par spline ?

C 8.9 Quel est l'avantage des fonctions splines sur les fonctions polynômiales ?

Description d'un signal

Le signal contenant les données parvient d'un instrument de mesure sous une forme pouvant s'apparenter à une onde tel qu'illustré à la figure 8.9. La fréquence et l'amplitude caractérisent le signal. La période d'un signal correspond à sa du-

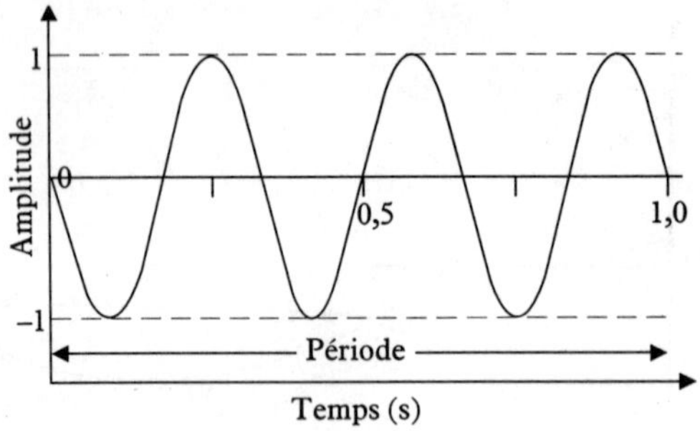

Figure 8.9
Onde sinusoïde d'amplitude 1 et de fréquence 3 Hz.

rée exprimée en secondes alors que sa fréquence correspond au nombre de cycles par unité de temps. À la figure 8.9, le signal a une période de 1 seconde et sa fréquence est de 3 cycles par seconde ou 3 Hz. L'amplitude du signal est sa hauteur par rapport au zéro et représente l'intensité du signal ou de son amplitude. Ainsi lorsqu'on traite un signal brut, on essaie de trouver la fréquence à laquelle le signal est émis ainsi que son amplitude.

La fonction mathématique d'un sinus est exprimée de manière générale par

$$y = A \sin n\omega_0 t \qquad (8.6)$$

où A est l'amplitude, ω_0 la fréquence naturelle (Hz), n le nombre d'hamoniques et t le temps (s). La fréquence naturelle du signal consiste en un nombre d'onde et est exprimé en cycles par seconde ou Hertz (Hz). À la fréquence naturelle se rajoute des fréquences multiples ou harmoniques. Le signal sinusoïdal de la figure 8.9 est donc exprimé par

$$y = \sin 3\omega_0 t$$

où la fréquence naturelle, ω_0 est 2π. La vitesse, v_y, calculée à partir du signal sinusoïdal quelconque, est

$$v_y = n\omega_0 A \cos n\omega_0 t$$

et l'accélération a_y, dérivée de v_y devient

$$a_y = -(n\omega_0)^2 A \sin n\omega_0 t$$

Tout comme pour les polynômes, une légère erreur dans l'estimation des positions en entraîne des plus importantes au niveau des accélérations. En effet, le terme associé à l'amplitude de l'accélération est élevé au carré.

On fait le même cheminement pour représenter un signal ayant l'allure d'un cosinus. Cependant, les signaux biomécaniques n'ont pas nécessairement la forme d'un sinus ou d'un cosinus et leur composante fréquencielle est complexe. Par contre, il est possible de représenter les signaux par une sommation de termes composés de sinus et de cosinus et où l'amplitude et la fréquence varient. Cette série de termes qui forme une fonction f(t) est connue sous le nom de séries de Fourier et s'exprime par

Saviez-vous que...

Le Baron Joseph Fourier (1769-1830) était un mathématicien français et un des premiers professeurs à l'École Polytechnique (Paris). En 1802, sous Napoléon 1er, Joseph Fourier fut préfet de l'Isère. Ses travaux de recherche concernant la théorie de la chaleur le menèrent à la découverte des séries mathématiques qui portent son nom.

$$f(t) = a_o + \sum_{k=1}^{N} (a_k \cos k\omega_o t + b_k \sin k\omega_o t) \qquad (8.7)$$

où les a_k et les b_x sont les coefficients de la série de Fourier.

On peut construire une onde carrée telle qu'illustrée à la figure 8.10 f) à l'aide des séries de Fourier. La courbe de la figure 8.10 a) s'exprime par

$$f_1(t) = \sin 1\omega_o t$$

La seconde courbe, $f_2(t)$ est donnée par

$$f_2(t) = 1/3 \sin(3\omega_o t)$$

Il faut noter que l'amplitude initiale est diminuée par 3 alors que la fréquence est triplée. Les autres courbes sont exprimées de manière similaire par

$$f_3(t) = 1/5 \sin(5\omega_o t)$$
$$f_4(t) = 1/7 \sin(7\omega_o t)$$
$$f_5(t) = 1/9 \sin(9\omega_o t)$$

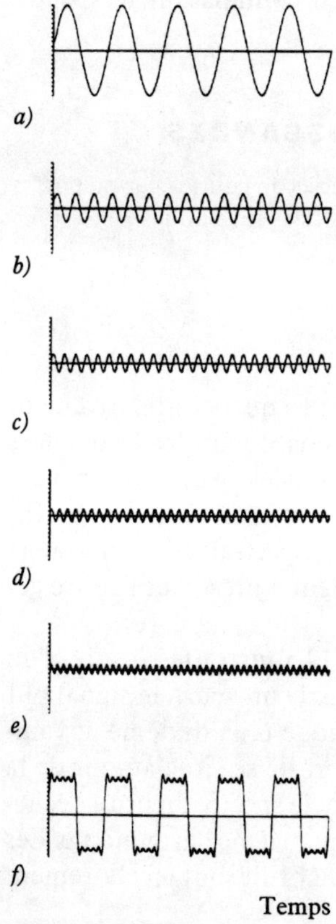

Figure 8.10

Composantes sinosoïdales d'une onde carrée.

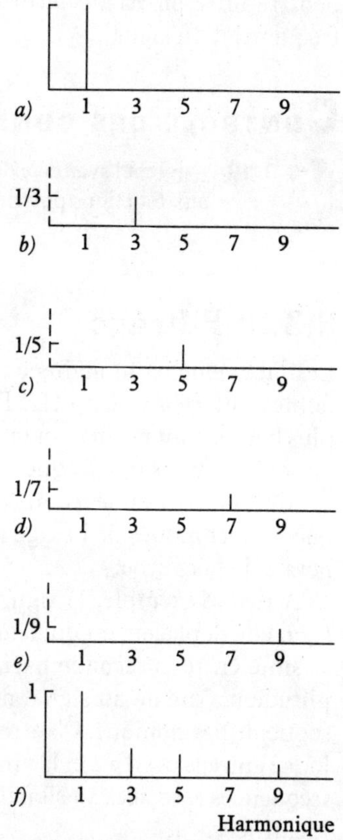

Figure 8.11

Spectre fréquentiel des composantes d'une onde carrée.

On pourrait continuer en divisant chaque fois l'amplitude et en multipliant la fréquence par le nombre impair suivant. La sommation de toutes ces fonctions donne la série de Fourier propre à l'onde carrée et correspond à

$$f(t) = \sin(1\omega_0 t) + 1/3\sin(3\omega_0 t) + 1/5\sin(5\omega_0 t) + 1/7\sin(7\omega_0 t) + 1/9\sin(9\omega_0 t) + \ldots$$

La figure 8.10 f) représente graphiquement cette somme et forme une onde carrée composée uniquement de sinus. Les nombres impairs (1, 3, 5, 7 et 9) sont les multiples ou les harmoniques de la fréquence fondamentale ω_0 de cette série. Les b_k de cette série de Fourier correspondent respectivement aux amplitudes des harmoniques. Ainsi on peut graphiquement représenter les harmoniques de l'onde carrée et de chacune de ses composantes telle qu'illustré à la figure 8.11. La fréquence fondamentale et ses harmoniques correspondent au spectre du signal. Tout autre signal peut être représenté par la série de Fourier appropriée et caractérisée par son spectre fréquenciel.

Le signal biomécanique reconstruit par une série de Fourier comprend à la fois de l'information et du bruit blanc. On peut réduire en partie le bruit en connaissant le spectre fréquenciel du signal.

Contrôle des connaissances

C 8.10 Quel est l'avantage des séries de Fourier par rapport aux fonctions polynômiales et aux splines ?

8.3.2 Filtrage

Les mouvements humains ont des fréquences relativement faibles, inférieures à 10 Hz. Par conséquent, les fréquences plus hautes sont normalement attribuées au bruit. Afin d'éliminer la composante fréquencielle du bruit on utilise un filtre. Celui-ci agit sur les composantes spectrales du signal alors que les techniques de lissage tendent à préserver l'allure générale de la courbe.

À titre d'exemple, la figure 8.12 illustre le spectre d'un signal de déplacement quelconque. D'une part, le signal pur se situe entre la seconde harmonique et la dixième et l'amplitude maximale du signal non bruité se situe autour de la septième harmonique. D'autre part, le spectre du bruit s'échelonne entre la dixième et la vingt-quatrième harmonique. Les fréquences associées au signal et au bruit sont ici clairement identifiées.

Les séries de Fourier qui représentent ce signal pourraient s'arrêter à la 10e harmonique, éliminant ainsi les composantes spectrales associées au bruit. Les séries de Fourier à nom-

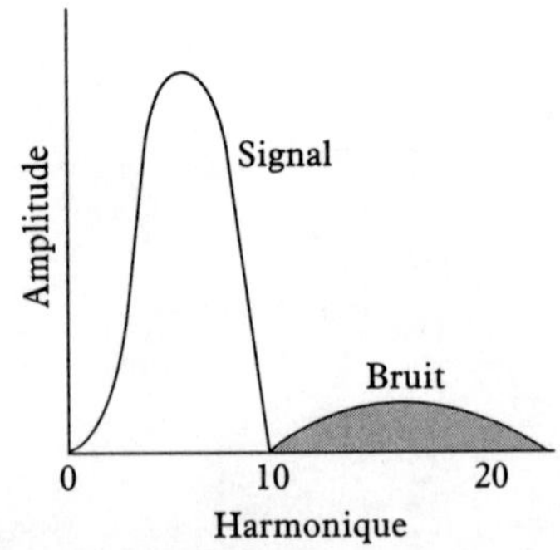

Figure 8.12
Spectre d'un signal biomécanique et du bruit blanc.

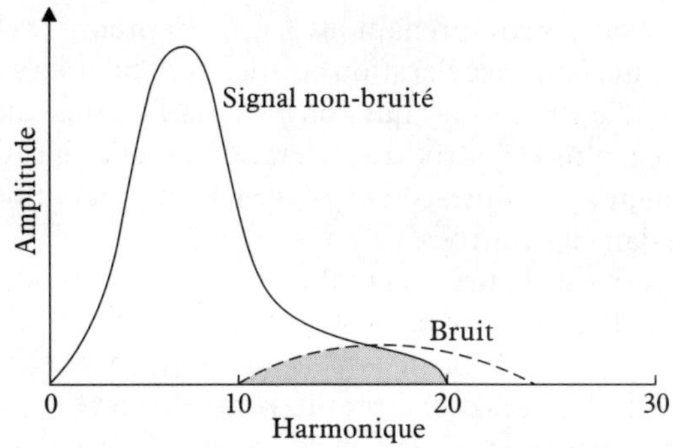

Figure 8.13

Spectre d'un signal biomécanique et du bruit blanc. Noter la zone où le spectre du signal non bruité et de son bruit se recouvrent.

bre de coefficients limités constituent donc un filtre car les fréquences associées aux bruits sont ainsi éliminées. Dans cet exemple, la 10e harmonique correspond à la fréquence de coupure.

Une distinction aussi nette entre le signal pur et le bruit ne s'observe généralement pas. Habituellement, il existe une zone où le signal et le bruit se chevauchent. La figure 8.13 illustre un autre spectre où le signal pur se situe entre la seconde harmonique et la vingtième alors que celui du bruit s'échelonne entre la dixième et la vingt-quatrième harmonique. Il y a une zone de recouvrement (de la 10e à la 20e harmonique) où le signal et le bruit coexistent. En gardant les 10 premières harmoniques du signal, on perdrait une partie du signal alors qu'en conservant les 20 premières, il y aurait encore une partie du bruit que l'on cherche à éliminer. La fréquence de coupure se situe donc entre la 10e et la 20e harmonique.

Cette difficulté de pouvoir différencier le signal du bruit est illustrée à la figure 8.14 où les accélérations verticales à la hanche lors d'un mouvement de flexion sont rapportées. Le signal du déplacement vertical à été représenté par une

Saviez-vous que...

Peter Gustav Dirichlet (1805-1850), un mathématicien allemand, fut l'élève de Gauss. Il est l'auteur de travaux en analyse et théorie des nombres. Dirichlet a aussi démontré la convergence des séries de Fourier. Ses recherches ont contribué à l'essort de l'analyse harmonique. Les conditions de Dirichlet assurent que l'intégrale de la fonction développée en série trigonométrique existe dans un intervalle donné.

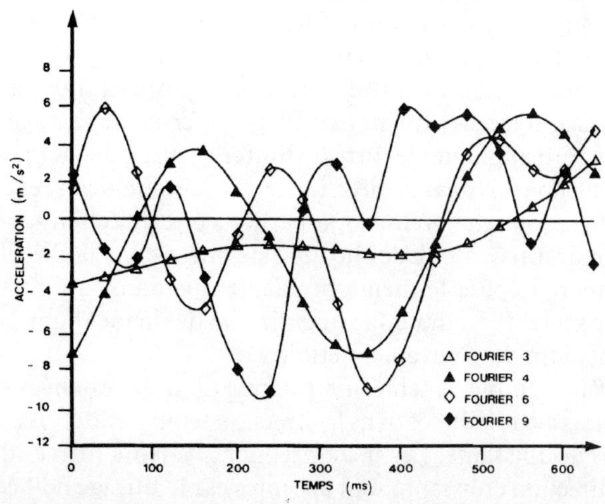

Figure 8.14

Accélérations obtenues d'un mouvement de flexion après filtrage avec les séries de Fourier. Reproduit, avec permission, de Allard, P., Blanchi, J.-P. et coll., *(1990). Techniques de lissage et de filtrage de données biomécaniques.* Science et Sports. *5:27-38. Elsevier, Paris.*

série de Fourier comprenant les 3, 4, 6 et 9 premières harmoniques puis leurs accélérations respectives calculées. Plus le nombre d'harmoniques qui constitue la fonction du signal est élevée, plus la courbe d'accélération est ondulée. Comparativement aux splines, on retrouve ici beaucoup plus de variation dans les courbes.

Les séries de Fourier à nombre limité d'harmoniques sont un outil efficace pour reconstruire un signal biomécanique tout en éliminant le bruit associé aux fréquences élevées. Le nombre de données doit être suffisamment élevé, ce qui n'est pas nécessairement le cas avec les caméras vidéo dont les vitesses sont de 25 Hz ou 30 Hz.

Il existe d'autre façons de filtrer les données afin d'atténuer le plus possible le bruit tout en conservant un signal pur. Ce sont les filtres digitaux. Ils reposent sur la connaissance du spectre du signal obtenu à l'aide des séries de Fourier. On emploi un filtre passe-haut pour atténuer les fréquences moins élevées associées aux bruits de mouvement lents et de grande amplitude et inversement un filtre passe-bas pour diminuer les fréquences élevées provenant des vibrations des marqueurs.

Le filtre Butterworth est une des méthodes les plus utilisées pour éliminer une grande partie du bruit dans un signal. Il s'exprime par

$$X'_i = a_0X_i + a_1X_{i-1} + a_2X_{i-2} + b_1X'_{i-1} + b_2X'_{i-2} \qquad (8.8)$$

ou X' est la donnée filtrée, X_i la donnée brute au temps i ou à l'image i et les coefficients a et b correspondent aux valeurs rapportées au tableau 8.1. Les coefficients dépendent du rapport de la fréquence d'échantillonnage, $f_é$ sur la fréquence de coupure, f_c. La donnée filtrée représente une somme pondérée de la valeur immédiate au temps i et des données brutes précédentes. Ainsi les premières données filtrées ne sont qu'une approximation, car on se sert que des données brutes pour démarrer le filtre. C'est pourquoi on recommande de débuter le filtrage à au moins dix intervalles ou images précédent l'instant du geste à analyser.

L'application du filtre de Butterworth entraîne un déphasage temporel du signal. Pour éviter ce déphasage, on suggère d'appliquer le filtre de Butterworth à deux reprises à savoir, une fois dans la direction temporelle croissante et dans la direction temporelle opposée, dans une direction temporelle décroissante. L'application du filtre dans la direction temporelle pose le même problème que dans la direction croissante. Il faudra donc une dizaine de données qui excèdent la fin du mouvement étudié.

Par exemple, le tableau 8.1 donne pour des données brutes les valeurs filtrées dans la direction temporelle croissante, puis décroissante. Les deux premières valeurs filtrées dans la direction croissante sont absentes car le filtrage doit com-

Tableau 8.1

Données brutes et filtrées dans la direction temporelle croissante (Temps +) puis décroissante (Temps -). Ces données représentent la flexion en degrés au genou dans la plan sagittal.

Images	Brutes	Filtrées Temps +	Filtrées Temps -
1	18,74	—	—
2	20,52	—	—
3	22,93	21,02	24,84
4	25,33	21,60	24,84
5	27,29	22,62	25,77
6	28,43	2 3,96	26,49
7	28,76	25,33	26,94
8	28,39	26,47	27,12
9	27,71	27,20	27,08
10	26,77	27,50	26,93
11	25,58	27,38	26,79
12	24,29	26,91	26,70
13	22,85	26,14	26,45
14	21,41	25,15	—
15	20,12	24,00	—

mencer seulement qu'à la troisième donnée brute (18.74). Les données furent collectées à 60 Hz et filtrées avec une fréquence de coupure de 6 Hz. Le rapport $f_é/f_c$ est de 6. Pour la troisième donnée brute filtrée dans la direction croissante, on obtient

$$\begin{aligned} X'(3) &= 0{,}0601X_3 + 0{,}1203X_2 + 1{,}0190X'_2 - 0{,}2596X'_1 \\ &= 0{,}0601 \cdot 22{,}93 + 0{,}1203 \cdot 20{,}52 + 0{,}0601 \cdot 18{,}74 \\ &\quad + 1{,}0190 \cdot 20{,}52 - 0{,}2596 \cdot 18{,}74 \\ &= 21{,}01 \end{aligned} \tag{8.9}$$

Pour l'image 8, on utilise les données brutes et déja filtrées

$$\begin{aligned} X'(8) &= 0{,}0601X_8 + 0{,}1203X_7 + 0{,}0601X_6 + 1{,}0190X'_7 \\ &\quad - 0{,}2596X'_1 \\ &= 0{,}0601 \cdot 28{,}39 + 0{,}1203 \cdot 28{,}76 + 0{,}0601 \cdot 28{,}43 \\ &\quad + 1{,}0190 \cdot 25{,}33 - 0{,}2596 \cdot 23{,}96 \\ &= 26{,}47 \end{aligned}$$

Afin d'éliminer le déphasage, on filtre ensuite les données filtrées dans le sens décroissant. Les premières données ne sont qu'une approximation car on sert que de données brutes pour démarrer le filtre. C'est pourquoi, qu'il n'y a pas de données pour les images 14 et 15. À l'image 8, on utilise les données brutes et filtrées des images 9 et 10.

$$\begin{aligned} X'(8) &= 0{,}0601X_8 + 0{,}1203X_9 + 0{,}0601X_{10} + 1{,}0190X'_9 \\ &\quad - 0{,}2596X'_{10} \\ &= 0{,}0601 \cdot 26{,}47 + 0{,}1203 \cdot 27{,}20 + 0{,}0601 \cdot 27{,}50 \\ &\quad + 1{,}0190 \cdot 27{,}08 - 0{,}2596 \cdot 26{,}93 \\ &= 27{,}12 \end{aligned}$$

Tableau 8.2

Coefficients du filtre passe bas de Butterworth (d'après Winter, 1990).

$f_é/f_c$	a_o	a_1	a_2	b_1	b_2
4	0,2500	0,5000	0,2500	0,0000	0,0000
5	0,1771	0,3542	0,1771	0,3168	–0,0251
6	0,1340	0,2680	0,1340	0,5359	–0,0718
7	0,1056	0,2113	0,1056	0,6998	–0,1224
8	0,0858	0,1716	0,0858	0,8284	–0,1716
9	0,0712	0,1424	0,0712	0,9326	–0,2117
10	0,0601	0,1203	0,0601	1,0190	–0,2596
11	0,0515	0,1030	0,0515	1,0921	–0,2982
12	0,0447	0,0893	0,0447	1,1547	–0,3333
13	0,0391	0,0782	0,0391	1,2090	–0,3654
14	0,0345	0,0691	0,0345	1,2567	–0,3948
15	0,0307	0,0615	0,0307	1,2988	–0,4217

Les accélérations obtenues après l'utilisation d'un filtre Butterworth sur les déplacements verticaux de la hanche lors d'un mouvement de rebond en ski sont présentées à la figure 8.15. À l'exception de la courbe où le rapport de la fréquence de d'échantillonnage, $f_é$ sur celle de coupure f_c, est de 2,0, les autres courbes ont à peu près la même allure. Au début et à la fin du mouvement, les accélérations sont pratiquement nulles contrairement à la figure 8.5 où les accélérations ont été calculées après que les données ont été lissées par une fonction polynômiale.

En somme, les techniques de lissage reposent sur la forme ou l'allure générale de la courbe alors que les séries de Fourier et les filtres digitaux se basent sur le contenu fréquenciel du signal pour éliminer les bruits parasites. Comme le bruit fait partie du signal mesuré, il est difficile *a priori* de le départager des valeurs réelles. Par contre, le spectre du signal nous donne une idée raisonnable du contenu fréquenciel du

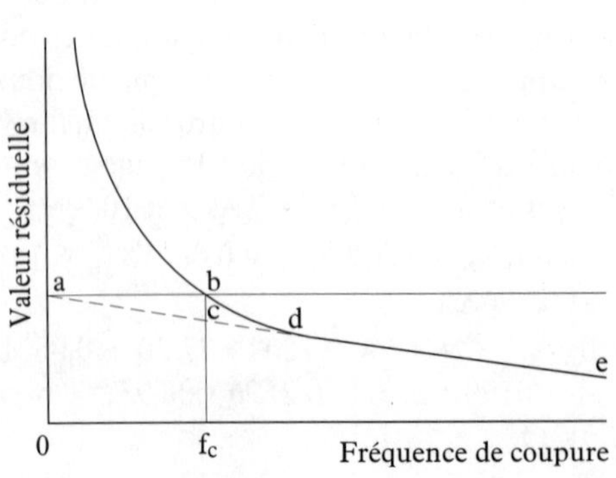

Figure 8.16

À partir des valeurs résiduelles calculées entre les données brutes et filtrées à différentes fréquences de coupure f_c, il est possible d'en estimer la meilleure.

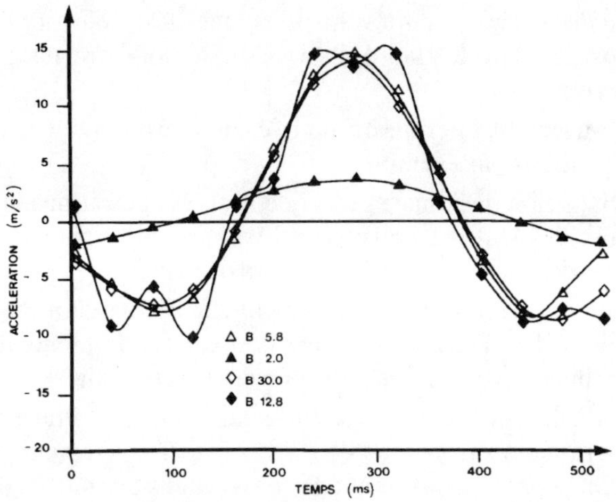

Figure 8.15

Accélérations obtenues d'un mouvement de rebond après filtrage avec le filtre Butterworth. Reproduit, avec permission, de Allard, P., Blanchi, J.-P. et coll., *(1990). Tehcniques de lissage et de filtrage de données biomécaniques.* Science et Sports. *5:27-38. Elsevier, Paris.*

signal et de son bruit. Il faut cependant prendre des précautions pour sélectionner la bonne fréquence de coupure afin de ne pas trop atténuer le signal du bruit.

Pour la méthode proposée par Winter (1990), on rapporte la différence résiduelle entre les données filtrées et le signal brut en fonction de la fréquence de coupure tel qu'illustrée à la figure 8.16. Ce résiduel, R(f) est calculé par

$$R(f) = \sqrt{1/N \sum_{i=1}^{N} (X_{bi} - X_{fi})^2} \qquad (8.10)$$

où N est le nombre de données, X_{bi} les données brutes et X_{fi} les données filtrées. La droite de est prolongée jusqu'en a et une horizontale vient couper la courbe en b. La fréquence correspondante devient la fréquence de coupure f_c.

Contrôle des connaissances

C 8.11 Quelle est l'utilité des séries de Fourier dans le traitement des signaux ?

C 8.12 Quel est l'avantage du filtre Butterworth par rapport aux séries de Fourier comme technique de filtrage ?

8.4 SOURCES D'ERREUR

Il est nécessaire de traiter un signal biomécanique car les sources d'erreur sont nombreuses au moment de l'acquisition. L'ennui majeur vient de l'ignorance de la source des erreurs, qui sont d'origines diverses et multiples. Ainsi, les principales perturbations répertoriées lors d'une prise de vue, par exemple, sont :

- Erreurs de perspective et de parallaxe. Le parallaxe désigne le déphasage entre l'axe optique de la caméra et l'axe de visée. Ces erreurs vont provoquer des projections de position dans le plan d'observation, tantôt correctes, tantôt erronées.

- Mouvement intempestif de la caméra, provoqué par des vibrations par exemple.
- Distorsion de l'image provoquée par les aberrations optiques des lentilles de l'objectif, en particulier pour le relevé des points de bord de champ de vision.
- Lors d'un relevé fait directement sur l'écran d'un moniteur vidéo, l'échelle horizontale n'est pas la même que l'échelle verticale; l'écran est en effet rectangulaire.
- Dans les mouvements du corps humain, le repérage des marqueurs sur la peau et *a fortiori* sur les vêtements est affecté par le mouvement des tissus mous tels que le glissement de la peau sur les muscles, la contraction musculaire, etc.
- Le centre de rotation des articulations varie en cours de mouvement.
- Erreur de pointage des repères anatomiques aussi bien en manuel qu'en pointage automatique et semi-automatique (variation de l'éclairage, gradients de contraste, etc.).

On peut tenir compte de certaines erreurs dans la mesure des positions par les techniques de lissage et de filtrage. Cependant, ces techniques ne peuvent compenser les erreurs humaines dues à la mauvaise utilisation du matériel et des instruments de mesure ou encore à une mauvaise identification des repères anatomiques.

CONTRÔLE DES CONNAISSANCES

C 8.13 Nommer quatre sources d'erreur.

Les coordonnées et les déplacements des marqueurs sont obtenus à partir des images vidéo et du traitement des signaux. De là, le mouvement linéaire est calculé aux centres de masse segmentaire et le mouvement angulaire est déterminé pour chacun des segments. Le prochain chapitre tente de mettre en relation certains paramètres cinématiques mesurés lors d'un coup franc au football (soccer).

chapitre
NEUF

APPLICATIONS DES NOTIONS DE DÉPLACEMENT, DE VITESSE ET D'ACCÉLÉRATION

Objectifs d'apprentissage

1. Apprendre à lire des profils de déplacement-vitesse-accélération.
2. Construire un diagramme en colonne.
3. Illustrer les diagrammes par des données du geste.
4. Construire un profil à partir d'un diagramme.
5. Faire le lien entre l'indice de performance et l'indice de comportement.

9.1 LES PROFILS DE VITESSE

Les déplacements linéaires et angulaires participent à la description et à la mesure du geste. En sport ils rendent compte, par exemple, de l'évolution de la technique de l'athlète, ce qui peut permettre aussi de planifier l'entraînement.

Pourtant les déplacements sont insuffisants pour quantifier la performance, en particulier pour permettre l'évaluation des énergies mises en jeu. À ce stade il est nécessaire de connaître les vitesses linéaires et angulaires avec lesquelles le geste est exécuté. Par exemple, l'énergie d'un corps en mouvement est directement proportionnelle au carré de la vitesse. D'autres exemples comme le smash au volley-ball, le coup droit au tennis, le coup de pied au football (soccer), nécessitent aussi la connaissance des profils de vitesse de chacun des segments corporels mis en jeu pour rendre compte de l'efficacité du transfert d'énergie le long de la chaîne segmentaire du membre sollicité.

9.2 PROFILS DE VITESSE ET CONTRÔLE MOTEUR

Les profils de vitesse en fonction du temps permettent de montrer les phases de contrôle moteur dans le déroulement du geste. La définition d'un profil est empruntée au langage courant; le profil d'un visage par exemple permet d'identifier la personne qui a été dessinée. Ainsi lorsque sur les courbes de déplacement-vitesse-accélération en fonction du temps, on peut reconnaître les caractéristiques cinématiques de la personne qui est analysée, alors ces courbes deviennent un profil.

Dans l'exemple précédent (figures 7.22 et 7.23) du coup franc au football, une bonne coordination entre la cuisse et la jambe est nécessaire à la bonne exécution du geste. On constate sur les profils de vitesse (figure 7.23) que le maximum de vitesse de la jambe est atteint postérieurement à celui de la cuisse. Le décalage temporel entre ces maxima n'est bien net que pour un expert, qui est seul capable de mettre en route un programme moteur pour réaliser parfaitement ce décalage. Dans ces conditions la plus grande vitesse est récupérée sur le pied en bout de jambe, à l'instant du contact pied-ballon : c'est l'effet fléau (à l'image de l'outil à battre le blé de nos ancêtres).

Il est évident que les seuls profils de variation angulaire cuisse et jambe en fonction du temps ne seraient pas significativement évocateurs pour mettre en évidence cet enchaînement, alors que les profils de vitesse permettent cette lecture. Nous verrons plus loin (Principe n° 6 : transfert de quantité de mouvement) que cet effet peut être aussi expliqué par la conservation du moment angulaire au niveau de tout le membre inférieur.

Saviez-vous que...

Dans la première encyclopédie éditée par Denis Diderot (1713-1784) et Jean le Rond d'Alembert (1717-1783), l'homme est distingué de l'animal : « Quoique que plusieurs naturalistes nomenclateurs aient mis l'homme dans la même classe que les animaux quadrupèdes, on ne les confondra pas... par les différences entre la conformation de l'homme et celle des animaux, la naissance de l'homme et son éducation physique relativement à la force et aux proportions de son corps ».

9.3 DIAGRAMME EN COLONNE

La figure 9.1 décrit successivement les variations angulaires de la cuisse et de la jambe en fonction du temps, puis des vitesses correspondantes et enfin des accélérations. Il faut remarquer que les trois profils, de déplacement, de vitesse et d'accélération sont disposés en colonne, ce qui permet leur lecture simultanée en correspondance temporelle et la synchronisation de chacune de ces courbes sur la même base de temps.

La figure 9.1 a décrit les variations angulaires temporelles de l'angle de la cuisse et de la jambe par rapport à l'horizontale. On constate que l'angle de la cuisse augmente en fonction du temps, puis se stabilise pour permettre à l'angle de la jambe de croître à son tour. Ces variations angulaires sont tout aussi lisibles que le kinogramme du déroulement ges-

Saviez-vous que...

En 1880 Le baron Pierre de Coubertin (1863-1937), à peine âgé de 20 ans voulut faire valoir en France, (affaiblie par la défaite de 1870) l'idée de la vitalité anglo-saxonne. Sous son impulsion les premiers jeux olympiques eurent lieu à Athènes en 1896, puis en 1900 à Paris, en 1904 à Saint-Louis, en 1908 à Londres, en 1912 à Stockholm, en 1920 à Anvers, en 1924 à Paris, en 1928 à Amsterdam, en 1932 à Los Angeles, en 1936 à Berlin... en 1976 à Montréal et en 2000 à Sidney.

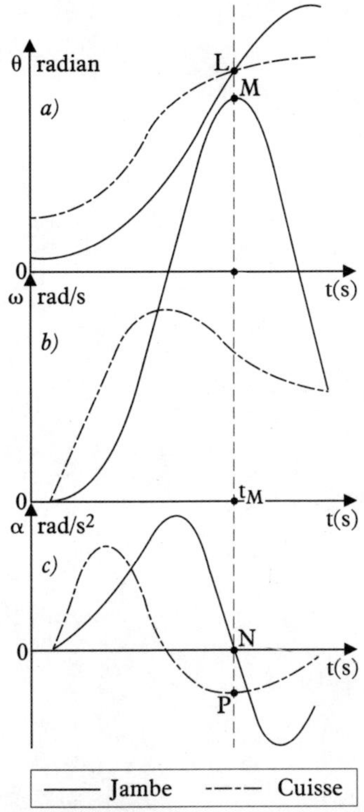

Figure 9.1

Diagramme en colonne des déplacements-vitesses-accélérations angulaires du coup de pied au football : a) des angles cuisse et jambe par rapport à l'horizontale; b) des vitesses angulaires correspondantes; c) des accélérations angulaires correspondantes où l'on retrouve une variation des moments musculaires puisque l'accélération angulaire est proportionelle au moment.

tuel au cours duquel la préparation du coup de pied nécessite « l'armer » de la jambe pour rendre le tir efficace. La figure 9.1 b) donne l'évolution des vitesses angulaires cuisse et jambe et met en évidence le principe n° 4 d'enchaînement des vitesses segmentaires. La figure 9.1 c) donne l'évolution des accélérations angulaires en fonction du temps ce qui renseigne sur les activités musculaires (voir chapitre 11, Résistance au mouvement angulaire) au niveau de la hanche pour la cuisse et au niveau du genou pour la jambe. Selon que l'accélération est positive (courbe au dessus de 0) ou négative (courbe au dessous de 0) on peut interpréter une flexion ou une extension du segment corporel considéré.

Par exemple au même temps t_M, l'angle de la jambe est en augmentation rapide, alors que l'accroissement de celui de la cuisse s'est atténué (point L). L'accélération de la cuisse est maximale (point P), alors que la jambe a cessé sa flexion pour préparer son extension par rapport à la cuisse et atteindre la balle pour le *shoot* (point N).

Tableau 9.1

Variations en fonction du temps des paramètres cinématiques de la course à pied.

Temps	Angle de la cuisse	Vitesse angulaire	Accélération angulaire
0,00	4,40	–5	250
0,03	4,20	0	300
0,10	4,50	7	50
0,15	—	—	150
0,20	5,10	13	60
0,30	5,90	0	–250
0,38	—	—	0
0,40	5,50	-4	20
0,45	—	–3	0
0,50	5,45	–10	–300
0,55	—	–12	0
0,60	4,30	–6	250

Tableau 9.2

Données cinématiques du coup de pied au football.

Temps (s)	Angle cuisse (radian)	Angle jambe-cuisse (radian)
0,1	1,082	1,082
0,13	1,134	0
0,18	1,047	–0,224
0,23	1,57	–0,226
0,26	1,745	0,523
0,3	1,92	1,571

Contrôle des connaissances

C 9.1 Que signifie profil angulaire d'un geste ?

C 9.2 Même question pour profil de vitesse et d'accélération.

C 9.3 Qu'est-ce que l'effet fléau dans un geste faisant intervenir plusieurs segments corporels, appelé aussi Principe de l'ordre d'intervention segmentaire ?

9.4 ANALYSE CINÉMATIQUE DE LA COURSE À PIED : COORDINATIONS INTERSEGMENTAIRES

Le mouvement se définit comme l'état d'un corps dont la position par rapport à un repère change continuellement. En mécanique, on commence par décrire le mouvement; c'est l'objet de la cinématique. On analyse alors les différentes phases du déplacement du corps étudié par rapport à un repère qui est fonction de l'objectif de l'étude, comme nous le verrons plus loin à propos de l'exemple de la course.

9.4.1 Biomécanique et coordinations motrices

Voyons comment, sur un exemple, la cinématique permet non seulement d'enregistrer le mouvement mais, plus encore, d'en découvrir des paramètres qui représentent des constantes ou des invariants du mouvement, permettant de rechercher les données sous-jacentes relevant du contrôle moteur et de la programmation motrice.

En cinématique, on enregistre des déplacements dans l'espace et dans le temps. Il faut donc définir les repères par rapport auxquels ces déplacements vont être enregistrés.

L'exemple choisi est celui de la course à pied où l'objectif est de se déplacer le plus vite possible. Or si un déplacement rapide est à la portée de la majeure partie d'entre nous il n'est possible de se déplacer très vite qu'après une longue période d'entraînement. Un des buts de la biomécanique est de déceler ce qui caractérise la vitesse maximale d'un coureur expert comme un champion d'athlétisme qui s'est entraîné longtemps pour accomplir sa performance.

L'objectif de notre étude est alors d'une part de définir les principales phases du mouvement et d'autre part d'analyser le mouvement au niveau des membres inférieurs. Ces différentes phases ont déjà été définies au chapitre 5.

On dira en biomécanique et en contrôle moteur que l'analyse porte sur les coordinations intersegmentaires des membres inférieurs qui traduisent l'activité de tous les muscles qui coopèrent pour effectuer des déplacements de façon harmonieuse.

Comme il s'agit d'analyser un mouvement il faut dans un premier temps choisir les repères par rapport auxquels les déplacements vont être mesurés. Ce choix nous paraît *a priori* un peu simpliste; en effet il suffirait de choisir la ligne de départ à partir de laquelle la course va se dérouler et de suivre le coureur en enregistrant son déplacement à l'aide d'une caméra vidéo par exemple puis de visionner ensuite les images enregistrées. Cette observation, certes intéressante, ne nous apporterait que l'avantage du ralenti par rapport à la vision oculaire directe.

Mais nous avons évoqué plus haut que la caractéristique d'un coureur de haut niveau réside dans l'harmonie du déroulement du mouvement de ses membres inférieurs.

Vous remarquerez que nous avons pris la précaution d'employer le terme de membres inférieurs et non pas de «jambes», comme on le dit le plus souvent dans le langage commun. En effet, le membre inférieur est constitué au départ de la hanche par le premier segment, le plus musclé, qui est la cuisse. Le genou permet ensuite à la jambe, entraînée par la cuisse, de se déplacer et d'entraîner la cheville et le pied dans son mouvement. L'ensemble des muscles du membre inférieur doivent être coordonnés pour effectuer ce mouvement complexe avec harmonie.

Nous n'avons pas employé le mot « complexe » sans raison. En effet, dès lors que nous avons décrit l'ensemble des segments qui constituent le membre inférieur, nous réalisons que cette structure osseuse, tendineuse et musculaire est constituée de très nombreux éléments de base qui sont sous la commande centrale du cerveau. Celui-ci doit prendre tous ces éléments en compte pour organiser le mouvement sans heurts, avec harmonie, pour optimiser le rendement de l'opération et atteindre la vitesse maximale de course à moindre coût.

Les spécialistes de la bioénergétique diraient qu'il faut réaliser ce mouvement avec le coût énergétique minimum si l'on veut pouvoir courir un certain temps sans être épuisé immédiatement.

Cette belle organisation corporelle commandée par le cerveau va être réalisée par les exécutants que sont, essentiellement, tous les muscles des membres inférieurs (par extension, car les muscles fessiers sont évidemment aussi concernés).

Notre problème d'analyse des particularités du mouvement se trouve donc transféré vers l'étude de l'activité des principaux muscles des membres inférieurs responsables du mouvement. La proposition est d'analyser la relation de cause à effet de l'action des muscles qui provoquent le mouvement.

C'est là qu'intervient la biomécanique qui propose d'analyser finement le mouvement des membres inférieurs pendant la course d'un athlète de haut niveau. Cette analyse devrait nous permettre de retrouver les particularités du mouvement et de ce fait de « voir » l'activité singulière sous-jacente des muscles actifs responsables du mouvement.

Nous avons remarqué plus haut que les principaux segments étaient reliés entre eux par la hanche, le genou et la cheville autour desquelles, d'ailleurs, sont fixés les muscles biarticulaires qui régissent le mouvement.

Notre problème de biomécanique se fixe donc sur l'analyse des mouvements particuliers de ces segments les uns par rapport aux autres. Or un mouvement s'analyse par rapport à un repère.

Dans le cas de la figure 9.2, les repères les mieux appropriés sont les segments eux mêmes. Par exemple pour analyser l'activité motrice de la cuisse par rapport au tronc, il suffit de repérer l'angle d'ouverture ou de fermeture de ces deux segments l'un par rapport à l'autre, et de même pour la cuisse et la jambe. On disposera alors de l'évolution de deux angles articulaires au cours des différentes phases de l'évolution du mouvement, les angles de la hanche et du genou et ainsi décrire l'activité musculaire qui permet ces mouvements d'ouverture et de fermeture articulaire.

Les mouvements de la cuisse et de la jambe sont provoqués par les muscles biarticulaires autour de la hanche et du genou. Pour suivre cette activité nous devons enregistrer les variations angulaires d'une part du segment cuisse par rapport au tronc, θ_c et d'autre part du segment jambe par rapport à la cuisse, θ_j.

Tableau 9.3

Évolution des angles, en degrés, de la cuisse par rapport au tronc θ_c et de la jambe θ_j par rapport à la cuisse pendant un cycle de course pour une vitesse de 12 kmh^{-1} ou 3,34 ms^{-1}.

Nº image	Jambe θ_j	Cuisse θ_c
1	134	8
2	145	–4,5
3	156	–17
4	155	–24
5	142	–25
6	124	–24
7	98	–20
8	77	–12
9	62	1,5
10	58	19
11	69	34
12	90	39
13	116	39
14	142	36
15	161	32
16	162	31
17	146	31
18	131	22
19	133	9
20	134	8

CONTRÔLE DES CONNAISSANCES

C 9.4 Représenter sur un diagramme en bâtons les angles θ_c et θ_j, tirés du tableau 9.3 pour les longueurs de cuisse et de jambes arbitraires. Définir les zones angulaires de flexion et d'extension de chacun de ces segments et retrouver quels sont les muscles responsables de ces actions.

Au chapitre 5 nous avons décrit les différentes phases de la course à pied. Il y a deux phases, l'une de support avec réception et poussée, l'autre d'oscillation. Les activités musculaires sont différentes au cours de ces deux phases. C'est leur analyse qui devrait mettre en évidence les indices de performance et de comportement des sujets .

9.5 PROFILS CINÉMATIQUES

Le tableau 9.3 représente l'évolution des angles de la jambe et de la cuisse pendant la course à pied. Ces valeurs ont été reportées à la figure 9.2 et représentent cette évolution au cours d'un cycle complet.

La figure 9.2 permet de visualiser les singularités suivantes : 1) l'angle de la cuisse est positif lors de la flexion, c'est-à-dire lorsque la cuisse se rapproche du tronc; 2) il est négatif lors de l'extension de la cuisse par rapport au tronc; 3) il est nul précisément lorsqu'il n'y a aucune activité musculaire; 4) cet angle atteint des valeurs extrêmes en négatif lors de l'extension et en positif lors de la flexion; 5) il y a une « ondulation » dans la partie droite de la courbe qui correspond à l'amortissement, au niveau de la cuisse, lors du choc au moment du premier contact du pied avec le sol.

Pour l'angle de la jambe, les extrêmes correspondent au contact pied-sol et à la flexion de la jambe par rapport à la cuisse.

Si l'on représente l'angle de la jambe en fonction de celui de la cuisse (figure 9.3), la forme d'un haricot apparaît, sur lequel l'extrémité A représente le premier contact du pied avec le sol. Il est suivi de l'amortissement (A-C) jusqu'en C. La phase A-B représente le contact pied-sol, depuis le premier contact A jusqu'au dernier contact pied-sol, B, juste avant le décollage du pied.

Pour obtenir plus d'informations quantitatives on peut exploiter la figure 9.3 tout d'abord en comptant le nombre de points correspondant à la phase d'appui, ici 7 et 13 points pour la phase de vol 13/7 = tv/ta ce qui représente le rapport du temps de vol t_v sur le temps d'appui t_a; à cette vitesse de course le temps de vol est presque le double du temps d'appui. Ensuite la partie C-B du cycle représente la phase de

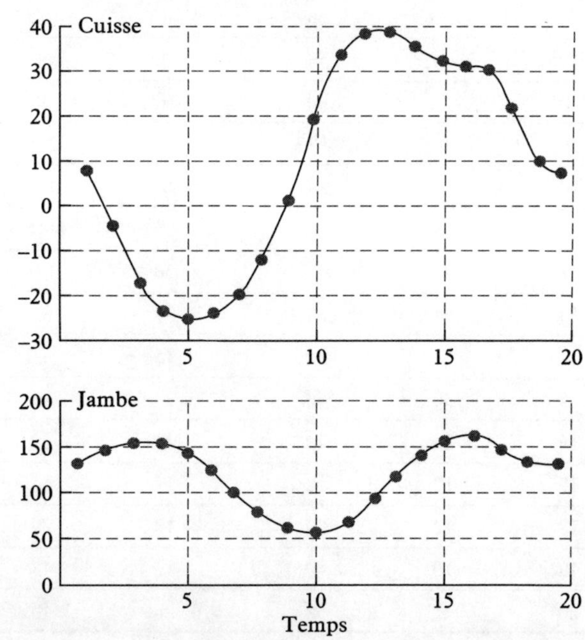

Figure 9.2

Évolution de l'angle de la cuisse par rapport au tronc et de l'angle de la jambe par rapport à la cuisse en degrés durant le cycle de course.

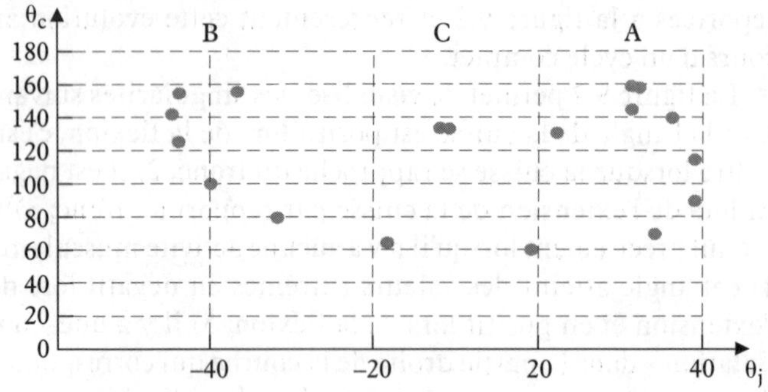

Figure 9.3

Cycloïde de l'angle de la jambe par rapport à l'angle de la cuisse avec A : 1er contact du pied au sol, C : fin de l'amorti lors du premier contact, B : dernier contact pied-sol et début de l'envol.

poussée lors de l'appui du pied au sol; la longueur de cette phase est proportionnelle à la vitesse de course; en effet plus la vitesse sera élevée et plus l'importance de cette phase C-B sera grande.

Nous allons le vérifier sur le même exemple où cette fois la vitesse de course est de 5 ms^{-1} (18 kmh^{-1}) et de 3,34 ms^{-1} (12 kmh^{-1}). La performance de course est représentée par la vitesse qui est soit de 5 ms^{-1} soit de 3,34 ms^{-1}. L'indice de

Tableau 9.4

Évolution des angles de la cuisse par rapport au tronc et de la jambe par rapport à la cuisse pendant un cycle de course à deux vitesses différentes de 3,34 ms^{-1} et de 5 ms^{-1}.

Nº image	Cuisse θ_c 3,34 ms^{-1}	Jambe θ_j 3,34 ms^{-1}	Cuisse θ_c 5 ms^{-1}	Jambe θ_j 5ms^{-1}
1	0	35	0	35
2	–10	25	–13	28
3	–20	15	–32	15
4	–25	14	–40	14
5	–24	19	–39	19
6	–23	26	–35	28
7	–18	56	–25	60
8	–12	80	–15	88
9	0	97	0	116
10	8	100	10	118
11	18	102	25	115
12	26	100	30	108
13	34	80	39	85
14	33	60	35	63
15	30	40	33	43
16	20	20	23	20
17	12	12	17	12
18	12	20	18	20
19	10	40	12	45
20	8	38	5	40

performance est représenté par le rapport des vitesses 5/3,34 = 1,5. Les profils de ces performances doivent avoir le même indice. Il faut donc retrouver que les phases les plus déterminantes des deux profils du sujet sont dans le même rapport.

En faisant cette analyse on trouve que les segments C-B, correspondant à la poussée sont dans le même rapport que la valeur de l'indice de performance. Le rapport des segments C-B représente l'indice de comportement du sujet, puisqu'il est tiré des profils angulaires représentant l'évolution de la coordination intersegmentaire du sujet lorsque sa vitesse de course augmente.

Saviez-vous que...

Les données cinématiques de la marche humaine contribuent à la modélisation de robots. Actuellement, les chercheurs japonais ont conçu des robots humains qui marchent mais dont l'aspect est disproportionné. En France, l'équipe BIP de l'INRIA (Institut National de Robotique, d'Informatique et d'Automatique) travaille sur la conception d'un robot anthropomorphe pour lequel les commandes sont centrées sur les articulations principales. Un simple moteur à la hanche couplé à des capteurs au genou et à la cheville renvoyant en temps réel les informations d'angulation, devrait permettre une marche mécaniquement correcte.

Contrôle des connaissances

C 9.5 Tracer les deux profils correspondant aux données du tableau 9.4 et vérifier que le rapport des poussées (segment C-B) est identique au rapport des vitesses correspondantes.

Nous constatons ainsi que l'analyse cinématique permet une expression mécanique et paramétrique de l'organisation gestuelle des sujets observés. Il existe une correspondante claire entre la technique de course et les paramètres simples de la biomécanique.

La plupart des exemples analysés permettent ainsi de constater que la biomécanique représente un outil de choix pour traduire en termes plus scientifiques les éléments de la technologie des activités physiques et sportives (Rubrique inventoriée par les spécialistes de l'étude des gestes sportifs comme Technologie des APS).

Ce chapitre met en évidence les relations entre les déplacements, les vitesses et les accélérations angulaires sous la forme d'un diagramme en colonne.

chapitre

DIX

ÉVALUATION DE LA COORDINATION MOTRICE

Philippe Pudlo et Franck Barbier
Université de Valenciennes

Objectifs d'apprentissage

1 Définir la notion de coordination motrice.

2 Expliquer et illustrer la notion de coordination motrice pour le geste du rameur d'aviron.

3 Expliquer la normalisation d'une position angulaire et d'une vitesse angulaire.

4 Décrire la notion de plan de phase et apprendre à le construire.

5 Calculer l'angle polaire.

6 Décrire la notion de phase relative.

7 Savoir calculer et interpréter une phase relative.

10.1 INTRODUCTION

La coordination motrice désigne en biomécanique l'organisation temporelle des mouvements des segments corporels. L'évaluation de la coordination motrice vise alors à porter un jugement qualitatif ou quantitatif sur cette organisation. Si l'œil des entraîneurs a longtemps été l'unique moyen d'évaluation, il est aujourd'hui bien souvent secondé par des outils de mesure de plus en plus précis. Dès lors, l'évaluation se diversifie avec les applications. L'objectif de ce chapitre n'est pas de présenter l'ensemble des méthodes existantes pour évaluer la coordination motrice, mais d'introduire la notion de phases relatives afin de juger de manière quantitative et objective les variations de la coordination motrice. Les phases relatives ont pour objet de quantifier l'évolution angulaire d'une articulation par rapport à une autre. Dans un premier temps, il est nécessaire de sélectionner les angles permettant de juger de la coordination motrice pour le mouvement étudié. Le calcul des phases relatives se déroule ensuite en plusieurs étapes : le calcul des angles et des vitesses angulaires, la définition des plans de phase, le calcul des angles polaires et enfin le calcul des phases relatives. Ce chapitre se propose de développer les aspects théoriques liés à ces différentes étapes et de les illustrer au travers de l'aviron, qui est un sport cyclique et hautement technique.

10.2 RAPPELS SUR LE GESTE TECHNIQUE DU RAMEUR D'AVIRON

La technique en aviron a évolué bien souvent par le biais d'essais et d'erreurs, se personnalisant avec le temps et avec les pays. Elle est quelque peu différente selon que l'aviron est de pointe (un seul aviron) ou de couple (deux avirons). Cependant, il existe une technique de base que tout rameur se doit d'acquérir et de maîtriser. Elle se décompose en quatre phases : l'attaque, la propulsion, le dégagé et le retour, qui forment le coup d'aviron comme illustré à la figure 10.1. Le coup d'aviron est cyclique et sa fréquence ou cadence peut varier entre 30 et 40 coups par minute en fonction du style adopté, du niveau d'entraînement et de la distance de la course.

L'attaque correspond à la phase d'entrée des pelles dans l'eau; elle est réalisée par l'élévation rapide des mains et par un redressement du dos. La rapidité avec laquelle l'appui dans l'eau est réalisé est essentielle pour la performance. Elle peut se réaliser en 0,04 s à 0,1 s selon les rameurs. À cet instant, la pression de la pelle contre l'eau doit être maximale.

La propulsion ou la passée constitue la phase motrice du coup d'aviron. Le rameur agit sur ses avirons pour propulser le bateau. Elle est réalisée tout d'abord par l'extension des jambes, l'extension et le soutien continu du tronc. Les mem-

Saviez-vous que...

L'élite effectue entre 5000 et 7000 km chaque année, ce qui revient à soulever 29 700 tonnes/an ou représente 594 000 coups d'aviron, et ceci en dehors des circuits de musculation !

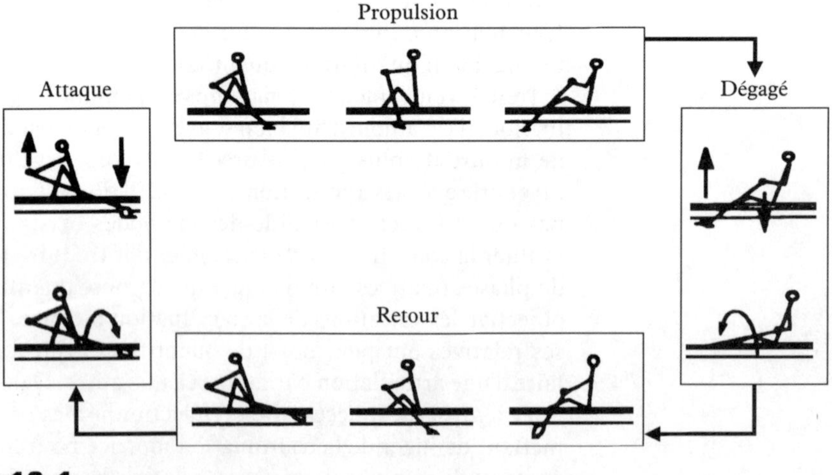

Figure 10.1
Le coup d'aviron : quatre phases qui s'enchaînent de façon cyclique.

bres supérieurs jouent alors le rôle clé de transmetteurs actifs de l'impulsion. Enfin, la flexion des bras est déclenchée lorsque les mains arrivent approximativement à hauteur des genoux. Elle doit permettre la croissance de la vitesse du bateau, « c'est le fouetté final qui fait la différence ». La synchronisation de ces activations musculaires doit être précise, afin que l'effort physique généré par le rameur soit efficace.

Le dégagé correspond à la sortie des pelles de l'eau. Il est réalisé par abaissement des poignées, qui tournent dans un mouvement continu. Le siège ou coulisse, à cet instant, ne doit pas se déplacer. Finalement, le retour est la phase passive ou de glisse. Le rameur va réaliser le mouvement inverse par rapport à la phase de propulsion pour retrouver, à la fin du temps glisseur, la position de l'attaque. Il est initié par une traction des planches de pieds. Alors, les mains sont renvoyées rapidement dans un mouvement fluide. En effet, l'objectif est ici de revenir à vitesse uniforme de manière à minimiser la pression sur les planches de pieds pour ne pas accroître la décélération du bateau causée par les forces de frottement hydrodynamiques et aérodynamiques.

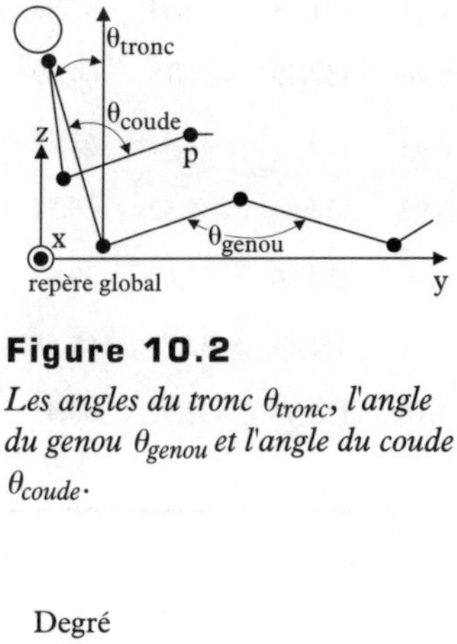

Figure 10.2

Les angles du tronc θ_{tronc}, l'angle du genou θ_{genou} et l'angle du coude θ_{coude}.

Contrôle des connaissances

C 10.1 Décrivez les phases et les événements associés au geste du rameur d'aviron.

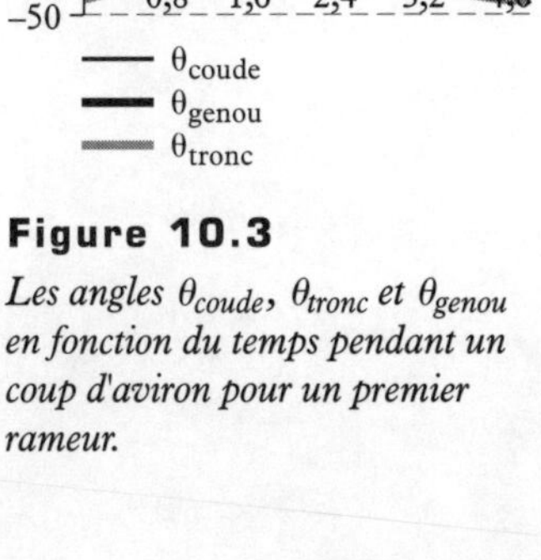

Figure 10.3

Les angles θ_{coude}, θ_{tronc} et θ_{genou} en fonction du temps pendant un coup d'aviron pour un premier rameur.

La première étape de la démarche qui vise à quantifier la coordination motrice est la détermination d'angles adaptés au geste étudié. Ces angles doivent rendre compte de l'action des différents segments corporels. Dans le cas présent, le geste du rameur étant le résultat de flexions et d'extensions des membres inférieurs, du tronc et des membres supérieurs, les angles du genou, du tronc et du coude, notés respectivement θ_{genou}, θ_{tronc} et θ_{coude} tels qu'illustrés à la figure 10.2, peuvent être retenus. Le tableau 10.1 donne les valeurs des angles θ_{coude}, θ_{tronc} et θ_{genou} pour un coup d'aviron pour un premier rameur, et la figure 10.3 les présente.

Comme la figure 10.3 le montre, au début de coup d'aviron, les angles θ_{genou}, θ_{tronc} augmentent et θ_{coude} diminue. Il y a donc extension du genou et du tronc et flexion du coude pendant la phase de propulsion. À l'opposé, en fin de coup d'aviron, les angles θ_{genou}, θ_{tronc} diminuent et θ_{coude} augmente. Il y a donc flexion du genou et du tronc et extension du coude pendant la phase de retour. Les phases de propulsion et de retour se différencient ainsi par une inversion des mouvements des membres inférieurs, du tronc et des membres supérieurs.

Les courbes présentées à la figure 10.3 permettent ainsi d'apprécier de manière quantitative l'évolution temporelle des différents mouvements corporels se réalisant pendant un

Tableau 10.1

Les angles du coude, du tronc et du genou (respectivement θ_{coude}, θ_{tronc} et θ_{genou}) pour un premier rameur pendant un coup d'aviron.

Temps (s)	θ_{coude} (degré)	θ_{tronc} (degré)	θ_{genou} (degré)	Temps (s)	θ_{coude} (degré)	θ_{tronc} (degré)	θ_{genou} (degré)	Temps (s)	θ_{coude} (degré)	θ_{tronc} (degré)	θ_{genou} (degré)
0,00	156,36	–30,59	60,60	1,44	80,32	34,73	160,03	2,88	142,00	–8,96	121,56
0,08	154,70	–29,03	62,67	1,52	77,26	36,12	163,19	2,96	144,19	–11,76	115,47
0,16	154,38	–26,93	65,67	1,60	75,64	36,78	165,65	3,04	145,91	–14,38	109,36
0,24	153,61	–24,30	69,55	1,68	75,50	36,69	167,41	3,12	147,26	–16,84	103,30
0,32	152,31	–21,17	74,24	1,76	76,80	35,87	168,50	3,20	148,29	–19,16	97,36
0,40	150,41	–17,59	79,66	1,84	79,43	34,36	168,91	3,28	149,10	–21,34	91,61
0,48	147,87	–13,63	85,70	1,92	83,22	32,22	168,66	3,36	149,74	–23,39	86,10
0,56	144,62	–9,34	92,24	2,00	87,94	29,55	167,74	3,44	150,29	–25,30	80,92
0,64	140,61	–4,81	99,16	2,08	93,35	26,43	166,18	3,52	150,80	–27,06	76,12
0,72	135,84	–0,10	106,31	2,16	99,22	22,97	163,97	3,60	151,32	–28,65	71,78
0,80	130,33	4,69	113,55	2,24	105,30	19,28	161,14	3,68	151,88	–30,04	67,98
0,88	124,14	9,48	120,75	2,32	111,36	15,46	157,70	3,76	152,49	–31,18	64,79
0,96	117,43	14,16	127,76	2,40	117,23	11,61	153,70	3,84	153,16	–32,03	62,29
1,04	110,40	18,65	134,45	2,48	122,73	7,80	149,21	3,92	153,84	–32,52	60,54
1,12	103,31	22,83	140,73	2,56	127,73	4,10	144,28	4,00	154,50	–32,60	59,62
1,20	96,45	26,62	146,49	2,64	132,18	0,55	138,99	4,08	155,07	–32,70	59,58
1,28	90,14	29,91	151,66	2,72	136,04	–2,81	133,39	4,16	155,46	–32,92	60,45
1,36	84,68	32,64	156,18	2,80	139,30	–5,98	127,55				

coup d'aviron. Néanmoins, elles ne quantifient pas les synchronismes ou désynchronismes existant entre ces différents segments corporels. Or, le jugement objectif d'un geste technique passe avant tout par une quantification de ses synchronismes ou désynchronismes. En effet, un geste efficace correspond à une coordination motrice des différents segments corporels. En d'autres termes, l'athlète doit maîtriser à chaque instant les positions angulaires et les vitesses angulaires de l'ensemble de ses segments corporels.

La suite de ce chapitre présente une figure rendant compte de l'évolution de la vitesse angulaire en fonction de la position angulaire : le plan de phase. Enfin, pour résumer l'évolution de ces deux paramètres, la notion d'angles polaires, qui vise par ailleurs à évaluer objectivement la coordination motrice, est introduite.

Saviez-vous que...

L'aviron peut se pratiquer en salle. À cette occasion, les rameurs peuvent lors de manifestations se disputer la victoire sur des simulateurs d'aviron, appelés avirons ergométriques. Les résultats obtenus sont moins significatifs de la technique du geste, que de la puissance des rameurs. En effet, il n'est pas rare qu'un rameur ne sachant pas ramer gagne la compétition.

Contrôle des connaissances

C 10.2 Quelle est la cadence approximative du geste technique du rameur dont les données figure au tableau 10.1 ?

C 10.3 En supposant que la fin de la phase de propulsion se réalise pour un angle minimum au coude, quel est le pourcentage regroupant l'attaque et la propulsion par rapport au coup d'aviron. En déduire le pourcentage regroupant le dégagé et le retour par rapport au coup d'aviron, à partir du tableau 10.1.

10.3 NOTION DE PLAN DE PHASE

Le plan de phase est une figure mettant en relation la vitesse angulaire en fonction de la position angulaire. Pour ces figures, l'axe des ordonnées correspond aux vitesses angulaires et l'axe des abscisses aux positions angulaires. Les figures 10.4 et 10.5 présentent respectivement les plans de phase associés aux angles θ_{genou} et θ_{coude}.

Ces deux exemples montrent que la trajectoire définie par la vitesse angulaire en fonction de la position angulaire progresse dans le sens des aiguilles d'une montre. Néanmoins, le point origine de la trajectoire matérialisé dans les figures 10.4 et 10.5 par la lettre (a), peut se situer indifféremment à l'extrême gauche ou à l'extrême droite de cette trajectoire. Les localisations des points de départ s'expliquent par la posture du rameur à cet instant. En effet comme l'indique le tableau 10.1, au départ, l'angle du genou est fermé (60,6°)

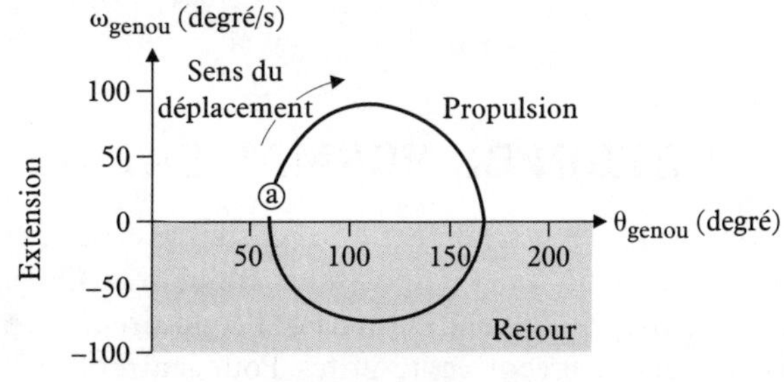

Figure 10.4
Plan de phase pour l'angle θ_{genou}.

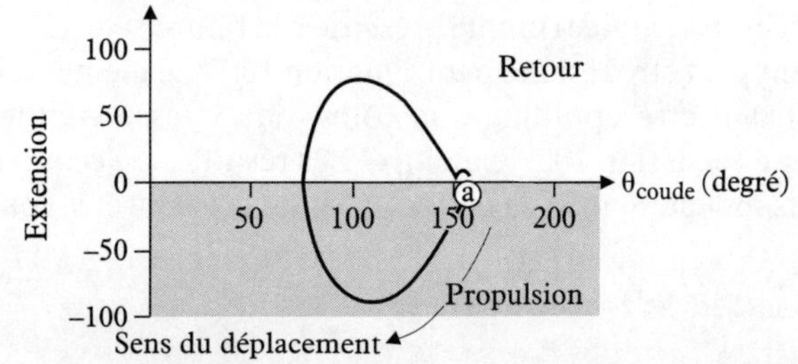

Figure 10.5
Plan de phase pour l'angle θ_{coude}.

et va s'ouvrir (168,91°) pendant la phase de propulsion puis se fermer tout au long du retour tandis que l'angle du coude est totalement ouvert à (156,36°) et va se fermer (75,50°) au cours de la propulsion puis s'ouvrir durant le retour.

Les plans de phase rendent compte de l'état des articulations (position et vitesse angulaire) à chaque instant. Il faut maintenant quantifier cet état si l'on veut en rendre compte objectivement. La démarche va consister à identifier la position à l'instant t sur la trajectoire de la vitesse angulaire en fonction de la position angulaire. Cette position peut être définie par un angle. Cet angle est appelé l'angle polaire. Avant de pouvoir le déterminer, les courbes de position et de vitesse angulaires doivent subir des traitements appelés traitements de normalisation.

Saviez-vous que...

La profondeur du bassin a son importance. Ainsi le bateau favorisé lors de la compétition finale est celui qui a réussi à se placer, grâce aux épreuves préliminaires, sur la ligne d'eau de profondeur maximale.

CONTRÔLE DES CONNAISSANCES

C 10.4 Retrouver les plans de phase associés aux angles θ_{genou} et θ_{coude} présentés aux figures 10.4 et 10.5, sachant qu'avant le coup d'aviron $\theta_{genou} = 59{,}47°$ et $\theta_{coude} = 156{,}12°$ et qu'après le coup d'aviron $\theta_{genou} = 60{,}32°$ et $\theta_{coude} = 155{,}57°$. Pour le calcul des vitesses angulaires, la différence centrale sera utilisée (voir le chapitre 7).

C 10.5 Tracer le plan de phase associé à l'angle θ_{coude}. Vérifier que la première valeur se situe à l'extrême gauche de la trajectoire dans le plan de phase. Utiliser le tableau 10.1.

C 10.6 En utilisant le tableau 10.1, tracer le plan de phase de l'angle θ_{tronc}. Pour calculer les valeurs à t = 0 et t = 2,32 s, utiliser $\theta_{tronc}(t = -0{,}08) = -31{,}61°$ et $\theta_{tronc}(t = 2{,}40) = -39{,}16°$.

10.4 NOTION DE NORMALISATION

La normalisation a pour objectif de centrer puis de réduire les courbes de vitesses et de positions angulaires. Ce paragraphe détaille ces deux opérations qui conduisent au plan de phase de courbes centrées réduites. Pour centrer la vitesse et la position angulaire, il faut soustraire à la valeur à l'instant t la valeur moyenne entre le maximum et le minimum de la courbe étudiée comme présenté à la figure 10.6. Ce traitement peut être résumé par l'équation 10.1. Le même traitement doit être appliqué à la courbe de vitesse angulaire comme l'équation 10.2 le montre. Les résultats de ces traitements sont présentés à la figure 10.7 pour le genou et le coude.

$$\theta(t)_{centrée} = \theta(t) - \frac{\theta_{MAX} + \theta_{MIN}}{2} \qquad (10.1)$$

$$\omega(t)_{centrée} = \omega(t) - \frac{\omega_{MAX} + \omega_{MIN}}{2} \quad (10.2)$$

Ce premier traitement étant réalisé, il faut en envisager un deuxième. En effet, si l'on veut pouvoir juger de l'évolution de la vitesse et de la position angulaire pour des articulations différentes, une réduction des courbes est nécessaire. Une réduction consiste à borner, c'est à dire à limiter l'évolution entre 2 valeurs. Dans notre cas, les courbes définissant les vitesses angulaires en fonction des positions angulaires seront bornées entre –1 et 1 comme le présente la figure 10.8.

Pour trouver le traitement mathématique à appliquer aux courbes centrées pour obtenir la normalisation (norm), il faut suivre le raisonnement suivant. Comme le montre la figure 10.6, l'amplitude des courbes centrées est : $\theta_{MAX} - \theta_{MIN}$ tandis que l'amplitude des courbes que l'on souhaite obtenir est de 1 – (–1) = 2. On effectue alors une règle de 3. Les équations 10.3 et 10.4 présentent la démarche avec les positions angulaires $\theta(t)$.

$$\theta(t)_{centrée} \rightarrow \theta_{MAX} - \theta_{MIN} \quad (10.3)$$

$$\theta(t)_{centrée/réduite} \rightarrow 2$$

d'où :

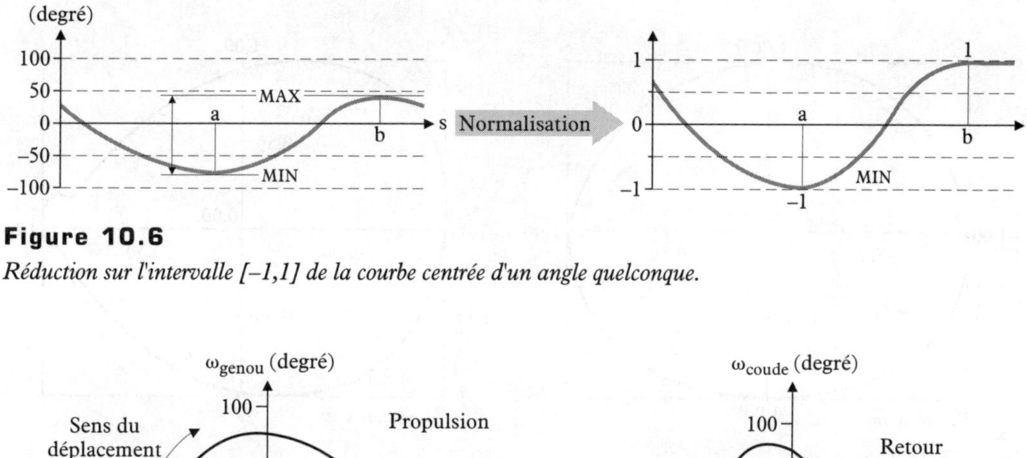

Figure 10.6

Réduction sur l'intervalle [–1,1] de la courbe centrée d'un angle quelconque.

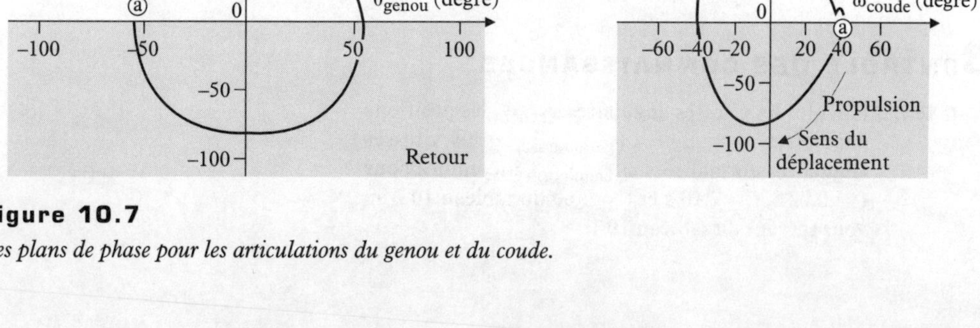

Figure 10.7

Les plans de phase pour les articulations du genou et du coude.

$$\theta(t)_{centrée/norm} = \frac{2 \cdot \theta(t)_{centrée}}{\theta_{MAX} - \theta_{MIN}} \qquad (10.4)$$

De plus, si l'on souhaite passer directement de la valeur brute à la valeur centrée normalisée, l'équation 10.5 peut être utilisée. Elle est déduite des équations 10.1 et 10.4.

$$\theta(t)_{centrée/norm} = \frac{2 \cdot \left(\theta(t) - \frac{\theta_{MAX} + \theta_{MIN}}{2} \right)}{\theta_{MAX} - \theta_{MIN}} = \frac{2\theta(t) - (\theta_{MAX} + \theta_{MIN})}{\theta_{MAX} - \theta_{MIN}} \qquad (10.5)$$

Par analogie, nous obtenons la valeur centrée réduite pour les vitesses angulaires :

$$\omega(t)_{centrée/norm} = \frac{2\omega(t) - (\omega_{MAX} + \omega_{MIN})}{\omega_{MAX} - \omega_{MIN}} \qquad (10.6)$$

Les plans de phase des vitesses et des positions angulaires normalisées du genou et du coude peuvent être déterminés et sont présentés à la figure 10.8. Les courbes pour le genou ont été tracées à partir des valeurs présentées au tableau 10.2. Les courbes étant normalisées, la notion d'angle polaire peut être détaillée. Elle permet de quantifier l'état d'une articulation à chaque instant t pendant le coup d'aviron. Le paragraphe suivant présente en détail cette notion.

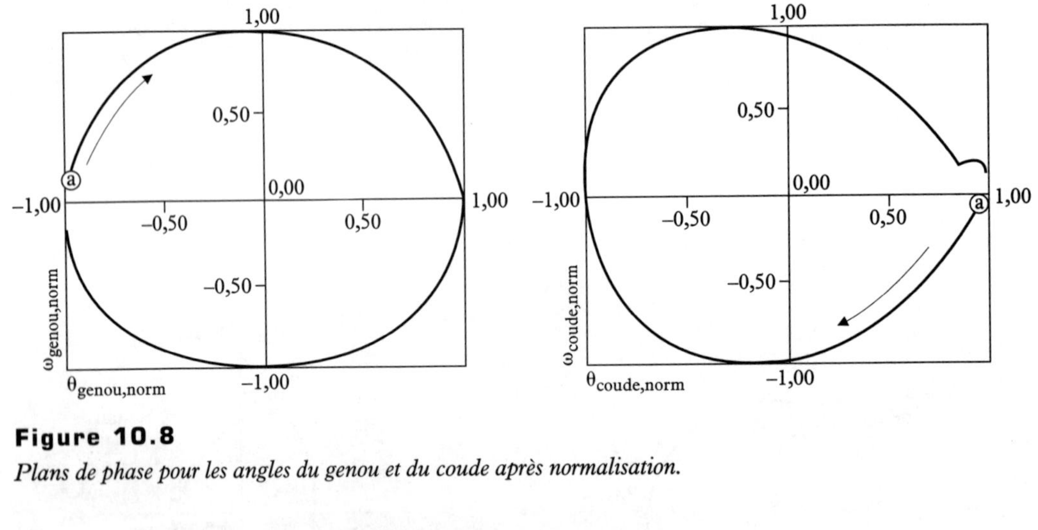

Figure 10.8
Plans de phase pour les angles du genou et du coude après normalisation.

CONTRÔLE DES CONNAISSANCES

C 10.7 Calculer les vitesses angulaires ω_{genou}, les positions angulaires normalisées $\theta_{genou,norm}$ et les vitesses angulaires normalisées $\omega_{genou,norm}$ inconnues pour t = 0,72 s, t = 2,16 s et t = 3,60 du tableau 10.2 en vous servant du tableau 10.1.

Tableau 10.2

La vitesse angulaire ω_{genou}, la position angulaire normalisée $\omega_{genou,norm}$ et la vitesse angulaire normalisée $\omega_{genou,norm}$. Les valeurs aux temps 0,72 s, 0,16 s et 2,60 s sont à calculer (voir Contrôle des connaissances C 10.7).

Temps (s)	ω_{genou} (°/s)	$\theta_{genou,norm}$ (o)	$\omega_{genou,norm}$ (°/s)	Temps (s)	ω_{genou} (°/s)	$\theta_{genou,norm}$ (o)	$\omega_{genou,norm}$ (°/s)	Temps (s)	ω_{genou} (°/s)	$\theta_{genou,norm}$ (o)	$\omega_{genou,norm}$ (°/s)
0,00	20,00	–0,98	0,16	1,44	43,81	0,84	0,44	2,88	–75,50	0,13	–0,99
0,08	31,69	–0,94	0,30	1,52	35,13	0,90	0,34	2,96	–76,25	0,02	–1,00
0,16	43,00	–0,89	0,43	1,60	26,38	0,94	0,23	3,04	–76,06	–0,09	–1,00
0,24	53,56	–0,82	0,56	1,68	17,81	0,97	0,13	3,12	–75,00	–0,20	–0,98
0,32	63,19	–0,73	0,67	1,76	9,38	0,99	0,03	3,20	–73,06	–0,31	–0,96
0,40	71,63	–0,63	0,78	1,84	1,00	1,00	–0,07	3,28	–70,38	–0,41	–0,93
0,48	78,63	–0,52	0,86	1,92	–7,31	1,00	–0,17	3,36	–66,81	–0,51	–0,89
0,56	84,13	–0,40	0,93	2,00	–15,50	0,98	–0,27	3,44	–62,37	–0,61	–0,83
0,64	87,94	–0,28	0,97	2,08	–23,56	0,95	–0,37	3,52	–57,13	–0,70	–0,77
0,72	—	—	—	2,16	—	—	—	3,60	—	—	—
0,80	90,25	–0,01	1,00	2,24	–39,19	0,86	–0,55	3,68	–43,69	–0,85	–0,61
0,88	88,81	0,12	0,98	2,32	–46,50	0,79	–0,64	3,76	–35,56	–0,90	–0,51
0,96	85,62	0,25	0,94	2,40	–53,06	0,72	–0,72	3,84	–26,56	–0,95	–0,40
1,04	81,06	0,37	0,89	2,48	–58,87	0,64	–0,79	3,92	–16,69	–0,98	–0,28
1,12	75,25	0,48	0,82	2,56	–63,88	0,55	–0,85	4,00	–6,00	–1,00	–0,16
1,20	68,31	0,59	0,74	2,64	–68,06	0,45	–0,90	4,08	5,19	–1,00	–0,02
1,28	60,56	0,68	0,64	2,72	–71,50	0,35	–0,94	4,16	4,63	–0,98	–0,03
1,36	52,31	0,77	0,54	2,80	–73,94	0,24	–0,97				

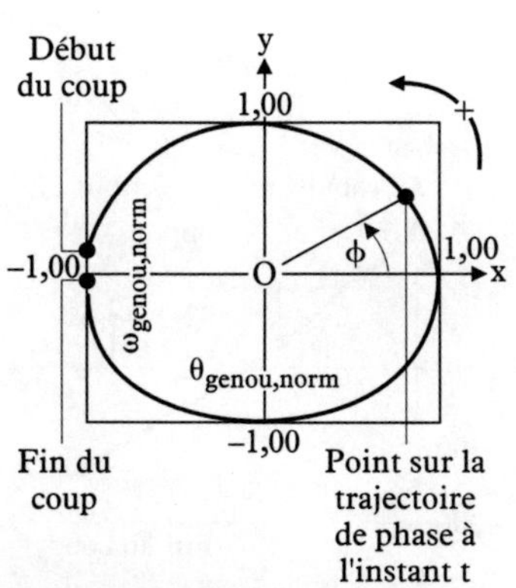

Figure 10.9

L'angle polaire ϕ à l'instant t sur le plan de phase.

C 10.8 Tracer les positions et les vitesses angulaires normalisées pour les angles θ_{coude} et θ_{tronc}. Utiliser le tableau 10.1.

10.5 NOTION D'ANGLE POLAIRE

La présentation de la notion d'angle polaire est faite dans ce paragraphe sur l'angle du genou dont la position angulaire croît pendant la phase de propulsion pour décroître pendant la phase de retour. Comme le présente la figure 10.9, l'angle polaire ϕ est l'angle séparant le segment délimité par le point O et la position sur la trajectoire de phase centrée normalisée à l'instant t avec le demi-axe positif des X. Le sens positif pour les angles est fixé pour les rotations de X vers Y.

Signe de θ_{norm}	Signe de ω_{norm}	Définition de l'angle polaire ϕ
+	+	$\phi = \tan^{-1} (\omega_{norm}/\theta_{norm})$
+	–	$\phi = \tan^{-1} (\omega_{norm}/\theta_{norm})$
–	+	$\phi = 180° + \tan^{-1} (\omega_{norm}/\theta_{norm})$
–	–	$\phi = \tan^{-1} (\omega_{norm}/\theta_{norm}) - 180°$

Tableau 10.3
Résumé des traitements mathématiques à réaliser pour déterminer l'angle polaire ϕ.

L'angle polaire ϕ est donc défini en fonction de la vitesse angulaire normalisée (ω_{norm}) et de la position angulaire normalisée (θ_{norm}). Compte tenu de la non-continuité de la fonction arc tangente ($\tan^{-1}$) pour les calculatrices et les tableurs, le tableau 10.3 résume les calculs à réaliser pour obtenir ϕ correctement selon les signes de θ_{norm} et de ω_{norm}.

Par exemple, l'angle polaire associé à l'angle θ_{genou} est présenté à la figure 10.9. Au tout début du coup d'aviron, on se situe approximativement au point de coordonnées (–0,98; 0,16) dans le plan de phase (voir le tableau 10.2). Ce point est défini par une abscisse négative et par une ordonnée négative. Par conséquent, l'angle polaire se calcule comme ci-dessous :

$$\phi_{genou}\ (°) = 180 - \tan^{-1}(\omega_{genou,norm}/\theta_{genou,norm}) = 180 - \tan^{-1}(0{,}16/-0{,}98) \quad 171°$$

Le sens de déplacement dans le plan de phase étant dans le sens horaire par convention, l'angle polaire va diminuer et va devenir négatif pour la première valeur d'ordonnée négative, c'est à dire pour le point de coordonnées approximatives (1,00; –0,07). Pour ce point, l'abscisse est positive et l'ordonnée est négative. Par conséquent, l'angle polaire est calculé comme ci-dessous :

$$\phi_{genou}\ (°) = 180 - \tan^{-1}(\omega_{genou,norm}/\theta_{genou,norm}) = \tan^{-1}(0{,}07/-1{,}00) \quad - \quad 4°$$

Comme la figure 10.10 le présente, l'angle polaire pour le genou évolue approximativement de 180° à –180° pendant le coup d'aviron. D'un autre côté, compte tenu de la morphologie du plan de phase associé à l'angle du coude, l'angle polaire pour le coude n'évolue pas de façon continue entre 180 et –180° pendant le coup d'aviron (figure 10.8). Ainsi, pour simplifier la suite de ce chapitre et afin de rendre compatible les angles polaires, le plan de phase associé au coude définit la vitesse angulaire –ω(t) en fonction de la position angulaire –θ(t). Ce plan de phase résultant de l'angle du coude est présenté à la figure 10.11 a). Ceci correspond à une symétrie centrale des points de la trajectoire par rapport à l'origine O. Le point départ situé en dessous de l'axe des X passe au-dessus et se déplace de gauche à droite dans le plan de phase. Sa morphologie est maintenant homogène (ou compatible) avec l'angle du genou. L'angle polaire résultant est alors noté ϕ_{coude} (figure 10.11 b).

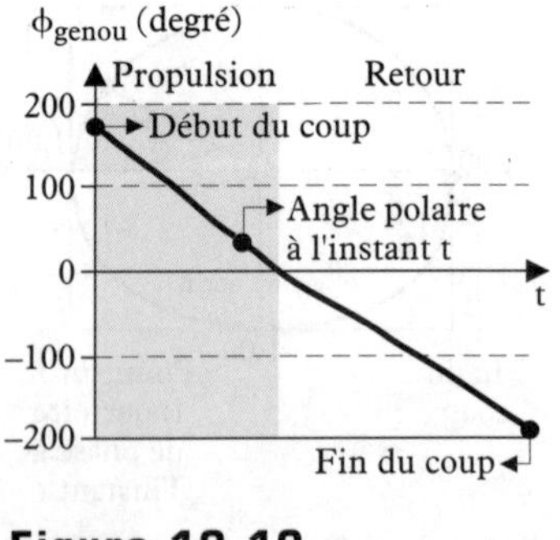

Figure 10.10
L'angle polaire ou la phase de l'angle du genou.

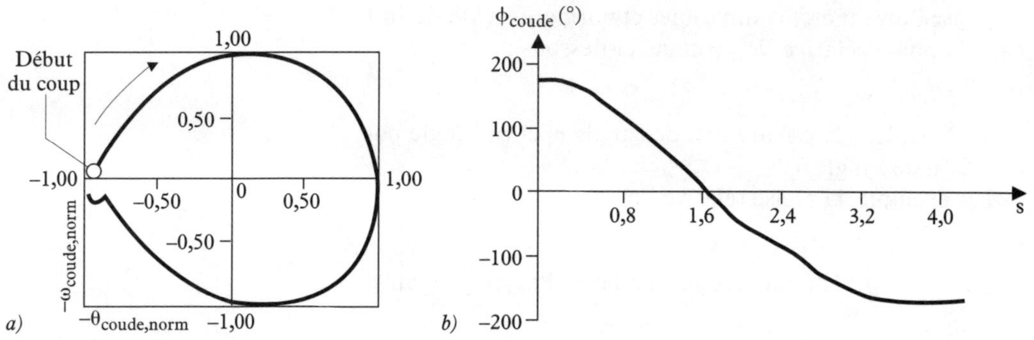

Figure 10.11

Le plan de phase et l'angle polaire pour l'angle du coude.

L'angle polaire donne ainsi une image synthétique de l'état dans lequel se trouve l'articulation. Cet angle peut maintenant être utilisé pour évaluer l'évolution de l'état de deux articulations durant un mouvement. La section suivante précise cette démarche en introduisant la notion de phase relative.

Contrôle des connaissances

C 10.9 Calculer l'angle polaire pour l'angle θ_{genou} en fin de propulsion et en fin de coup d'aviron. Utiliser le tableau 10.2.

C 10.10 Calculer l'angle polaire pour l'angle θ_{coude} en fin de propulsion et en fin de coup d'aviron.

C 10.11 Calculer et tracer l'angle polaire associé à l'angle θ_{tronc}. Quelle est la valeur de l'angle polaire pour la première valeur de θ_{tronc} positive ? Utiliser le tableau 10.1.

10.5 NOTION DE PHASES RELATIVES

La phase relative quantifie la différence entre les états (la position et la vitesse angulaire) de deux articulations. Elle fournit donc une estimation quantitative de la coordination motrice entre deux articulations ou segments corporels à chaque instant. Son utilisation se justifie par ailleurs car les informations afférentes disponibles en entrée des récepteurs musculaires sont effectivement décrites en termes de position et de vitesse.

La phase relative se définit alors mathématiquement comme la différence entre les angles polaires définissant l'état de chaque articulation à chaque instant. Ce calcul impose donc au préalable de connaître l'angle polaire pour chaque articulation et donc d'avoir défini les plans de phase associés. Ces plans de phase doivent être compatibles et normalisés. On définit alors la phase relative $Pr_{i,j}$ comme ci-dessous :

$$Pr_{i,j} = \phi_i - \phi_j$$

avec : ϕ_i l'angle polaire issu de l'angle θ_i et ϕ_j l'angle polaire issu de l'angle θ_j.

Par exemple, la phase relative $Pr_{genou,coude}$ est égale à :

$$Pr_{genou,coude} = \phi_{genou} - \phi_{coude}$$

La figure 10.12 présente la phase relative $Pr_{genou,coude}$ ainsi calculée.

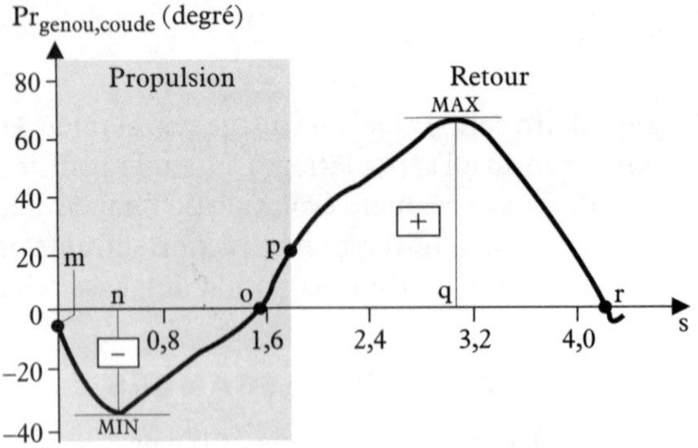

Figure 10.12
La phase relative $Pr_{genou,coude}$.

CONTRÔLE DES CONNAISSANCES

C 10.12 Déduire de $Pr_{genou,coude}$ la phase relative $Pr_{coude,genou}$.

C 10.13 Retrouver par calcul la phase relative $Pr_{genou,coude}$ (degré) présentée à la figure 10.11. Donner la valeur des angles polaires ϕ_{coude} et ϕ_{genou} pour $Pr_{genou,coude}$ (degré) minimale et maximale.

Une phase relative $Pr_{i,j}$ négative indique un retard de phase de l'angle θ_i par rapport à l'angle θ_j En d'autres termes, l'augmentation ou la diminution de l'angle θ_j se fait relativement en retard par rapport à l'augmentation ou à la diminution de l'angle θ_i. Ce qui peut encore s'exprimer en disant que l'extension ou la flexion de l'articulation J se fait relativement en retard par rapport à l'extension ou à la flexion de l'articulation I.

Inversement, une phase $Pr_{i,j}$ positive indique une avance de phase de l'angle θ_j par rapport à l'angle θ_i. En d'autres termes, l'augmentation ou la diminution de l'angle θ_j se fait relativement en avance par rapport à l'augmentation ou à la diminution de l'angle θ_i. Ce qui peut encore s'exprimer en disant que l'extension ou la flexion de l'articulation J se fait relativement en avance par rapport à l'extension ou à la flexion de l'articulation I.

Saviez-vous que...

Les premiers signes de l'activité en aviron ont été retrouvés sur les fresques et les graphiques de la 5e dynastie des Pharaons 2600 ans avant Jésus-Christ. Les courses en aviron étaient par ailleurs très populaires dans l'ancienne Grèce et durant la période Romaine.

Enfin, une phase relative $Pr_{i,j}$ de 0° désigne une réalisation parfaitement en phase, c'est à dire que l'augmentation ou la diminution des angles θ_i et θ_j se réalisent de manière simultanée. Ce qui peut encore s'exprimer en disant que l'extension ou la flexion des deux articulations se réalisent dans un parfait synchronisme.

Par exemple, la phase relative $Pr_{genou,coude}$ présentée à la figure 10.12, s'interprète pour la phase de propulsion comme ci-dessous :

- du point m au point n, la phase relative $Pr_{genou,coude}$, est négative et décroît. L'extension du genou se fait donc en avance par rapport à la flexion du coude;
- la phase relative $Pr_{genou,coude}$ atteint alors son minimum (le point n) durant la phase de propulsion. Les membres supérieurs jouent en effet le rôle de transmetteurs actifs, la « flexion du coude ne peut que cumuler » du retard par rapport à l'extension du genou;
- du point n au point o, la phase relative $Pr_{genou,coude}$, est alors négative et croît. En effet, les bras se mettent en action, la flexion du coude rattrape donc peu à peu le retard par rapport à l'extension du genou;
- en fin de propulsion, $Pr_{genou,coude}$ est légèrement positive. En effet, les membres inférieurs sont en extension, le genou cumule alors du retard par rapport à la flexion du coude.

Les phases relatives ont permis ainsi, contrairement à l'analyse des angles, de donner une image objective de la coordination motrice chez le rameur. Le but des paragraphes qui vont suivre est de montrer que les phases relatives constituent par ailleurs des données intéressantes, d'une part pour comparer la coordination motrice de deux rameurs et d'autre part pour évaluer les variations de la coordination motrice.

CONTRÔLE DES CONNAISSANCES

C 10.14 Quelle indication la phase relative $Pr_{genou,coude}$ donne sur la coordination motrice du point (p) au point (q) de la figure 10.11 ? Même question du point (q) au point (r).

C 10.15 Calculer et tracer les phases relatives $Pr_{genou,tronc}$ (degré) et $Pr_{genou,coude}$ (degré) à l'aide des tableaux 10.1 et 10.2.

10.6 APPLICATION : LA COORDINATION MOTRICE CHEZ DEUX RAMEURS

Le geste technique du rameur constitue un facteur essentiel de la performance en aviron. Les rameurs sont toujours à la recherche du geste idéal. Pour tendre vers cette perfection, ils s'entraînent de manière conséquente et adaptée. L'entraîneur procède bien souvent par évaluation afin de faire tendre les caractéristiques des rameurs, qu'il a à sa charge, vers les caractéristiques des champions. Il peut recourir à de nombreux coefficients d'efficacité qui définissent bien souvent la gestuelle du rameur en un unique résultat. Si de tels coefficients permettent incontestablement l'amélioration de la technique du geste, ils ne permettent pas à priori de mettre en évidence les faiblesses techniques chez le rameur. D'un autre côté, les paragraphes précédents ont montré que les phases relatives permettent de donner une image objective de la coordination motrice. Elles peuvent donc avantageusement être utilisées à des fins d'évaluation en aviron. Notre but présent est d'appliquer l'analyse des phases relatives à deux rameurs afin de comparer leur coordination motrice pour une faible cadence. Les angles du genou et du coude constituent la base des calculs.

Le premier rameur est le rameur sur lequel la présentation de la démarche par analyse des phases relatives s'est appuyée. Nous renvoyons donc le lecteur au tableau 10.1 dans lequel il trouvera les angles du genou et du coude concernant ce rameur. Les angles du genou et du coude du deuxième rameur sont proposés dans le tableau 10.4 (page suivante).

Deux angles étant ici retenus pour comparer les deux rameurs, seule une phase relative peut être calculée, en l'occurrence la phase relative $Pr_{genou,coude}$. Les figures 10.13 et 10.14 mettent en vis à vis les phases relatives $Pr_{genou,coude}$ respectivement pour le premier rameur et le deuxième rameur.

Comme les figures 10.13 et 10.14 le montrent, la morphologie et l'amplitude des courbes de phases relatives $Pr_{genou,coude}$ sont approximativement identiques pour les deux rameurs. Nous renvoyons donc le lecteur à la section 10.5 et au contrôle de connaissances C 10.15 pour leur interprétation. Au vu de ces résultats la coordination motrice, mettant en jeu le genou et le coude, est identique à faible cadence chez ces deux rameurs. La section suivante montrera qu'en réalité, il en est tout autrement lorsque la cadence augmente.

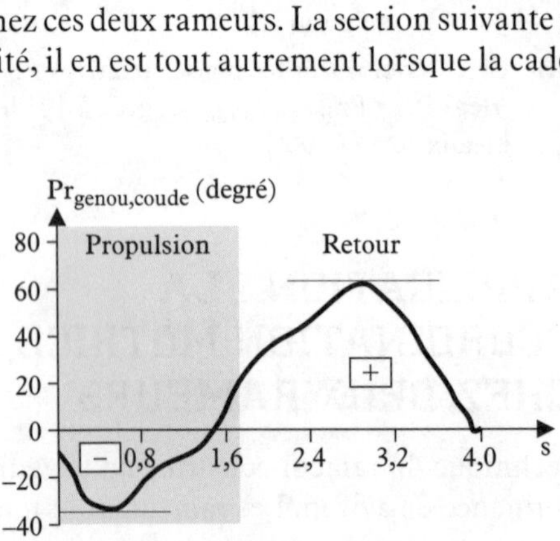

Figure 10.13
La phase relative $Pr_{genou,coude}$ pour le premier rameur.

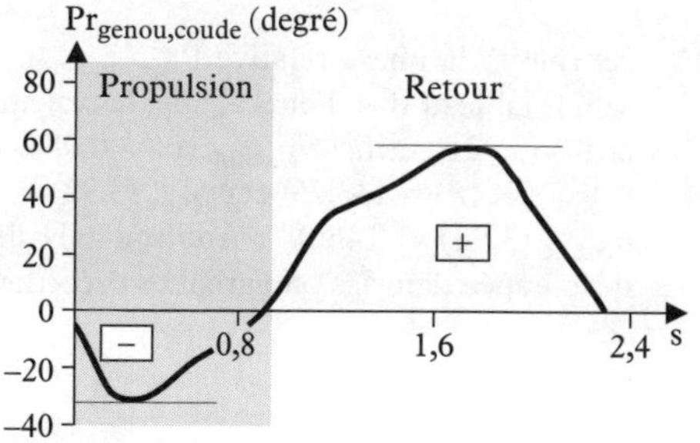

Figure 10.14
La phase relative $Pr_{genou,coude}$ pour le deuxième rameur.

Tableau 10.4
Les angles θ_{coude} et θ_{genou} pour le deuxième rameur.

Temps (s)	θ_{coude} (degré)	θ_{genou} (degré)	Temps (s)	θ_{coude} (degré)	θ_{genou} (degré)	Temps (s)	θ_{coude} (degré)	θ_{genou} (degré)
0,00	142,53	81,59	1,36	54,13	161,57	2,80	134,72	118,87
0,08	140,77	84,67	1,44	53,31	163,38	2,88	137,34	113,31
0,16	138,44	88,47	1,52	54,10	164,57	2,96	139,37	107,81
0,24	135,52	92,92	1,60	56,37	165,15	3,04	140,90	102,44
0,32	132,01	97,93	1,68	59,95	165,12	3,12	142,03	97,31
0,40	127,88	103,38	1,76	64,67	164,49	3,20	142,87	92,48
0,48	123,08	109,17	1,84	70,31	163,28	3,28	143,49	88,06
0,56	117,55	115,16	1,92	76,65	161,49	3,36	143,95	84,11
0,64	111,24	121,22	2,00	83,48	159,14	3,44	144,31	80,71
0,72	104,21	127,22	2,08	90,58	156,26	3,52	144,57	77,93
0,80	96,57	133,03	2,16	97,72	152,87	3,60	144,75	75,85
0,88	88,57	138,56	2,32	104,68	149,01	3,68	144,82	74,50
0,96	80,57	143,70	2,40	111,27	144,73	3,76	144,71	73,95
1,04	72,97	148,38	2,48	117,34	140,06	3,84	144,50	73,65
1,12	66,21	152,54	2,56	122,76	135,08	3,92	144,72	73,12
1,20	60,66	156,14	2,64	127,47	129,83	4,00	145,65	72,85
1,28	56,58	159,16	2,72	131,45	124,41			

Contrôle des connaissances

C 10.16 Quelle est la cadence atteinte par ce deuxième rameur ? Utiliser le tableau 10.4. Quelle est le pourcentage regroupant l'attaque et la propulsion par rapport au coup d'aviron ? Quelle est le pourcentage regroupant le dégagé et le retour par rapport au coup d'aviron ?

C 10.17 Retrouver la phase relative $Pr_{genou,coude}$ en utilisant le tableau 10.4. Pour calculer les valeurs à t = 0 et t = 3,92 s, utiliser θ_{genou} (t = -0,08) = 79,28°, θ_{coude} (-0,08) = 143,75° et θ_{genou} (3,92) = 71,68° et θ_{coude} (3,92) = 146,08°. Appliquer la démarche développée dans les paragraphes précédents.

10.7 APPLICATION : LA COORDINATION MOTRICE CHEZ LE RAMEUR POUR DEUX CADENCES

La performance en aviron, c'est-à-dire le temps final, est le résultat de nombreux coups d'aviron. Selon la stratégie de course, la course se divise en plusieurs étapes durant lesquelles les rameurs modifient leur cadence de manière à réaliser un temps minimal tout en se préservant physiquement. De tels changements de rythme sont efficaces si le geste technique dans sa globalité reste inchangé. Dès lors toute modification de la coordination motrice lorsque la cadence augmente peut mettre en évidence des faiblesses techniques ou physiques chez le rameur. L'objectif de cette section est de montrer que les phases relatives peuvent aider à identifier de tels phénomènes, en l'occurrence une modification de la coordination motrice.

Pour illustrer la modification de la coordination motrice, les angles du genou et du coude sont retenus chez les deux rameurs pour une cadence plus importante. La phase relative $Pr_{genou,coude}$ est calculée chez ces deux rameurs. Les tableaux 10.5 et 10.6 présentent les angles du genou et du coude pour une nouvelle cadence respectivement pour le premier rameur et pour le deuxième rameur. Les figures 10.15 et 10.16 montrent la phase relative $Pr_{genou,coude}$ respectivement pour le premier rameur et pour le deuxième rameur pour cette nouvelle cadence.

Comme le montrent les figures 10.13 et 10.15, la phase relative $Pr_{genou,coude}$ n'est que faiblement modifiée par l'augmentation de la cadence chez le premier rameur. La coordination motrice mettant en jeu le genou et le coude chez ce premier rameur n'est donc que très faiblement influencée par l'augmentation de la cadence. Au contraire, comme l'illustrent les figures 10.14 et 10.16, lorsque la cadence augmente, l'amplitude de la phase relative $Pr_{genou,coude}$ chez le deuxième rameur diminue et tend vers 0. En d'autres termes, lorsque la cadence augmente, les mouvements du genou et du coude tendent à se synchroniser, c'est-à-dire à se réaliser en même temps. La coordination motrice chez ce rameur est donc rom-

Saviez-vous que...

Il y a approximativement 792 muscles dans le corps humain, qui permettent de générer les mouvements corporels, soit au total à peu près 100 degrés de liberté mécanique. Le problème de la coordination selon le physiologiste Russe Nikolaï Aleksandrovich Bernstein (1896-1966) est alors de comprendre comment l'être humain maîtrise le grand nombre de degrés de liberté impliqué dans un mouvement particulier.

Tableau 10.5

Les angles θ_{coude} et θ_{genou} chez le premier rameur pour une nouvelle cadence.

Temps (s)	θ_{coude} (degré)	θ_{genou} (degré)	Temps (s)	θ_{coude} (degré)	θ_{genou} (degré)
0,00	153,00	71,48	1,20	86,66	158,14
0,08	152,53	74,33	1,28	96,93	153,99
0,16	151,04	79,26	1,36	107,94	148,09
0,24	148,30	86,06	1,44	118,52	140,69
0,32	144,09	94,34	1,52	127,82	132,15
0,40	138,22	103,75	1,60	135,39	122,85
0,48	130,53	113,80	1,68	141,13	113,24
0,56	120,93	123,93	1,76	145,18	103,77
0,64	109,73	133,60	1,84	147,89	94,88
0,72	97,87	142,28	1,92	149,65	87,01
0,80	86,80	149,56	2,00	150,82	80,54
0,88	78,23	155,16	2,08	151,63	75,81
0,96	73,69	158,88	2,16	152,17	73,12
1,04	73,87	160,64	2,24	152,35	73,26
1,12	78,52	160,39			

Tableau 10.6

Les angles θ_{coude} et θ_{genou} chez le deuxième rameur pour une nouvelle cadence.

Temps (s)	θ_{coude} (degré)	θ_{genou} (degré)	Temps (s)	θ_{coude} (degré)	θ_{genou} (degré)
0,00	127,43	74,76	1,20	79,54	160,07
0,08	125,33	78,42	1,28	82,67	156,15
0,16	122,33	84,28	1,36	86,85	150,65
0,24	118,55	91,99	1,44	91,80	143,71
0,32	114,13	101,08	1,52	97,22	135,54
0,40	109,21	110,98	1,60	102,82	126,46
0,48	103,95	121,12	1,68	108,31	116,83
0,56	98,53	130,94	1,76	113,46	107,11
0,64	93,19	139,94	1,84	118,05	97,74
0,72	88,19	147,75	1,92	121,92	89,20
0,80	83,83	154,07	2,00	124,95	81,93
0,88	80,39	158,74	2,08	127,04	76,33
0,96	78,11	161,68	2,16	128,14	72,76
1,04	77,18	162,87	2,24	128,19	71,45
1,12	77,66	162,32	2,32	128,89	71,75

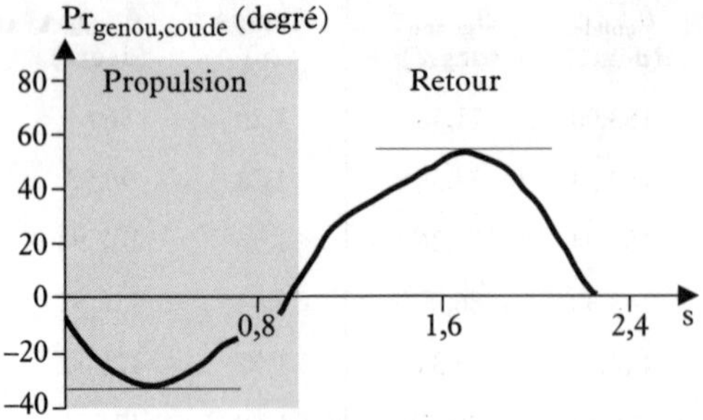

Figure 10.15
La phase relative $Pr_{genou,coude}$ pour le premier rameur.

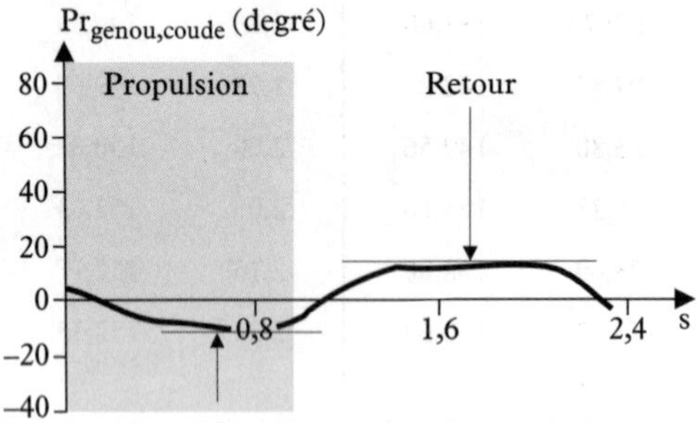

Figure 10.16
La phase relative $Pr_{genou,coude}$ pour le deuxième rameur.

pue lorsque la cadence augmente. Ce deuxième rameur peut dans ces conditions être considéré plus faible techniquement que le premier rameur, ce qui au dire des entraîneurs est vrai.

CONTRÔLE DES CONNAISSANCES

C 10.18 Quelle est la nouvelle cadence atteinte par le premier rameur ? Utiliser le tableau 10.5. Quelle est le pourcentage regroupant l'attaque et la propulsion par rapport au coup d'aviron ? Quelle est le pourcentage regroupant le dégagé et le retour par rapport au coup d'aviron ? Mêmes questions pour le deuxième rameur. Utiliser le tableau 10.6.

C 10.19 Retrouver la phase relative $Pr_{genou,coude}$ pour les deux rameurs en utilisant les tableaux 10.5 et 10.6. Pour calculer les valeurs pour le premier rameur à t= 0 et t = 2,24 s, utiliser θ_{genou} (-0,08) = 70,83°, θ_{coude} (-0,08) = 154,13° et θ_{genou} (2,32) = 73,46° et θ_{coude} (2,32) = 151,97°. Pour calculer les valeurs pour le deuxième rameur à t = 0 et t = 2,24 s, utiliser θ_{genou} = (-0,08) = 73,49°, θ_{coude} (-0,08) = 128,53° et θ_{genou} (2,40) = 71,77° et θ_{coude} (2,40) = 129,12°. Vous appliquerez la démarche développées dans les sections précédentes.

10.8 CONCLUSION SUR LA DÉMARCHE CONDUISANT À L'OBTENTION DES PHASES RELATIVES

Comme le montrent ces derniers exemples, les phases relatives sont des indicateurs intéressants permettant de mettre en évidence et de quantifier l'apparition ou la disparition de synchronismes. Néanmoins, pour expliquer ces perturbations de la coordination motrice, il faut associer d'autres indicateurs de la biomécanique comme le travail des forces internes ou les couples musculaires qui sont présentés à la fin de cet ouvrage. La figure 10.17 présente une synthèse de la démarche conduisant à l'obtention des phases relatives.

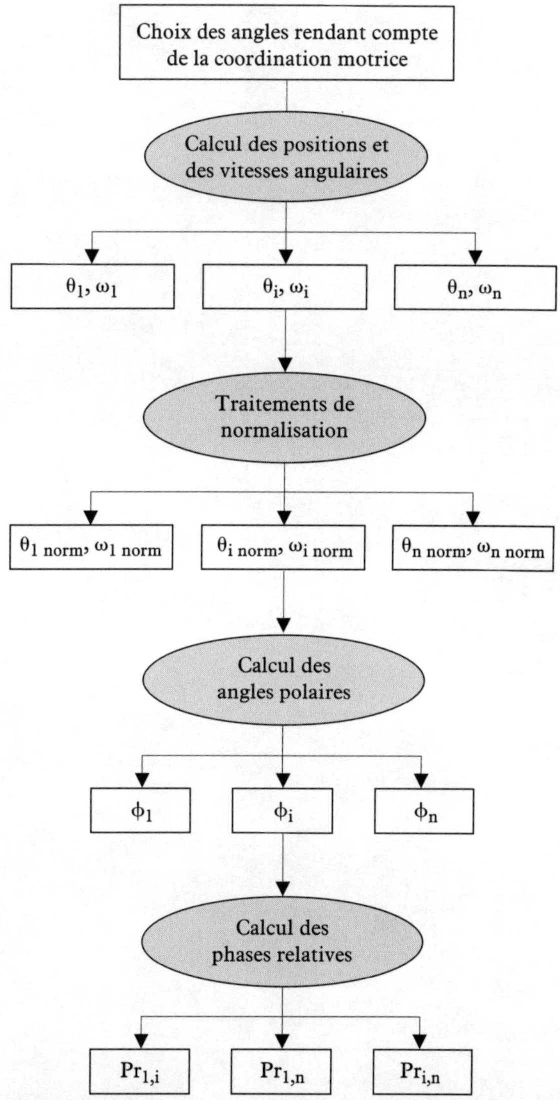

Figure 10.17
Étapes conduisant à la détermination des phases relatives.

Les deux prochains chapitres illustrent comment le mouvement angulaire intervient dans la réalisation de mouvements gymniques, de plongeurs, etc.

Chapitre
ONZE

RÉSISTANCE AU MOUVEMENT ANGULAIRE

Objectifs d'apprentissage

1. Expliquer le moment d'inertie en termes de masse, de forme, de distribution de la masse et du choix de l'axe de rotation.
2. Définir rayon de giration.
3. Être en mesure de calculer le moment d'inertie des segments du corps humain par rapport à leur centre de masse.
4. Expliquer le théorème des axes parallèles et l'appliquer au calcul du moment d'inertie des segments corporels.
5. Comprendre, expliquer l'effet du moment d'inertie sur le mouvement humain.
6. Expliquer le formalisme d'Euler.

11.1 MOMENT D'INERTIE OU RÉSISTANCE AU MOUVEMENT ANGULAIRE

La masse représente la résistance ou l'inertie au mouvement linéaire. Plus la masse d'un objet est importante, plus il est difficile de le déplacer. La masse ou le poids est un des facteurs qui influent sur l'équilibre postural (Principe N° 1, chapitre 4). Au lancer du poids, un athlète qui prend une masse de 7 kg forcera moins que s'il en prend une de 10 kg pour une performance ou un lancer identique.

Il en est de même pour la résistance au mouvement angulaire. Par exemple, faites un mouvement de flexion/extension au coude avec et sans un objet dans la main. Notez vous la différence ? Une masse supplémentaire entraîne une résistance au mouvement angulaire. Donc tout comme pour le mouvement linéaire, la masse contribue à la résistance à l'inertie du mouvement angulaire. Y a-t-il d'autres facteurs ?

Essayez de nouveau la même expérience avec un bâton de base-ball. L'inertie est plus grande et augmente avec la masse. Recommencez mais en tenant le bâton par l'autre extrémité, soit le bout le plus large. Que notez-vous ? L'inertie est plus grande qu'avec la main libre mais plus faible qu'en tenant le bâton par le bout le plus étroit. Ainsi, la distribution de la masse influence l'inertie angulaire. Il y a aussi un autre facteur qui est la forme de l'objet. Dans le cas du bâton de baseball, sa forme et la distribution de sa masse contribuent à la résistance au mouvement angulaire. Cette résistance au mouvement angulaire s'appelle le moment d'inertie. On verra plus loin que le choix de l'axe de rotation influe également sur l'inertie angulaire de l'objet.

CONTRÔLE DES CONNAISSANCES

C 11.1 Quels facteurs influent sur le moment d'inertie ?

C 11.2 Donner-en des exemples.

11.2 OÙ SE SITUE LE MOMENT D'INERTIE ?

La position du centre de masse correspond au point d'équilibre de l'objet (chapitre 4). La notion de moment d'inertie est plus complexe car elle dépend à la fois de la masse, de la forme, de la distribution de la masse de l'objet et du point autour duquel la rotation s'effectue.

La distribution de masse, la forme de l'objet et le centre de rotation peuvent être regroupés sous un seul terme, k, soit le rayon de giration. Le rayon de giration correspond à la distance entre l'axe de rotation et l'endroit où toute la masse de l'objet pourrait se situer autour de cet axe comme pour l'envelopper. Contrairement au centre de masse qui situe la matière à un point fixe, la notion de moment d'inertie fait appel à une distribution de la masse échelonnée le long d'un anneau très mince située à une distance fixe d'un centre de rotation.

Les figures 11.1 et 11.2 illustrent ce concept appliqué à une roue de vélo et à un ballon. Pour simplifier, on néglige le poids de l'essieu et des rayons et on concentre toute la masse à la jante. Le centre de masse de la roue se situe en plein milieu de la roue, soit à l'essieu, même si la masse est en périphérie. Dans ce cas-ci, comme la masse est uniformément distribuée autour de l'essieu, le long de la jante, le rayon de giration correspond exactement au rayon de la roue décrivant ainsi un cercle. L'analogie peut facilement s'étendre à

Saviez-vous que...

Le frappé au base-ball est considéré comme un des exploits sportifs les plus difficiles. Le frappeur a moins d'une demi-seconde pour décider s'il va frapper la balle, prédire où elle va tomber et faire un bon contact avec la balle. Cette balle voyageant à plus de 150 km/h est normalement frappée par un bâton mesurant 7 cm de diamètre et dont la vitesse de frappe est de plus de 90 km/h. C'est aussi une des seules places où une moyenne générale de plus de 40 % est exceptionnelle !

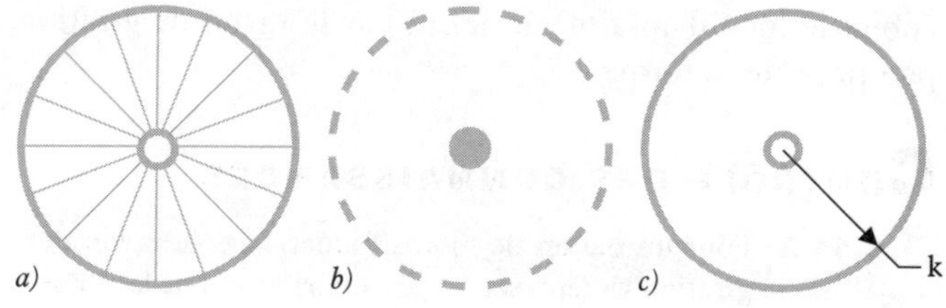

Figure 11.1

Représentation du rayon de giration d'une roue. a) roue de vélo, b) centre de masse de la roue et c) rayon de giration correspondant à un cercle.

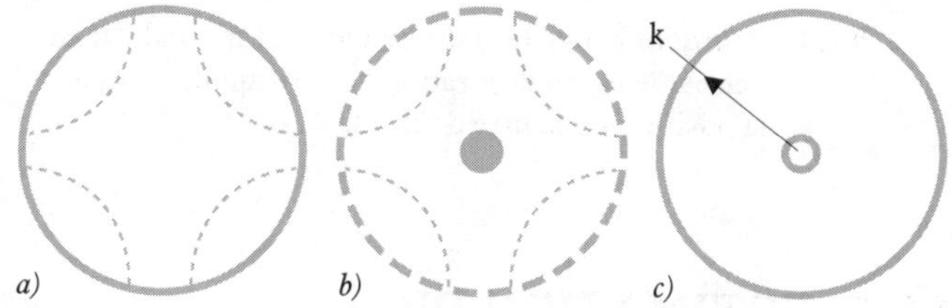

Figure 11.2

Représentation du rayon de giration d'un ballon. a) ballon, b) centre de masse du ballon et c) rayon de giration correspondant à une sphère.

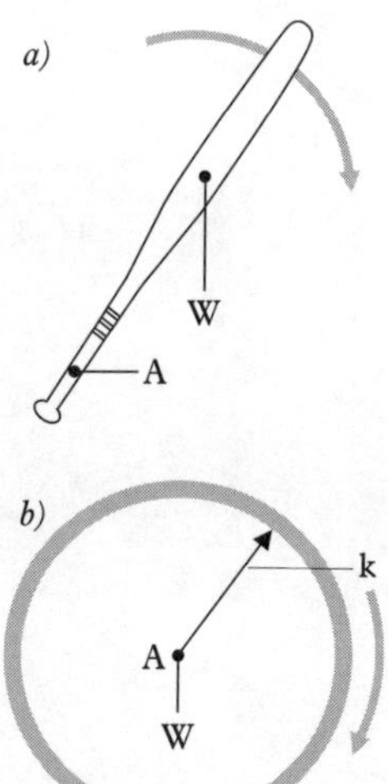

Figure 11.3

a) Représentation du rayon de giration d'un bâton de base-ball autour d'un axe de rotation A. b) Anneau ayant la même masse et la même résistance au mouvement angulaire que celle du bâton de base-ball. Il est important de noter que l'axe de rotation est situé au centre de masse de l'anneau. Le rayon, k de l'anneau correspond au rayon de giration du bâton.

un ballon de football (figure 11.2). Le centre de masse du ballon de football se situe à son centre où l'on ne retrouve que de l'air alors que sa masse est répartie de manière uniforme sur la surface de cuir. Tout comme pour la roue, le rayon de giration correspond alors au rayon du ballon, qui décrit non plus un cercle mais une sphère.

Examinons maintenant une forme plus complexe. La figure 11.3 représente un bâton de base-ball. Son centre de masse est un peu plus haut que le milieu du bâton. Pour un objet de forme complexe, on trouve une forme circulaire équivalente. Ainsi, le bâton de base-ball de la figure 11.3 a) devient pour nous un objet dont la masse se situe à la périphérie. Le rayon de l'anneau est égal à celui du rayon de giration tel qu'illustré à la figure 11.4. Le moment d'inertie de cet objet circulaire correspond de manière imagée au moment d'inertie du bâton de base-ball. Le rayon de giration du bâton de base-ball a été estimé à quelques centimètres plus haut que son centre de masse. Pour un mouvement circulaire et planaire, le moment d'inertie correspond à situer la masse de

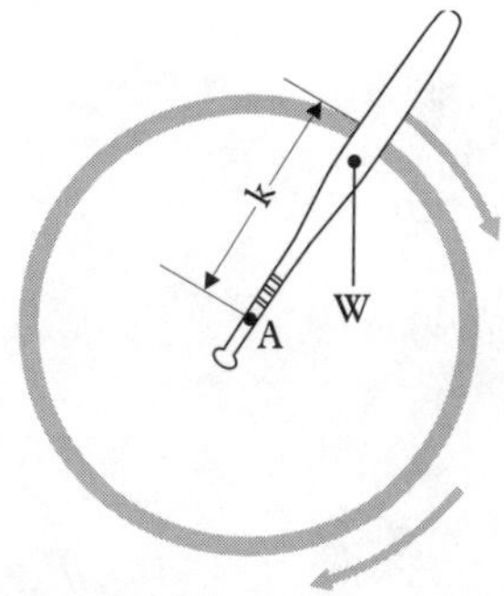

Figure 11.4

L'anneau et le bâton de base-ball sont superposés. Le mouvement du bâton et de l'anneau est le même.

l'objet le long d'un anneau défini par le rayon de giration, peu importe sa forme.

CONTRÔLE DES CONNAISSANCES

C 11.3 Pour un ballon de football américain, le rayon de giration va représenter une distribution de la masse du ballon selon a) une forme ovale, b) ronde ou c) un point au centre de masse ?

C 11.4 Pourquoi la position du moment d'inertie déterminée par le rayon de giration ne correspond-elle pas à la position du centre de masse ?

11.3 ESTIMATION DU MOMENT D'INERTIE

Le moment d'inertie, I, est composé par la masse de l'objet, m, et son rayon de giration, k. Plus précisément,

$$I = mk^2 \tag{11.1}$$

Il est important de noter que le rayon de giration est élevé au carré et est exprimé en mètres alors que la masse est donnée en kilogrammes. Ainsi les unités du moment d'inertie sont toujours en kgm^2. La figure 11.5 illustre trois positions corporelles adoptées par un plongeur lors d'un saut et le moment d'inertie correspondant à chacune de ces positions. On note que plus le plongeur est replié, plus le moment d'inertie est petit. De plus, le moment d'inertie varie de manière importante. En position repliée, il est de 12,6 kgm^2 alors qu'en extension il est de 54,6 kgm^2, soit quatre fois plus important.

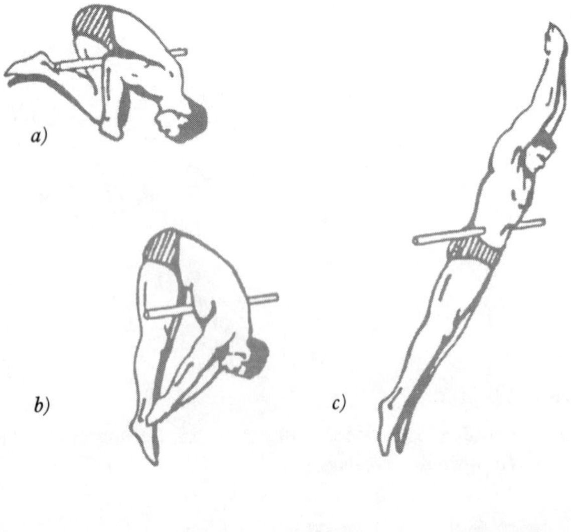

Figure 11.5
Moment d'inertie calculé à trois positions lors d'un plongeon : il augmente de manière importante de la position a) groupée (12,6 kgm^2) à b) la flexion (23,9 kgm^2) jusqu'à c) l'extension (54,6 kgm^2). Reproduit, avec permission, de Hay, J.G. (1978). The Biomechanics of Sports Techniques. *Prentice-Hall, Englewood Cliffs N. J.*

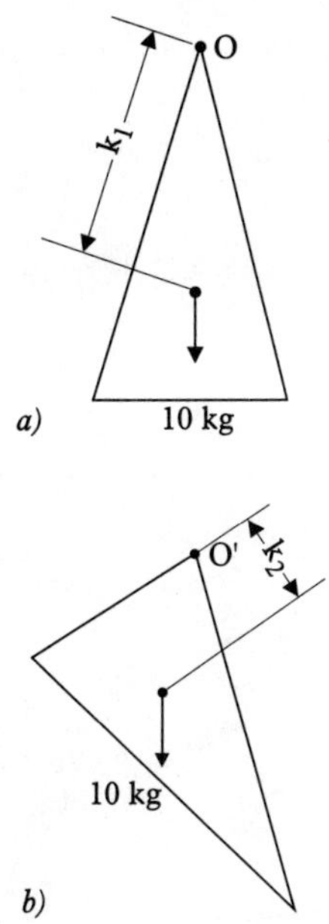

Figure 11.6

Un objet ayant une masse de 10 kg oscille a) autour du point O et b) autour d'un autre point O'. Le moment d'inertie de la figure a sera plus élevé que celui de la figure b), car la forme et la distribution de sa masse par rapport au point 0 résultent en un plus grand rayon de gyration ($k_1 > k_2$).

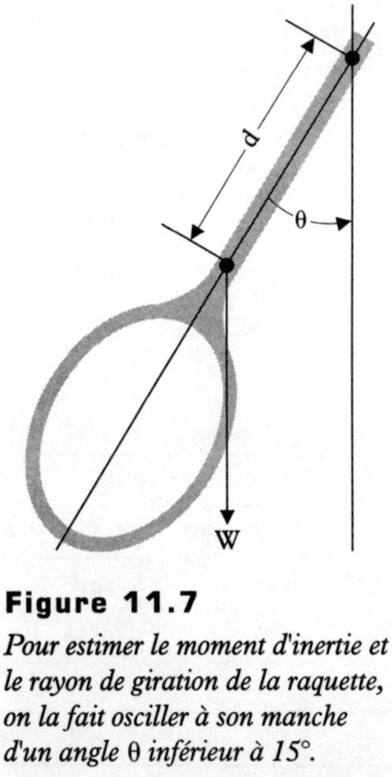

Figure 11.7

Pour estimer le moment d'inertie et le rayon de giration de la raquette, on la fait osciller à son manche d'un angle θ inférieur à 15°.

On peut facilement obtenir la masse des segments corporels en se servant de tableaux anthropométriques (voir le tableau 4.1) mais il en est autrement pour estimer les valeurs du rayon de giration. La masse est une constante et ne change pas de place à l'intérieur d'un même corps alors que le rayon de giration va dépendre directement du point où est situé l'axe de rotation. Le moment d'inertie est plus grand à la figure 11.6 a) qu'à la figure 11.6 b) même si les objets ont le même poids et la même forme. Le centre de rotation n'est pas le même dans le deux cas.

Comme le centre de rotation d'un objet varie selon l'utilisation que l'on en fait, il serait onéreux de fournir des tableaux pouvant répondre à toutes ces conditions. Comme la position du centre de masse est toujours fixe à l'intérieur de l'objet et qu'il est habituellement facile de le situer, les rayons de giration sont donnés par rapport à une rotation effectuée au centre de masse.

Deux questions se posent. 1) Comment fait-on pour calculer les rayons de giration ? 2) Que fait-on quand le mouvement de rotation ne s'effectue pas autour du centre de masse comme dans le cas de la flexion de l'avant-bras au coude ? Une manière d'obtenir une estimation du rayon de giration consiste à faire effectuer à l'objet en question un mouvement de pendule autour du point de rotation désiré (centre de masse ou autre) et de mesurer la périodicité — la période est la durée d'une oscillation alors que la fréquence est le nombre d'oscillations par seconde — des oscillations.

La figure 11.7 illustre une raquette de tennis pivotant légèrement autour d'un centre de rotation situé au manche. C'est le poids de la raquette qui la fait osciller une fois qu'elle est libérée d'une position excentrée de la verticale. Pour des angles θ d'oscillations inférieurs à 15°, la période d'oscillation, T, c'est-à-dire le temps pour la raquette d'effectuer un mouvement d'aller-retour est exprimé par

$$T = 2\pi \sqrt{I/m\,g\,d} \qquad (11.2)$$

où I est le moment d'inertie, m la masse de la raquette, g la constante gravitionnelle (9,8 m/s^2) et d la distance entre le centre de rotation et le centre de masse.

Le moment d'inertie est donc

$$I = m\,g\,d\,T^2/4\pi^2 \qquad (11.3)$$

Le rayon de giration s'obtient par l'équation 11.1,

$$k = \sqrt{I/m}$$

Par exemple, quel est le rayon de giration d'une raquette de 1 kg dont le centre de masse se situe à 42 cm du manche et une période de 1,53 s ?

$$I = m\,g\,d\,T^2/4\pi^2$$
$$= 1{,}0 \times 9{,}8 \times 0{,}42 \times 1{,}53^2/4\pi^2$$
$$= 0{,}244 \text{ kgm}^2$$

et

$$k = \sqrt{I/m}$$
$$k = \sqrt{0{,}244/1{,}0}$$
$$= 0{,}49 \text{ m}$$

Donc le rayon de giration se situe à 49 cm du manche alors que le centre de masse de la raquette est à 42 cm.

CONTRÔLE DES CONNAISSANCES

C 11.5 En faisant osciller un bâton de base-ball au manche, calculer son moment d'inertie et son rayon de giration.

C 11.6 Où est situé l'axe de rotation d'un bâton de golf dont le moment d'inertie est de 0,771 kgm^2, la période de 1,868 s et la masse de 1,3 kg ?

Une telle méthode aurait pu être employée pour déterminer le rayon de giration des segments corporels à partir de pièces anatomiques. Le tableau 11.1 présente le rayon de giration des segments normalisés à la longueur segmentaire.

Il est à noter que la sommation des fractions de longueur des rayons de giration proximal et distal pour un même segment n'égale pas l'unité. La valeur du rayon de giration varie

Tableau 11.1

Rayons de giration des segments corporels (d'après Winter, 1990).

Segments	Masse segmentaire/ masse corporelle	Rayon de giration/longueur du segment		
		Centre de masse	Proximal	Distal
Tête, cou et tronc	0,578	0,503	0,830	0,607
Tête et cou	0,081	0,495	1,116	—
Main	0,006	0,297	0,587	0,577
Avant-bras	0,016	0,303	0,526	0,647
Bras	0,028	0,322	0,542	0,645
Membre supérieur	0,050	0,368	0,645	0,596
Pied	0,0145	0,475	0,690	0,690
Jambe	0,0465	0,302	0,528	0,643
Cuisse	0,100	0,323	0,540	0,653
Membre inférieur	0,161	0,326	0,560	0,650

avec la distribution de la masse, la forme du segment et le centre de rotation.

Avant de considérer des rotations autour de différents axes de rotation, voyons comment on calcule le rayon de giration et le moment d'inertie par rapport à celui du centre de masse.

Contrôle des connaissances

C 11.7 En vous servant du tableau 11.1, est-ce que le moment d'inertie de la cuisse sera plus grand si la rotation se fait par rapport à a) son centre de masse, b) la hanche ou c) le genou ?

11.3.1 Estimation du rayon de giration et du moment d'inertie segmentaire

Afin de déterminer le bon rayon de giration, il faut d'abord savoir par rapport à quel axe le mouvement de rotation s'effectue. Dans l'exemple suivant, on va se servir des données d'un homme de 70 kg dont l'avant-bras mesure 30 cm. De plus, la rotation se fera autour du centre de masse.

Selon le tableau 4.1, la masse de l'avant-bras est estimée à 1,6 % de celle du corps, soit 1,12 kg. La fraction du rayon de giration par rapport à la longueur de l'avant-bras est de 0,303, si la rotation s'effectue par rapport à son centre de masse. Le rayon de giration est donc 9,1 cm ou 0,091 m.

On utilise l'équation 11.1 pour estimer le moment d'inertie de l'avant-bras pour une rotation autour du centre de masse.

$$\begin{aligned} I &= mk^2 \\ &= 1{,}12 \cdot (0{,}091)^2 \\ &= 1{,}12 \cdot 0{,}008 \\ &= 0{,}009 \text{ kgm}^2 \end{aligned}$$

Le moment d'inertie de l'avant-bras pour une rotation autour de son centre de masse est de 0,009 kgm^2.

Dans cet exemple, le rayon de giration de l'avant-bras calculé au centre de masse est de 9,1 cm. Cela correspond au rayon d'une anneau ayant la même masse et la même résistance au mouvement angulaire et dont l'axe de rotation est situé au centre de masse de l'avant-bras comme l'illustre la figure 11.8 a).

Pour une rotation autour du coude, il faut sélectionner la fraction proximale (0,526) du tableau 11.1. Le rayon de giration est de 15,8 cm. Comme la masse de l'avant-bras et sa forme sont demeurées constantes, l'augmentation du rayon de giration est due au fait que la masse est répartie de manière plus éloignée au coude que du centre de masse segmentaire

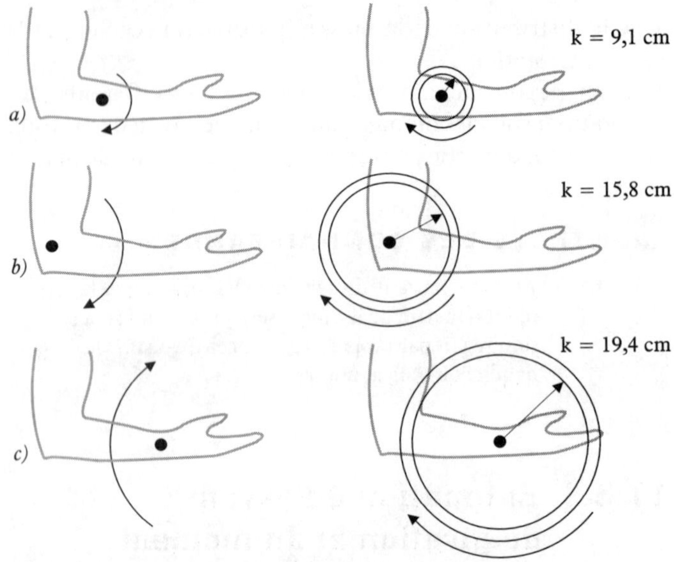

Figure 11.8

Rayon de giration de l'avant-bras calculé a) au centre de masse, b) au coude et c) au poignet. L'augmentation du rayon de giration s'explique par une distribution de la matière par rapport à l'axe de rotation.

(figure 11.8 b). Si la rotation se fait autour du poignet, on utilise la fraction distale soit 0,647 et le rayon de giration est de 19,4 cm. Tout comme pour une rotation autour du coude, la distribution de la masse est plus éloignée du poignet que du centre de masse segmentaire. De plus, l'avant-bras est plus gros près du coude que près du poignet. Cela explique un plus grand rayon de giration pour une rotation effectuée au poignet qu'au coude (figure 11.8 c).

Contrôle des connaissances

C 11.8 En vous servant du tableau 11.1, quel est le moment d'inertie de la jambe pour une rotation par rapport à son centre de masse ? La masse corporelle est de 75 kg et la longueur de la jambe est de 45 cm.

C 11.9 En vous servant du tableau 11.1, quel est le moment d'inertie de la cuisse pour une rotation par rapport à la hanche ? La masse corporelle est de 70 kg et la longueur de la cuisse est de 45 cm. Indice : servez-vous de la fraction proximale.

En répondant à la question C 11.7, vous avez réalisé que le moment d'inertie de la cuisse est plus grand quand il est calculé par rapport à tout point autre que celui de son centre de masse. Cela résulte du fait que la masse est mieux distribuée par rapport à son centre de masse que par rapport à tout autre point.

De plus, la distance entre le centre de masse segmentaire et son articulation proximale (tableau 4.1) est toujours plus courte que le rayon de giration de ce segment (tableau 11.1). Cela s'applique aussi aux raquettes de tennis, de badminton, au bâton de golf, au bâton de base-ball, etc., car l'axe de rotation est situé près d'une des extrémités de l'engin. Au baseball, les joueurs ont tendance à rapprocher le bâton pour cogner la balle au loin. En réduisant le moment d'inertie du bâton, ils ont plus de facilité à frapper la balle au loin.

11.3.2 Théorème des axes parallèles

À la question C 11.7, on vous demandait de calculer le moment d'inertie de la cuisse par rapport à la hanche. Pour faciliter le calcul, la fraction du rayon de giration était donnée pour une rotation proximale. Sans cette valeur, il est encore possible de calculer le moment d'inertie de la cuisse par rapport à la hanche à condition de connaître le moment d'inertie par rapport au centre de masse. On fait alors appel au théorème des axes parallèles.

Pour calculer le moment d'inertie par rapport à tout autre axe que celui du centre de masse, on transpose le centre de rotation situé au centre de masse à l'endroit désiré. Mathématiquement, le nouveau moment d'inertie, I_o, est égal à celui calculé au centre de masse, I_{cm}, additionné à un autre qui prend en considération la distance entre le centre de masse et le nouvel axe de rotation. Autrement dit,

$$I_o = I_{cm} + m\,d^2 \qquad (11.4a)$$

et où m est la masse de l'objet et d la distance entre le centre de masse et le point de rotation. L'équation 11.2a peut aussi s'écrire comme

$$I_o = m\,k^2 + m\,d^2 \qquad (11.4b)$$

et où $m\,k^2$ correspond au moment d'inertie calculé au centre de masse, soit à partir de l'équation 11.4.

Reprenons la question C 11.7 mais avec l'aide du tableau 4.1. La distance, d, entre le centre de masse de la cuisse et la hanche est de 19,49 cm ou 0,1949 m (0,433 • 45 cm). Le moment d'inertie de la cuisse par rapport à la hanche est

$$\begin{aligned} I &= m\,k^2 + m\,d^2 \\ &= 7{,}0\,(0{,}1454)^2 + 7{,}0\,(0{,}1949)^2 \\ &= 0{,}1479 + 0{,}2658 \\ &= 0{,}4137 \text{ kgm}^2 \end{aligned}$$

En utilisant seulement le tableau 11.1 et la fraction proximale, on obtient pour le rayon de giration pour la cuisse 24,3 cm ou 0,243 m (0,540 • 0,45 m). Le moment d'inertie est

$$\begin{aligned} I &= m\,k^2 \\ &= 7{,}0\,(0{,}243)^2 \\ &= 7{,}0\,(0{,}0590) \\ &= 0{,}4133 \text{ kgm}^2 \end{aligned}$$

À toute fin pratique le résultat est le même, que ce soit par calcul direct ou en utilisant le théorème des axes parallèles.

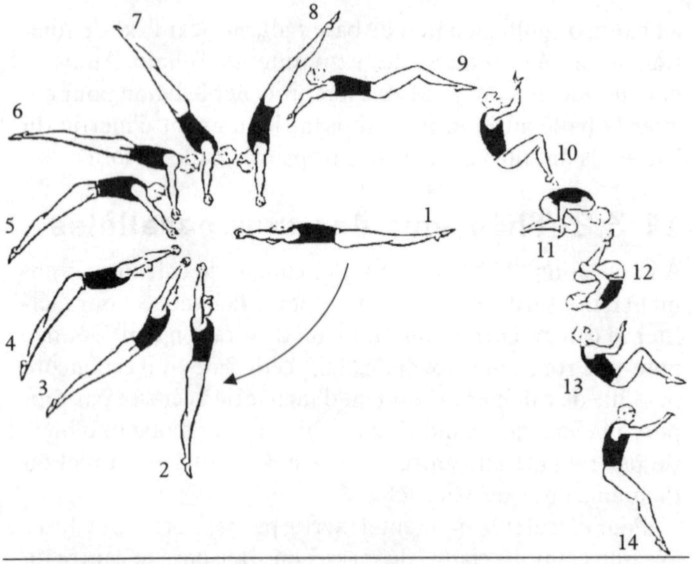

Figure 11.9

Le gymnaste effectue une rotation autour de la barre fixe pour ensuite terminer son grand soleil en salto par une rotation autour de son centre de masse.

On emploi aussi le théorème des axes parallèles pour calculer le moment d'inertie corporel. Le moment d'inertie du plongeur de la figure 11.5 a été calculé par rapport à son centre de masse pour des périlleux groupés et tendus. On peut aussi estimer le moment d'inertie corporel à d'autres points que celui du centre de masse. À la figure 11.9 (1 à 9) un gymnaste exécute un grand soleil en effectuant un mouvement de rotation autour de la barre fixe. Le gymnaste peut terminer sa routine par un salto en effectuant une rotation autour de son centre de masse et en diminuant son moment d'inertie (figure 11.9, 11 à 14). Le moment d'inertie corporel est la somme des inerties calculées au centre de masse segmentaire et transposées au centre de rotation au moyen du théorème des axes parallèles.

À titre d'exemple, on désire connaître le moment d'inertie de la main et de l'avant-bras par rapport à une rotation effectuée autour du coude. On utilise encore l'équation 11.4 mais on fait une sommation des moments d'inertie de la main et de l'avant-bras pour une position illustrée à la figure 11.10. Si la main mesure 0,175 m et l'avant-bras 0,270 m pour une femme de 50 kg, le moment d'inertie total, I_{total} est

$$I_{total} = \sum_{i=1}^{n} I_i \qquad (11.5)$$

où I_i est le moment d'inertie des segments i calculé au centre de rotation. Pour l'avant-bras et main :

$$I_{total} = I_{avant\text{-}bras} + I_{main}$$

DONNÉES :

- masse

main	=	0,006 • 50 kg	=	0,300 kg
avant-bras	=	0,016 • 50 kg	=	0,800 kg

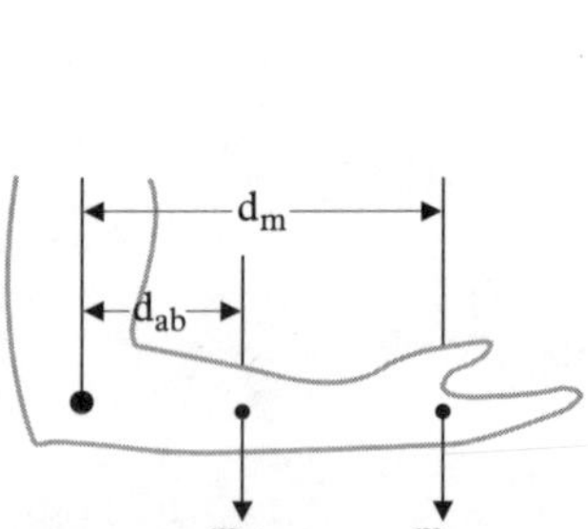

Figure 11.10

Pour calculer le moment d'inertie total, on utilise les distances mesurées entre le coude et le centre de masse de l'avant-bras (d_{ab}) et de la main (d_m).

Saviez-vous que...

Au base-ball, pour frapper la balle avec la partie la plus dure du bâton, il faut que la marque de commerce pointe vers le ciel. Comme la marque de commerce est imprimée sur la partie plate des anneaux du bois, la partie la plus dure du bâton se situe de part et d'autre de la marque de commerce. Mais Yogi Berra, frappeur par excellence et membre du Temple de la renommée du base-ball refusait de garder la marque de commerce vers le haut. Il disait qu'il n'était pas au marbre pour lire mais bien pour frapper. Yogi a brisé beaucoup de bâtons.

- rayon de giration par rapport au centre de masse

main = 0,297 • 0,175 m = 0,0520 m
avant-bras = 0,303 • 0,270 m = 0,0818 m

- distance du centre de masse segmentaire au coude (les valeurs 0,506 pour la main et 0,430 pour l'avant-bras ont été prises au tableau 4.1 et représentent la fraction du centre de masse du segment par rapport à l'articulation proximale).

d_m = main = 0,506 • 0,175 m + 0,270 m = 0,358 m
d_{ab} = avant-bras = 0,430 • 0,270 m = 0,116 m

Maintenant on peut solutionner.

$$I_{total} = (m\,k^2 + m\,d^2)_{main} + (m\,k^2 + m\,d^2)_{avant\text{-}bras}$$
$$I_{total} = (0{,}300 \cdot 0{,}0520^2 + 0{,}300 \cdot 0{,}358^2)_{main} + (0{,}800 \cdot 0{,}0818^2 + 0{,}800 \cdot 0{,}116^2)_{avant\text{-}bras}$$
$$I_{total} = (0{,}001 + 0{,}038)_{main} + (0{,}0054 + 0{,}011)_{avant\text{-}bras}$$
$$I_{total} = (0{,}039)_{main} + (0{,}016)_{avant\text{-}bras}$$
$$I_{total} = 0{,}055\ kgm^2$$

Le moment d'inertie total est de 0,055 kg m^2. La main contribue 0,039 kg m^2, soit près de 71 % alors que sa masse n'est que de 27 % de la masse totale ! Cette différence est due à l'effet du moment d'inertie de la main par rapport à un point de rotation éloigné. La contribution de la main au moment d'inertie total serait plus importante encore si l'axe de rotation était situé à l'épaule.

Lors d'un sprint, le coureur va chercher à amener ses jambes le plus rapidement possible en avant. Pour faciliter sa tâche, il va attirer le talon vers le haut durant la phase d'oscillation comme l'illustre la figure 11.11 a). Le moment d'inertie total du membre inférieur par rapport à la hanche est largement diminué, car le rayon de giration est beaucoup plus petit. Pour les courses de fond, le coureur dépensera moins d'énergie à relever le talon (figure 11.11 b) et le moment d'inertie de la jambe sera plus élevé. Sa vitesse de course sera aussi moins rapide que celle d'un sprinter.

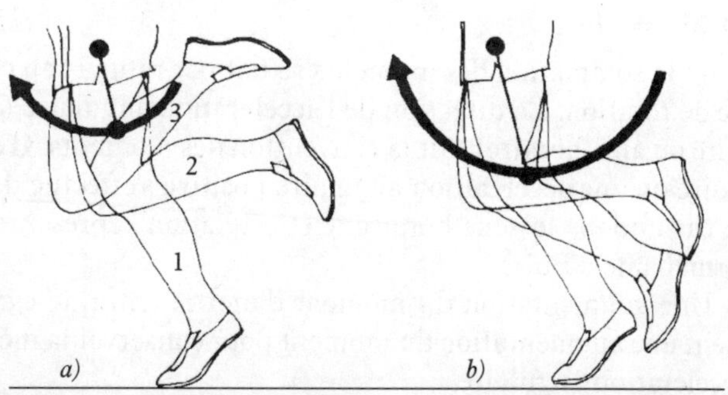

Figure 11.11

Pour courir plus vite, a) le sprinter fléchit profondément la jambe, réduisant ainsi le moment d'inertie pour faciliter son mouvement de rotation. Bien que cela exige une grande dépense d'énergie, le sprint ne dure qu'un temps relativement court. b) Le coureur de longue distance relève moins le talon pour conserver son énergie. Le moment d'inertie étant plus élevé, le mouvement de la jambe est moins rapide.

CONTRÔLE DES CONNAISSANCES

C 11.10 Calculer le moment d'inertie du membre inférieur par rapport à la hanche lorsqu'il est en extension complète en vous servant des tableaux 4.1 et 11.1 ainsi que des données suivantes : masse de l'individu 70 kg, longueur de la cuisse 45 cm, de la jambe 45 cm et du pied 16 cm.

C 11.11 Si le moment d'inertie d'une raquette calculée à son manche est de 0,244 kgm2, quel est le moment d'inertie à son centre de masse ? La distance entre le centre de rotation et le centre de masse est de 42 cm et lasse de la raquette est de 1,0 kg.

11.4 L'EFFET DU MOMENT D'INERTIE SUR LE MOUVEMENT HUMAIN

La position du centre de masse est fixée à l'intérieur d'un segment mais pour l'ensemble du corps humain, il peut changer de place suite aux mouvements des bras, des jambes ou du tronc. Le moment d'inertie varie pour un segment selon le centre de rotation choisi, s'il s'agit d'une flexion de la cuisse par rapport à la hanche ou d'un mouvement occasionné au genou. Le moment d'inertie de tout le corps varie aussi. On peut l'augmenter ou le diminuer en déplaçant bras, jambes et tronc tel qu'illustré à la figure 11.5 où le plongeur prend différentes postures lors d'un saut.

Il faut retenir que le moment d'inertie segmentaire varie selon l'axe de rotation et que celui du corps humain varie de manière substantielle selon la position des segments corporels.

Quand un objet tourne autour d'un axe, comme l'avant-bras autour du coude, le moment entraînant ce mouvement de rotation (force musculaire) est égal au produit du moment d'inertie, I, et de l'accélération angulaire, α du segment. Cet énoncé est en fait une généralisation de la seconde loi d'équilibre et correspond à

$$\circlearrowright \Sigma M = I\alpha \qquad (11.6)$$

où la sommation des moments se fait par rapport au centre de rotation. La direction de l'accélération angulaire (horaire ou anti-horaire) suit la convention des moments. C'est-à-dire qu'une accélération angulaire positive s'effectue dans ce cas-ci dans le sens horaire. Cette relation représente le formalisme d'Euler.

Une augmentation du moment d'inertie entraîne également une augmentation du moment pour conserver la même accélération angulaire.

Saviez-vous que...

Leonhard Euler, mathématicien suisse (1707-1783) fut un des principaux artisans de l'analyse dans tous les domaines de la physique mathématique au XVIIIe siècle.

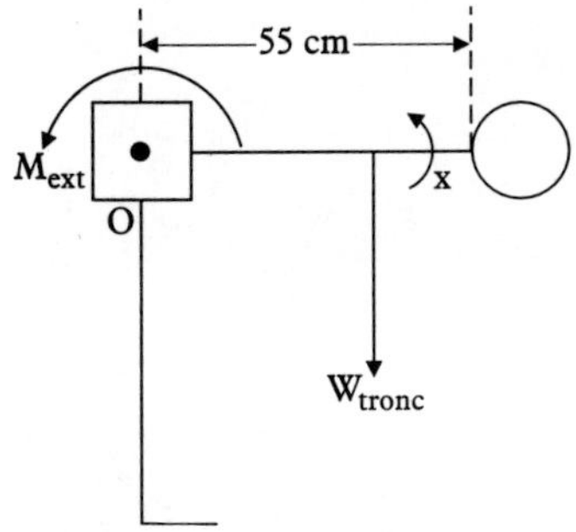

Figure 11.12

Personne se redressant avec une accélération angulaire de 200°/s².

La force développée dans le biceps pour lancer une balle ou la force déployée par les extenseurs du dos pour soulever une charge est estimée à l'aide de l'équation 11.6. Cette équation est la généralisation de la seconde condition d'équilibre (équation 3.4) qui fut utilisée pour solutionner les efforts musculaires dans des situations où rien ne bouge.

Par exemple, quel est le moment musculaire requis pour redresser le tronc d'une personne de 55 kg dont l'accélération angulaire de 200°/s² à l'instant illustré à la figure 11.12 ? Négliger l'effet des membres inférieurs. Pour solutionner ce problème, il faut d'abord calculer le poids du tronc, W_{tronc} le bras levier du poids du tronc, l_{tronc}, le moment d'inertie du tronc (tête et cou) calculé par rapport à la hanche, I_{tronc} et transformer les degrés en radians.

Le poids du tronc est calculé à partir du tableau 11.1

$$\begin{aligned} m_{tronc} &= 0{,}578 \text{ x } 55 \text{ kg} \\ &= 31{,}8 \text{ kg} \end{aligned}$$

$$\begin{aligned} w_{tronc} &= mg \\ &= 31{,}8 \text{ kg x } 9{,}8 \\ &= 311{,}6 \text{ N} \end{aligned}$$

Le bras de levier du tronc est estimé à partir de la longueur du tronc donnée à la figure 11.12 et du tableau 4.1

$$\begin{aligned} l_{tronc} &= 0{,}66 \text{ x } 0{,}55 \text{ m} \\ &= 0{,}36 \text{ m} \end{aligned}$$

Le moment d'inertie du tronc est déterminé à partir du tableau 11.1 et du théorème des axes parallèles (équation 11.2).

$$\begin{aligned} I_{tronc} &= mk^2 + md^2 \\ &= 31{,}8\ (0{,}55 \text{ x } 0{,}830)^2 + 31{,}8\ (0{,}36)^2 \\ &= 6{,}63 + 4{,}12 \\ &= 10{,}75 \text{ kgm}^2 \end{aligned}$$

L'accélération angulaire est

$$\begin{aligned} \alpha &= -200/57{,}3 \\ &= -3{,}49 \text{ rad/s}^2 \end{aligned}$$

Il est important de noter que l'accélération a une direction anti-horaire et elle est donc négative.

La sommation des moments est prise à la hanche pour déterminer l'effort des extenseurs, $M_{ext.}$

$$\begin{aligned} \circlearrowright \Sigma M_o &= I\,\alpha \\ -M_{ext} + M_{tronc} &= I_{tronc}\,\alpha \\ -M_{ext} + W_{tronc}\, l_{tronc} &= \\ M_{ext} &= W_{tronc}\, l_{tronc} - I_{tronc}\,\alpha \\ &= 311{,}6\ (0{,}36) - 10{,}75\ (-3{,}49) \\ &= 112{,}2 + 37{,}5 \\ &= 149{,}7 \text{ Nm} \end{aligned}$$

Le moment extenseur est donc de 149,7 Nm. Sans mouvement, l'effort des extenseurs ne serait que de 112,2 Nm. Dans ce cas-ci, l'effet du mouvement exige un effort supplémentaire de 25 % de la part des extenseurs. Il est maintenant plus facile de comprendre pourquoi certains gestes très rapides peuvent entraîner des blessures.

Si l'on connaît le bras de levier des extenseurs du dos, la force musculaire est tout simplement calculée à partir de l'équation 3.3

$M = F\,l$

Si il est de 5 cm, la force est de

$$M_{ext} = F_{ext}\,l_{ext}$$
$$F_{ext} = M_{ext}/l_{ext}$$
$$= 149{,}7/0{,}05$$
$$= 2\,994 \text{ N}$$

Dans cet exemple, un seul segment était utilisé et il n'était pas en position inclinée. On aurait pu ajouter celui des membres inférieurs et aussi une charge à soulever. L'analyse serait alors beaucoup plus complexe car il faut tenir compte de la masse, de l'accélération angulaire, du bras de levier et de l'inclinaison de chaque segment (bras, avant-bras et main) ainsi que ceux de la charge. Ce type d'analyse est traité en détail au chapitre 19.

11.6 LE CENTRE DE PERCUSSION

Il est possible de représenter par un pendule un objet qui oscille, comme un bâton de base-ball. Cela permet d'en déterminer le centre d'oscillation. Le centre d'oscillation est l'endroit théorique où toute la masse d'un pendule serait amassée. Vous commencez à vous habituer à ces notions théoriques car, nous nous en sommes déjà servi pour définir le centre de masse et le rayon de giration.

Le centre d'oscillation a deux propriétés intéressantes. La première est illustrée à la figure 11.13 a) où un pendule oscille autour d'un centre de rotation, O. Si l'on inverse le pendule et on le fait osciller par rapport à son centre d'oscillation, C, il aura la même période qu'auparavant.

La seconde a plus d'intérêt pour nous. Dans certaines conditions d'impact, le centre d'oscillation correspond au centre de percussion. Si la balle de base-ball frappe le bâton à son centre de percussion, aucune force impulsive n'est exercée sur le pivot (les poignets) et le joueur ne sentira pas de douleur (figure 11.13 b). Le centre de percussion d'un bâton de base-ball se situe à peu près aux trois-quarts de sa longueur à partir du manche. La figure 11.14 a) illustre le mouvement d'un corps suspendu lorsque frappé à son centre de percussion. Il suit une trajectoire circulaire et régulière. Par contre, lorsqu'il est frappé à son centre de masse, il oscille (figure 11.14 b). L'effet est d'autant plus remarquable lorsque la

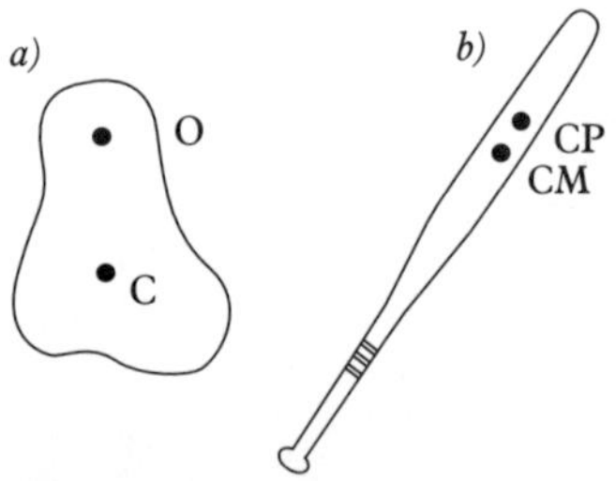

Figure 11.13

Tout objet peut avoir son pendule correspondant. a) Cas général où un objet est représenté par un pendule fixé au point O. Le centre de percussion se situe au point C; b) bâton de base-ball où CM et CP indique le centre de masse et le centre de percussion.

frappe se produit de part et d'autre du centre de percussion (figure 11.14, c) et d).

De manière analytique, le centre de percussion se détermine par

$$q = \sqrt{k^2/d} \qquad (11.8)$$

où q est la distance en mètre entre le centre de rotation et le centre de percussion, k est le rayon de giration en mètre et d est la distance en mètre du centre de masse au centre de rotation.

Par exemple, pour un bâton de base-ball ayant un rayon de giration de 31 cm et un centre de masse situé à 30 cm du centre de rotation, le centre de percussion serait de

$$q = \sqrt{k^2/d}$$
$$= \sqrt{0{,}32^2/0{,}30}$$
$$= 0{,}57 \text{ m}$$

La figure 11.15 situe le centre de masse, le rayon de giration ainsi que le centre de percussion d'un bâton de base-ball et d'un bâton de golf. Dans ces deux exemples, le centre de percussion est le plus éloigné de l'axe de rotation.

La raquette de tennis comprend plusieurs centres d'intérêt. Selon le type de raquette, le centre de masse est situé au milieu de sa longueur, près du filet. Le centre de percussion est placé un peu plus haut que le centre de la tête de la raquette comme l'indique la figure 11.16. Quand on frappe la balle, la raquette a tendance à reculer et à tourner sur elle-même. Cet effet indésirable est plus faible lorsque la balle

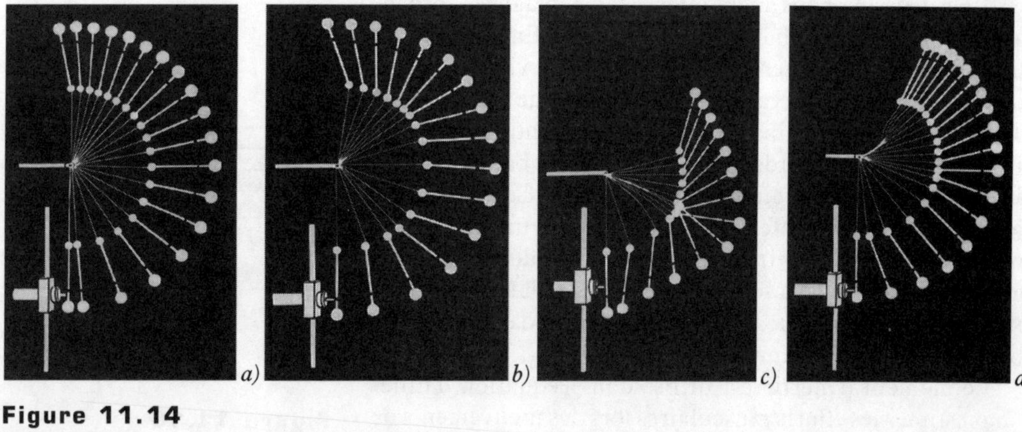

Figure 11.14

Mouvement d'un corps suspendu lorsque frappé a) à son centre de percussion, b) à son centre de masse, c) et d) de part et d'autre de son centre de percussion. Reproduit, avec permission, de Sears and Zemansky (1970). University Physics. Addison-Wesley Publishing Company.

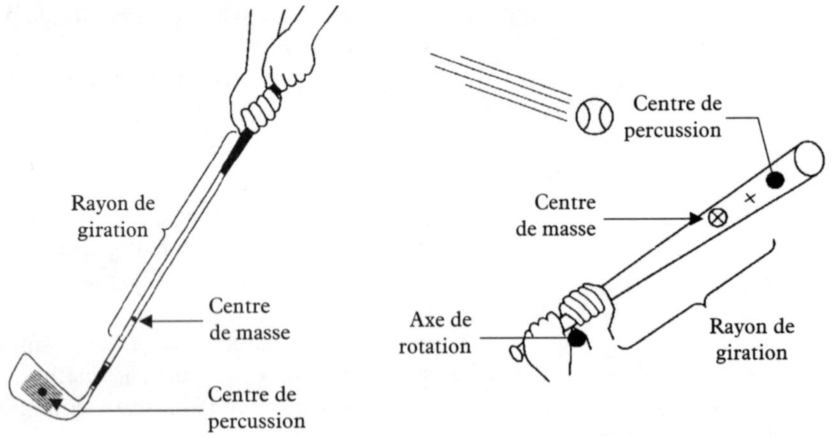

Figure 11.15

Centre de percussion a) d'un bâton de golf et b) d'un bâton de base-ball.

est frappée près du centre de la tête. C'est le centre de stabilité. Pour avoir un meilleur rebond de la balle, elle doit être frappée légèrement plus bas que le centre de la tête. C'est le centre de frappe. Notre intuition nous incite à croire que la balle va mieux rebondir sur la partie supérieure de la tête de la raquette. Nous associons la raquette au bâton de base-ball ou de golf où la balle est frappée à l'extrémité de l'engin et nous nous trompons ! À la base de la tête de la raquette de tennis, les cordes sont plus serrées et il y a moins de perte d'énergie, et l'on peut frapper la balle plus fort. C'est en partie pour cette raison que les raquettes d'aujourd'hui sont plus larges. Pour localiser le centre de frappe, tenez le manche de la raquette solidement contre une table et faites rebondir la balle de tennis sur le cordage en commençant par le haut de la tête.

Mais devrions-nous augmenter la tension dans le cordage afin de mieux faire rebondir la balle ? Non. En augmentant la tension, la balle de tennis qui voyage à une vitesse de plus de 200 km/h vient s'écraser contre un cordage trop raide et se déforme. Elle perd ainsi de l'énergie et rebondit moins vite. Par contre, avec un cordage pas trop serré, la balle va moins se déformer et perdra ainsi moins d'énergie. Cependant, les joueurs de tennis professionnels tendent leur cordage au maximum pour obtenir un meilleur contrôle et une plus grande précision dans le coup. Leur musculature est donc très développée afin de compenser la perte d'énergie de la balle et de conserver une balle rapide.

Le moment d'inertie est utilisé dans l'équation d'Euler pour estimer les efforts musculaires lors des mouvements de rotation. Au prochain chapitre, cette notion est reprise dans le cadre de mouvements gymniques et, naturellement, du saut en longueur.

Saviez-vous que...

Vous pouvez estimer le centre de percussion d'un bâton de base-ball en le tenant avec deux doigts à l'endroit où les mains serrent habituellement le manche et en frappant doucement avec un maillet le long du bâton. L'endroit où les vibrations seront les plus faibles correspond au centre de percussion.

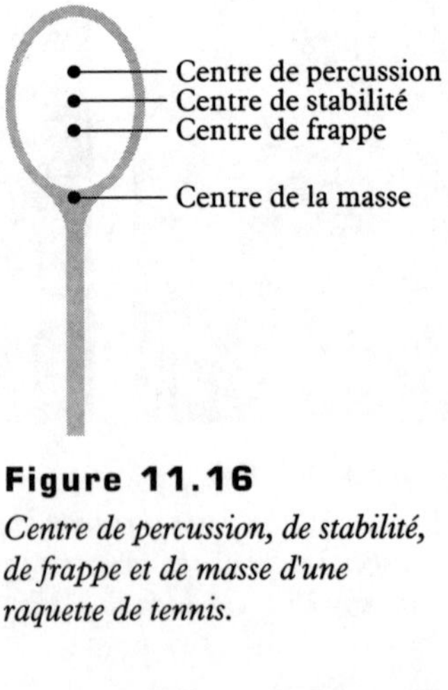

Figure 11.16

Centre de percussion, de stabilité, de frappe et de masse d'une raquette de tennis.

Contrôle des connaissances

C 11.12 Quel est la longueur d'un bâton de golf si son rayon de giration est de 77 cm et son centre de masse situé à 68,4 cm du manche ?

chapitre DOUZE

QUANTITÉ DE MOMENT ANGULAIRE

Objectifs d'apprentissage

1 Définir l'impulsion angulaire.

2 Définir le moment angulaire.

3 Énoncer et illustrer le Principe nº 5 : Conservation de la quantité de moment angulaire.

4 Énoncer et illustrer le Principe nº 6 : Transfert de la quantité de moment angulaire.

5 Énoncer et illustrer le Principe nº 7 : Nutation.

6 Être capable de faire les calculs se rapportant aux notions ci-haut.

12.1 INTRODUCTION

La résistance aux mouvements angulaires, ou moment d'inertie, varie selon la masse, la forme, la distribution de la matière et l'axe de rotation. Les derniers facteurs sont rassemblés dans la notion de rayon de giration. Durant les plongeons, durant certains mouvements gymniques et durant les vrilles effectuées par une patineuse sur glace, le moment d'inertie est modulé par les déplacements des membres de l'athlète. De cette façon, le sauteur prolonge la longueur de saut; la gymnaste va d'un salto à une vrille, etc. Ce chapitre décrit la relation entre le moment d'inertie et le mouvement angulaire et explique comment le moment d'inertie devient un avantage à l'athlète qui sait l'exploiter.

12.2 IMPULSION ET MOMENT ANGULAIRE

Le plongeur de la figure 12.1 exerce une force du bout de ses pieds sur le tremplin tout en faisant une forte extension du dos afin d'éloigner son centre de masse le plus possible du tremplin. La force excentrée est appliquée de manière très brève. Ce moment confère au plongeur une impulsion angulaire qui crée dans la phase aérienne un mouvement de rotation ou un moment angulaire.

Pour exprimer l'impulsion et le moment angulaires, on utilise d'abord l'équation 11.6

$$M = I\alpha$$

En multipliant chaque côté de l'équation par le temps, t, on obtient

$$Mt = I\alpha t \qquad (12.1)$$

L'accélération angulaire multipliée par le temps est tout simplement la vitesse angulaire et l'équation 12.1 devient

$$Mt = I\omega \qquad (12.2)$$

et où Mt, l'impulsion angulaire, est exprimée en N m s et $I\omega$ le moment angulaire ou la quantité de moment angulaire (Q. M. A.), L est exprimé en kgm^2/s.

$$L = I\omega \qquad (12.3)$$

À la figure 12.1, la force de réaction du tremplin est de 2700 N et elle est appliquée pendant 0,087 s. On peut estimer la vitesse angulaire du plongeur si son centre de masse est situé à 60 cm du tremplin (distance horizontale d) et son moment d'inertie est de 15 kgm^2.

$$\begin{aligned} Mt &= I\omega \\ F \cdot d \cdot t &= I\omega \\ 2700 \cdot 0{,}60 \cdot 0{,}087 &= 15\,\omega \\ 140{,}9 &= 15\,\omega \\ \omega &= 140{,}9/15 \\ &= 9{,}40 \text{ rad/s} \end{aligned}$$

Si la durée du plongeon est de deux secondes, l'athlète pourra effectuer 3 périlleux (2π rad par révolution complète par seconde, $9{,}40/(2 \cdot 3{,}14) = 1{,}495$ périlleux par seconde, le tout multiplié par 2 secondes = 2,99 périlleux). Le temps passé dans la phase aérienne peut aussi se calculer en se rapportant au chapitre 6 (Trajectographie).

À partir du cheval sautoir, la gymnaste de la figure 12.2 se donne une impulsion angulaire, Mt_1, lui permettant d'amorcer un saut de main sur cheval sautoir. La force excentrée est appliquée à gauche du centre de masse (a) et lui confère une rotation dans le sens horaire. Cette impulsion angulaire est transformée en moment angulaire, I ω (b). À la réception, celui-ci doit être freiné par une impulsion angulaire terminale de sens opposé (c) Mt_2. La force de réaction au sol agit maintenant à droite du centre de masse et annule le mouvement de rotation effectué dans le sens horaire. Si l'impulsion terminale n'annule pas l'effet du moment angulaire, l'athlète va poursuivre sa course et basculer devant ou chuter vers

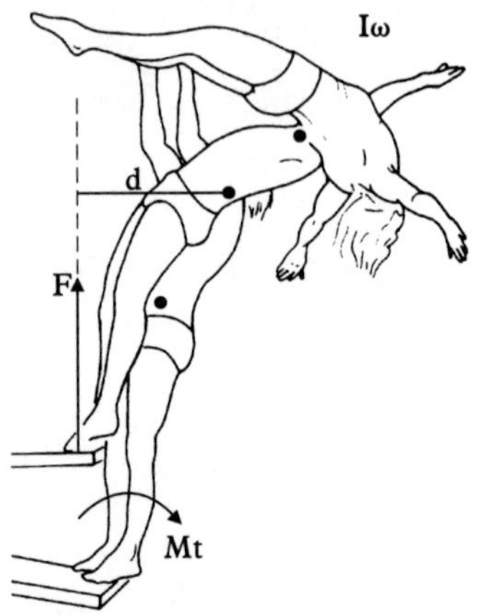

Figure 12.1
Amorce d'un plongeon arrière sur tremplin. La force des pieds passe en avant du centre de masse du plongeur, entraînant un mouvement de rotation. Reproduit, avec permission, de Kreighbaum, E. et Barthels, K.M. (1985). Biomechanics. A Qualitative approach for Studying Human Movement. *MacMillan Publishing Company, New York, N. Y.*

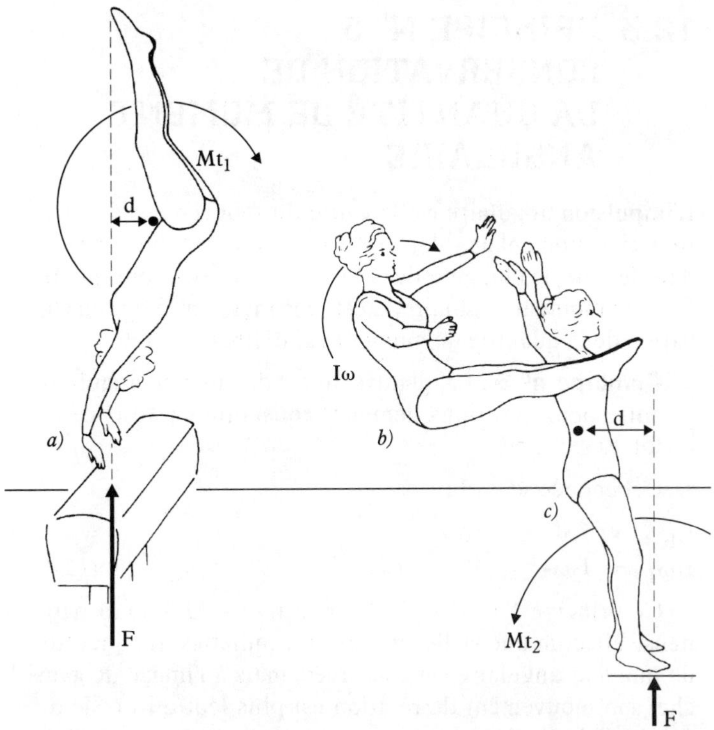

Figure 12.2

Une gymnaste effectue un saut de main sur cheval sautoir. La force exercée par les mains passe à gauche du centre de masse et provoque un mouvement de rotation. À la réception, la force des pieds passe à droite du centre de masse opposé à celui du départ. Reproduit, avec permission, de Kreighbaum, E. et Barthels, K.M. (1985). Biomechanics. A Qualitative approach for Studying Human Movement. *MacMillan Publishing Company, New York, N. Y.*

l'arrière. Cet exemple démontre l'échange qui existe entre l'impulsion et le moment angulaires.

Pour amorcer un plongeon ou un périlleux (culbute vers l'avant), il faut que la force développée soit éloignée du centre de masse. Pour s'entraîner, on fait usage de la trampoline. Sautant debout sur place, on incline le tronc vers l'avant pour déplacer son centre de masse loin du point d'application de la force aux pieds. Avec une bonne impulsion angulaire et une diminution du moment d'inertie pour augmenter la vitesse de rotation, le périlleux est bien amorcé. Attention ! Souvent en inclinant le tronc vers l'avant, on a tendance à reculer le bassin. Qu'arrive-t-il ? La force passe par le centre de masse corporel ou juste un peu à côté. L'impulsion angulaire n'est pas suffisante même avec une très grande force de propulsion pour que le périlleux soit bien exécuté.

Contrôle des connaissances

C 12.1 Quel est le moment d'inertie d'un danseur si sa vitesse angulaire est de 13 rad/s et sa quantité de moment angulaire est de 17,5 kgm^2/s ?

C 12.2 Quelle est la vitesse angulaire d'une gymnaste si $L = 60\ kgm^2/s$ et I est de 4,2 kgm^2 ?

12.3 PRINCIPE Nº 5 : CONSERVATION DE LA QUANTITÉ DE MOMENT ANGULAIRE

L'impulsion angulaire est la cause du mouvement de rotation, et le moment angulaire en est la manifestation. Une fois dans les airs, le plongeur de la figure 12.1 ne peut plus modifier son moment angulaire. C'est le Principe nº 5 de conservation de la quantité de moment angulaire :

Principe nº 5 : La quantité totale de moment angulaire entre deux positions demeure constante en absence de forces externes.

Cet énoncé se traduit par

$$L_1 = L_2$$
$$I_1\omega_1 = I_2\omega_2 \qquad (12.4)$$

Ce principe est bien illustré à la figure 12.3 où la patineuse effectue une vrille sur patins à roulettes. La quantité de moment angulaire est conservée, mais à l'image de gauche, son mouvement de rotation est plus lent qu'à celle de droite. Cela est dû au moment d'inertie (voir équation 12.2) qui est plus élevé lorsque les bras et les jambes sont étendus, contribuant à une vitesse angulaire de rotation plus faible. Inversement, le moment d'inertie est plus petit lorsque les segments corporels sont rapprochés et la vitesse angulaire augmente afin de respecter la conservation de quantité de moment angulaire.

Voilà que vous trébuchez vers l'avant. Vous allez complètement vous étaler; mais, en un mouvement de bras, vous vous redressez et l'échappez belle. Quelle chance ! Pas du tout, quelle biomécanique ! Que s'est-il passé au juste ?

Tout d'abord, votre pied heurte le sol, entraînant un mouvement de rotation du corps vers l'avant : impulsion angu-

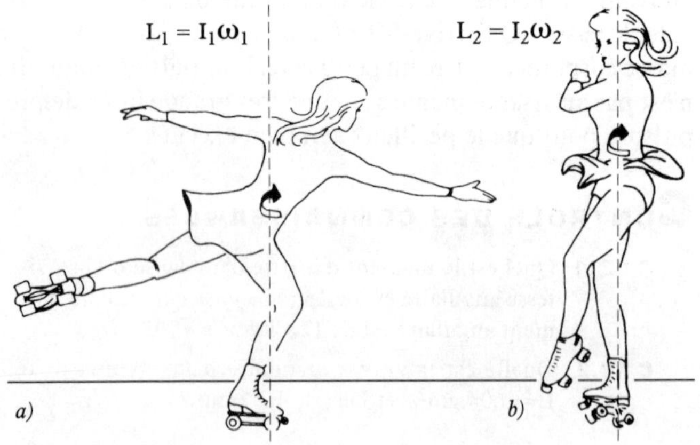

Figure 12.3
La patineuse sur patins à roulettes effectue un mouvement de rotation par rapport à l'axe longitudinal. La vitesse angulaire est plus faible a) lorsqu'elle a les bras tendus que b) groupés. Reproduit, avec permission, de Kreighbaum, E. et Barthels, K.M. (1985). Biomechanics. A Qualitative approach for Studying Human Movement. *MacMillan Publishing Company, New York, N. Y.*

Saviez-vous que...

Les bons joueurs de base-ball savent de manière intuitive qu'en approchant le bâton de leur corps, il est plus facile de le manier et de lui donner une plus grande vitesse (de rotation). En effet, en rapprochant le bâton, le moment d'inertie des bras et du bâton diminue de manière importante, entraînant pour la même quantité de mouvement angulaire une plus grande vitesse de rotation du bâton.

laire suivie d'un moment angulaire vers l'avant. À partir de cet instant, votre corps et plus particulièrement votre tronc possède une quantité de moment angulaire. Si vous n'intervenez pas, c'est la catastrophe. Que faites-vous ? En désespoir de cause, les bras s'abaissent vers l'avant en un mouvement de rotation dans le même sens que celui de votre tronc comme pour vous protéger. À l'instant vous n'y pensez pas; mais, vous savez fort bien que la quantité de moment angulaire est constante et que vous ne pouvez en ajouter ni en retirer. Le mouvement des bras effectué dans le même sens que celui du tronc a pour effet d'augmenter cette quantité de moment angulaire du corps, ce qui est impossible. Donc, pour compenser ou annuler cette quantité de moment angulaire due à l'action des bras, votre tronc doit se dresser. Cela vous empêche de vous écraser immédiatement contre le sol et vous laisse le temps de réagir. La biomécanique, c'est génial !

Cet exemple ainsi que les suivants illustrent le principe de la conservation de la quantité de moment angulaire. La figure 12.4 rapporte la quantité de moment angulaire tout au cours d'un saut au cheval sautoir. Durant les phases de support, zones ombrées, elle varie énormément à cause de la présence de forces externes dues au contact des pieds avec le tremplin ou des mains avec le cheval sautoir. Lors des phases aériennes (zones claires), la quantité de moment angulaire demeure constante. Cela s'explique par un jeu entre la vitesse

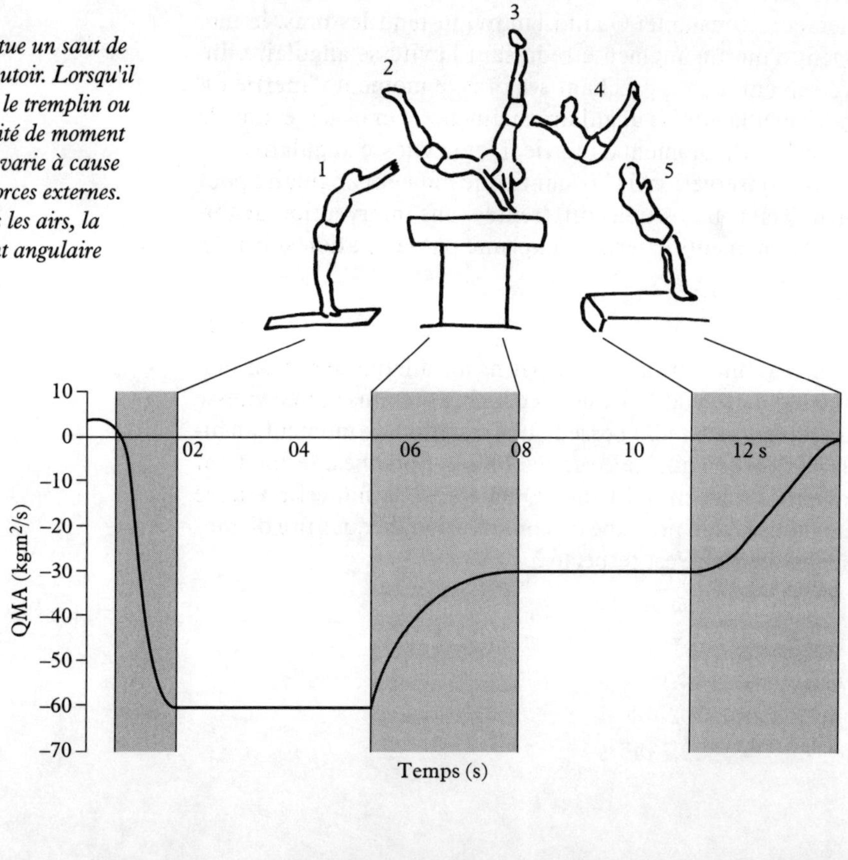

Figure 12.4
Un gymnaste effectue un saut de main sur cheval sautoir. Lorsqu'il est en contact avec le tremplin ou le cheval, la quantité de moment angulaire (QMA) varie à cause de la présence de forces externes. Mais une fois dans les airs, la quantité de moment angulaire demeure constante.

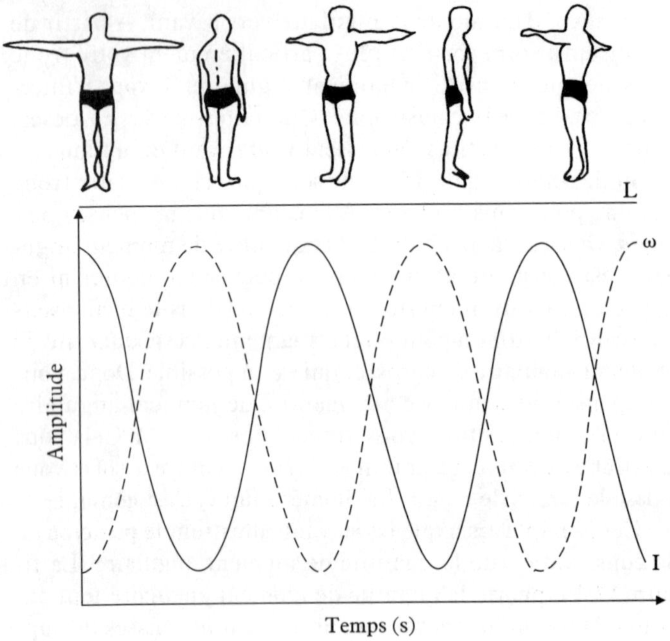

Figure 12.5

Sur une table tournante en rotation, la quantité de moment angulaire demeure inchangée. En tendant les bras ou en les rapprochant, le moment d'inertie diminue et augmente respectivement. Afin de conserver la quantité de moment angulaire constante, la vitesse angulaire va compenser pour les variations du moment d'inertie.

angulaire et la variation de la position du corps (moment d'inertie).

La figure 12.5 reprend l'exemple de la patineuse de la figure 12.3 en le simplifiant. Un individu se tient debout sur une table tournante. La quantité de moment angulaire, L, demeure constante. Quand l'individu tend les bras, le moment d'inertie augmente réduisant la vitesse angulaire. Inversement, en rapprochant ses bras le moment d'inertie diminue et la vitesse angulaire augmente. On observe ainsi la variation du moment d'inertie, I, et la vitesse angulaire, ω.

La conservation de la quantité de moment angulaire pour deux états ou positions différentes sans intervention de forces ou moments externes s'exprime par la relation suivante.

$$L_1 = L_2$$
$$(I\omega)_1 = (I\omega)_2 \qquad (12.5)$$

Ainsi une patineuse sur patins à roulettes ayant un moment d'inertie de 17 kgm^2 avec les bras tendus et une vitesse angulaire de 6 rad/s possède une quantité de moment angulaire de 102 kgm^2/s. Avec les bras rapprochés, le moment d'inertie devient 4,5 kgm^2. Quelle sera sa nouvelle vitesse angulaire, si le principe de conservation de quantité de moment angulaire est respecté ?

$$(I\omega)_1 = (I\omega)_2$$
$$17 \bullet 6 = 4{,}5\ \omega$$
$$102 = 4{,}5\ \omega$$
$$\omega = 102/4{,}5$$
$$= 22{,}7 \text{ rad/s}$$

Figure 12.6
Dans un virage, le skieur fléchit les jambes. Cela augmente son moment d'inertie et diminue sa vitesse de rotation.

La vitesse angulaire va passer de près d'un tour par seconde à un peu plus de trois tours par seconde tout en conservant sa même quantité de moment angulaire de 102 kgm^2/s.

Dans un virage, un skieur va s'accroupir comme l'indique la figure 12.6. Cela augmente son moment d'inertie et diminue sa vitesse de rotation pour ne pas chuter. En sortant du virage, le skieur se redresse. Tout en conservant sa quantité de moment angulaire, cette action lui permet de diminuer son moment angulaire et augmenter sa vitesse qu'il avait avant le virage.

Il y a des situations où l'on retrouve des mouvements de rotation sans qu'il n'y ait pour autant une quantité de moment angulaire attribuée au corps. Lorsque vous polissez le capot de votre voiture en faisant de grandes rotations des bras pour bien répandre la cire, avez-vous remarqué le sens du mouvement des bras ? La rotation du bras droit va être habituellement dans le sens opposé à celui de la gauche, peu importe la direction, horaire ou anti-horaire. Ainsi, en annulant la quantité de mouvement générée par les bras on ne déséquilibre pas le reste du corps qui peut facilement se déplacer autour de la voiture. Par contre, si vous polissez votre voiture d'une seule main, l'épaule controlatérale va chercher à compenser le mouvement de rotation du bras et vous allez vous fatiguer plus rapidement. Tout repose sur le principe de la conservation de la quantité de moment angulaire.

Contrôle des connaissances

C 12.3 Un plongeur ayant un moment d'inertie de 25 kgm^2 quitte le tremplin avec une vitesse angulaire de 7 rad/s. Il diminue rapidement son moment d'inertie à 22 kgm^2. Quelle sera sa vitesse angulaire et combien de tours fera-t-il sur lui-même en 2 secondes ?

C 12.4 En vous servant des données du problème C 12.3, quel sera le moment d'inertie du plongeur s'il veut effectuer exactement 3 tours sur lui-même en 2 secondes ?

12.4 PRINCIPE Nº 6 : TRANSFERT DE LA QUANTITÉ DE MOMENT ANGULAIRE

Vous êtes-vous déjà relevé d'une position couchée en basculant les jambes vers le bas comme l'indique la figure 12.7 ? En effectuant cette gymnastique, vous appliquez le principe n º 6.

Principe nº 6 : Transfert du moment angulaire.

Dès que les jambes atteignent la verticale, vous les bloquez (figure 12.7 b). Comme leur quantité de moment angulaire ne peut pas s'évaporer, elle est transférée au tronc qui se redresse (figure 12.7 c).

Au chapitre 6, on a décrit comment l'athlète peut intervenir pour augmenter sa performance au saut en longueur. Les paramètres étaient associés aux facteurs anthropométriques et à la technique de l'élan et de la réception. Mais une fois dans les airs, le sauteur peut aussi intervenir en jouant sur le transfert de la quantité de moment angulaire sans en modifier la quantité totale. À la figure 12.8, on note que la quantité de moment angulaire demeure constante tout au long de la phase aérienne. Par contre, celle des bras, des jambes et du tronc varie et un échange ou un transfert s'effectue constamment entre les segments corporels.

Tout comme on se sert de ses bras pour éviter de basculer vers l'avant lors d'une chute, le sauteur utilise des mouve-

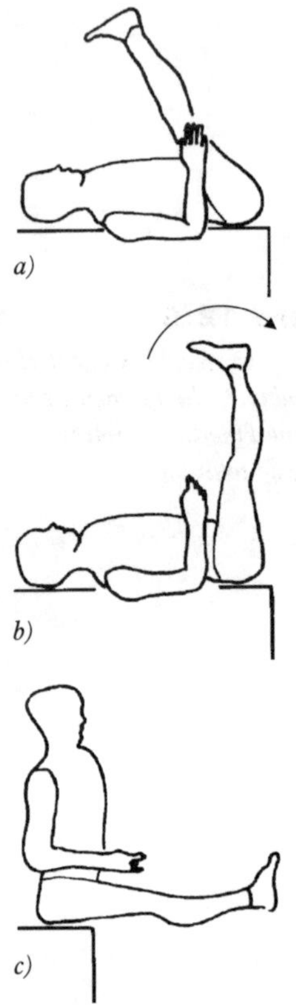

Figure 12.7
Couché sur le dos a), l'individu se redresse en effectuant un mouvement de rotation des jambes pour ensuite les bloquer b) à la position verticale. Puis un transfert de quantité de moment angulaire se réalise entre les jambes et le tronc c).

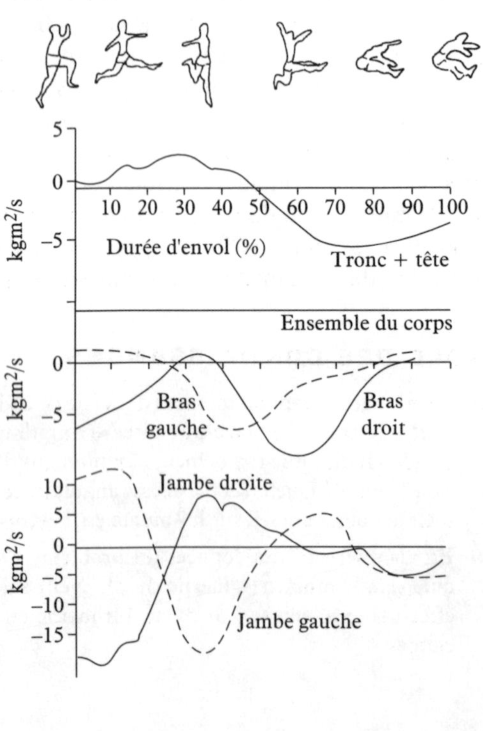

Figure 12.8
La quantité de moment angulaire est détaillée pour le tronc (tête), les bras, les jambes et l'ensemble du corps. On note le transfert de la quantité de moment angulaire entre les différents segments corporels afin de conserver celle du corps constante.

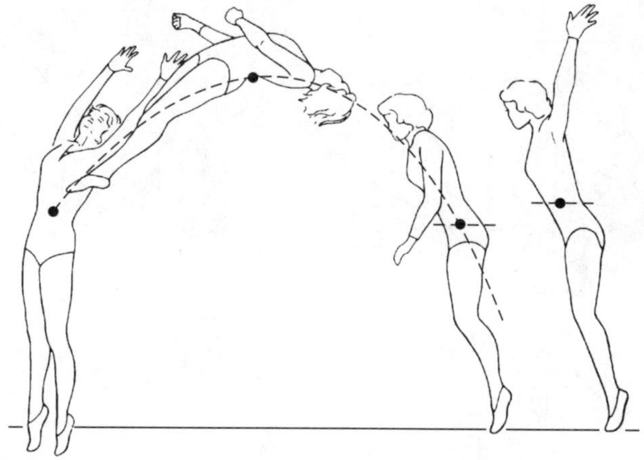

Figure 12.9

Une gymnaste se sert de ses bras pour à la fois diminuer son moment d'inertie et transférer une quantité de moment angulaire au reste du corps. Reproduit, avec permission, de Kreighbaum, E. et Barthels, K.M. (1985). Biomechanics. A Qualitative approach for Studying Human Movement. *MacMillan Publishing Company, New York, N. Y.*

ments de rotation des bras et des pieds afin de se redresser pour conserver son centre de masse le plus haut possible et le garder le plus longtemps possible dans les airs.

Dans le même esprit, la gymnaste de la figure 12.9 rabat ses bras près de son corps une fois dans les airs. Ce mouvement de bras a deux effets. D'abord la gymnaste réduit ainsi le moment d'inertie de son corps pour augmenter la vitesse angulaire de son salto arrière; donc conservation de la quantité de moment angulaire. Puis, le fait que le mouvement des bras s'effectue dans le sens opposé du tronc aura pour effet d'augmenter celui du reste du corps pour favoriser le mouvement de rotation arrière. Donc transfert de la quantité de moment angulaire des bras au reste du corps.

Dans un saut en hauteur, le sauteur exploite la conservation du moment angulaire (figure 12.10). D'une part, il tourne autour de la barre plus rapidement s'il a position cambrée car son moment d'inertie est diminué. D'autre part, s'il veut passer les jambes au-dessus de la barre, il fléchira puissamment le tronc. Cette quantité de moment angulaire sera annulée par un mouvement des jambes qui auront tendance à se redresser afin de ne pas accrocher la barre.

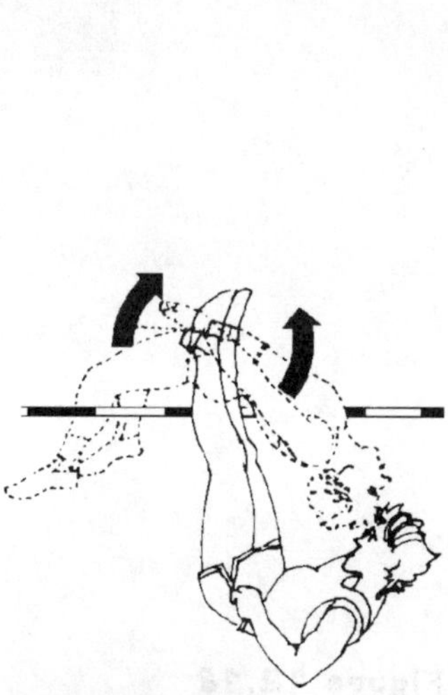

Figure 12.10

Une fois passé la barre horizontale, le sauteur redresse son tronc. Cette quantité de moment angulaire est annulée par le mouvement des membres inférieurs qui se relèvent afin de ne pas accrocher la barre au passage (Wirhed, R., 1985).

Il y a des situations où l'athlète n'a pas de quantité de moment angulaire. Par exemple, lors d'un smash au volleyball, le joueur de la figure 12.11 ne possède aucune quantité de moment angulaire. En effectuant un saut vertical, le joueur n'a aucune quantité de moment angulaire. Pour bien frapper le ballon, il doit quand même effectuer une rotation du tronc ce qui génère une quantité de moment angulaire. Pour annuler cet effet, les jambes et le bassin effectuent un mouvement de rotation dans le sens inverse.

On peut facilement calculer les transferts en utilisant le principe n° 5 de la conservation de quantité de moment angulaire. La quantité totale de moment angulaire entre deux positions demeure constante.

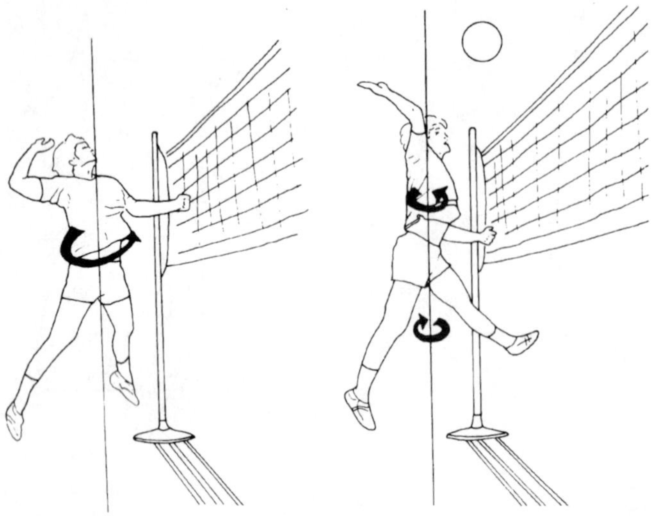

Figure 12.11
Le joueur de volleyball n'a aucune quantité de moment angulaire. Il amorce la frappe par un mouvement de rotation des bras et du tronc qui doit être compensé par une contre-rotation du bassin et des jambes. Reproduit, avec permission, de Kreighbaum, E. et Barthels, K.M. (1985). Biomechanics. A Qualitative approach for Studying Human Movement. *MacMillan Publishing Company, New York, N. Y.*

À la figure 12.12 a), la quantité totale de moment angulaire du corps en rotation est 50 kgm^2/s. C'est-à-dire que la sommation de la contribution du tronc, des bras et des jambes égale 50 kgm^2/s et s'effectue dans le sens horaire (positif).

$$L_{totale} = L_{tronc} + L_{bras} + L_{jambes} \quad (12.6a)$$

ou

$$(I\omega)_{totale} = (I\omega)_{tronc} + (I\omega)_{bras} + (I\omega)_{jambes} \quad (12.6b)$$

Entre la position 1 et 2, la quantité de moment angulaire demeure constante; donc

$$(L_{totale})_1 = (L_{totale})_2 \quad (12.7a)$$

ou

$$(L_{tronc} + L_{bras} + L_{jambes})_1 = (L_{tronc} + L_{bras} + L_{jambes})_2 \quad (12.7b)$$

Si au cours du plongeon, l'athlète rabat ses bras vers l'avant (figure 12.12 b), le plongeur génère une quantité positive (sens horaire) de moment angulaire aux bras correspondant par

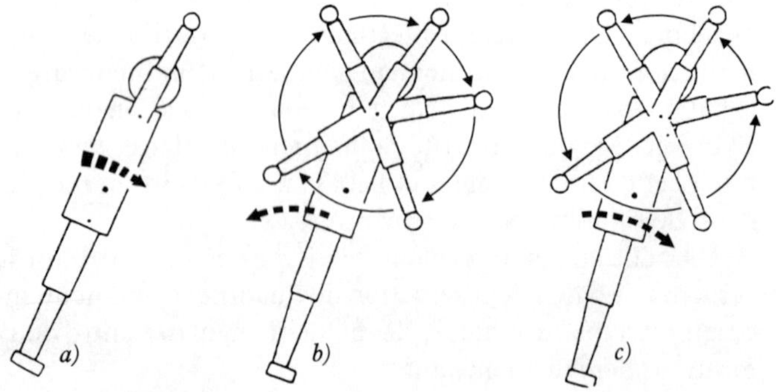

Figure 12.12
En position a), la figurine effectue un grand mouvement de rotation tel qu'indiqué par la flèche. Un mouvement des bras b) ayant le même sens que celui du tronc va entraîner un redressement du corps alors c) qu'une rotation des bras dans le sens opposé va contribuer à la rotation vers l'avant du corps.

exemple à 15 kgm^2/s. Comme la quantité de moment angulaire totale est constante, on utilise l'équation 12.7 b) pour déterminer l'effet des bras sur la rotation du reste du corps (tronc et jambes).

$$(L_{tronc} + L_{bras} + L_{jambes})_1 = (L_{tronc} + L_{bras} + L_{jambes})_2$$
$$50 = (L_{tronc} + 15 + L_{jambes})_2$$
$$(L_{tronc} + L_{jambes})_2 = 50 - 15$$
$$= 35 \ kgm^2/s$$

Le mouvement de rotation des bras s'effectue dans le même sens que celui du tronc et des jambes. Tout en conservant ce mouvement de rotation horaire (positive), plus la contribution des bras sera importante moins le sera celle des jambes et du tronc. Si la direction du mouvement change, le phénomène inverse se produira afin de conserver la quantité de moment angulaire constante.

Comment la vitesse angulaire serait modifiée par le mouvement des bras, si le moment d'inertie du tronc et des jambes est de 54 kgm^2 et celui des bras de 10 kgm^2 ? Avant le mouvement des bras (figure 12.12 a)

$$(L_{tronc} + L_{bras} + L_{jambe})_1 = 50$$
$$I\omega_{corps} = 50$$
$$\omega_{corps} = 50/I$$
$$= 50/54$$
$$= 0{,}93 \ rad/s$$

Avec le mouvement des bras (figure 12.12 b), la vitesse angulaire du corps diminue :

$$(L_{tronc} + L_{jambe})_2 = 35$$
$$I\omega = 35$$
$$\omega = 35/I$$
$$= 35/54$$
$$= 0{,}65 \ rad/s$$

La quantité de mouvement angulaire des bras étant de 15 kgm^2s et leur moment d'inertie de 10 kgm^2, la vitesse de rotation des bras est :

$$(L_{bras})_2 = 15$$
$$I\omega = 15$$
$$\omega = 15/I$$
$$= 15/10$$
$$= 1{,}5 \ rad/s$$

ou 86°/s.

Un autre exemple utilisant le principe n° 5 de conservation de quantité de moment angulaire est relatif au shoot au football considéré précédemment, à la figure 7.22. Le système de départ est constitué par l'ensemble d'une part du membre inférieur, cuisse-jambe-pied, et d'autre part par le ballon immobile. On peut calculer la quantité totale de moment angulaire de ce système complexe avant le shoot. En cours d'armer de la jambe, la cuisse stoppe sa rotation (phase d de la figure 7.22). Le principe n° 5 permet de calculer le transfert de vitesse qui s'effectue sur la jambe. Enfin, au moment de l'impact si l'on suppose pour simplifier que la jambe arrête sa rotation, on peut alors avoir une bonne approximation de la vitesse de départ du ballon.

CONTRÔLE DES CONNAISSANCES

C 12.5 Reprenez l'exemple de la figure 12.12 mais cette fois-ci ajoutez l'effet d'une rotation des jambes dans le sens horaire dont $L = 20$ kgm²/s. Quelle serait la quantité de moment angulaire du tronc si $L_{totale} = 50$ kgm²/s et $L_{bras} = +15$ kgm²/s ?

C 12.6 À la figure 12.12 c, le plongeur effectue une rotation des bras dans le sens anti-horaire et égale à –15 kgm²/s. Quelle serait la quantité de moment angulaire du tronc si $L_{totale} = 50$ kgm²/s et $L_{jambe} = +20$ kgm²/s ?

C 12.7 Si le moment d'inertie du tronc est de 45 kgm² à la figure 12.12 a) et de 40 kgm² à la figure 12.12 b) et c), quelle serait la vitesse angulaire du tronc pour chacune de ces conditions ? La quantité de moment angulaire totale est de 50 kgm²/s et celle des bras est de 15 kgm²/s, positif dans le sens horaire et négatif dans le sens anti-horaire.

12.5 PRINCIPE N° 7 : LA NUTATION

On vient de voir comment augmenter ou réduire la vitesse angulaire en modifiant le moment d'inertie du corps. Cet exemple met en valeur le Principe n° 5 (conservation du moment angulaire). Tout en respectant ce principe, il est possible de transférer une partie du moment angulaire des bras et des jambes au tronc (principe n° 6 : transfert du moment angulaire). Ces situations ne sont limitées qu'à des périlleux ou saltos, c'est-à-dire à des mouvements planaires comme l'indique l'encadré. En d'autres termes, la rotation s'effectue toujours par rapport au même axe.

En gymnastique, ou lors d'un plongeon, l'athlète fait aussi des vrilles ou des mouvements de rotation par rapport à l'axe longitudinal. Qu'arrive-t-il à la quantité de moment angulaire ? Comment amorce-t-on ces vrilles ? Quel est l'axe de rotation ?

En tout temps le principe de la conservation de la quantité de moment angulaire est respectée. Donc si une vrille s'effectue lors d'un périlleux, la quantité de moment angu-

CONSERVATION DU MOMENT ANGULAIRE

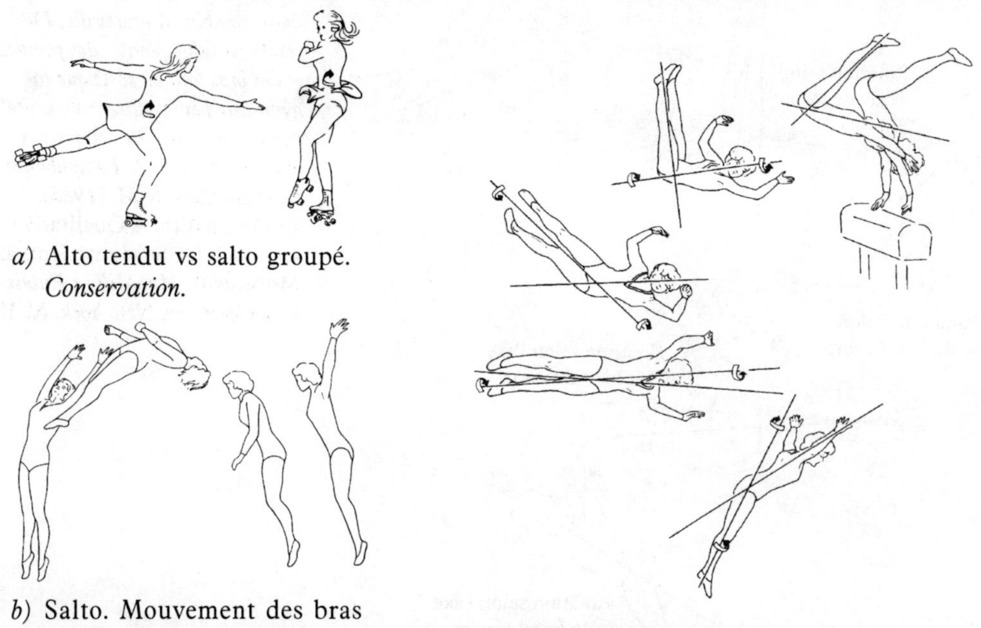

a) Alto tendu vs salto groupé.
Conservation.

b) Salto. Mouvement des bras aide à celui du tronc.
Conservation et transfert.

c) Salto et vrille.
Conservation et nutation.

laire attribuée à la vrille doit nécessairement provenir du périlleux, réduisant ainsi sa propre quantité de moment angulaire, sans pour autant diminuer le moment angulaire total qui doit demeurer constant. En fait, on observe un transfert partiel du moment angulaire non plus dans un plan mais dans l'espace, d'un axe de rotation à un autre. Le salto s'effectue dans le plan sagittal par une rotation autour de l'axe transverse alors que la vrille peut être considérée comme une rotation dans le plan horizontal autour de l'axe longitudinal.

Principe nº 7 : Nutation ou transfert de la quantité de moment angulaire d'un plan à un autre ou d'un axe de rotation à un autre.

La gymnaste de la figure 12.13 quitte le cheval sautoir en position de salto (a). En b), elle effectue une vrille par une rotation du tronc suivi en c) par une autre rotation mais au niveau des jambes, tout en faisant un grand mouvement de rotation (salto). Finalement en d), la vrille ne s'effectue presque que par rapport à l'axe longitudinal du corps pour finalement terminer le salto avec vrille (e).

La vrille a été amorcée par un mouvement de rotation des bras, des jambes et du tronc. La figure 12.14 présente de manière schématique comment cela s'effectue. En premier

Saviez-vous que...

En astronomie, la nutation est un petit balancement périodique de l'axe de la terre autour de sa position moyenne découvert par l'astronome anglais James Bradley (1693-1762).

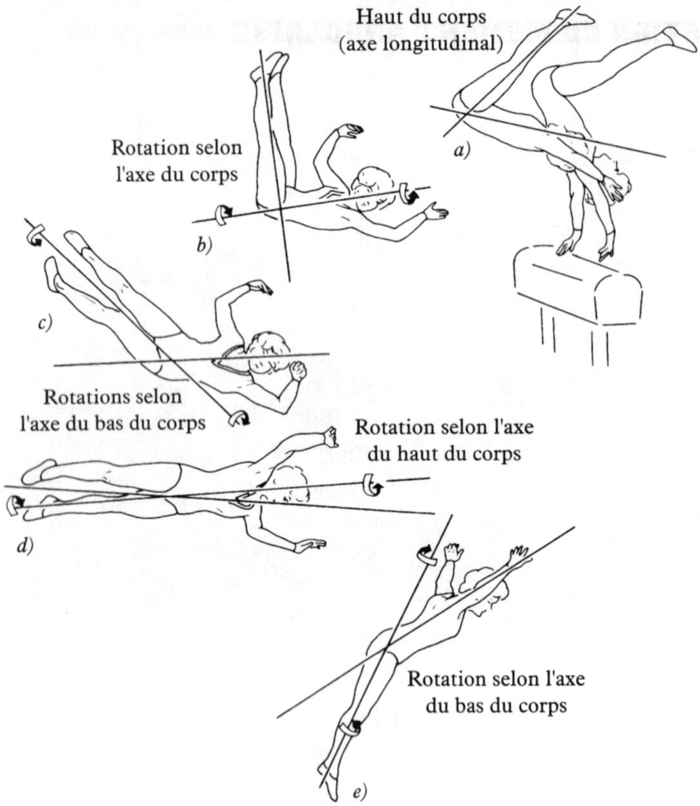

Figure 12.13

La gymnaste effectue un saut de main combiné à une vrille. Des rotations subséquentes des jambes et des bras font en sorte que la gymnaste peut réaliser une vrille à l'intérieur d'un salto. Reproduit, avec permission, de Kreighbaum, E. et Barthels, K.M. (1985). Biomechanics. A Qualitative approach for Studying Human Movement. *MacMillan Publishing Company, New York, N. Y.*

(figure 12.14 a), on retrouve la position du salto (rotation autour de l'axe transverse) avec les bras en croix. Ensuite, le bras droit se rabat vers la jambe suivi du bras gauche qui s'élève (b) pour adopter la position en c). C'est alors que la vrille débute. En abaissant le bras droit en premier et en le rapprochant de l'axe longitudinal, on perd la symétrie autour de l'axe longitudinal du corps et on diminue le moment

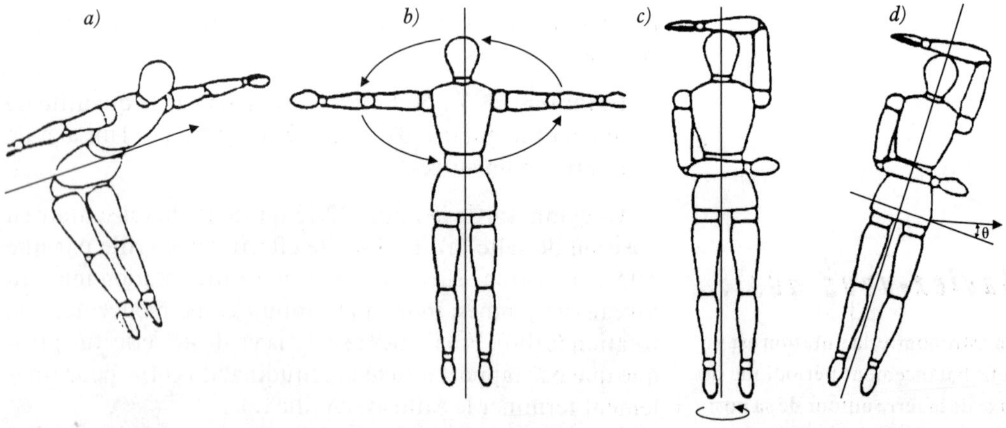

Figure 12.14

Amorce d'une vrille à partir d'un salto les bras en croix a). Un mouvement anti-horaire des bras b) résulte en une vrille c). L'effet composé est représenté en d).

Saviez-vous que...

Le chat, les pattes dirigées vers le haut et le dos en bas, utilise le principe de nutation pour retomber sur ses pattes avant qu'il ne touche le sol. Au départ, le chat n'a aucune quantité de moment angulaire tout comme à l'arrivée. Les mouvements de rotation du corps par les pattes avant et arrière contribuent au redressement du chat.

d'inertie, afin d'augmenter la vitesse angulaire de ce côté, et d'amorcer la vrille. En se rapprochant, le bras gauche diminue le moment d'inertie par rapport à l'axe longitudinal et la vitesse de la vrille augmente. Mais comme on ne peut pas transférer entièrement la quantité de moment angulaire du salto à la vrille, il en résulte un mouvement composé (d) réalisé autour des deux axes de rotation (transverse et longitudinal).

La figure 12.15 illustre clairement ces deux axes de rotation. L'axe A est celui d'une vrille pure alors que l'axe B représente celui du salto. L'axe C correspond à l'effet combiné de la vrille et du périlleux.

L'orientation de ce nouvel axe est la résultante vectorielle des quantités de moment angulaire propres au salto et à la vrille. Pour calculer la distribution des quantités de moment angulaire autour des différents axes de rotation, il faut faire appel au théorème de Pythagore (voir chapitre 4). P ar exemple, au début du saut, la quantité de moment angulaire (totale) du salto est de 80 kgm^2/s. Un peu plus tard, on estime que l'athlète a pu en transférer 70 kgm^2/s à la vrille. Quelle est l'orientation générale de l'axe de rotation ?

$$(L_{total})_1 = (L_{total})_2$$
$$(L_{salto_1})^2 = (L_{salto_2})^2 + (L_{vrille_2})^2$$
$$80^2 = (L_{salto2})^2 + 70^2$$
$$(L_{salto_2})^2 = 80^2 - 70^2$$
$$= (6400 - 4900)^{1/2}$$
$$L_{salto_2} = 38{,}73 \text{ kgm}^2/s$$

L'angle entre l'horizontale (axe du salto) et la verticale (axe de la vrille) est l'arc tangente de L_{vrille}/L_{salto}

$$\theta = \arctan(70/38{,}73)$$
$$= 61{,}0°$$

C'est-à-dire que le nouvel axe est fortement oblique par rapport à l'axe du salto (transverse). Il est à 61° par rapport à l'horizontale. Bien que la valeur exacte eut été difficile à deviner, l'orientation générale de l'axe résultant était prévisible, surtout à cause de la grande contribution de la quantité de moment angulaire associée à la vrille.

Maintenant que la quantité de moment angulaire du salto et de la vrille sont connues, on peut estimer leur vitesse angulaire si les moments d'inertie respectifs sont de 12,55 kgm^2 pour le salto à l'instant 17,0 kgm^2 pour le salto à l'instant 2, et 6,37 kgm^2 pour la vrille.

- Pour le salto à l'instant 1 :

$$L_{s1} = I_{s1}\,\omega_{s1}$$
$$\omega_{s1} = L_{s1}/I_{s1}$$
$$= 80/12{,}55$$
$$= 6{,}37 \text{ rad/s}$$

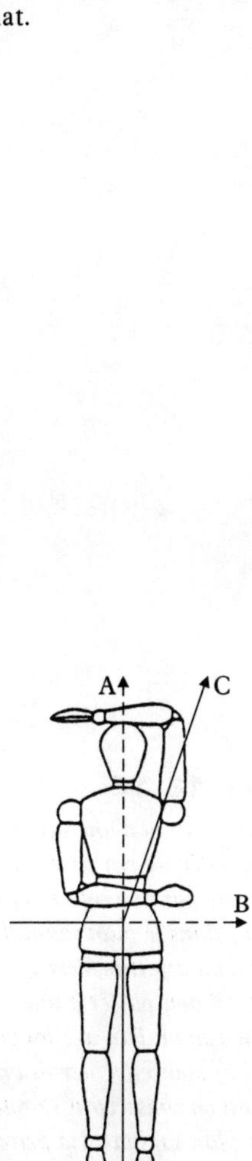

Figure 12.15

La vrille s'effectue autour de l'axe A alors que le salto se réalise autour de l'axe B. L'axe résultant C représente l'axe effectif des rotations combinées.

La vitesse angulaire du salto est à peu près d'une révolution par seconde.

- Pour le salto à l'instant 2 :

$$L_{s2} = I_{s2}\,\omega_{s2}$$
$$\omega_{s2} = L_{s2}/I_{s2}$$
$$= 38{,}73/17$$
$$= 2{,}28 \text{ rad/s}$$

Cette diminution de vitesse angulaire à l'instant 2 est due, d'une part, à l'augmentation du moment d'inertie de 12,55 kgm^2 à 17 kgm^2 telle qu'illustrée à la figure 12.16, et d'autre part, au transfert de la quantité de moment angulaire à la vrille. Une gymnaste doit donc se donner une plus grande impulsion angulaire pour effectuer une vrille qu'un simple salto, à cause de ce double effet qui réduit considérablement la vitesse angulaire du salto de départ.

- Pour la vrille :

$$L_V = I_V\,\omega_V$$
$$\omega_V = L_V/I_V$$
$$= 70/6{,}37$$
$$= 10{,}99 \text{ rad/s}$$

soit moins de deux tours par seconde.

Au début du saut la quantité de moment angulaire est de 80 kgm^2/s et est assumée par le salto uniquement. Si le moment d'inertie est 12,55 kgm^2, la vitesse angulaire initiale est de 6,37 rad/s. Une fois la vrille amorcée, la quantité de moment angulaire associée au salto diminue à 38,73 kgm^2/s. Cela entraîne un ralentissement dans la vitesse de rotation du salto (2,28 rad/s) et une augmentation importante de la vitesse angulaire au niveau de la vrille (10,99 rad/s).

Jusqu'à maintenant et avec l'exception des chapitres 3 et 4, nous ne nous sommes pas tellement préoccupés des forces qui génèrent le mouvement. À l'aide du concept de centre de masse corporelle, nous avons bien décrit le mouvement aé-

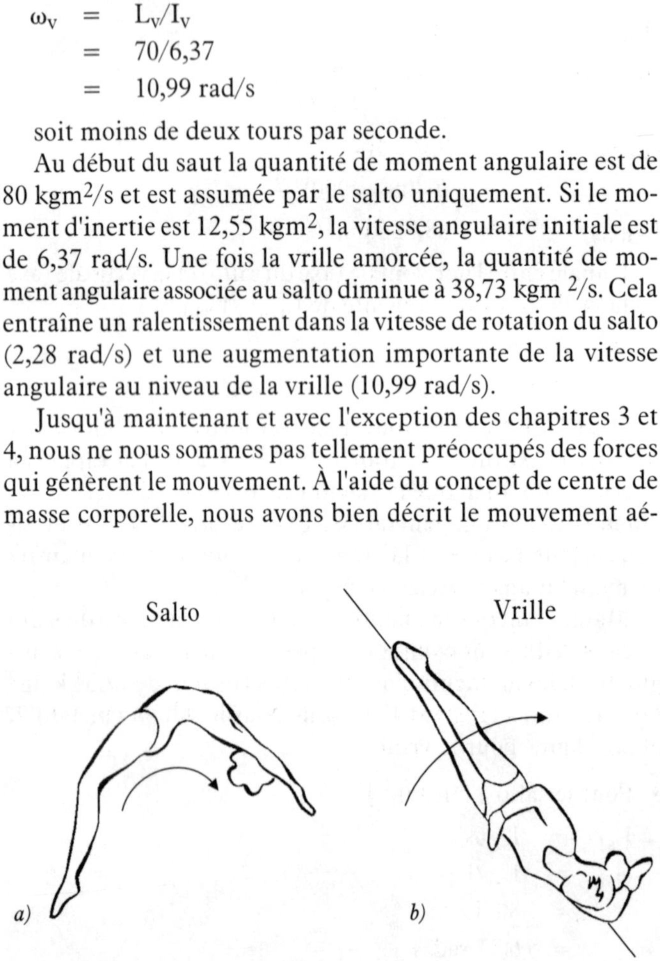

Figure 12.16

Dans l'exécution d'une vrille, le gymnaste débute par a) un salto, c'est-à-dire par une rotation qui s'effectue dans le plan sagittal autour d'un axe transverse. Ensuite, il doit passer à une rotation autour d'un axe longitudinal b) pour effectuer sa vrille mais tout en conservant sa rotation dans le plan sagittal. La perte de vitesse angulaire dans le plan sagittal est due à une augmentation du moment d'inertie lorsque le gymnaste passe d'une position de salto a), à une position tendue b) et au transfert d'une partie du moment angulaire de l'axe transverse à l'axe longitudinal.

rien lors d'un saut en longueur. Avec la vidéo, on a pu décrire les mouvements segmentaire et articulaire. Mais pour estimer les forces musculaires ou leur action, il faut passer par une autre étape, celle qui fait intervenir les forces externes. Le prochain chapitre nous initie à ces types de forces.

CONTRÔLE DES CONNAISSANCES

C 12.8 Étant donné que la quantité totale de moment angulaire est de 75 kgm^2/s et celle du salto est de 25 kgm^2/s, quelle est l'orientation de l'axe composé vrille et salto ?

C 12.9 À la question C 12.8, si le moment d'inertie du corps était de a) 35 kgm^2 avant la vrille, b) 30 kgm^2 pour le salto et c) 15 kgm^2 pour la vrille, quelles sont les vitesses angulaires respectives ?

chapitre
TREIZE

FORCES EXTERNES

Objectifs d'apprentissage

1 Nommer et expliquer les types de forces.
2 Comprendre les lois de Newton.
3 Savoir identifier les forces externes agissant sur le corps humain.
4 Énoncer et illustrer le Principe n° 8 : Force dirigée dans la direction du mouvement.
5 Énoncer et illustrer le Principe n° 9 : Utilisation de la force excentrée.
6 Énoncer et illustrer le Principe n° 10 : Sommation des moments articulaires.
7 Nommer et expliquer les principales caractéristiques des forces de réaction au sol et moments articulaires développés lors de la marche et de la course.
8 Connaître les caractéristiques du frottement et savoir calculer son effet.
9 Savoir distinguer la force de la pression.
10 Décrire le fonctionnement d'une plate-forme dynamométrique et donner des exemples de son utilisation.

13.1 LES FORCES

On peut distinguer les forces internes, celles développées par les muscles, des forces externes telle qu'une poussée provenant d'un adversaire ou d'un impact lors de la réception du pied au sol. Les forces externes sont toutes les forces d'interface entre le corps humain et son environnement. Par exemple, l'air qui nous entoure forme une résistance négligeable lorsqu'on se déplace à faible vitesse mais il gêne le cycliste. Dès qu'on touche à quelque chose, il existe une force de contact. Celle-ci est importante ou négligeable selon la nature du contact.

13.2 LOIS DE NEWTON

À la fin du XVIIe siècle, Isaac Newton a fait une synthèse de plusieurs phénomènes mécaniques en formulant trois lois universelles. Elles s'appliquent autant pour décrire la pomme qui tombe d'un arbre que pour expliquer le mouvement des planètes ou d'un gymnaste. Pour des raisons pratiques, notre discussion va porter d'abord sur la troisième loi du mouvement de Newton.

13.2.1 Action-réaction

Les forces externes sont souvent des forces de contact. Lorsque notre talon frappe le sol durant la marche, nous exerçons une force externe contre le sol. Mais au même instant, le sol crée une force identique à la nôtre mais dans la direction opposée, telle qu'illustré à la figure 13.1. Lorsque nous frappons violemment un adversaire, il nous frappe simultanément aussi fort. Ce phénomène est la manifestation de la troisième loi de Newton. Lorsqu'un corps exerce une force sur un autre, le second exerce toujours sur le premier une force égale en grandeur et sur la même ligne d'action mais en direction opposée. Plus simplement, à toute action il y a une réaction.

Tout en énonçant la troisième loi de Newton, nous avons aussi défini la notion de force comme étant une valeur vectorielle (voir chapitre 3). Une force doit avoir un point d'application (le point de contact entre deux corps), un module (10 Newton, 100 Newton, etc.), une direction (vers le haut, vers le bas, etc) et une ligne d'action (à 30° de la verticale). La ligne d'action permet d'orienter la force par rapport à une référence comme l'horizontale ou la verticale.

À la figure 13.1 a), la force du pied ou la force d'action agissant sur le sol est de 1100 N. Elle est dirigée vers le bas à droite à 40° par rapport à l'horizontale. La force de réaction du sol au talon est similaire à la force d'action, mais elle est dirigée vers le haut à gauche. À tout contact il y a deux forces,

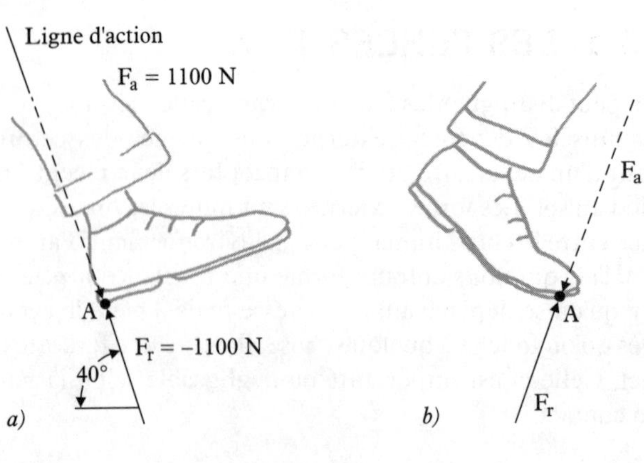

Figure 13.1
La poussée de la jambe, F_a, sur le sol est une force d'action alors que celle du sol appliquée sur le pied F_r, en est une de réaction. Le point d'application, A, est situé au contact pied/sol.

une d'action et une de réaction. Les forces de réaction sont toujours celles qui sont dirigées vers nous suite à notre intervention. Par exemple, si l'on saute sur les pieds, la force de réaction verticale est toujours exercée vers le haut.

Les forces de réaction au sol sont mesurées à l'aide d'une plate-forme dynamométrique (voir section 13.8). Elles sont mesurées dans les trois plans, à savoir, dans la direction du mouvement (forces antéro-postérieures, F_{AP}), droite/gauche (forces médio-latérales, F_{ML}) et vers le haut (forces verticales, F_V). On associe habituellement un axe (x, y et z) à chacune de ces forces. Les forces de réaction sont normalement représentées séparément en fonction du temps comme à la figure 13.2. Souvent, on se limite à une analyse planaire et les forces médio-latérales sont exclues.

À chaque instant, la force d'action ou de réaction totale est égale à la sommation vectorielle des forces exercées le long des axes. C'est-à-dire que la force totale, F_R, est égale à :

$$F_R = (F_{AP}^2 + F_{ML}^2 + F_V^2)^{1/2} \qquad (13.1)$$

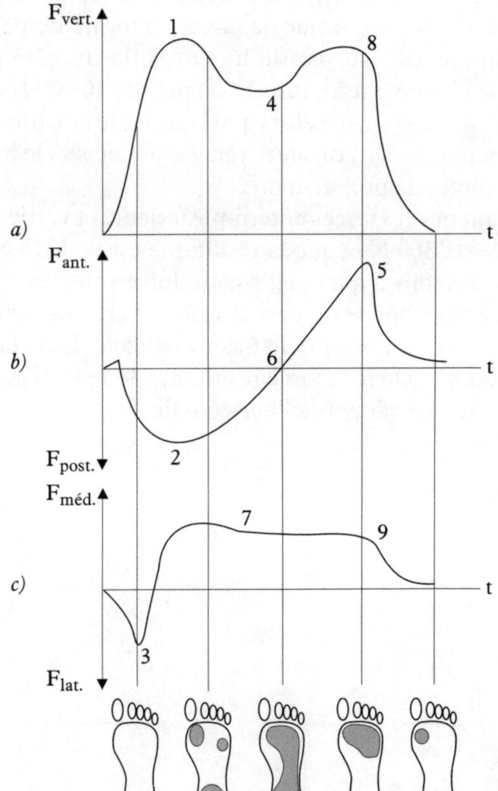

Figure 13.2

Forces a) verticale, b) antéro-postérieure et c) médio-latérale agissant au pied.

F_R est la résultante; alors que F_{AP}, F_{ML} et F_V sont les composantes. Par exemple, si à un moment donné F_{AP} est de 200 N, F_{ML} est de 100 N et F_V est de 1300 N, F_R est de 1319 N car

$$\begin{aligned} F_R &= (F_{AP}^2 + F_{ML}^2 + F_V^2)^{1/2} \\ &= (200^2 + 100^2 + 1300^2)^{1/2} \\ &= (1\,740\,000)^{1/2} \\ &= 1319 \text{ N} \end{aligned}$$

On n'est pas obligé de prendre les trois composantes. Dans une analyse planaire, on se limite aux forces antéro-postérieure et verticale. En négligeant les forces médio-latérales dans notre exemple, F_R devient 1315 N au lieu de 1319 N.

La figure 13.3 présente les forces de réaction au sol pour les composantes antéro-postérieure et verticale lors d'un saut en longueur. Généralement, les forces de réaction lors de l'impulsion sont des plus élevées, pour permettre un bon envol. Une autre façon de rapporter les forces de réaction au sol est de présenter seulement la force résultante (forces antéro-postérieure et verticale) en fonction du temps. La figure 13.4 illustre un diagramme de forces en forme de papillon. La première aile du papillon, soit celle du côté gauche démontre clairement un impact de près de 10 000 N accompagné d'un bon freinage alors que la seconde aile illustre des forces moindres mais dirigées vers l'avant et vers le haut. Ce sont les forces de propulsion.

Sachant que les forces antéro-postérieure et verticale sont de 200 N et 1300 N et que la résultante est de 1315 N, il est possible d'établir à quel angle cette force résultante est appliquée. En prenant le rapport de la force verticale sur la force antéro-postérieure on obtient 6,50 (1300/200). L'arc tangente de 6,50 est 81°. Donc la force résultante de 1315 N agit à un angle de 81° par rapport à l'horizontale.

Saviez-vous que...

Les découvertes d'Isaac Newton (1646-1727) viennent encrer solidement les bases de la mécanique classique. Il est le premier à rassembler les acquis importants du passé, à les rectifier, à les compléter par la notion de la gravitation universelle et à les généraliser dans une théorie scientifique complète. Newton, physicien, mathématicien et astronome anglais, s'est vu immortaliser par ses trois lois : le principe de l'inertie, la relation entre la force et l'accélération, et l'action des forces opposées.

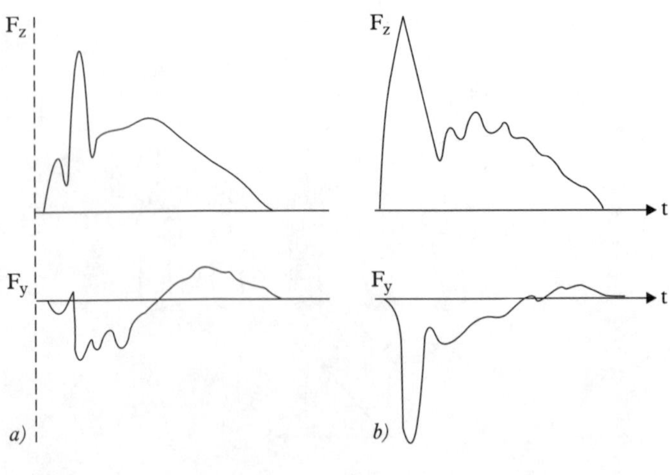

Figure 13.3
Forces de réaction au sol : composantes verticales (F_z) et antéro-postérieures (F_y) lors de la dernière foulée en a) et b), à l'impulsion développée durant le saut en longueur.

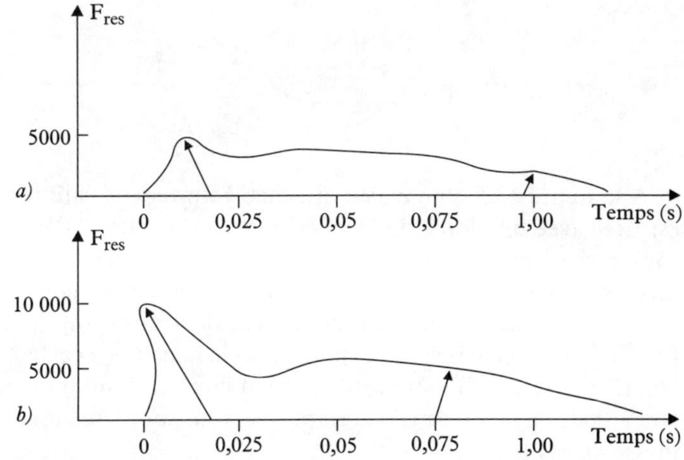

Figure 13.4
Forces de résultantes, F_{res}, enregistrées a) lors de l'avant-dernière foulée et b) à l'impulsion, lors d'un saut en longueur. Elles sont représentées sous la forme d'un diagramme en forme d'ailes de papillon.

CONTRÔLE DES CONNAISSANCES

C 13.1 Chez une personne en position debout, quelles sont les forces d'action et de réaction ?

C 13.2 Lorsque vous poussez contre une porte, nommer les forces d'action et de réaction.

C 13.3 Quelles sont les composantes horizontale et verticale d'une force positive de 3500 N appliquée à 40° par rapport à l'horizontale ?

C 13.4 Quelles sont les composantes horizontale et verticale d'une force positive de 3500 N appliquée à 25° par rapport à la verticale ?

C 13.5 La force verticale est de 2750 N, la force antéro-postérieure est de 900 N et la force résultante est de 3400 N , quelle est la force médio-latérale ?

13.2.2 Force et accélération

Selon la seconde loi du mouvement de Newton, la force, F, est proportionnelle à l'accélération, a, soit

$$\Sigma F = ma \qquad (13.2)$$

où m est la masse (kg) ou la constante de proportionnalité. L'équation 13.2 rallie le mouvement à sa cause. Cette équation ainsi que

$$\circlearrowleft \Sigma M_0 = I\alpha$$

décrivent la dynamique des corps ou les équations Newton-Euler du mouvement. La première à trait au mouvement linéaire et la seconde au mouvement angulaire. L'étude des forces responsables du mouvement s'appelle la cinétique.

Les accélérations linéaires et angulaires suivent la même convention que celle de forces des moments. Par exemple, une force verticale sera positive tout comme une accélération dirigée vers le haut.

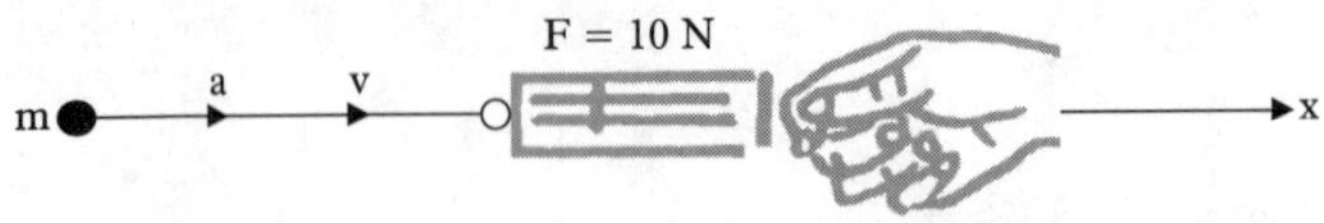

Figure 13.5
L'accélération a est proportionnelle à la force F et elle agit dans la même direction (d'après Sears and Zemansky, 1970).

À la figure 13.5, une masse attachée à un ressort calibré est tirée avec une force de 10 N sur une surface lisse. Pour conserver cette force, il faut absolument que la masse soit accélérée; sinon, la masse se déplacerait à une vitesse constante (mouvement uniforme) et la force deviendrait nulle. Plus la force exercée est importante, plus la masse est accélérée. La figure 13.6 illustre cette relation pour un coup franc au football La pente de cette relation est tout simplement la masse du ballon.

La masse est aussi considérée comme l'inertie ou la résistance de l'objet à accélérer. Donc plus l'objet à accélérer est lourd, plus la force ou la cause du mouvement devra être importante.

Les forces de réaction au sol représentent à la fois le poids de l'objet et son accélération. En divisant ces forces par la masse, on obtient l'accélération de l'ensemble du corps. Par conséquent, on interprète des forces de réaction au sol avec circonspection, car l'accélération des bras ou du tronc peut influencer de manière significative les forces enregistrées.

Les équations de Newton-Euler (équations 13.1 et 13.2) décrivent tous les mouvements. Au repos, les accélérations sont nulles et on retrouve les deux conditions d'équilibre des équations 4.1 et 3.4. De plus, elles mettent en évidence la relation de cause à effet du mouvement. La cause en est la force qui se développe en moment dans les mouvements de rotation, alors que l'effet ou la manifestation est l'accéléra-

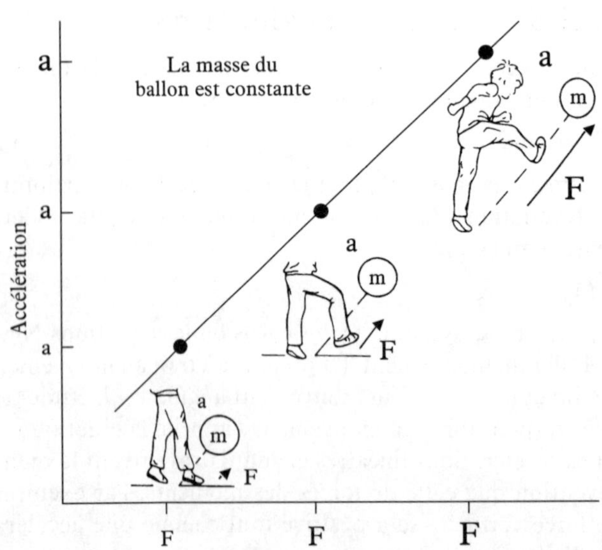

Figure 13.6
Relation entre la force et l'accélération. La pente de la ligne représente la masse (F/a = m). Reproduit, avec permission, de Kreighbaum, E. et Barthels, K.M. (1985). Biomechanics. A Qualitative approach for Studying Human Movement. *MacMillan Publishing Company, New York, N. Y.*

tion. Au chapitre 19, nous allons appliquer les équations du mouvement de Newton-Euler afin d'estimer les efforts musculaires (cinétiques) à partir de l'observation (cinématique).

À titre d'exemple, un individu se pèse sur une balance. Son poids est de 700 N (71,4 kg). Il fléchit brusquement les genoux. Qu'arrive-t-il à la force affichée sur la balance ? Elle diminue. Pour mieux comprendre ce phénomène, prenons l'exemple opposé. Notre individu décide au contraire de se relever rapidement de la balance à partir d'une position accroupie. En poussant, il exerce une force élevée sur la balance qui l'enregistre. Cette force ou cette poussée doit être au moins égale à celle du poids corporel et même supérieure pour entraîner une accélération vers le haut. Tout est normal. Par contre, quand on fléchit les genoux, l'accélération est dirigée vers le bas. Donc, il faut que la force diminue. On note alors un allègement car la force enregistrée est inférieure à celle du poids du corps.

En appliquant l'équation 13.2, une situation où l'on se pèse sur un pèse-personne comme à la figure 13.7 a), on obtient

$$\uparrow\Sigma F = ma$$
$$R - W = 0$$
$$R = W$$

La force de réaction, R est donc égale au poids corporel, W. Avec le mouvement des bras dirigés vers le haut, l'accélération sera positive car elle agit dans la même direction que celle de la force. La force de réaction sera

$$\uparrow\Sigma F = ma$$
$$R - W = ma$$
$$R = W + ma$$

Le pèse-personne indiquera une force supérieure au poids corporel pour tenir compte de l'accélération des bras. Ainsi, le mouvement se traduit par une force. Dans ce cas-ci, la force dû au mouvement vient s'ajouter au poids corporel car l'effort musculaire nécessaire pour soulever les bras vient s'ajouter à celui de l'action de la gravité.

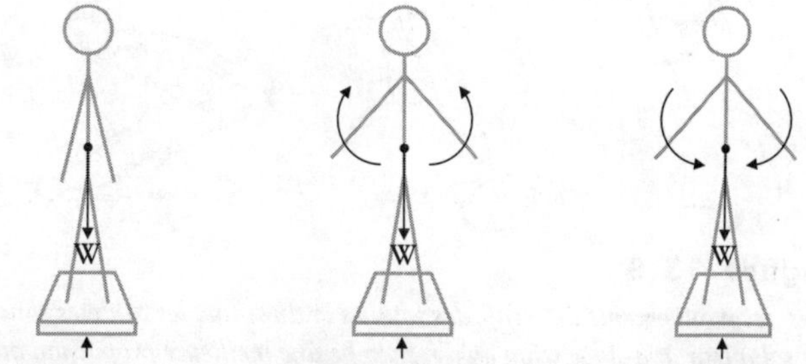

a) R = W *b)* R = W + ma *c)* R = W - ma

Figure 13.7

La force de réaction mesurée par le pèse-personne sera a) égale au poids corporel en position statique; b) supérieure en élevant les bras et c) inférieur au poids corporel en les abaissant.

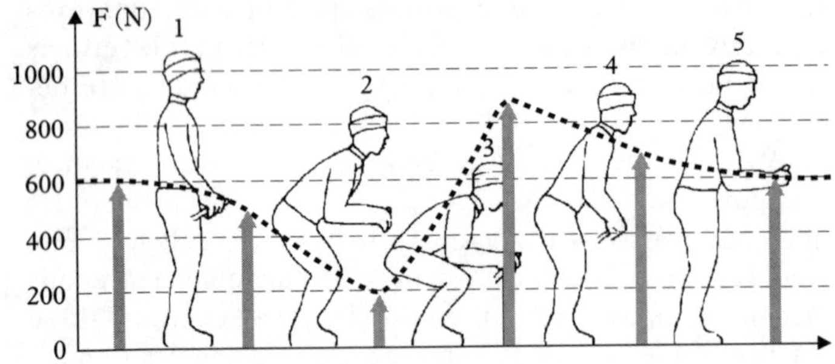

Figure 13.8

En fléchissant les jambes, le skieur crée un allègement, c'est-à-dire que la force de réaction au sol diminue et que celle-ci est inférieure au poids corporel (2-3). Une fois la flexion maximale atteinte, le skieur se donne un élan et la force de réaction au sol augmente de façon considérable (3-4). Lors de la glisse (4-5), la force de réaction correspond au poids corporel (Adapté de Wirhed, R., 1985).

En abaissant les bras, l'accélération devient négative car sa direction est contraire au sens positif. La force de réaction devient

$$\uparrow\Sigma F = ma$$
$$R - W = m(-a)$$
$$R = W - ma$$

La force de réaction est inférieure au poids corporel indiquant un allègement. On obtient le même effet en abaissant rapidement la main dans laquelle on tient un bouquin. Le livre nous apparaît plus léger.

La même stratégie est employée en ski alpin lors d'un virage. Pour faciliter le virage, on diminue les forces de réaction au sol (un allègement) en faisant une flexion des genoux.

La figure 13.8 représente la variation de la force verticale lors de mouvements de flexion/extension des jambes lors de la glisse en ski. Il est important de noter que la force est diminuée lors de la flexion (1 à 3), et augmente en se redressant (3 à 5). En position de flexion maximale (3), le skieur se donne un élan pour contrer les effets de la gravité et se propulser vers l'avant. La force de réaction verticale atteint alors des valeurs supérieures au poids corporel. Les athlètes se servent des mouvements des bras, des jambes et même du tronc à leur avantage pour augmenter ou diminuer les forces de réaction verticales. Par exemple, lors du saut en longueur (figure 13.9 c), le sauteur cherche à les diminuer afin de ne

Figure 13.9

Par des mouvements des bras, des jambes et du tronc, les athlètes sont capable de moduler la force de réaction au sol à leur avantage selon qu'il recherche une meilleure propulsion ou réduction des efforts de contact. a) Course; b) saut en longueur (impulsion); c) saut en longueur (réception); et d) virage en ski (tiré de Wirhed, R., 1985).

pas basculer vers l'arrière. Il en est de même en ski où un allègement va favoriser le virage en réduisant les efforts entre les skis et la surface enneigée (figure 13.9 d).

Contrôle des connaissances

C 13.6 Si le pèse-personne indique une force de 950 N, quelle est l'accélération si l'individu a un poids de 700 N ?

C 13.7 Quelle est la masse d'une personne, si la force de réaction est de 625 N de la balance et l'accélération est de -2 m/s^2 ?

C 13.8 Les forces au niveau du bas du dos sont-elles plus ou moins élevées quand on soulève une charge rapidement ou lentement ?

13.2.3 Conditions d'équilibre

Au chapitre 4, on a établi que l'équilibre est assuré aussi longtemps que le centre de masse demeure à l'intérieur de la base de support. Pour ce faire, on doit rencontrer les deux conditions d'équilibre. La première condition veut que la sommation de toutes les forces soit nulle. C'est-à-dire que la somme des forces horizontales ainsi que la somme des forces verticales soit égale à zéro. Quand on se tient debout, il y a le poids du corps et sa réaction au sol. Selon la 3e loi de Newton (action/réaction), la force de réaction au sol est égale, dans ce cas particulier, au poids du corps. Ainsi, on remplit la première condition.

Que la première condition soit remplie est insuffisant pour rester en équilibre. Par exemple, lorsque l'on se penche pour ramasser un livre, on est déporté par l'avant. La sommation des forces est nulle mais pas nécessairement la sommation des moments. Il faut à la fois que la sommation des forces et la sommation des moments soit nulle. Cette dernière correspond à la seconde condition d'équilibre.

La première loi de Newton précise qu'un objet est en équilibre et demeure en équilibre tant et autant qu'aucune force externe ne vient le perturber. Un objet au repos, tout comme une navette spatiale se déplaçant dans l'espace sans subir l'effet de la gravité sont tous deux en équilibre. Pourquoi ? Le mouvement uniforme (vitesse constante) et l'immobilité sont des notions relatives.

Dans un texte qui a paru en 1632 à Florence, Galilée présente un peu avant Newton que l'immobilité et le mouvement ne se distinguent pas l'un de l'autre. En voici la preuve. Vous êtes debout sur le pont d'un navire amarré au quai. Si vous sautez devant à pieds joints, vous franchirez une certaine distance sur le pont du navire. Un peu plus tard durant

Saviez-vous que...

En 1632, Galilée (1564-1642) a attiré le courroux de l'Église de l'époque en affirmant que le mouvement et la distance ne sont pas absolus. Cette affirmation hautement subversive revenait à dire que rien ne permet d'affirmer que la Terre est immobile ! Jusqu'alors, le monde des idées est encore dominé par l'héritage des Grecs anciens. L'on croyait fermement, à la suite du grand philosophe grec Aristote, qu'il n'existe qu'un seul état naturel pour un corps et qu'il ne peut le quitter sans y être poussé par une force quelconque.

votre croisière (le navire se déplace à vitesse constante), vous répétez l'expérience. Vous franchirez la même distance qu'auparavant sans pour autant faire un saut plus long ou plus court bien que pendant que vous êtes dans les airs le plancher du navire s'est déplacé sur l'eau. Ainsi, la longueur du saut reste la même peu importe si le navire se déplace ou non, qu'il soit immobile ou en mouvement.

Ainsi l'immobilité et le mouvement uniforme sont considérés comme des situations d'équilibre. Ce n'est pas le cas en présence d'une force quelconque telle que la pesanteur. Vous vous sentez écrasé au fond de votre siège dans une voiture qui accélère ou encore dans un avion qui décolle !

13.3 PRINCIPES FAISANT INTERVENIR LA FORCE

Les forces externes contribuent au mouvement seulement lorsqu'elles sont en contact direct avec le corps. Les trois prochains principes ont trait tout particulièrement à l'application de la force dans la direction du mouvement et par rapport à un axe, entraînant des mouvements de rotation.

13.3.1 Principe n° 8 : Force dirigée dans la direction du mouvement

L'équation 13.2 met en relation la force et le corps qui est accéléré. La force est l'élément moteur ou la cause du mouvement alors que l'accélération de l'objet en est sa manifestation. C'est de cette relation que découle le Principe n° 8 : l'application de la force dans la direction du mouvement.

Principe n° 8 : La direction linéaire d'un corps est déterminée par la force externe.

Dans sa forme la plus simple, un placage horizontal aura tendance à déplacer l'adversaire; alors qu'une détente verticale, comme au lancer du poids entraînera le poids vers le haut. Dans les deux cas, l'accélération se fait dans la direction de l'application de la force ou selon la ligne d'action de la force.

Rien n'empêche de donner une direction oblique à une balle ou un autre engin. Pour cela, la poussée doit avoir deux composantes (par exemple, horizontale et verticale) ou trois si le mouvement s'effectue dans l'espace. L'athlète à la figure 13.10 a) quitte le tremplin à un angle donné. Cet angle correspond aussi à celui de la direction de la force. Le frappeur de la figure 13.10 b) dirige la balle de base-ball parallèlement au sol; donc sa force est aussi dirigée dans la même direction. La direction que prendra un objet correspond

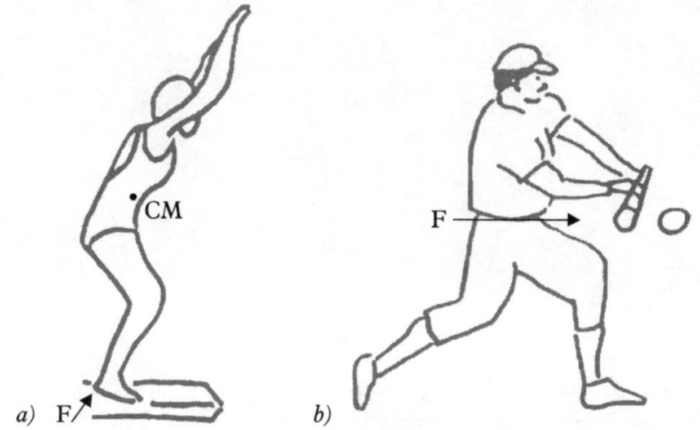

Figure 13.10

La force est dirigée vers le centre de masse, CM de la plongeuse a), ou de la balle b). Il y aura un mouvement de translation.

toujours à celle de la ligne d'action de la force résultante, en autant que celle-ci passe par le centre de masse. L'objet se déplace lentement ou rapidement selon la grandeur de la force appliquée. Ainsi l'orientation et la grandeur de la force dirigent l'objet.

Tant qu'il y a contact, le principe de l'application de la force dans la direction du mouvement s'applique. Dès que l'objet est libre, les forces externes ne contribuent d'aucune manière à son mouvement. C'est pourquoi on utilise le rapport des vitesses initiales pour déterminer l'angle de projection ainsi que la trajectoire d'un projectile et non pas l'angle entre les forces.

Dans le même esprit de ce principe, l'alignement des segments corporels devrait suivre la ligne d'action de la force. En effet, si tous les segments travaillent ensemble et dans la direction, l'effort sera meilleur. Par exemple, le patineur de vitesse de la figure 13.11 b) a le genou tourné vers l'intérieur. Cela brise la continuité dans l'alignement de l'axe longitudinal du membre inférieur et a pour effet de diminuer sa propulsion. L'effort est partagé le long de deux lignes d'action. Par contre, le patineur de la figure 13.11 a) développe une force dont la ligne d'action passe par toutes les articulations du membre inférieur. Il est de même pour l'haltérophile de la figure 13.12. L'haltérophile aura plus de facilité à soulever

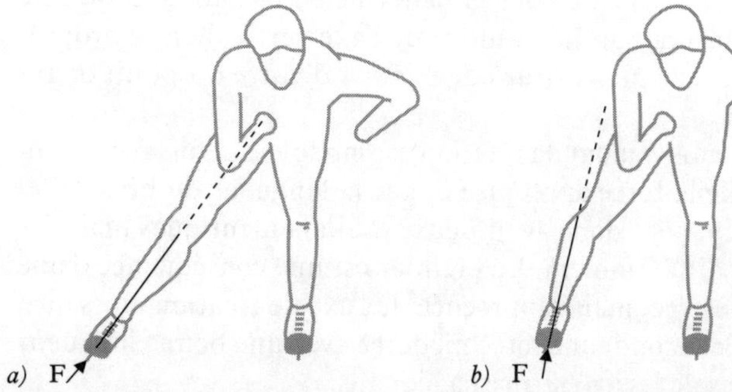

Figure 13.11

a) Avec la jambe tendue, le patineur de vitesse développe une bonne propulsion car la ligne d'action de la force agit le long de l'axe longitudinal du membre inférieur. En b), cette force n'est pas totalement exploitée parce que le genou est légèrement en adduction.

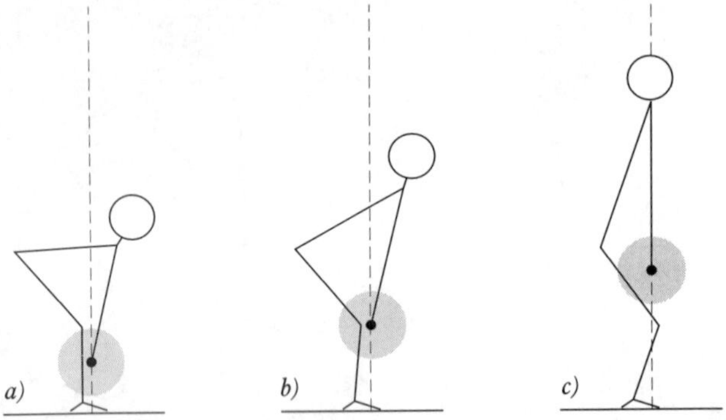

Figure 13.12
Lors de l'arraché en haltérophilie, l'athlète cherche à soulever la charge de manière à ce que les articulations des membres inférieurs et des épaules soient le plus possible dans la ligne d'action de la force de réaction du sol indiquée par la ligne pointillée (adapté de Lambert, 1978).

la charge lorsque la ligne d'action de la force de réaction du sol passera le plus près possible des articulations des membres inférieurs et des épaules.

Contrôle des connaissances

C 13.9 Nommer deux autres exemples où le principe de la direction de la force se manifeste.

13.3.2 Principe n° 9 : Utilisation de la force excentrée

L'application de la force dans la direction du mouvement s'applique aux mouvements linéaires. Si cette force est appliquée légèrement à côté du centre de masse, il en résulte un mouvement de rotation. La force est alors dirigée de manière excentrée par rapport au centre de masse ou au centre de rotation.

La contraction du gastrocnémien de la figure 13.13 entraîne une flexion plantaire à la cheville. Sa ligne d'action passe à une certaine distance (bras de levier) de l'axe de rotation et la force musculaire se traduit par un moment à la cheville.

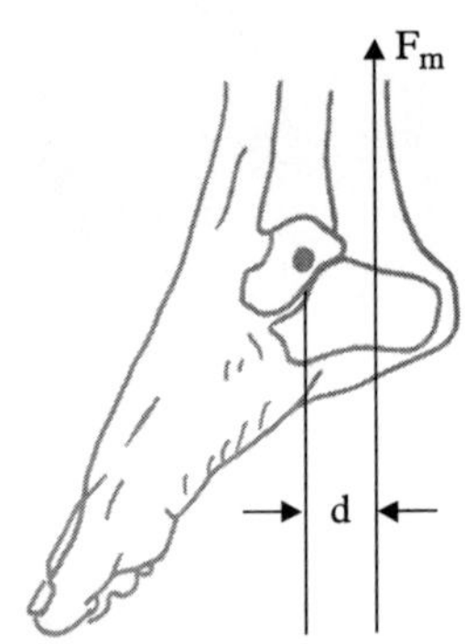

Figure 13.13
La force musculaire, F_m agit à une distance, d, (bras de levier) de la cheville. Il en résulte un mouvement de rotation ou de flexion plantaire.

Principe n° 9 : L'utilisation d'une force excentrée résulte en une rotation.

Il est de même pour la ballerine de la figure 13.14. Elle effectue une rotation autour de l'axe vertical en se propulsant de ses pieds situés de part en d'autre du point de rotation.

Le mouvement de rotation est modulé à la fois par le module de la force appliquée et par la longueur du bras de levier. On peut donc avoir deux résultats identiques mais obtenus différemment. Le premier est une conséquence d'une force élevée, mais rapprochée de l'axe de rotation alors que, pour le second, une force modérée avec une bonne longueur de bras de levier est aussi adéquate.

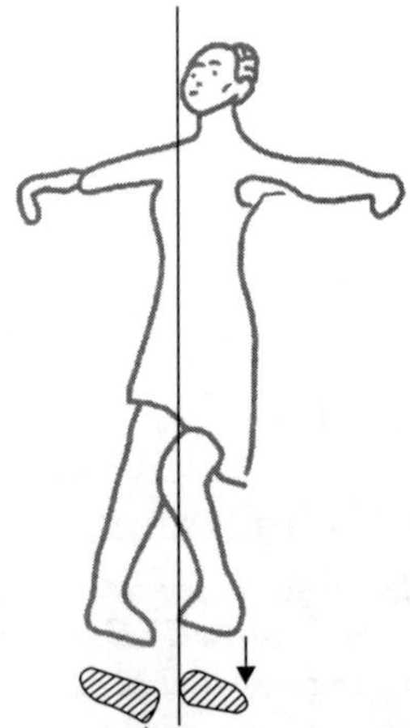

Figure 13.14
Utilisation d'une force excentrée pour générer une rotation autour de l'axe vertical, chez une ballerine.

13.3.3 Principe nº 10 : Sommation des moments articulaires

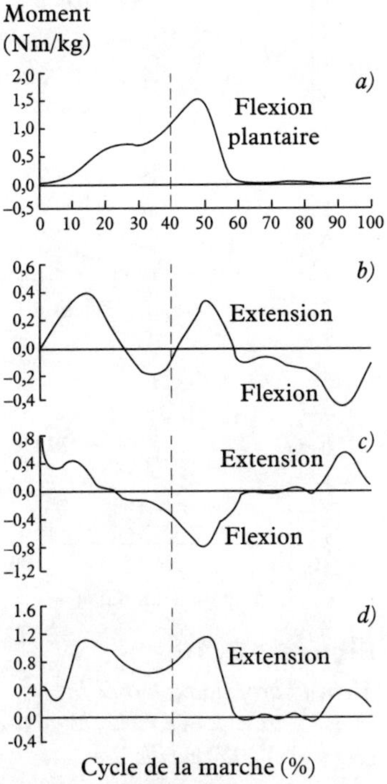

Figure 13.15

Moments articulaires calculés a) à la cheville; b) au genou; c) à la hanche et d), sommation des moments articulaires ou moment total. À titre d'exemple, un moment total de 0,8 Nm/kg calculé à la ligne pointillée est obtenu par la somme des moments à la cheville (+1,1 Nm/kg), au genou (0,1 Nm/kg) et à la hanche (–0,4 Nm/kg).

La première loi de Newton porte sur l'équilibre et sur ses conditions. L'une d'entre elles, la seconde, exige que la sommation des moments soit nulle. Cette condition s'applique seulement quand on est au repos ou en mouvement uniforme. Mais durant la marche, la course ou un saut, lors des contacts au sol, on est en présence de forces externes. On n'est plus en équilibre mais dans un mouvement caractérisé par des accélérations et des décélérations. La sommation des moments n'est plus égale à zéro sauf à l'occasion et cela pour un temps très bref.

Les moments articulaires calculés à la cheville, au genou et à la hanche sont rapportés à la figure 13.15 en fonction d'un cycle de marche (0-100 %). À la cheville et peu après la réception (0 à 15 %), il y a un mouvement de flexion dorsale qui est contrôlé par un moment qui est entièrement positif et représente une action excentrique des fléchisseurs plantaires. L'activité des fléchisseurs plantaires perdure et assure la progression de la jambe sur la cheville (15 à 40 %). Plus tard le moment de flexion plantaire augmente de beaucoup (40 à 55 %) lors d'une contraction concentrique des fléchisseurs, propulsant ainsi tout le membre inférieur vers l'avant.

Au genou, on note également un moment extenseur peu après la réception (10 à 20 %). Cela correspond aussi à l'avancement de la jambe sur la cheville qui entraîne une légère flexion au genou de 15° à 20°. Les extenseurs assurent la stabilité au genou par une contraction excentrique. Durant 30 % à 50 % du cycle de marche, les fléchisseurs sont actifs et sont responsables de la flexion au genou qui atteindra son maximum lors de l'oscillation et de l'extension du bassin. Ensuite, les extenseurs du genou ramènent la jambe en extension (60 à 75 %) dans le but de préparer le pas suivant. À la toute fin de l'oscillation, les fléchisseurs sont encore actifs (90 à 100 %) et travaillent de façon excentrique pour ralentir la progression de la jambe et assurer le contact initial.

À la hanche, les extenseurs sont actifs pour la grande partie de la phase de support afin d'assurer la stabilité du tronc. À la fin de la phase de support et jusqu'en oscillation survient ensuite un moment fléchisseur (40 à 75 %) qui entraîne la flexion de la cuisse à la hanche. Vers la fin de cette phase, un moment extenseur (90 à 100 %) sert de mécanisme de contrôle de l'avancement de la cuisse tout comme les fléchisseurs au genou décélèrent la jambe pour préparer la réception du pied au sol.

Les moments articulaires donnés à la figure 13.16 indiquent la participation des principaux groupes musculaires durant la course lente. Ainsi, les fléchisseurs de la hanche (1) travaillent en synchronisme avec les fléchisseurs plantaires (2) pour faire avancer et propulser le membre inférieur vers l'avant. Les extenseurs du genou (3) luttent contre sa flexion lors de la mise en charge. À la fin de la foulée, les fléchisseurs de la hanche (4) et les extenseurs du genou (5) ramènent le tronc vers l'arrière en ralentissant la jambe pour préparer respectivement la prochaine foulée. Le moment total de support est positif.

Principe n° 10 : La sommation des moments articulaires est positive durant la phase de support.

Une des principales caractéristiques de toutes les activités podales repose sur une sommation des moments articulaires positive telle qu'illustré à la figure 13.15. On note durant la marche que le moment musculaire à la cheville est positif. Par contre, au genou, il est souvent positif alors qu'à la hanche il varie. Le Principe n° 10 prédit que le résultat de la sommation des moments (articulaires) de la cheville, du genou et de la hanche sera positif et que cette valeur positive durant la phase de support est une conséquence directe de notre stabilité verticale.

Bien qu'une articulation comme le genou peut présenter un moment négatif, des moments musculaires compensatoires à la hanche et à la cheville feront en sorte que la somme demeurera positive. Autrement dit, une faiblesse à une articulation sera compensée par les autres articulations afin que l'on puisse se maintenir debout. Une sommation négative des moments articulaires est un signe d'incapacité de maintenir la station verticale sans aides orthopédiques.

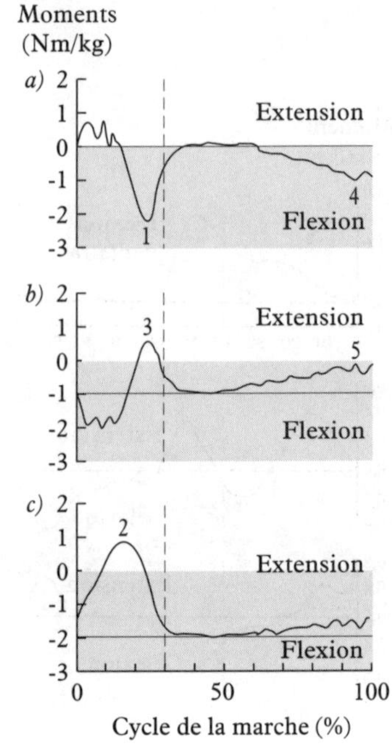

Figure 13.16

Moment articulaires lors de la course lente a) à la hanche, b) au genou et c) à la cheville. Les valeurs positives indiquent une action des extenseurs. La phase de support ne dure que 32 % du cycle de la marche.

13.4 FORCES EXTERNES DÉVELOPPÉES DURANT CERTAINES ACTIVITÉS

Notre corps est constamment assujetti à des forces externes. La marche et toutes les autres activités où nous sommes en contact avec le sol ou l'eau dépendent des forces externes. Même l'air crée une résistance à nos déplacements et au vol des engins.

13.4.1 Forces de réaction à la marche

La figure 13.2 présentait en fonction du temps les trois composantes des forces de réaction au sol développées durant la marche. Ces forces durent un peu plus de 600 ms (millisecondes) ou 0,600 s. Il est important de noter que l'allure de ces courbes peut changer de signe selon la convention du système de référence adoptée et le type de force. Il est important de savoir s'il s'agit des forces de réaction au sol ou des forces appliquées par l'individu. Dans notre cas il n'est question que des forces de réaction au sol et notre convention est la suivante : les forces de réaction sont positives lorsqu'elles agissent vers le haut, l'avant et du côté médial. Ce système de coordonnées s'applique à chaque pied. Nous avons donc deux systèmes de coordonnées, un pour le pied droit et un autre pour le pied gauche. Cela permet de comparer l'action des forces qui agissent dans le même sens.

La marche est une activité complexe et les forces de réaction renferment plusieurs subtilités. À titre d'exemple, nous nous limiterons aux principales caractéristiques des forces de réaction développées durant la marche.

En terme de grandeur ou d'amplitude, la force verticale est la plus importante. Elle peut atteindre une fois et demie le poids du corps. Si nous enlevons ce poids, la force verticale est relativement comparable aux deux autres. Les forces antéro-postérieures (avant-arrière) et les forces médio-latérales représentent 20 % à 30 % du poids du corps.

Au contact initial (figure 13.2), durant la période de réception, l'impact initial se manifeste par une force verticale maximale (1). Le talon est en contact avec le sol qui freine le pied dans sa progression vers l'avant, donc la réaction est vers l'arrière (2). À l'impact, notre pied est dirigé aussi vers l'intérieur entraînant une réaction latérale (3).

Au milieu de la phase de support, il y a un allègement où la force verticale chute à 75 % du poids du corps (4). Cet allègement se produit au moment où notre pied est à plat au sol et passe d'une période de freinage (2) à une de propulsion (5) antérieure. Durant cet instant de transition (6), le pied ne développe aucune force antéro-postérieure. Cependant, il doit assurer une stabilité médio-latérale (7) suite au transfert de poids, car à ce moment la jambe contro-latérale est dans la phase d'oscillation. Finalement, nous trouvons la propulsion (5 et 8) vers le haut et l'avant et un autre transfert de poids (9) lors de la poussée.

Ces forces s'intègrent éventuellement dans une analyse complexe où l'on prend aussi en considération la position du pied, de la jambe et de la cuisse. Au chapitre 19, nous allons voir comment se calculent les moments musculaires.

Contrôle des connaissances

C 13.10 Avez-vous noté la grandeur de l'aire sous la courbe de la force postérieure (2) et celle de la force antérieure (5) ?

13.4.2 Forces de réaction à la course

À la course, nous observons également des forces de réaction au sol mais elles sont beaucoup plus élevées qu'à la marche.

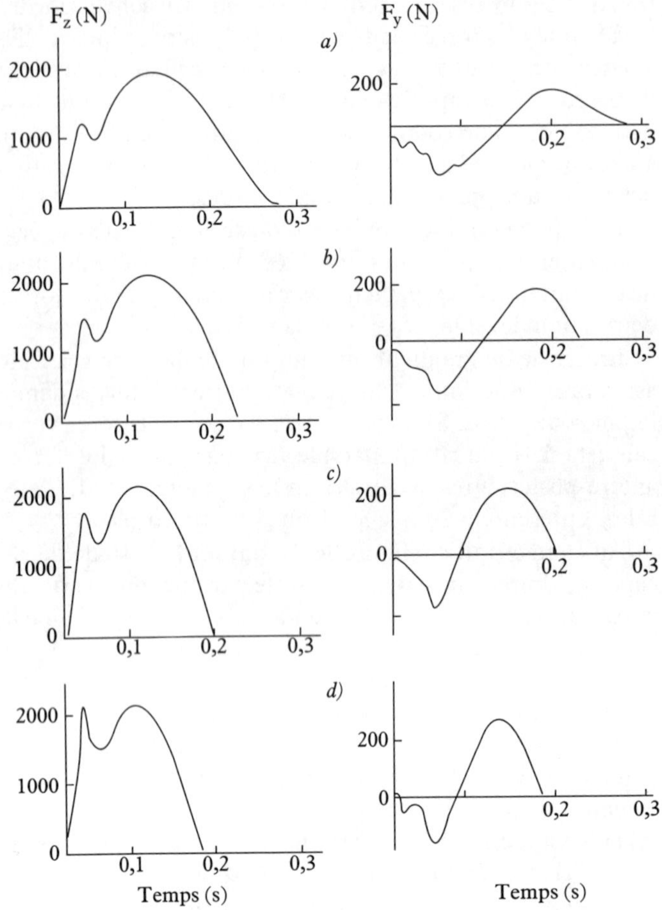

Figure 13.17
Forces de réaction verticales F_z et antéro-postérieures Fy pour des vitesses de course de a) 3 m/s, b) 4 m/s, c) 5 m/s et d) 6 m/s. D'après Nigg, B.M. (1986). Biomechanics of Human Shoes. *Human Kinetics, Champaign, Illinois.*

Elles sont aussi très variables en amplitude selon la vitesse de course (figure 13.17). Il faut aussi spécifier le créneau de vitesses du coureur en plus de la nature des forces (réaction ou non), et du système de référence. La figure 13.17 rapporte des forces de réaction verticales et antéro-postérieures pour une vitesse de course variant de 3 à 6 m/s. Le système de référence est le même que celui de la figure 13.2.

Comme à la marche, on note deux maxima aux forces de réaction verticales. Le premier est l'impact du contact initial et le second est dû aux forces musculaires qui propulsent le membre inférieur. Sans changer la vitesse de course, il est possible d'atténuer cet impact en modifiant les propriétés mécaniques du talon de la chaussure ou le type de surface de sol, tel qu'illustré à la figure 13.18. Sans changer de manière importante la force verticale due à la propulsion, la force d'impact sur une surface dure est deux fois et demie celle d'une surface molle. Le chapitre 14 qui porte sur les chaussures de sport traitera plus longuement de l'influence de la chaussure sur la réduction des impacts à la course.

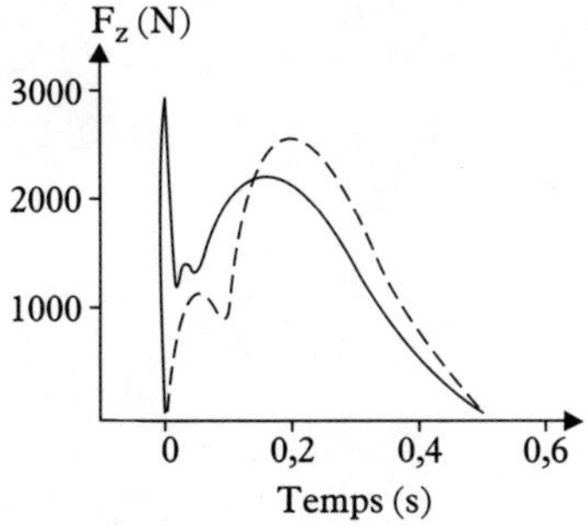

Figure 13.18

Forces de réaction verticales développées durant la course sur une surface dure (trait plein) et molle (pointillé). D'après Nigg, B.M. (1986). Biomechanics of Human Shoes. *Human Kinetics, Champaign, Illinois, Ill.*

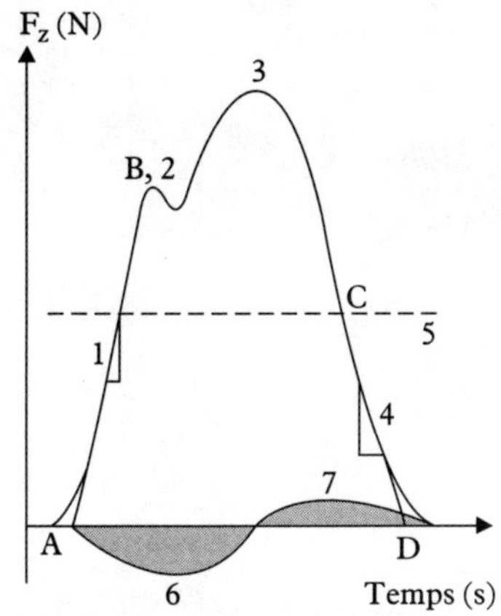

Figure 13.19

Forces verticales (zone claire) et antéro-postérieures (zone grise). Les symboles sont expliqués dans le texte.

Plusieurs paramètres tirés des courbes de réaction au sol sont utilisés pour caractériser les chaussures de sport et plus particulièrement les chaussures de course. La figure 13.19 illustre les principales. Des forces verticales, on obtient le taux de chargement, (1) exprimé en N/s, soit la pente de la droite AB. Cet indice est directement lié à la rigidité de la semelle. C'est-à-dire que plus la semelle est rigide plus le taux de chargement est élevé. Les variations intra-individuelles de cet indice seraient un bon indicateur de la performance d'un coureur reprenant son activité suite à une blessure.

Un second indice, la force d'impact maximale où le premier maximum de la force verticale (2) est associé à la transmission des forces d'impact au système musculo-squelettique. Nous avons vu comment les surfaces de sol et la construction de la chaussure peuvent modifier l'amplitude de cette force. Le style du coureur a aussi une grande influence sur cette force.

La poussée maximale, soit le second maximum (3) représente la force de propulsion du coureur. Elle est de 2,5 à 2,8 fois le poids du corps pour des vitesses de course allant de 3 m/s à 5 m/s.

Le taux de déchargement où la pente de la droite CD (4) est près de cinq fois plus faible que le taux de chargement. La force verticale moyenne (5) semble un peu plus intéressante. Cet indice est plus stable que les autres et peut servir à caractériser la progression d'un coureur blessé. De plus, il y a la force de freinage (6) et de poussée antérieure maximale (7) tirées de courbe de forces de réactions médiolatérales.

Certains indices sont très révélateurs de la manière de courir de l'athlète; d'autres semblent moins intéressants en ce qui concerne la course ou la marche normale. Ils peuvent s'avérer plus intéressants dans l'étude de la marche ou de la course pathologique.

Contrôle des connaissances

C 13.11 Lesquels des sept indices mentionnés ci-haut augmenteraient avec un accroissement de la vitesse de course ?

13.5 LE FROTTEMENT, UNE FORCE EXTERNE BIEN PARTICULIÈRE

La force externe la plus répandue est probablement le frottement ou résistance au mouvement. Qu'il s'agisse de la résistance de l'air sur un cycliste ou l'adhérence de la piste de course, le frottement intervient pour freiner le mouvement.

À première vue l'on peut croire que le frottement nuit au mouvement, alors qu'il en est un des principaux artisans.

Par exemple, que se passe-t-il sans friction ? Debout sur une plaque de glace, on a beaucoup de difficulté à se déplacer à moins d'être muni de chaussures spéciales pour augmenter l'adhérence ou le frottement entre la surface glacée et les chaussures. Durant la marche, on exerce une force de propulsion contre le sol. Si cette force est supérieure à la force de frottement, on glisse tout simplement. Le motard qui démarre à toute à allure fait tourner les roues de sa moto « dans le vide ». C'est-à-dire que la force motrice est supérieure à celle du frottement et il n'y a plus adhérence. Le frottement est donc une force de résistance nécessaire au mouvement.

13.5.1 Facteurs qui influent sur le frottement

Quels facteurs influent sur le frottement ? La nature des matériaux en contact font en sorte que le frottement est plus ou moins important. Le tableau 13.1 donne pour quelques combinaisons de matériaux leurs coefficients de frottement. Le coefficient de frottement indique la qualité de l'adhérence entre deux surfaces. Plus le coefficient de frottement est élevé, plus la force de frottement va l'être.

La rugosité des surfaces de contact joue également. Deux surfaces lisses comme celles d'une semelle de chaussure et d'une plaque de glace ont un coefficient de frottement beaucoup plus faible que la combinaison terre et chaussures de football munies de crampons.

À l'occasion, on peut modifier le coefficient de frottement. Ainsi en appliquant un fart sur la semelle des skis on les rend

Tableau 13.1

Coefficients de frottement pour différentes paires de matériaux selon Sears and Zemansky (1970).

Matériau	Coefficients de frottement
Bois sur bois (sec)	0,4
Métal sur métal (sec)	0,2
Métal sur métal (lubrifié)	0,05
Caoutchouc sur bois	0,75
Caoutchouc sur tuile	0,2
Cartilage	0,005

Coefficient de frottement moyen pour différentes chaussures de course et type de surface de jeu (selon Nigg et al.*, 1984).*

Chaussure	Tapis	Synthétique granulaire	Surface PVC	Sable	Asphalte
Tout usage	1,10	1,00	1,10	0,50	0,75
Jogging	1,00	0,88	0,85	0,43	0,68
Tennis	0,55	0,82	0,45	0,40	0,70

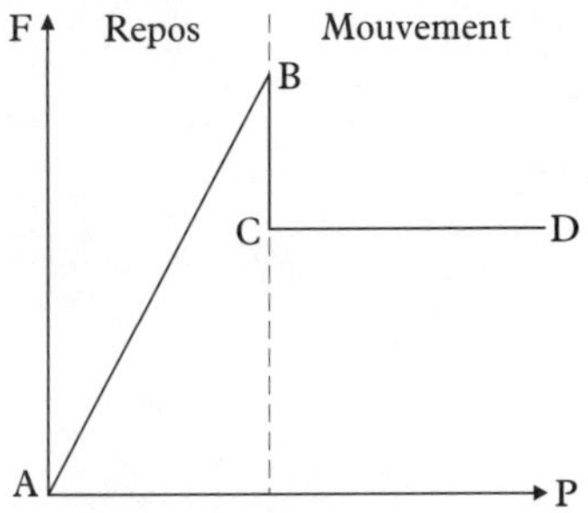

Figure 13.20
La résistance ou frottement F est exprimée en fonction de la poussée, P. Au repos, le frottement augmente pour atteindre un seuil maximal où il se stabilise dès que le mouvement est amorcé.

plus ou moins glissantes. On lubrifie aussi les engrenages ou les parties mobiles d'un mécanisme comme celles d'un vélo.

La température est également importante. Le skieur de fond doit choisir judicieusement le fart qui correspond aux conditions climatiques. Les conducteurs de Formule 1 échauffent leurs pneus avant le début de la course pour amollir le caoutchouc par la chaleur et augmenter l'adhérence.

La vitesse de déplacement intervient aussi. Avez-vous remarqué qu'il est plus facile de pousser un chariot lourd une fois qu'il est en mouvement. Cela est dû au fait que le frottement est plus important lorsque l'objet à déplacer est immobile. On distingue deux coefficients de frottement, à savoir un coefficient statique (objet immobile) et un coefficient dynamique (objet en mouvement).

La figure 13.20 illustre la variation du frottement en fonction de la force externe appliquée pour déplacer une masse quelconque. Au début, le frottement augmente de manière linéaire et proportionnelle à la force externe (Section A-B de la courbe). L'objet ne se déplace pas; il demeure immobile. Sans que l'objet ne se déplace, le frottement va augmenter jusqu'au moment ou il va atteindre un maximum (B). À cet instant l'objet va être métastable, c'est-à-dire dans un équilibre précaire car avec un peu plus de force l'objet va se déplacer. Il y a aussi une légère chute du coefficient de frottement (BC) qui entraîne une réduction de la force de frottement. Quant l'objet se déplace, le frottement demeure constant (CD) à moins que les surfaces de contact ne soient modifiées.

En état d'équilibre, c'est le coefficient de frottement statique qui intervient. Lorsque l'objet est en mouvement, le coefficient de frottement dynamique est plus faible. Dans les calculs, on va préférer utiliser le coefficient de frottement statique, car on aura une estimation du frottement maximal.

13.5.2 Calcul du frottement

Le frottement f est le produit du coefficient de frottement, μ par la force normale, N.

$$f = \mu N \qquad (13.4)$$

La force normale est la force de réaction de la résultante (sommation des forces) perpendiculaire à la surface de contact. Dans le cas le plus simple, c'est le poids de la personne qui se tient debout ou de l'objet qui repose sur le sol. Par exemple, quelle force doit-on vaincre pour pousser un chariot de 1000 N ? Les roues du chariot sont en caoutchouc et la surface est en bois. Du tableau 13.1 nous obtenons le coefficient de frottement pour une surface caoutchouc/bois de 0,75. Donc,

$$
\begin{aligned}
f &= \mu N \\
&= 0{,}75 \times 1000 \\
&= 750\ N
\end{aligned}
$$

Qu'arrive-t-il si nous roulons sur de la tuile ?

$$
\begin{aligned}
f &= \mu N \\
&= 0{,}2 \times 1000 \\
&= 200\ N
\end{aligned}
$$

La force de frottement est réduite à 200 N.

Contrôle des connaissances

C 13.12 Monté sur mon rouli-roulant, je descends une pente de 30° par rapport à l'horizontale. Le coefficient de frottement est de 0,2. Quelle est la force de frottement ? (Indice : Poids total 800 N. N'oubliez pas : la force normale est perpendiculaire à la surface.)

Si on ajoute un poids de 500 N au chariot, quelle est la force de frottement pour une surface caoutchouc/bois ? La force normale est la force de réaction correspondant à la somme de toutes les forces perpendiculaire au sol. Dans ce cas-ci, on additionne le poids du chariot (1000 N) avec le poids supplémentaire (500 N). La force normale est de 1500 N. Le frottement est donc

$$
\begin{aligned}
f &= \mu N \\
&= 0{,}75 \times 1500 \\
&= 1125\ N
\end{aligned}
$$

Qu'arrive-t-il si l'employé exerce une force de 1300 N, sur un chariot de 150 kg. En appliquant la seconde loi de Newton, $\Sigma F = ma$, on obtient

$$
\begin{aligned}
\Sigma \vec{F} &= ma \\
F_{m-f} &= ma \\
a &= (F_{m-f})/m \\
&= (1300 - 1125)/150 \\
&= 1{,}167\ m/s^2
\end{aligned}
$$

La différence entre la force appliquée, 1300 N et le frottement, 1125 N fait en sorte que le chariot a une accélération de 1,167 m/s^2.

Qu'arrive-t-il sur un plan incliné ? Un skieur de 75 kg descend une pente de 35°. Le coefficient de frottement entre les skis et la surface de neige est de 0,01. Quel est le frottement ? Le poids du skieur (750 N) n'est pas tout à fait la force normale car la force due à la gravité n'est pas perpendiculaire à la surface inclinée de la pente comme l'illustre la figure 13.21. L'angle formé par le poids du corps et la force

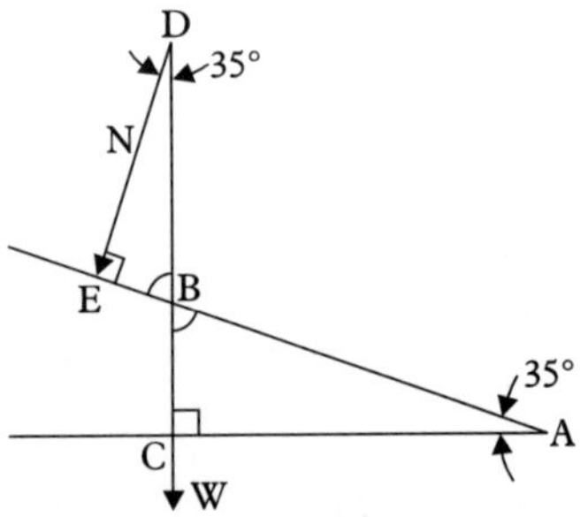

Figure 13.21

Le triangle EDB est similaire au triangle CAB. ils ont un angle réciproque au point B et chacun a un angle de 90°. Comme la somme des angles d'un triangle est de 180°, l'angle D doit correspondre à l'angle A. La force normale, N, est égale au produit de W par le cosinus de l'angle à D.

perpendiculaire à la surface est de 35°, tout comme la pente. Le poids du corps représente l'hypoténuse et la force perpendiculaire est le côté adjacent. La force normale est égale à la réaction de la force perpendiculaire.

$$N = W \cos \theta$$
$$N = 750 \cos (35°)$$
$$N = 614{,}4 \text{ N}$$

Ainsi le frottement est

$$f = \mu N$$
$$= 0{,}01 \times 614{,}4$$
$$= 6{,}14 \text{ N}$$

À l'aide de la figure 13.21, on peut déterminer le coefficient de frottement entre deux matériaux. Par exemple, on pose un objet en caoutchouc sur une planche de bois. On soulève une des extrémités de la planche jusqu'au moment où l'objet glisse sur la planche. L'inclinaison de la planche correspond à

$$\mu = \tan \theta \qquad (13.5)$$

En effet, le frottement, f est égale à une partie du poids, mg de l'objet qui cherche à le faire glisser.

Le frottement est égale à

$$f = \mu N$$

où

$$N = mg \cos\theta$$

donc

$$f = \mu \, mg \cos\theta$$

En appliquant l'équation du mouvement de Newton, on obtient pour les forces agissant le long de la planche.

$$\sum \vec{F} = ma$$
$$F - mg \sin\theta = 0$$
$$mg \sin\theta - \mu \, mg \cos\theta = 0$$
$$\mu \, mg \cos\theta = mg \sin\theta$$
$$\mu = mg \sin\theta / mg \cos\theta$$
$$= \sin\theta / \cos\theta$$
$$= \tan\theta$$

Ainsi, peu importe les matériaux en contact, le coefficient de frottement est égal à la tangente de l'inclinaison de la planche.

Dès qu'un mouvement se produit entre deux matériaux, il y a frottement. La figure 13.22 présente les variations dans les forces de réaction verticales, la force de frottement et le coefficient de frottement lors d'un coup de patin. Par exemple, la force de frottement entre le patin et la glace est de près de 6 N et le coefficient de frottement varie entre 0,004 et 0,006. La force verticale varie relativement peu et se main-

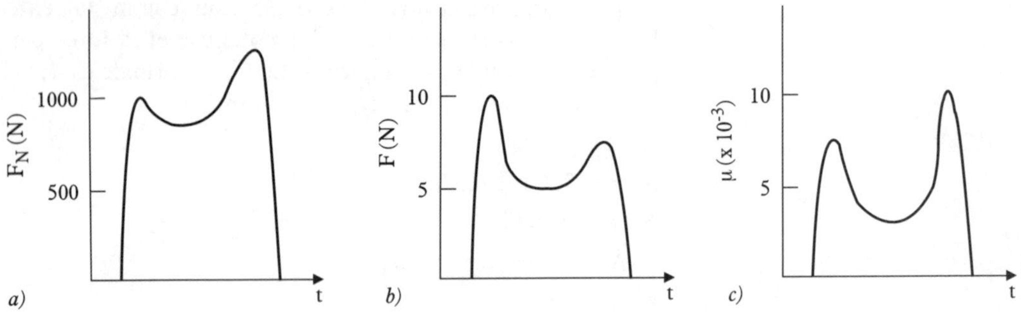

Figure 13.22

a) Variations de la force normale, F_N, b) force de frottement, f et c) du coefficient de frottement lors d'un coup de patin.

tient à près de 900 N (figure 13.22 a). La force d'impact ne se fait pratiquement pas ressentir (1000 N). C'est seulement à la poussée que la force augmente jusqu'à 1 400 N. Par contre, le frottement varie entre 4 et 10 N (figure 13.22 b). Au contact initial et terminal de la foulée, le pied et le patin font un mouvement de rotation interne et externe respectivement. Cela augmente l'adhérence sur la glace et augmente la force de frottement. Durant la glisse, le coefficient de frottement est de 0,004 et la résistance est minimale (3 N).

La température idéale pour la glisse du patin se situe entre –8° C et –5° C (figure 13.22 d). Le coefficient de frottement moyen se situe à 0,0045. À des températures supérieures, la glace est trop molle et le patin s'enfonce légèrement dans la glace qui gêne la glisse (0,006 < μ < 0,0045). Lorsque la glace est à des températures inférieures à –8° C, elle durcit et le coefficient de frottement augmente (0,0048 < μ < 0,0045). Comme la variation du coefficient de frottement suit une courbe parabolique plus prononcée du côté des hautes températures, une glace trop froide est préférable à une glace trop chaude.

Un peu plus loin, on verra comment le frottement intervient dans une descente en ski et comment elle réduit la vitesse du skieur.

Saviez-vous que...

Blaise Pascal (1623-1662) mathématicien et physicien français a écrit un essai sur les coniques à 16 ans et a inventé une machine à additionner à 18 ans. Par ses nombreux travaux sur la pression atmosphérique et le comportement des gaz, son nom a été associé à l'unité de pression.

CONTRÔLE DES CONNAISSANCES

C 13.13 On incline progressivement une planche sur laquelle repose un verre de lait au chocolat de 375 ml. À 25° d'inclinaison par rapport à l'horizontale, le verre commence à glisser. Quel le coefficient de frottement ?

13.6 FORCE OU PRESSION ?

Lorsqu'on masse un muscle endolori, on le fait souvent avec la paume de main; par contre, pour un mal de tête lancinant on va se frotter le front avec l'extrémité des doigts. Dans les

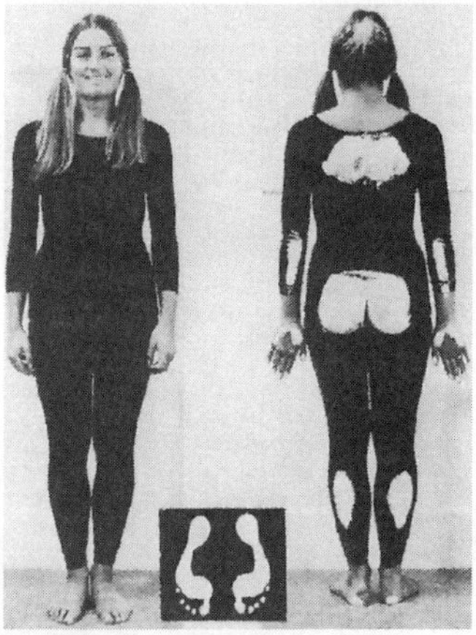

Figure 13.23

Pour une même personne, la pression développée pour se soutenir varie selon la surface d'appui. En position debout a) tout le poids repose sur les pieds. Par contre, couché sur le dos, le poids est réparti sur les régions rendues claires par de la poudre et la pression diminue, b). Reproduit, avec permission, de Hay, J.G. (1978). The Biomechanics of Sports Techniques. *Prentice-Hall, Englewood Cliffs N. J.*

deux cas, on applique à peu près la même force mais on ne la ressent pas de la même manière. D'une part, on la répartit sur toute la main pour ne pas blesser davantage le muscle et d'autre part on la focalise sur le bout des doigts pour « écraser » la douleur au front. En fait, on change la surface d'application de la force et on varie la pression exercée. La pression, P est le rapport de la force, F par unité de surface, A.

$$P = F/A \qquad (13.6)$$

La pression est exprimée en N/m^2 ou Pascal (= 1 N/m^2).

Lorsque l'on se tient debout, la surface des pieds supportant notre poids est de 0,0174 m^2. La pression de notre poids (70 kg) sur les pieds est de 39 426 N/m^2 ou 39,4 kPa (kiloPascal). Couché sur le dos, la surface portante augmente considérablement à 0,1161 m^2 . La pression est réduite à 5,9 kPa. La figure 13.23 illustre les surfaces portantes en positions debout et couchée.

La figure 13.24 représente la distribution de la pression sous le pied. La pression n'est pas uniforme. Le talon supporte un peu plus que deux fois la pression retrouvée aux articulations métatarsophalangiennes (MTP). L'axe vertical du membre inférieur passe plus près du talon que de l'avant-pied. À l'avant-pied, la pression est uniforme. Cependant la surface du premier MTP est deux fois plus importante que celle des quatre autres. Donc la force au premier rayon est deux fois supérieures aux autres.

On s'est intéressé à déterminer la pression sous le pied durant la marche. La figure 13.25 illustre la distribution de la pression chez des individus ayant un pied plat, une arche plantaire normale ou prononcée. Avec un pied plat, il y a moins de pression sur le pied alors qu'avec une arche élevée on retrouve des pressions importantes. À la course, pieds-nus et à 3,5 m/s, les pressions sont plus élevées qu'à la course avec chaussure, même à presque le double de la vitesse (6 m/s).

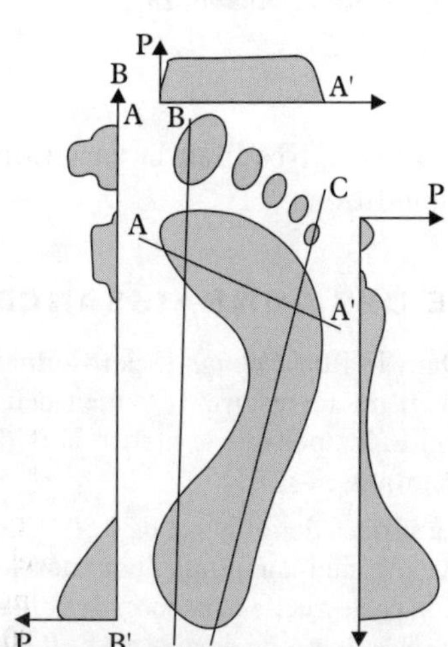

Figure 13.24

La pression sur le pied n'est pas partout la même. Les trois sections AA', BB' et CC' illustrent comment elle est uniforme aux articulations métatarso-phalangiennes et élevée au talon (d'après Lavigne, A., et Noviel (1975).

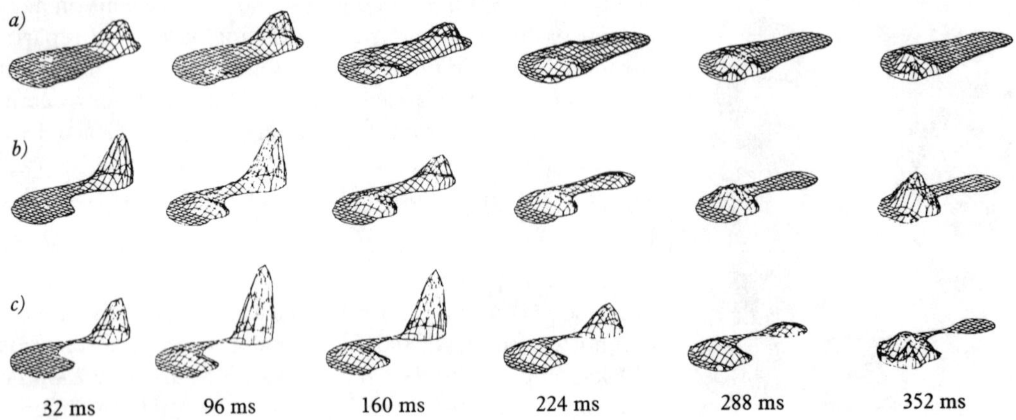

Figure 13.25

Répartition de la pression durant la course chez un individu ayant a) les pieds plats, b) normaux et c) une voûte plantaire accentuée. Reproduit, avec permission, de Nigg, B.M. (1986). Biomechanics of Human Shoes. *Human Kinetics, Champaign, Illinois, Ill.*

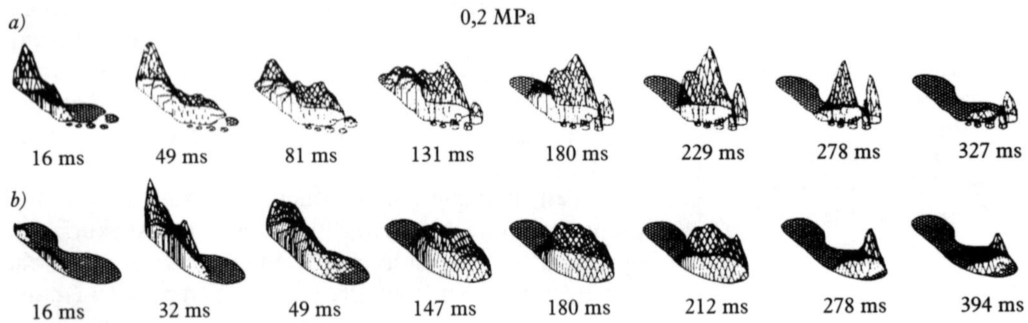

Figure 13.26

Distribution de la pression durant la course à pieds nus a), à 3,5 m/s et b) avec chaussures de course à une vitesse de 6,0 m/s. Reproduit, avec permission, de Nigg, B.M. (1986). Biomechanics of Human Shoes. *Human Kinetics, Champaign, Illinois, Ill.*

La figure 13.26 illustre très bien la variation des pressions pour ces deux conditions.

CONTRÔLE DES CONNAISSANCES

C 13.14 Dans le film *Presidio*, Sean Connery pointait du doigt un adversaire. Il le menaçait en disant que son index pouvait le mettre hors d'état de nuire. Pourquoi ?

C 13.15 La surface du doigt est de 0,0001 m^2. Quelle force au doigt faut-il appliquer pour développer une pression égale à celle d'un coup de poing au ventre si la surface du poing fermée est de 0,00435 m^2 ?

13.7 MODÈLE D'INTERVENTION EN BIOMÉCANIQUE

Les forces externes complètent l'analyse biomécanique du mouvement humain. Le poids, les forces de réaction au sol interviennent dans le calcul des forces articulaires et des moments musculaires. Il en est de même pour toutes les autres forces comme le frottement, une poussée ou encore un contact avec un engin tel qu'une raquette de tennis. Par la cinématique, nous sommes en mesure de décrire la gestuelle d'un athlète alors que l'analyse cinétique permet d'estimer les forces musculaires.

Mais comment utiliser les notions de la biomécanique dans le but d'intervenir auprès d'un athlète ? Pour cela, il faut faire appel à un modèle conceptuel illustré à la figure 13.27. Ce modèle comprend six étapes : 1) l'identification; 2) la préparation; 3) les hypothèses; 4) les principes; 5) l'intervention elle-même et 6) l'évaluation.

Dans un premier temps, il faut identifier où la faute à été commise. À titre d'exemple, prenons un flip flap (bascule arrière de tout le corps amorcée par les membres inférieurs et effectuée dans le plan sagittal) suivi d'un salto arrière qui se termine par une réception sur les genoux amortie avec les mains (figure 13.28). L'objectif de notre intervention est d'expliquer pourquoi le salto n'a pas été réussi et recommander une stratégie qui permettrait au gymnaste de se corriger.

Après l'identification, il faut ensuite se faire une image mentale des mouvements du gymnaste. Il faut comprendre

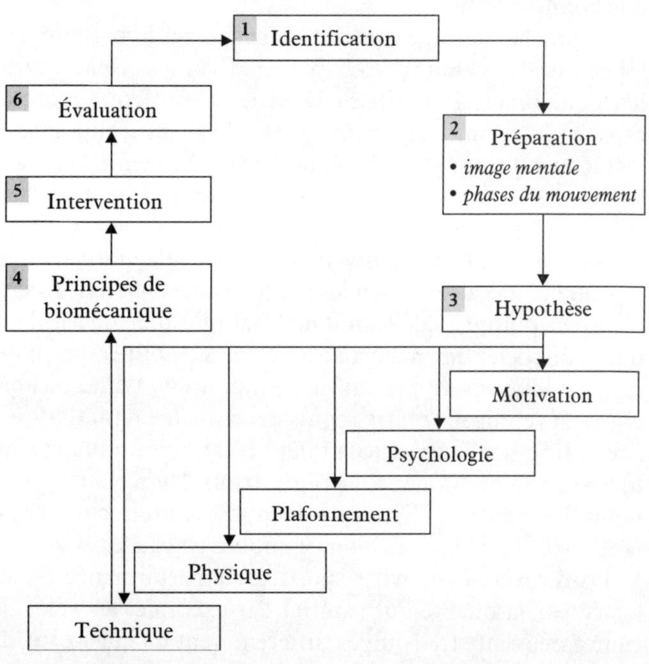

Figure 13.27
Modèle d'intervention en biomécanique.

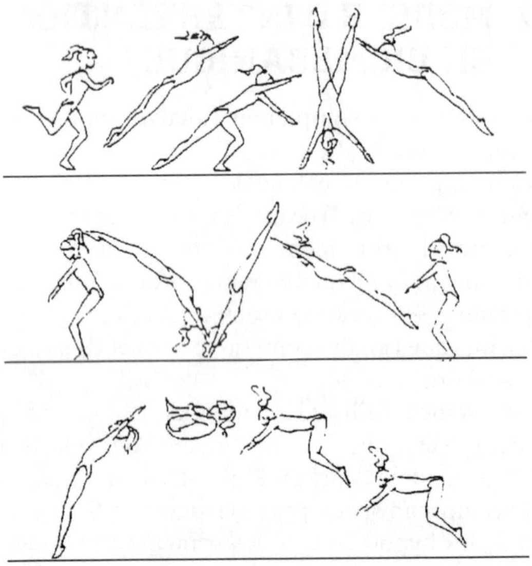

Figure 13.28
Salto arrière avec une mauvaise réception sur les mains et les genoux. a) rondade, b) flip flap et c) salto arrière.

que tout s'est déroulé dans l'espace d'une ou deux secondes. Et, c'est la chute du gymnaste qui a surtout retenu notre attention. Il faut donc revoir la séquence et l'enchaînement des mouvements jusqu'à la chute. Une façon de procéder est d'utiliser les notions de phases et de périodes décrites au chapitre 5. Dans le cas de notre gymnaste, les phases importantes sont par ordre rétrograde au salto : 1) la suspension pour la quantité de mouvement angulaire; 2) l'impulsion pour assurer une bonne propulsion et c) le flip flap pour développer une bonne vitesse.

La prochaine étape consiste à émettre des hypothèses sur les causes de la chute. Ces hypothèses se rapportent à l'athlète et aux matériels utilisés. Dans le cas présent, seules les capacités du gymnaste sont en cause. Elles sont groupées sous les facteurs techniques, physiques, de plafonnement psychologiques et de motivation. Les trois premiers se rapportent à la biomécanique et seront discutés plus largement. Par contre, s'il s'agit de facteurs psychologiques ou de motivation, il faut être en mesure de bien les identifier et consulter les spécialistes appropriés. S'il s'agit de l'état physique de l'athlète, il faut dissocier une mauvaise performance suite à une blessure subie avant ou pendant la compétition, d'une incapacité à développer l'effort requis pour réaliser l'activité en cours. Il se peut aussi que l'athlète ait atteint un plateau au niveau de sa performance et l'entraîneur devra envisager de nouvelles solutions. S'il s'agit d'une difficulté technique, il faut revoir les principes biomécaniques en cause.

Dans certaines activités sportives, la performance est affectée par la qualité du matériel Par exemple, les vélos de course peuvent être équipés différemment ou construits de matériaux plus ou moins légers. Le matériel sportif peut aussi se briser durant la compétition. Cela arrive parfois au hockey sur glace ou au base-ball lorsque le bâton se fracasse suite à l'impact. À l'occasion, le matériel peut être mal adapté aux besoins de l'athlète. Par exemple, l'équipement de protection peut gêner la pratique de l'aïkido. Une visière rayée peut nuire à l'escrimeur.

Dans le cas d'une difficulté qui émane d'un facteur technique, il faut revoir chacune des phases ou périodes du mouvement et déterminer si les objectifs de chacune d'elles sont atteints avant d'entreprendre la suivante. Il se peut qu'une erreur se produise au tout début et se répercute seulement quelques instants plus tard. Reprenons l'exemple du gymnaste afin d'identifier quels principes de biomécanique sont en cause et comment une mauvaise application de ces principes peut entraîner la chute du gymnaste.

Les trois phases identifiées sont le flip flap, l'impulsion et la suspension. Le but du flip flap est d'acquérir une quantité de mouvement angulaire (principe de la force excentrée et conservation de la quantité de mouvement angulaire). La quantité de mouvement provient du contact entre les mains et le sol et le pied et le sol, à chaque passage du gymnaste. Une réduction de la quantité de mouvement angulaire limiterait la vitesse angulaire de rotation et, par conséquent, le salto lui-même.

Lors de l'impulsion, le centre de masse du gymnaste doit se situer devant la base de support dans la direction du mouvement (principe de la force excentrée). Au moment de l'impulsion, le gymnaste doit avoir les jambes en pleine extension (principe de la direction de la force) et lever les bras (seconde loi de Newton, la force verticale augmente). Cela aura pour effet d'augmenter la quantité de mouvement angulaire pour amorcer le salto et de développer des vitesses horizontales et verticales nécessaires à la trajectoire parabolique suivie par la gymnaste. Un centre de masse trop près de la base de support provoquera une diminution de la quantité de mouvement angulaire par une réduction du moment suite à un plus petit bras de levier. De même, une mauvaise synchronisation avec le mouvement des bras vers le haut causera une chute dans la force de réaction au sol et dans le moment. Un angle de projection trop faible réduira la composante verticale de la vitesse et le gymnaste n'atteindra pas une hauteur (apogée) suffisante. La gravité agissant, la gymnaste n'aura pas assez de temps pour réaliser son salto même avec une bonne quantité de mouvement angulaire.

Dans les airs, la gymnaste doit faire appel aux principes de la conservation de quantité de mouvement angulaire et au transfert de la quantité de mouvement angulaire. Elle doit rabattre les bras près du tronc et se recroqueviller sur elle-même. Cela aura pour effet de réduire son moment d'inertie et augmenter sa vitesse angulaire. De plus, la quantité de mouvement angulaire des bras sera transférée au tronc augmentant ainsi sa vitesse angulaire.

Une fois les principes biomécaniques qui n'ont pas été respectés sont identifiés, l'entraîneur peut expliquer les causes de la chute ou intervenir directement en donnant une consigne correctrice. L'entraîneur n'aura plus qu'à évaluer l'effet de son intervention et à ajuster ses consignes selon l'évolution du gymnaste.

13.8 SYSTÈMES DE MESURE DYNAMOMÉTRIQUE

Dans le commerce, il existe deux types de plate-forme de force, ou plate-forme dynamométrique, à savoir celle des sociétés AMTI (USA) et Kistler (Suisse), utilisant respectivement des jauges de déformation et des cristaux piézo-résistifs. De l'extérieur, ils ont essentiellement la même apparence. La figure 13.29 illustre une de ces plate-formes.

Les capteurs sont montés sur les piliers supportant une plaque rigide et non déformable. La force externe est appliquée sur la plaque qui la transmet directement aux piliers qui se déforment. Une fois calibrée, cette déformation est proportionnelle à la force appliquée. Les capteurs sont reliés à un ordinateur en passant par un amplificateur de signaux.

Les paramètres mesurés et dérivés sont : le temps, les forces et moments verticaux, médio-latéraux et antéro-postérieurs. On peut calculer aussi l'accélération, la vitesse, le déplacement, le point d'application instantané de la force de réaction. Avec les données cinématiques, on peut procéder à une analyse dynamique complète du corps humain afin d'estimer les moments musculaires.

Pour l'enregistrement bilatéral des forces, on a recours à deux plate-formes. Ce type d'appareil se limite à la mesure des composantes de la force de réaction totale sans donner la répartition des forces sous le pied, par exemple.

Il existe cependant des instruments pour mesurer la pression sous les pieds. Un système composé d'une plaque ou d'une semelle instrumentée est illustré à la figure 13.30. Les mesures de pression sont souvent faites pour évaluer le confort et la performance de chaussures de sport ou d'orthèses du pied. On peut également utiliser des capteurs de pression pour quantifier la nature des contacts entre un corset et le corps humain.

Le prochain chapitre présente une application particulière des forces externes. Il s'agit de l'interaction entre les forces de réaction au sol avec le pied en passant par la chaussure de sport. Cet exemple nous permet de souligner l'importance des forces externes à travers une application où les éléments de biomécanique sont à la fois très pertinents et

Figure 13.29
Plateforme dynamométrique AMTI. Photo Advanced Mechanical Technology Inc., Newton MA.

Saviez-vous que...

Les unités de mesure sont écrites en lettres minuscules (kg, m, s, etc.) à l'exception des unités qui portent le nom de quelqu'un tels que Newton, Celcius, Pascal, Hertz, etc. La première lettre prend une majuscule comme dans N, °C, Pa et Hz et ils ne se mettent pas au pluriel.

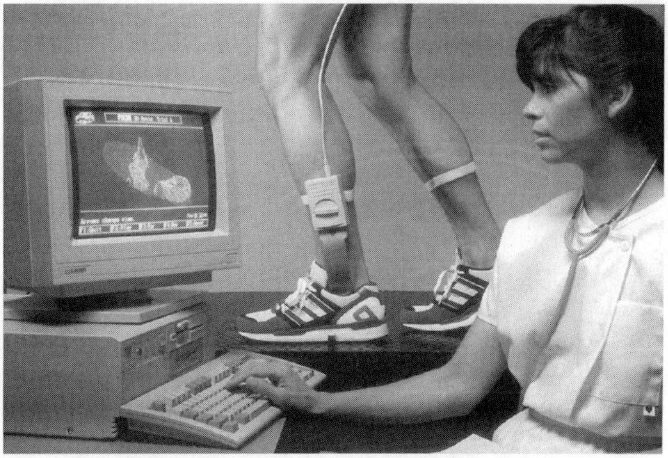

Figure 13.30

Système de mesure de pression de Tekscan. Photo Tekscan Inc., South Boston, MA.

chapitre
QUATORZE

CHAUSSURES DE SPORT

Objectifs d'apprentissage

1 Décrire les principaux constituants d'une chaussure.
2 Définir ce que l'on entend par coefficient de transfert et contrôle de la pronation.
3 Reconnaître les caractéristiques d'une chaussure performante et sécuritaire pour la course à pied.
4 Nommer et expliquer certains critères de performance d'un talon de chaussure pour la course à pied.

14.1 INTRODUCTION

En vingt ans, la forme et les fonctions de la chaussure ont rapidement évolué. Autrefois, l'espadrille était la chaussure de sport par excellence. Les nouveaux matériaux capables de mettre en valeur une ou plusieurs propriétés mécaniques telles que la flexibilité, la durabilité et la capacité d'atténuer les chocs ont été rapidement utilisés dans la fabrication de la chaussure de sport. Dans cette foulée (!), les grands fabricants se sont équipés de laboratoires et ont sollicité l'expertise des spécialistes de l'analyse du mouvement dans le but de développer des chaussures plus sécuritaires et plus performantes. Dans la construction d'une chaussure on tient compte non seulement de l'ampleur de la force mais aussi de son point d'application et de sa distribution sous le pied. Cela constitue un bel exemple pour illustrer l'importance des forces externes sur le corps humain. Avant de décrire les propriétés mécaniques recherchées et d'analyser leurs effets sur la pratique sportive, voyons un peu les différents constituants de la chaussure.

14.2 ANATOMIE DE LA CHAUSSURE

La chaussure se divise de bas en haut en trois grandes parties à savoir le talon, la semelle et la tige. Parfois le talon et la semelle sont regroupés pour former le semellage. La tige, illustrée à la figure 14.1, est composée de tout ce qui se trouve au-dessus de la semelle.

Le talon est constitué de plusieurs couches (3 en moyenne) de matériaux parfois très différents. Ils forment le sous-bout. En modifiant l'épaisseur et le type de matériau du sous-bout, on adapte le comportement mécanique du talon lors de mise en charge. La dernière couche d'une chaussure conventionnelle est formée par le bon-bout et le coin de caoutchouc. Le coin de caoutchouc sert à augmenter le coefficient de frottement pour rendre la chaussure sécuritaire. Comme son utilité est limitée à la demi-partie arrière du talon, l'avant ou bon-bout n'est qu'une couche de finition de bonne qualité.

La partie supérieure de la semelle déborde un peu et vient se fixer sur la tige. Cette partie de débord s'appelle la lisse et confère au pied une meilleure stabilité en l'enveloppant. Dans l'épaisseur de la semelle, une lame d'acier, le cambrion vient s'installer dans la portion médiane de la chaussure. Le cambrion donne à la chaussure sa cambrure et empêche les mouvements de torsion autour de l'axe longitudinal du pied et étaye la styloïde du cinquième métatarsien. Les matériaux utilisés dans la fabrication de la semelle des chaussures de sport agissent souvent à titre de cambrion.

La tige est composée de plusieurs constituants chacun ayant sa fonction particulière, notamment l'empeigne ou la claque, les quartiers, le contrefort et l'emboîtage. L'empeigne forme toute la base inférieure de la tige. Les parties postérieures de l'empeigne se nomment les quartiers alors que l'emboîtage est la portion du quartier qui enserre le talon. Comme la semelle, l'empeigne est aussi renforcée. Le contrefort vient solidifier l'emboîtage.

Saviez-vous que...

Jusqu'au XVIIIe siècle, les chaussures étaient de forme symétrique et par conséquent la chaussure allait à un pied comme à l'autre.

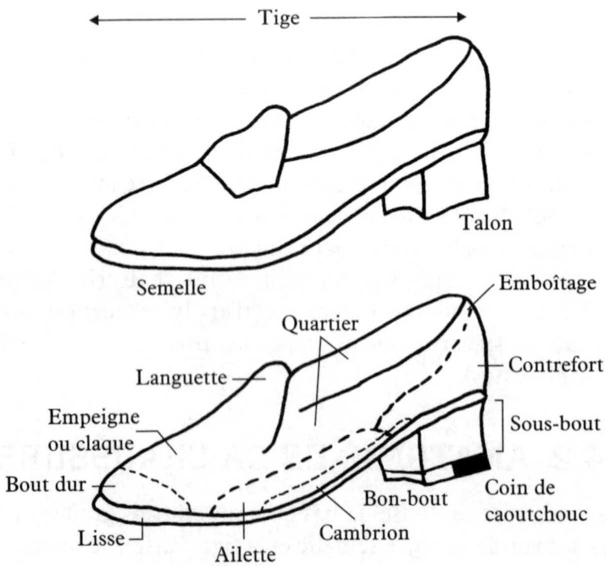

Figure 14.1

Principaux constituants de la chaussure de ville.

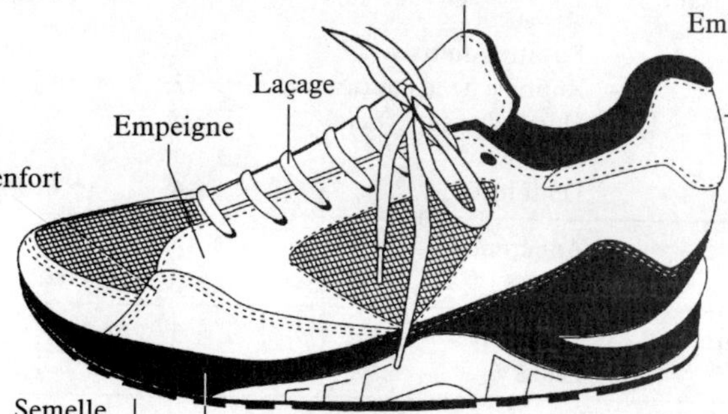

Figure 14.2
Principaux constituants de la chaussure de sport.

Par sa construction, la chaussure de sport est légèrement différente de la chaussure de ville. La figure 14.2 présente les principaux éléments qui sont propres aux chaussures de sport. Commençons par les parties de la tige. L'emboîtage doit être rembourré et échancré pour ne pas gêner le tendon d'Achille. La languette doit être elle aussi rembourrée pour bien rester en place. Les trous sont plus efficaces que les œillets parce qu'ils permettent de mieux répartir la pression des lacets sur le pied. Des matériaux légers et flexibles forment l'empeigne. Elle est renforcée par des bandes de cuir ou de suédine supplémentaires pour prévenir la déformation de la chaussure. La semelle et le talon sont aussi améliorés. La semelle extérieure ou d'usure est faite de caoutchouc moulé et doit offrir une bonne adhérence. La semelle intercalaire est faite d'un matériau permettant d'amortir les chocs. Certains fabricants y ajoutent des coussinets d'air, de gel, etc. Finalement, la semelle amovible ou de propreté est située à l'intérieur de la chaussure pour stabiliser le pied; elle absorbe une partie de la transpiration. Elle est faite en caoutchouc mousse moulé et elle est lavable.

Selon Nigg (1986), le choix de la chaussure de course repose sur le prix, la durabilité, le confort, la couleur (goût), la sécurité, le poids et la performance. Dans une étude effectuée (tableau 14.1) par Perkins et Whittaker (1984), ce sont les dommages à la chaussure plutôt que l'inconfort qui sont les principales causes de retour du produit. La rupture de la tige est la cause la plus fréquente suivie d'une couture fragile. On note aussi quelquefois des problèmes à la semelle, surtout concernant son adhérence à la tige.

Par sa construction, la chaussure peut réduire ou à l'opposé augmenter le risque de blessure. Avant de passer à la description des phénomènes biomécaniques pouvant occasionner des lésions musculo-squelettiques, voyons les principales caractéristiques des chaussures de sport.

Composant	Défaut	%	Total
Tige	Rupture du tissu	40	
	Rupture de la couture	12	
	Dommage superficiel	5	
	Œillet	4	
	Doublure	4	65 %
Semelle	Adhérence	16	
	Divers	6	22 %
Confort	Inconfort	5	
	Clous	2	7 %
Divers		6	6 %

Tableau 14.1
Principales causes de retour au magasin de la chaussure de sport selon Perkins et Whittaker (1984).

CONTRÔLE DES CONNAISSANCES

C 14.1 Identifier sur votre chaussure ses différents constituants.

14.3 CHAUSSURES DE SPORT

Il y a plusieurs types de chaussures de sport sur le marché. Dans cette panoplie, nous ne retiendrons que les quatre plus courants, notamment les chaussures de course à pied, de tennis, de basket-ball et de football (soccer).

Avec la collaboration du Centre Technique du Cuir (CTC) de Lyon (France), la société Athlete's Foot a testé plusieurs de ses produits. Pour établir un classement, il faut effectuer des mesures directement sur la chaussure : le coefficient de transfert, l'absorption d'énergie à l'avant-pied, le contrôle de la pronation, la densité des matériaux, la résistance à l'abrasion, l'absorption de la sudation et la souplesse. Ces mesures effectuées au CTC ont été confrontées à une appréciation plus qualitative d'essayeurs professionnels français. Le confort, la stabilité du pied ainsi que la résistance à l'usure ont été retenus comme des paramètres essentiels.

Ainsi, un des indices des plus important, le coefficient de transfert, mérite d'être examiné de plus près. Il sert à mesurer l'intensité du choc effectivement transmis au pied lors de l'impact initial du talon avec le sol. Plus le coefficient sera élevé plus l'impact sera ressenti par le coureur.

Ainsi, un coureur occasionnel aura tout intérêt a choisir une chaussure possédant un faible coefficient de transfert pour être mieux protégé des impacts importants et répétitifs. Dans ce cas, la chaussure doit être d'autant plus performante que l'individu ne l'est pas ! Ce surplus de protection pénalise les performances chronométrées. En effet, si une bonne partie des forces est atténuée à l'impact par le semel-

Saviez-vous que...

Bien que l'analyse quantitative du mouvement humain date de la fin de du XIXe siècle, on voit beaucoup d'illustrations représentant des séquences et des postures à la course sur des œuvres d'art datant de la Grèce classique.

lage, il en est de même de la propulsion du coureur lors de la poussée; cela équivaut à courir sur un matelas mou. À l'opposé, une chaussure possédant un meilleur coefficient de transfert fait courir un risque plus élevé au coureur lors de l'impact initial mais lui confère une propulsion plus efficace.

Le coefficient de transfert le plus faible est répertorié dans la gamme des chaussures de course suivi de près par celle des chaussures de tennis. Le coefficient le plus élevé est obtenu avec les chaussures de football. Loin derrière avec un coefficient de 1,40 on retrouve les chaussures de basket-ball. Le choix d'une chaussure ne dépend pas exclusivement du coefficient de transfert. Ainsi, on ne choisira pas une chaussure de football ayant le même coefficient de transfert que celui d'une des chaussures de basket-ball ou de course à pied !

D'autre part, MacLellan (1984) donne quelques directives quand à l'utilisation de chaussures rembourrées capables d'amortir les chocs d'impact. Ces chaussures conviennent à un sujet :

1. ayant un diagnostic connu de maladie dégénérative osseuse;
2. dont le dossier médical répertorie une ou des blessures suite à un choc telles que : tendinite du tendon d'Achile, douleur au talon, maux de dos, muscle déchiré, et fractures de stress;
3. ayant une chirurgie de remplacement articulaire (implant);
4. souffrant de diabète sucré,

et à des sportifs :

1. de plus de 35 ans;
2. qui pratiquent certains sports tels que le triple saut, la course à haies, le squash, le tennis et le basket-ball.

Les indications énumérées ci-haut sont relativement claires et on comprend facilement les raisons pour lesquelles certaines personnes doivent porter des chaussures de sport ayant une coefficient de transfert peu élevé.

Un autre facteur est l'âge. La maturité squelettique déterminée par la minéralisation du collagène se termine vers l'âge de 18 ans. Des études en biomécanique orthopédique indiquent que les propriétés du cartilage et la rigidité articulaire se détériorent à partir de la trentaine. Donc, il apparaît approprié que vers l'âge de 30 ans et par la suite, les sportifs portent des chaussures à plus faible coefficient de transfert car le système musculo-squelettique est moins apte à répondre aux sollicitations de mise en charge rapide et répétitive.

14.4 CHAUSSURES DE COURSE

La performance des chaussures de course couvre deux aspects bien différents. Il y a la performance chronométrique et la sécurité. Nous aborderons le thème de la sécurité dans le cadre de la course de longue distance sans toutefois oublier les caractéristiques requises pour une performance sportive. Déjà en 1978, James (cité dans James et Jones, 1990) entrevoyait le lien entre une conception appropriée d'une chaussure de course et la réduction des blessures. Depuis, plusieurs se sont penchés sur les aspects sécuritaires d'une bonne construction de chaussure. Cela s'est manifesté par une baisse du nombre de blessures.

14.4.1 Mouvement de l'arrière-pied

Le contrôle de l'arrière-pied est un des paramètres biomécaniques les plus importants. L'arrière-pied est constitué du tibia, du péroné, de l'astragale et du calcaneum ainsi que de leurs structures ligamentaires et musculaires. Cavanagh et Lafortune (1980) ont démontré que le contact initial durant la course se produit avec le talon dans 12 cas sur 17. C'est à cet instant que les entorses peuvent se produire si le mouvement d'inversion/éversion du pied n'est pas bien contrôlé par la chaussure.

Les causes de la pronation ou de la pronation excessive sont multiples. Stakoff et Kælin (1983) en nomment plusieurs. Celles-ci sont résumées au tableau 14.2. Elles se rapportent à la chaussure, aux facteurs biomécaniques, aux an-

Tableau 14.2

Facteurs liés à la pronation (version modifiée de Stackoff et Kaelin (1983).

Chaussure	Aspects biomécaniques
Déformation de la semelle – Épaisseur – Rigidité – Forme Déformation de la tige – Orthèse – Contrefort – Position du pied dans la chaussure Déformation entre la semelle et la tige – Techniques de construction	Internes – Vitesse à l'impact initial – Accélération – Position du pied – Poids corporel Externes – Déformation du sol ou de la surface de jeu – Inclinaison du sol ou de la surface de jeu – Coefficient de frottement chaussure/sol
Aspects médicaux	**Types d'activité sportive**
Diagnostic – Types de pied – Laxité ligamentaire – Contrôle musculaire Programme d'entraînement	Déplacement vers l'avant – Course Sauts – Saut en longueur – Basket-ball Mouvements latéraux – Tennis

técédents médicaux du sportif et au type d'activités pratiquées. Clement *et al.*, (1981) ont trouvé une relation directe entre une pronation exagérée et les blessures à la course. La figure 14.3 illustre trois exemples typiques de la réception du pied au sol durant la course. Le contact initial se fait du côté externe (pied gauche) mais avec un angle dans le plan frontal variable. Ainsi à la figure 14.3 a), l'angle est presque fermé et le pied va en pronation prononcée. La figure 14.3 b) illustre un coureur dont l'angle entre la jambe et le talon s'ouvre un peu plus et la pronation est moins importante. Par contre, à la figure 14.3 c) on note de la supination à la réception et peu de pronation à la poussée. On estime que très peu de coureurs (moins de 1 %) adoptent cette dernière façon de courir. Par contre, une pronation exagérée est beaucoup plus fréquente.

On s'attarde tout particulièrement à l'arrière-pied car à la course comme à la marche le talon fait souvent le contact initial avec le sol. Les forces de réaction au sol sont transmises directement au pied. C'est à cet instant que les entorses et les blessures surviennent.

Le mouvement de l'arrière-pied durant la course est décrit par l'angle compris entre l'axe longitudinal de la jambe et l'emboîtage de la chaussure, tel qu'illustré à la figure 14.4. On estime l'angle en plaçant des points de repères sur la jambe et la chaussure. Le premier point de repère de la jambe est placé au milieu du tendon d'Achille entre les malléoles alors que le second est situé 15 et 20 cm plus haut, juste au-dessous du ventre du gastrocnémien sur l'axe longitudinal de la jambe en ligne avec le pli poplité. Les points de repère sur la chaussure sont alignés de manière à représenter l'axe bissecteur du calcanéum.

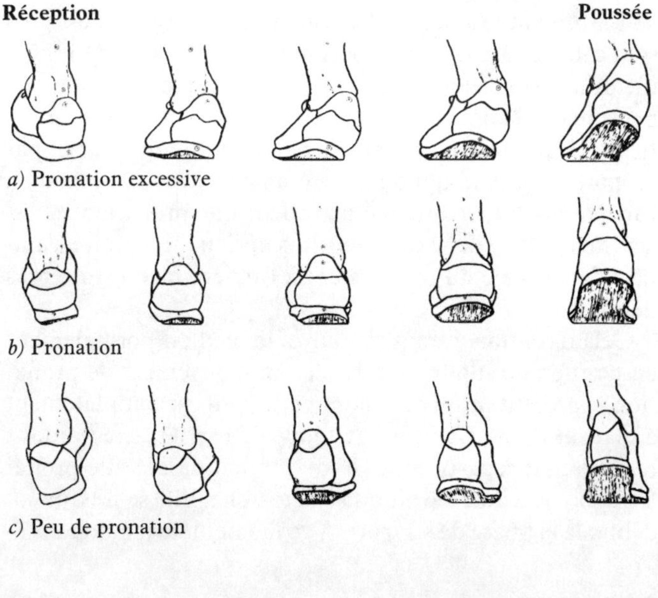

Figure 14.3

Mouvements de l'arrière-pied gauche à la course. La majorité des coureurs ont une pronation excessive ou prononcée. Reproduit, avec permission, de Nigg, B. M. (1986). Biomechanics of Human Shoes. *Human Kinetics, Champaign, Ill.*

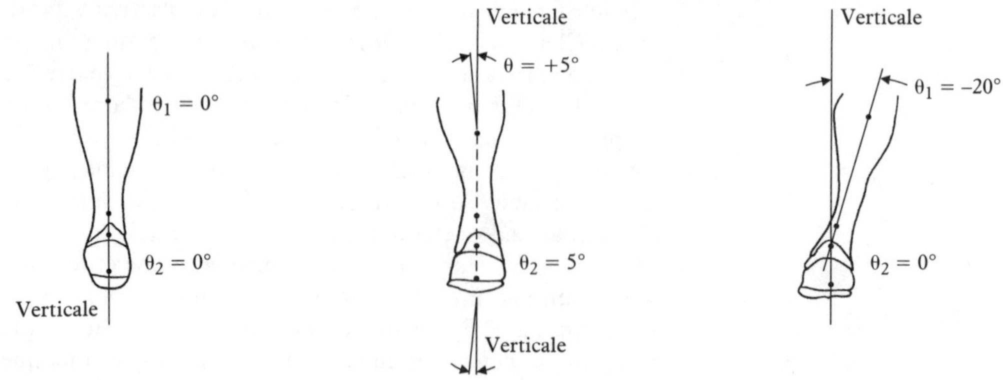

$\theta_1 + \theta_2 = 0° + 0° = 0°$ — *a)* Neutre

$\theta_1 + \theta_2 = 5° + 5° = 10°$ — *b)* Supination

$\theta_1 + \theta_2 = 20° + 0° = –20°$ — *c)* Pronation

Figure 14.4
Mesure de l'angle de la jambe et de l'arrière-pied par rapport à la verticale (jambe droite).

Clark *et al.*, (1984) suggèrent de calculer pour la jambe ainsi que pour le pied l'angle compris entre la droite formée par leurs points de repère respectifs et la verticale. L'angle de l'arrière-pied est calculé en additionnant les angles de la jambe et du pied. Une valeur positive indique le degré de supination, alors qu'une valeur négative souligne une pronation. Par exemple, en position neutre (figure 14.4 a) la jambe et le talon sont à la verticale. En supination (figure 14.4 b), l'axe de la jambe et du talon sont inclinés du côté interne de 5° chacun. La supination totale est de 10° (5° + 5° = 10°). En pronation (figure 14.4 c), l'axe de la jambe est à –20° par rapport à la verticale et celui du calcanéum est dans ce cas en position neutre. Le pied est donc en 20° de pronation (–20° + 0° = –20°).

En filmant le sujet de dos, l'angle de la jambe et du pied sont calculés à partir des coordonnées des points de repère identifiées sur chaque image prise durant la course telles que présentées à la figure 14.5. Trois types de coureurs sont identifiés. Le premier a un patron de supination prononcé par rapport au second qui démontre une amplitude normale à l'arrière-pied. Le troisième maintient une pronation excessive tout le long de sa foulée. À l'exception du premier, l'amplitude normale du mouvement à l'arrière-pied est de près de 15°.

À la réception durant la course, le pied est normalement en position de supination. De là, un mouvement de pronation se produit jusqu'à l'instant où le pied est complètement à plat sur le sol. L'amplitude totale de l'arrière-pied durant la course est répartie entre 6° de supination et 9° de pronation, soit près de 5° de plus qu'à la marche. Elle se produit au début de la phase de support. À ce moment, le jambier anté-

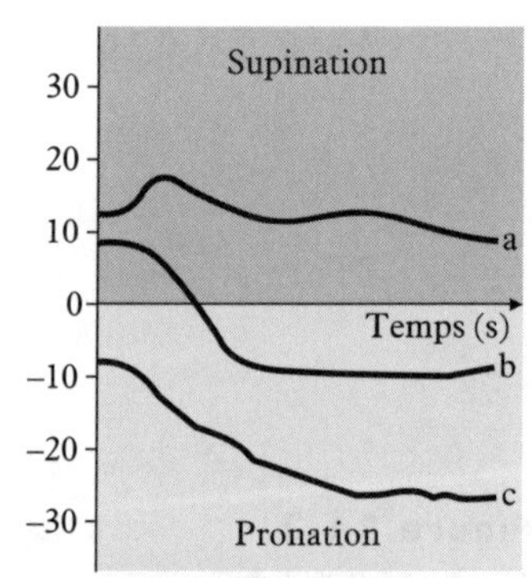

Figure 14.5
Angle de l'arrière-pied mesuré en continue durant une foulée chez un athlète ayant a) trop de supination b) normal et c) trop de pronation. D'après Cavanagh, P.R. (1990).

Tableau 14.3

Facteurs biomécaniques associés à la pronation excessive

1. Dommage aux ligaments	Plus important du côté médial que latéral
2. Amplitude du mouvement de pronation	Très importante (15°)
3. Vitesse du mouvement de pronation	Très rapide
4. Force d'impact à la réception	3 à 4 fois le poids corporel

rieur qui est aussi un supinateur contrôle la flexion plantaire. Le mouvement de pronation, à la marche comme à la course, est associé à l'amortissement de la force d'impact. Un excès de pronation, plus de 10°, entraîne souvent des douleurs au pied. De plus, à l'impact la force verticale est importante. Un pied placé dans une position extrême de supination ou de pronation augmentera le risque d'une entorse. À l'aide de l'angle de l'arrière-pied mesuré lors de la course et l'indice du contrôle de la pronation, on peut plus facilement sélectionner la chaussure permettant de mieux contrôler le mouvement exagéré de l'arrière-pied. Si la chaussure ne peut corriger efficacement un défaut orthopédique, il faudra envisager le port d'une orthèse.

Un indice est associé au contrôle de la pronation. Son choix est important selon le sport pratiqué. Au tennis, les mouvements latéraux sont fréquents; un bon contrôle de la pronation du pied est un précieux avantage sécuritaire. Cet indice mesure la bascule du pied vers l'intérieur. L'amplitude de la pronation peut être excessive chez certains athlètes et représente un facteur de risque.

Pour l'instant, seules les chaussures de course ont un indice de pronation. Il n'y a pas de bon ou de mauvais choix. Il s'agit de choisir selon les besoins. Le tableau 14.3 résume les principaux facteurs biomécaniques associés à la pronation extrême durant la course.

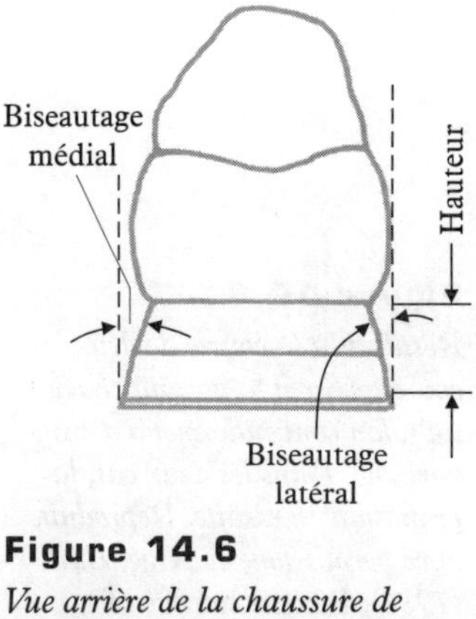

Figure 14.6

Vue arrière de la chaussure de course illustrant les biseautages et la hauteur du talon (pied droit).

CONTRÔLE DES CONNAISSANCES

C 14.2 Identifier les caractéristiques d'une de vos chaussures de course. Votre chaussure correspond-elle à vos besoins ? Si non, quelle chaussure devriez-vous utiliser, mis à part le prix ?

14.4.2 Le talon

La forme ou la géométrie du talon et le choix des matériaux qui le constitue influent sur les mouvements de l'arrière-pied. Une hauteur du talon s'élevant entre 10 et 20 mm affecte très peu la pronation. Par contre, un biseautage médial (figure 14.6) contribue énormément à réduire la pronation. Un biseautage latéral entraîne un augmentation de la vitesse du mouvement de l'arrière-pied qui n'est pas souhaitable.

La dureté du talon affecte non seulement la performance mais aussi le mouvement de l'arrière-pied. Un talon trop mou atténue le choc d'impact et ne contrôle aucunement le déplacement de l'arrière-pied dans la chaussure qui peut prendre une attitude vicieuse augmentant le risque de blessures. Un talon trop dur transmet directement le choc et ne contribue en rien à la stabilité de l'arrière-pied. Par sa dureté, le talon doit être efficace à atténuer les forces d'impact ou favoriser la performance si nécessaire tout en contrôlant le mouvement de l'arrière-pied. Sa dureté est alors un compromis entre le trop mou et le trop dur.

En plus de modifier la dureté du matériau on peut également varier sa densité. La figure 14.7 illustre un talon dont le côté médial est composé d'un matériau dur alors que celui du côté latéral est mou. La portion molle s'écrase lors du contact initial favorisant une légère supination du pied ou minimisant sa pronation. Une réduction de près de 50 % de la pronation a été notée avec le port de type de chaussure à talon composite ou à densité variable. La figure 14.8 présente deux coureurs appareillés l'un d'une chaussure convention-

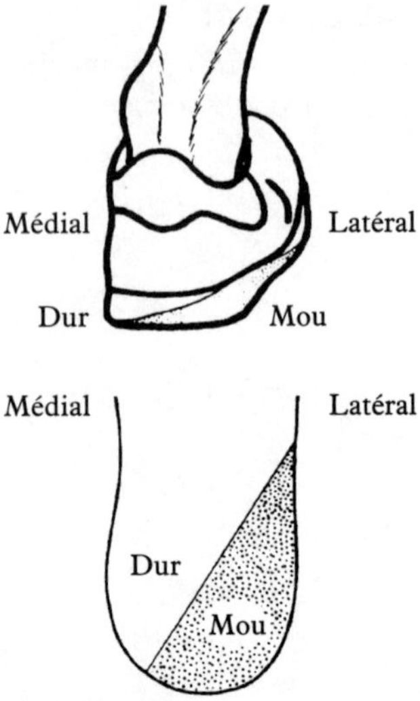

Figure 14.7

Talon composite fait d'un matériau dur (côté médial) et mou (côté latéral) pour minimiser la pronation. Reproduit, avec permission, de Nigg, B.M. (1986). Biomechanics of Human Shoes. *Human Kinetics, Champaign, Ill.*

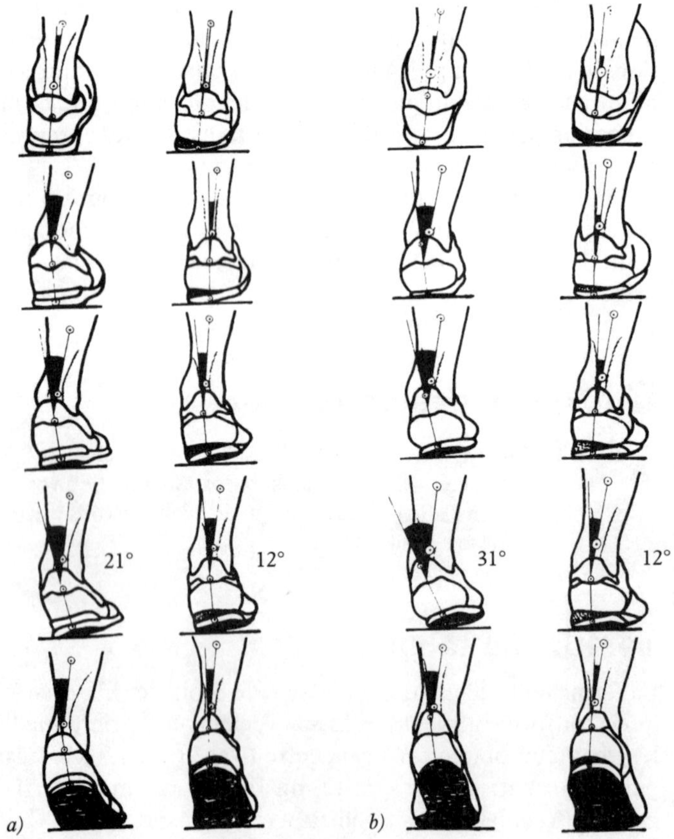

Figure 14.8

Résultats à la course de deux coureurs (a et b) portant chacun un talon conventionnel à densité variable. Dans les deux cas, la pronation est résuite. Reproduit, avec permission, de Nigg, B.M. (1986). Biomechanics of Human Shoes. *Human Kinetics, Champaign, Ill.*

nelle et l'autre d'un talon composite. La pronation maximale est réduite en passant de 21° à 12° pour le premier coureur et de 31° à 12° pour le second.

En résumé, pour bien amortir les chocs, Frederick *et al.*, (1984) suggèrent de choisir une chaussure possédant une semelle plus épaisse que molle. Bien que la hauteur du talon n'influe pas sur la pronation du pied, elle amortit mieux les chocs. Le contraire, c'est-à-dire une semelle molle serait moins efficace pour réduire le mouvement de l'arrière-pied. Le choix optimal entre l'amortissement des chocs et la limitation de mouvement de l'arrière-pied réside dans une chaussure à semelle épaisse d'une dureté moyenne et un talon possédant un biseau médial de 15°. Il semble qu'il existe un bon nombre de chaussures sur le marché qui remplissent ces critères.

14.5 COURSE À PIED

Examinons de plus près les forces de réaction au sol lors de la course. À la figure 14.9, elles sont reproduites avec celles rencontrées durant la marche. On note immédiatement que l'amplitude des forces est plus importante à la course et elle peut atteindre 2 à 3 fois le poids corporel par rapport à un peu plus qu'une fois le poids du corps lors de la marche. Comme à la marche, la première valeur maximale représente le choc de l'impact alors que la seconde est associée à la qualité de l'appui et de la relance.

C'est ce premier impact qu'il est nécessaire d'atténuer avec un bon choix de chaussures. Cet impact survient près de 30 ms après le contact initial et il est impossible pour les

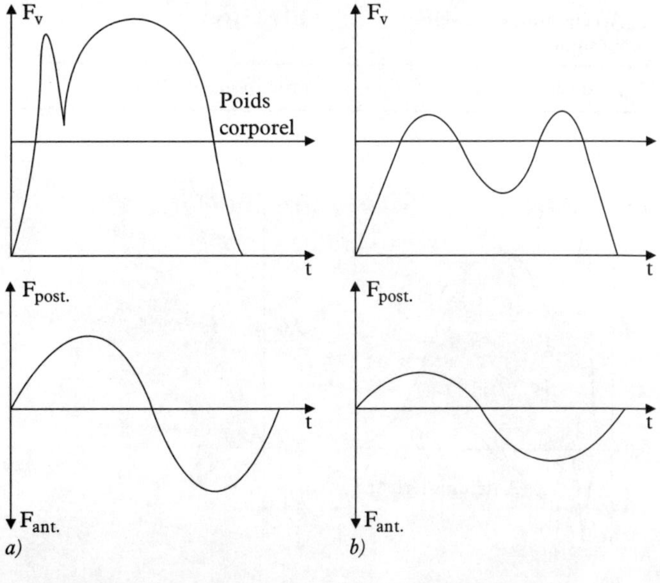

Figure 14.9

Forces de réaction verticales et antéropostérieures durant a) la course et b) la marche.

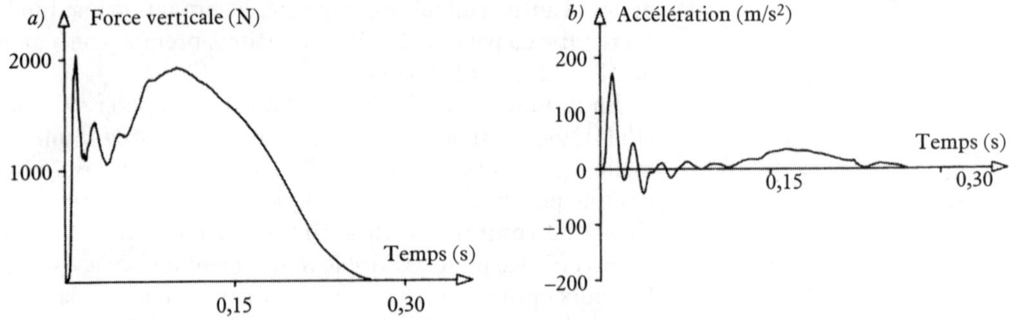

muscles d'agir pour l'amortir ou rétablir l'équilibre d'une mise en charge perturbée dans un délai aussi bref. En effet, le temps de réaction du système nerveux varie entre 80 et 100 ms. La figure 14.10 reprend la courbe de force de réaction verticale ainsi que l'accélération mesurée au niveau du tibia durant la course. On associe directement la force d'impact (tableau 14.4) à la réception à une accélération très élevée de près de 175 m/s^2. De plus, celle-ci se produit à l'instant où le pied en pronation se déplace. Cela ne se reproduit pas lors de la poussée où la force verticale atteint elle aussi une valeur de près de 2000 N. L'accélération du tibia est 9 fois plus petite. La façon d'« attaquer » le sol est également importante. Une attaque avec le talon résulte en des forces élevés qui peuvent atteindre près de quatre fois le poids corporel à la réception tel que l'indique la figure 14.11 a). Par contre une attaque

Figure 14.10
Courbe de a) force de réaction verticale et celle de b) accélération verticale du tibia obtenue lors de la course. À noter comment l'impact initial se manifeste au tibia par une forte accélération. Ce n'est pas le cas lors de la poussée où la force provient de l'effort musculaire. D'après Nigg, B.M. (1986). Biomechanics of Human Shoes. *Human Kinetics, Champaign, Ill.*

1. Grandeur de la force	3 à 4 fois le poids corporel
2. Durée d'application de la force	Très brève
3. Accélérations transmises au tibia	Très élevées
4. Mouvement du pied	Pronation

Tableau 14.4
Facteurs biomécaniques associés aux forces d'impact à la course.

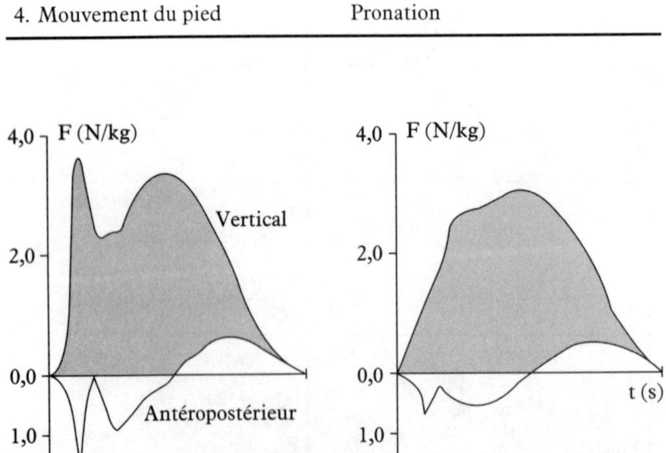

Figure 14.11
Forces verticales et antéro-postérieures développées lors d'un contact avec la partie a) arrière et b) milieu du pied. D'après Grabiner, M.D. (1993).

dirigée plus vers la pointe du pied réduit de beaucoup la force d'impact (figure 14.11 b) et affecte de manière significative la force de propulsion. L'angle au genou, à l'instant du contact initial, a peu d'effet sur la force verticale. Le choix des matériaux d'interface entre le pied et le sol est plus susceptible d'offrir une protection au coureur contre les forces d'impact qu'une flexion plus ou moins prononcée au genou.

Les forces antéro-postérieures ont la même allure qu'à la marche.

14.6 COMMENT CHOISIR SA CHAUSSURE DE SPORT ?

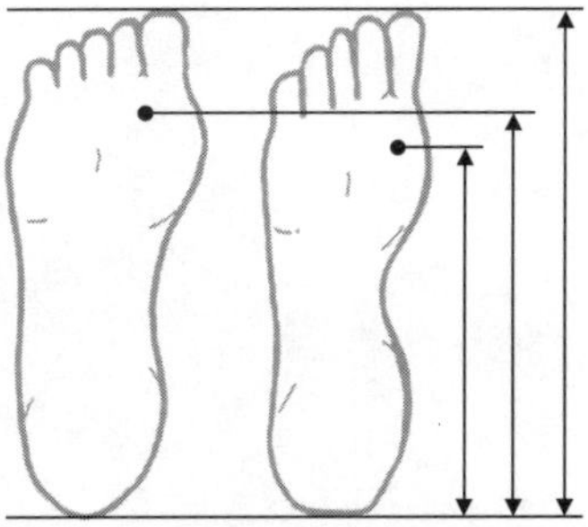

Figure 14.12
Pieds de même longueur nécessitant chaussures différentes à cause de la longueur de l'arche plantaire. D'après Janisse, D.J. (1992). The Art and Science of Fitting Shoes. *Foot and Ankle, 13; 257-262. Williams and Wilkins.*

La forme du pied varie d'un individu à l'autre. La figure 14.12 illustre deux pieds de même taille mais avec des longueur d'arche plantaire différentes. Ils auront besoin d'une chaussure différente. Le pied de la figure 14.13 a) est mal chaussé. Le pied est serré dans une empeigne étroite. Il y a peu d'espace entre la pointe du pied et le bout de la chaussure. À la figure 14.13 b) il y a suffisamment d'espace (0,5 à 1,0 cm) pour que les orteils soient à l'aise.

On doit penser à contrôler la pronation ou la supination excessives. Durant la course, les tendances sont accentuées et peuvent mener à des problèmes musculo-squelettiques.

Si vous pratiquez plusieurs sports, une chaussure à usages multiples vous convient. Son coefficient de transfert doit être assez faible pour mieux vous protéger contre les chocs d'impact. Si vous faites beaucoup de marche, de jogging ou de course, une chaussure de course qui offre un bon amortissement (coefficient de transfert faible) est également recommandée. Elle doit être légère et flexible. Par contre si vous pratiquez des sports de court choisissez un soulier de type tennis dont la semelle est adhérante. Finalement, si vous faites deux ou plusieurs sports de façon intensive, il est préférable de porter des chaussures spécifiques à chacun.

Une personne qui pratique un sport de façon modérée et qui ne souffre pas de problèmes orthopédiques au dos ou aux pieds, peut se permettre de porter des chaussures de bas de gamme. Elles sont moins durables et leurs matériaux laissent moins bien respirer le pied mais elles protègent suffisamment le corps sans coûter trop cher. Par contre, un individu lourd qui court sur des surfaces dures telles que le béton, le bitume ou qui fait de longs parcours (5 km ou plus) devrait chausser des chaussures qui amortissent bien les chocs.

Somme toute, pensez avant tout au confort, à l'amortissement, à l'adhérence, à la durabilité et à la stabilité dont vous

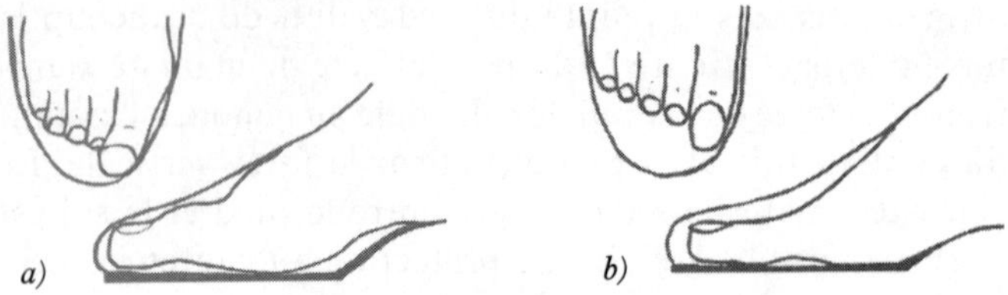

Figure 14.13
Pieds dans a) une mauvaise chaussure et b) bonne chaussure. D'après Janisse, D.J. (1992). The Art and Science of Fitting Shoes. *Foot and Ankle, 13; 257-262. Williams and Wilkins.*

avez besoin plutôt que vous laissez impressionner par les déploiements publicitaires.

Les forces de réaction au sol se traduisent par des forces d'impact qu'il faut atténuer en partie pour diminuer le risque de blessure. Mais ces mêmes forces sont la cause du mouvement et responsable de notre impulsion. C'est sur cette impulsion, que mise le joueur de volley-ball pour s'élancer dans les airs.

chapitre
QUINZE

ÉQUILIBRE POSTURAL

Olivier Caron, *Université de Toulon*
Franck Quaine, *Université Joseph Fourier, Grenoble*

Objectifs d'apprentissage

1. Être capable de donner une définition de la posture.
2. Connaître les différentes définitions de l'équilibre.
3. Citer les conditions de l'équilibre mécanique et les forces en présence.
4. Connaître les principaux paramètres biomécaniques intervenant dans le contrôle de l'équilibre.
5. Être capable de lire un diagramme de force d'appui.
6. Savoir définir les ajustements de la posture et expliquer leur rôle.

15.1 INTRODUCTION

La posture correspond à la position du corps à un instant donné. La mobilité importante de nos membres nous permet d'adopter un nombre presque illimité de postures. Par rapport à ces différentes postures, il en existe des confortables et des inconfortables. Les postures allongée, assise et debout représentent généralement des postures commodes. Ces postures peuvent devenir rapidement inconfortables, par exemple se maintenir debout sur la pointe des pieds ou très inconfortables comme par exemple être allongé sur la planche à clou d'un fakir. Maintenir une posture nécessite l'utilisation de nos muscles afin de produire les forces nécessaires au maintien de nos différents membres. La posture est souvent associée au mouvement, celui-ci permettant de passer d'une posture à une autre, par une modification de la force musculaire au niveau des membres.

Concernant les activités physiques et sportives, la qualité de la posture fait partie intégrante de l'évaluation de la performance dans certaines disciplines comme par exemple un équilibre sur une pointe en danse ou encore le maintien d'une croix de fer en gymnastique. Danseurs et gymnastes doivent de plus être capables de maintenir ces postures difficiles et contraignantes en donnant une impression de facilité ! Cependant, les postures adoptées par l'homme dans la vie de tous les jours nécessitent une faible dépense énergétique (à la limite la posture couchée). Malgré cela, la qualité de la posture détermine en grande partie la qualité de nos mouvements. Posture et mouvement sont intimement liés. Enfin, il est à signaler qu'adopter de mauvaises postures peut avoir des répercussions négatives sur notre santé. Le mal de dos en est la parfaite illustration.

15.2 POSTURE ET NOTION D'ÉQUILIBRE

D'un point de vue mécanique, essayer de maintenir une posture consiste à rester en équilibre. Dans ce cas, la somme des forces externes appliquées au sujet est nulle (Σ F = 0) et la somme des moments des forces externes est également nulle (Σ M = 0). Concernant l'étude de la posture chez l'homme, les forces externes sont généralement le poids (P) et la réaction du sol (R). Si l'homme est en équilibre, les deux conditions de l'équilibre doivent être respectées (figure 15.1). Pour cela, le poids et la réaction du sol doivent être de sens contraire et de norme identique (Σ F = 0), et doivent se situer sur une même droite (Σ M = 0). Cette dernière condition implique une position identique sur le plan horizontal du centre de pression et du centre de masse (le centre de pression se situe sur la projection verticale du centre de masse).

Quelle est la norme de la force de réaction pour une personne ayant une masse de 75 kg ? Si cette personne est en équilibre, la norme de la force de réaction sera égale à celle du poids ; le poids et la réaction du sol auront une norme égale à 735 N (P = mg = 75 x 9,8 = 735 N).

Par rapport à la définition de l'équilibre mécanique, le corps peut avoir une vitesse nulle (il est au repos) ou une vitesse constante, car la notion d'équilibre dépend du référentiel choisi (sections 7.8 et 13.2.3). Ainsi, lorsque vous êtes assis dans un train roulant à vitesse constante vous êtes en équilibre, et pourtant vous vous déplacez pour un observateur situé hors du train. Cet équilibre peut être qualifié de stable ou métastable en fonction de l'environnement. Un équilibre est dit stable lorsque le corps, écarté de sa position d'équilibre, tend à y revenir. Par exemple, une balle est en équilibre métastable si elle est placée sur un support convexe, et est en équilibre stable si elle est placée sur un support concave.

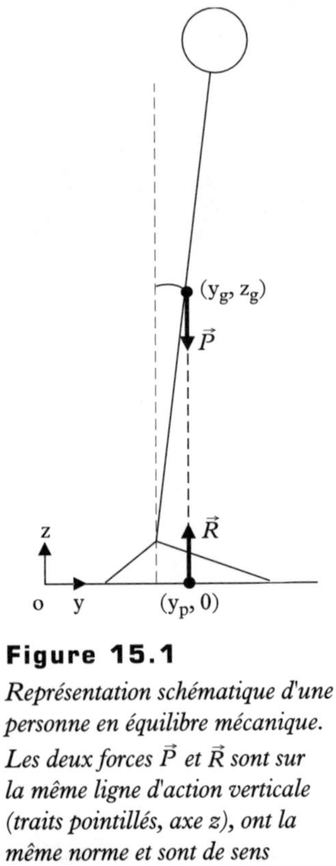

Figure 15.1
Représentation schématique d'une personne en équilibre mécanique. Les deux forces $\vec{P}$ et $\vec{R}$ sont sur la même ligne d'action verticale (traits pointillés, axe z), ont la même norme et sont de sens opposé. Les points d'application de ces deux forces ont donc la même coordonnée sur l'axe antéro-postérieur (noté y) et se situent ici à environ 50 % de la longueur des pieds ($y_g = y_p$, g et p représentent le centre de masse et le centre de pression respectivement, z_g correspond à la hauteur du centre de masse).

CONTRÔLE DES CONNAISSANCES

C 15.1 Un homme qui court à vitesse constante est-il en équilibre mécanique ?

15.3 LA BIPÉDIE

Ce chapitre présente les caractéristiques biomécaniques du contrôle de l'équilibre d'une personne debout sur ses pieds. Il présente les différentes causes des oscillations de l'homme en condition bipédique et analyse les conséquences de la pratique sportive sur le contrôle de l'équilibre. Enfin, il propose un exemple de calcul de la position du centre de pression. Ce dernier permet de quantifier la qualité du contrôle neuromusculaire global des sujets.

15.3.1 Caractéristiques biomécaniques de la bipédie

Nous avons vu au chapitre 4 certains facteurs affectant notre équilibre comme la grandeur de la base de support ou la position de la ligne d'action de la gravité à l'intérieur de cette même base de support. La figure 15.1 présente le schéma d'une personne debout immobile où les deux conditions de l'équilibre sont respectées. Que se passe-t-il si la personne n'est pas immobile ? Dans ce cas, le centre de masse se déplace. D'après les équations du mouvement (Newton-Euler, section 13.2.2), déplacer le centre de masse nécessite une modification de la somme des forces externes ou des moments des forces externes. Pour se déplacer volontairement d'un lieu à un autre il est nécessaire de disposer d'un support où prendre appui. La présence d'un appui témoigne de l'existence d'une force de réaction. Cette force de réaction témoigne de nos mouvements et plus particulièrement de notre activité neuromusculaire (le mouvement d'une partie du corps va avoir des répercussions sur l'ensemble des membres sous-jacents et va provoquer pour finir une modification de la force de réaction). Pour savoir si une personne est immobile ou en équilibre, il suffit de vérifier si la force de réaction est constante ; plus précisément, vérifier si la norme de la force de réaction et son point d'application, le centre de pression, sont constants.

Un moyen de connaître la norme de la force de réaction et la position du centre de pression est d'utiliser une plate-forme de force (voir plus loin figure 15.8). Étudions les profils des forces de réaction verticales d'une personne debout dont le but est de rester immobile et de disques de fonte présentant un poids identique à celui de la personne (735 N) afin de connaître le bruit de mesure de l'instrumentation (figure 15.2). La force de réaction correspondant aux disques de fonte est quasi constante et correspond bien au poids de la personne (735 N). En revanche, la norme de la force de réaction de la personne n'est pas constante. Elle varie de quelques Newton (environ 5 N de crête à crête). Le centre de masse du sujet et par extension le sujet bougent donc très légère-

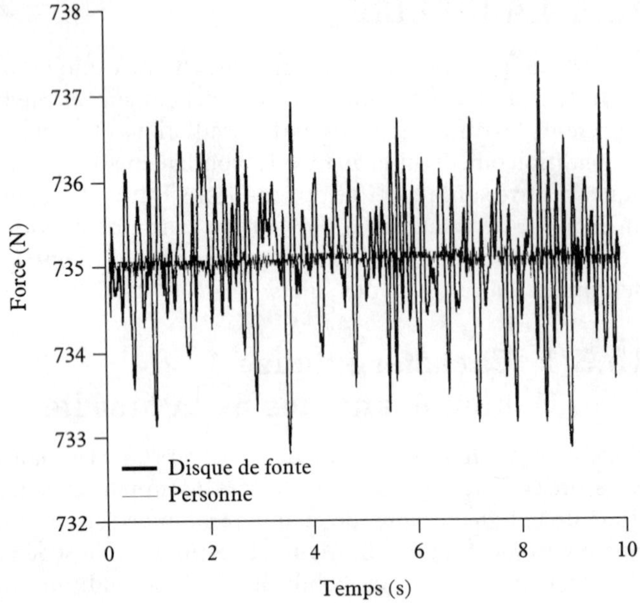

Figure 15.2

Représentation des variations des forces de réaction verticales pour des disques de fonte et une personne debout sur la plate-forme essayant de rester immobile. Leur masse est de 75 kg. Leur poids est donc de 735 N (P = mg = 735 N). L a norme des disques de fonte varie très peu et correspond au bruit de mesure de l'instrumentation. Cette norme est égale, à l'erreur de mesure près, au poids des disques. Ces disques sont en équilibre mécanique sur la plate-forme. Les variations de la norme de la personne sont plus importantes; cette personne n'est donc pas en équilibre(Σ F 0).

ment le long de l'axe vertical ; la première condition de l'équilibre n'est pas respectée (poids constant, réaction non constante). Qu'en est-il pour la position de son centre de pression ? Cette dernière présente également un déplacement continu de l'ordre de quelques millimètres dans le plan horizontal (figure 15.3). Ce déplacement du centre de pression traduit un déplacement du centre de masse de la personne dans le plan horizontal. Il existe donc une composante horizontale de la force de réaction (figure 15.4) qui provoque le déplacement du centre de masse dans le plan horizontal (première équation du mouvement Σ F = ma). Les variations observées ci-dessus de la force de réaction nous permettent donc d'affirmer que l'homme n'est jamais en équilibre dans le sens mécanique du terme malgré les apparences ; on parle alors d'équilibre métastable ou plus couramment de stabilité posturale.

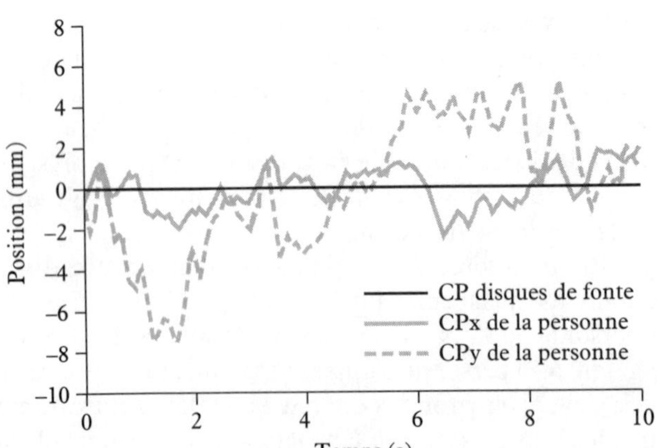

Figure 15.3

Profil des variations de position des centres de pression (CP) des disques et d'une personne essayant de rester immobile (x représente l'axe médio-latéral et y l'axe antéro-postérieur). Les positions du CP des disques ne varient presque pas alors que celles de la personne bougent en permanence sur les axes x et y avec une amplitude relativement faible (14 mm au maximum de crête à crête pour l'axe y).

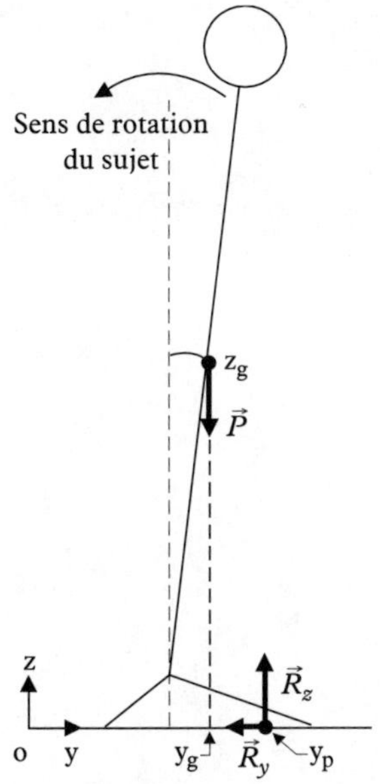

Figure 15.4

Représentation schématique d'une personne essayant de se maintenir en équilibre mécanique. Par rapport à la figure 15.1, une composante de la force de réaction sur l'axe antéro-postérieur (y) a été ajoutée ($\vec{R}_y$). De plus, les deux forces $\vec{P}$ et $\vec{R}$ ne sont plus sur la même ligne d'action. Les deux conditions de l'équilibre ne sont pas respectées, une personne n'est donc jamais en équilibre mécanique.

Le centre de pression est en perpétuel mouvement. Ce mouvement est déterminé par l'activité neuromusculaire des sujets. Qu'en est-il précisément de celui du centre de masse ? Contrairement au centre de pression, la mesure de la position du centre de masse est plus délicate. Il est possible de l'estimer en mesurant la position des centres de masse des membres du corps, ce qui permet de calculer la position du centre de masse du corps (chapitre 4). Pour être satisfaisante, cette technique nécessite un matériel lourd et onéreux. Une autre technique d'estimation de la position du centre de masse peut être utilisée (Caron, 1997). Elle utilise une relation d'amplitude mise en évidence entre centre de masse et centre de pression en fonction de la fréquence des oscillations (Brenière, 1996). Pour une même amplitude des variations de position du centre de pression, celle du centre de masse va décroître avec l'augmentation de la fréquence des oscillations du centre de pression. Par exemple si vous marchez sur place très lentement, le centre de masse, comme le centre de pression, vont se positionner au-dessous d'un pied puis de l'autre. Si à présent vous courez sur place, le centre de pression va toujours se positionner au-dessous d'un pied puis de l'autre alors que le centre de masse va rester entre les deux pieds. L'augmentation de la fréquence des pas, et par conséquent de la fréquence du centre de pression, provoque une diminution de l'amplitude des déplacements du centre de masse.

Concernant la posture, la figure 15.5 présente les variations de position du centre de masse et du centre de pression. Les positions du centre de pression et du centre de masse sont très proches (les fréquences des oscillations du sujet sont très basses, inférieures à 0,5 Hz). Le centre de pression, sous l'effet des variations des forces musculaires, se déplace en permanence de part et d'autre du centre de masse. Ces variations de force musculaire produisent donc des forces de réaction horizontales qui changent sans cesse de direction afin

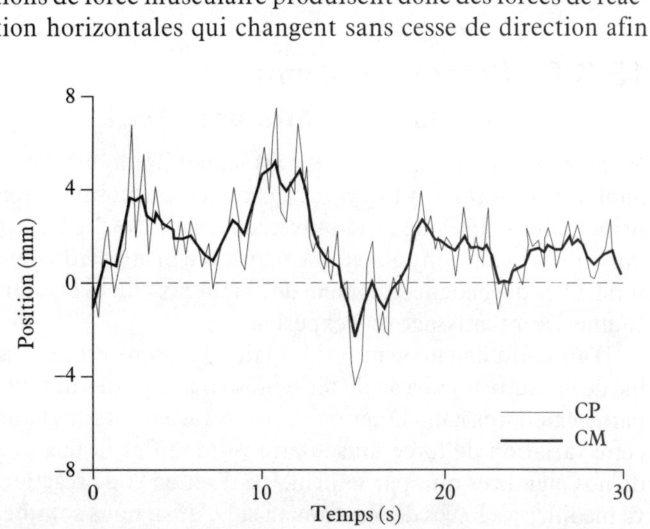

Figure 15.5

Présentation des variations de position du centre de masse (CM, en gras) et du centre de pression (CP) le long de l'axe antéro-postérieur. Noter le mouvement perpétuel du CP de part et d'autre du CM et les déplacements plus petits de ce dernier. Les mouvements du centre de masse confirment que le sujet n'est pas en équilibre mécanique.

de minimiser au maximum les déplacements du centre de masse. Quoi qu'il en soit, le centre de masse est également en perpétuel mouvement, confirmant notre affirmation précédente : l'homme est en perpétuel mouvement.

Contrôle des connaissances

C 15.2 D'après la figure 15.2, estimer l'accélération verticale maximale du centre de masse d'une personne dont la masse est de 75 kg ?

C 15.3 Si l'accélération de C 15.2 était constante pendant 0,2 seconde, quel serait le déplacement vertical de cette personne sachant qu'elle était immobile au départ ? Que pouvez-vous en déduire de l'amplitude des mouvements le long de cet axe ?

C 15.4 Le schéma ci-dessous représente une personne sur une plage en équilibre métastable, regardant des véliplanchistes filant à toute allure sur la mer. Comment cette personne peut-elle être en équilibre métastable alors que le centre de masse se projette à l'extérieur de la base de support ? Quelles sont les forces en présence ? Représentez ces différentes forces sur le schéma.

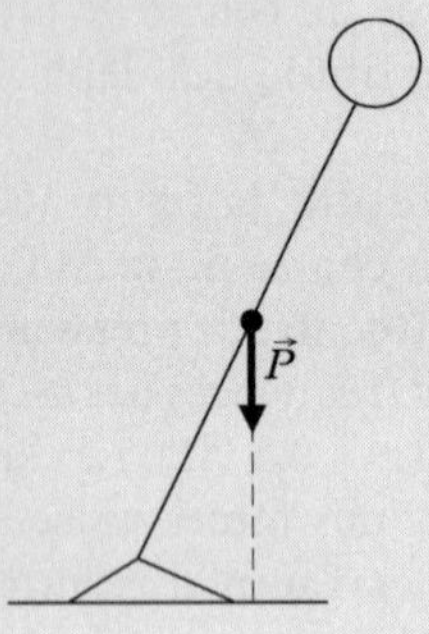

15.3.2 Principales causes des oscillations posturales

Nous venons de voir qu'un sujet n'est jamais immobile. Pourquoi sommes-nous incapables de rester immobile ? Les principales causes de nos mouvements sont d'ordre neuromusculaire, neurophysiologique mais également d'ordre postural. Elles dépendent également de nombreux autres facteurs comme l'apprentissage ou l'expertise.

D'un point de vue neuromusculaire, l'homme est incapable de produire un niveau de tension isométrique des muscles parfaitement constant. D'après ce que nous avons dit plus haut, cette variation de force musculaire va modifier la position de nos membres qui, par le principe d'action et de réaction, va modifier les forces de réaction au sol. Ainsi, nous sommes donc dans l'impossibilité de rester parfaitement immobile. De plus, pour ne pas bouger, il est nécessaire de posséder des repères par rapport à notre environnement et à notre propre corps. Ces repères nous sont donnés par la vision, l'appareil vestibulaire, la proprioception ou encore les barorécepteurs des pieds. Ces différents capteurs sont indispensables pour minimiser nos mouvements. Par exemple, un sujet oscille davantage les yeux fermés que les yeux ouverts. La précision de ces capteurs représente néanmoins une partie des causes de nos oscillations. En effet, si on présente un rétrocontrôle de la position du centre de masse ou du centre de pression à un sujet, celui-ci pourra diminuer plus de deux fois l'amplitude de ses oscillations (figure 15.6). D'autres facteurs ont une influence sur l'amplitude de nos mouvements comme la respiration, la circulation, la motivation ou encore l'âge des sujets.

La qualité de notre stabilité posturale va dépendre en partie de la grandeur de notre base de support. En général, la stabilité posturale augmente avec la grandeur de la base de support. La figure 15.7 présente les trajectoires du centre de masse et du centre de pression d'une personne debout sur un seul pied, avec les deux pieds serrés et enfin avec les deux pieds écartés. Comment comparer les qualités « d'équilibre » de cette même personne dans ces deux situations ? Il faut dans un premier temps calculer les variations de position du centre de masse puis, dans un deuxième temps, quantifier ses déplacements dans le plan horizontal. Dans la plupart des cas, on utilise des paramètres statistiques classiques : 1) la moyenne des variations de position pour connaître la position du centre de masse par rapport à la position des pieds, 2) la vitesse moyenne du déplacement pour connaître la qualité du contrôle postural de la personne, 3) l'écart-type ou la surface des variations de position pour estimer l'ampli-

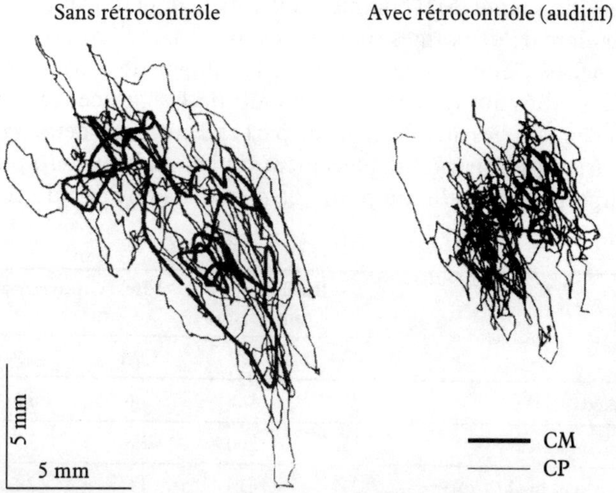

Figure 15.6

Comparaison des variations de position du CM et du CP dans le plan horizontal d'une même personne debout avec rétrocontrôle auditif (à droite) et sans rétrocontrôle (à gauche). Le rétrocontrôle émet un bip à chaque fois que le CP du sujet sort de la surface définie par l'expérimentateur (par exemple 50 mm ^{2}). Plus le CP est loin de la zone, plus le bip est aigu. Les surfaces représentées par le CP et le CM sont plus faibles pour la condition avec rétrocontrôle.

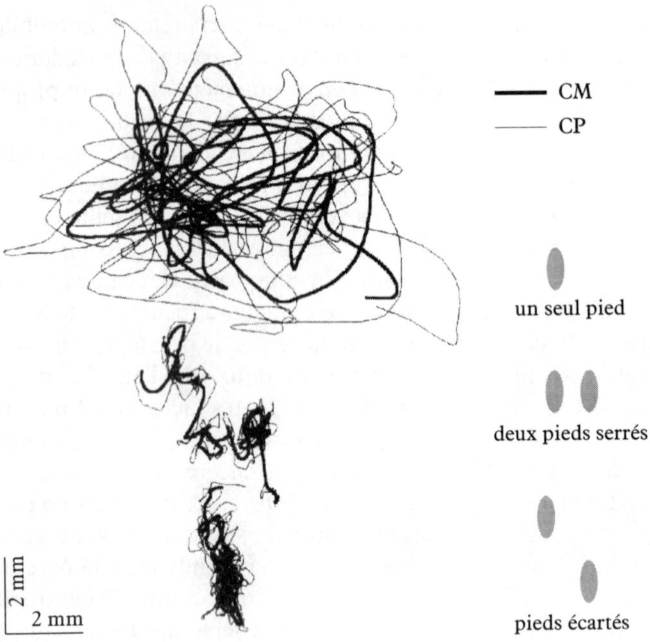

Figure 15.7
Comparaison des variations de position du CM et du CP dans le plan horizontal d'une même personne essayant de rester immobile sur un seul pied (droit), sur ses deux pieds serrés (au milieu) et enfin sur ses deux pieds écartés de 50 cm. L'amplitude des oscillations diminue avec l'augmentation de la grandeur de la base de support.

tude moyenne dans laquelle se déplace le centre de masse du sujet. Le tableau 15.1 présente les surfaces et les vitesses moyennes du centre de masse et du centre de pression calculées à partir des données présentées à la figure 15.7. Les valeurs de ces deux paramètres indiquent clairement une amélioration de la stabilité de la personne lorsque la surface de la base de support augmente.

Enfin, une personne peut osciller de différentes manières en fonction de sa posture et de la grandeur de sa base de support. Par exemple, avec les pieds parallèles, l'homme oscille globalement à la manière d'une tige rigide avec pour axe de rotation la cheville. En revanche, avec un pied devant l'autre (position tandem), l'homme oscille dans le plan frontal à la manière de deux tiges rigides avec pour axe de rotation les hanches. Cette stratégie présente l'avantage de conserver la masse du haut du corps à l'aplomb de la surface d'appui. Cependant, les mouvements de part et d'autre des deux tiges se traduisent par un déplacement du bassin beaucoup plus important que celui du centre de masse. La position du cen-

	Surface mm^2		Vitesse moyenne mm/s	
	CM	CP	CM	CP
Pieds écartés	80	158	2,6	6,6
Pieds serreés	158	200	2,8	5,7
Un seul pied (droit)	247	415	11	28

Tableau 15.1
Présentation des surfaces et des vitesses moyennes du CM et du CP pour trois conditions : pieds écartés, deux pieds serrés et un seul pied. Surfaces et vitesses moyennes augmentent avec la diminution de la grandeur de la base de support.

tre de masse ne correspond donc plus aux déplacements des différents membres des sujets. Dans ce cas, il est préférable de prendre également en considération les déplacements segmentaires des sujets afin d'évaluer la stabilité posturale de ces derniers, et plus particulièrement les déplacements du bassin.

Contrôle des connaissances

C 15.5 D'après vous, quelles sont les deux principales raisons mécaniques qui permettent d'affirmer que l'on ne pourra jamais être en équilibre mécanique ?

15.3.3 Différences entre experts et non experts

Nous avons précisé dans l'introduction que certaines activités physiques et sportives peuvent comporter des phases pendant lesquelles la performance est définie par les capacités des sujets à bouger le moins possible, autrement dit par la stabilité des sujets (la danse, la gymnastique). Pour d'autres activités, la stabilité n'est pas le critère direct de la performance mais apparaît comme un des éléments déterminants de celle-ci. Prenons l'exemple du tir à la carabine. Dans cette activité, l'amélioration de la performance en tir est fortement corrélée avec la diminution des amplitudes des oscillations des sujets. La présence de cette corrélation s'explique par la technique particulière de cette discipline. Pour être efficace, les tireurs bloquent leur carabine contre leur bras et leur cage thoracique, et placent le coude de la main supportant cette arme sur la crête iliaque. Dans ces conditions, il apparaît évident qu'une bonne stabilité de la carabine, et par conséquent du canon, passe par une bonne stabilité du corps.

Saviez-vous que...

Contrairement aux animaux, l'homme a adopté une posture très économique. En effet, le maintien de la posture érigée utilise seulement 5 à 10 % de la force maximale volontaire des muscles sollicités. Cependant, la possibilité d'exercer une force musculaire beaucoup plus importante est indispensable pour pouvoir changer de posture (se lever, se coucher, etc.).

La stabilité des tireurs à la carabine devrait donc être meilleure que celle de personnes ne s'entraînant pas de manière spécifique dans le domaine du contrôle postural. Cette hypothèse a été confirmée en laboratoire. Des expériences ont montré que l'entraînement améliore la stabilité posturale. Par exemple, les vitesses moyennes d'oscillation de sujets pratiquant le tir à la carabine sont significativement inférieures par rapport à celles d'étudiants en activités physiques et sportives (dont les pratiques ne développent pas les qualités d'équilibration spécifiques au domaine de la posture debout). Ces vitesses calculées sont en moyenne de 1,5 mm/s pour les tireurs et de 2,1 mm/s pour les étudiants. L'entraînement au tir à la carabine se traduit donc indirectement par une amélioration de la stabilité. C'est pourquoi les tireurs à la carabine peuvent être qualifiés d'experts dans le domaine de la stabilité et du contrôle postural. Il en est de même pour les athlètes pratiquant la gymnastique ou la danse. Notre stabilité posturale peut donc être améliorée par un entraînement spécifique.

Contrôle des connaissances

C 15.6 Une chaussure de danse comporte une pointe de 450 mm ^{2}. Quelle sera la surface maximum décrite par le centre de pression d'une danseuse maintenant une position sur la pointe de cette chaussure pendant plusieurs secondes ? Comparez ce résultat aux valeurs des surfaces du centre de pression reportées dans le tableau 15.1.

15.3.4 Application : Calcul de la position du centre de pression

Pour rappel, la plate-forme présentée est constituée de trois capteurs sur lesquels repose une plaque en acier supposée indéformable (figure 15.8). Le fonctionnement de la plate-forme est le suivant : à vide, les trois capteurs de la plate-forme indiquent zéro Newton. Si on place un objet ou si une personne monte sur la plate-forme, la somme des forces enregistrées par les trois capteurs correspond alors à la norme de la force de réaction (composante verticale uniquement, $R = R_1 + R_2 + R_3$ où R_1, R_2 et R_3 représentent les forces mesurées par les capteurs C1, C2 et C3 respectivement). Le centre de pression, point d'application de la force de réaction, présente une certaine analogie avec le centre de masse (chapitre 4) car il correspond au point d'équilibre où les quantités conjuguées des forces verticales et des distances centre de pression – point d'application des forces sont égales de part et d'autre. Autrement dit, c'est le barycentre des composantes verticales des forces de réaction mesurées par la plate-forme (voir encadré, *Rappel sur les vecteurs*). La position du centre de pression (figure 15.8) d'un objet ou d'une personne est définie comme suit pour la plate-forme présentée :

– pour l'axe médio-latéral noté x (le sujet oscille de droite à gauche) :

$$OP_x = \frac{(R_2 - R_1) \times OP_2}{R} \qquad (15.1)$$

où O est l'origine de la plate-forme, P_x la position du centre de pression sur l'axe médio-latéral, P_2 le point d'application de la force mesurée par le capteur C2, R la norme de la force de réaction verticale correspondant à la somme des forces mesurées par les trois capteurs ($R = R_1 + R_2 + R_3$). Enfin,

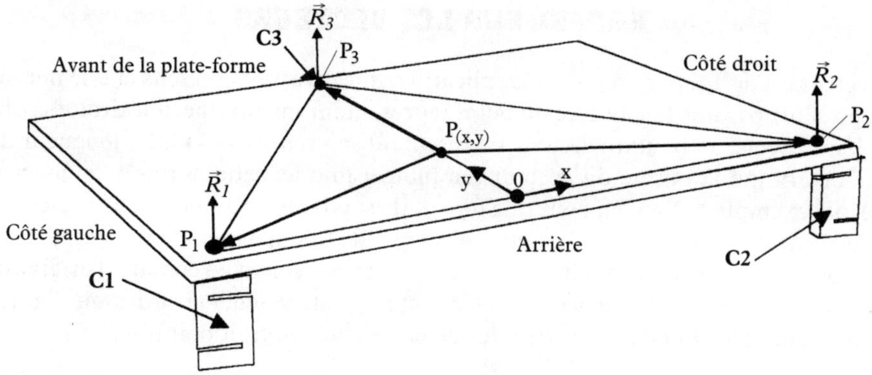

Figure 15.8

Représentation schématique de la plate-forme composée de trois capteurs de force et d'une plaque en acier. Les différentes abréviations sont définies dans les encadrés.

OP_x et OP_2 définissent les distances entre l'origine O et les points d'application P_x et P_2 respectivement.

– pour l'axe antéro-postérieur noté y (le sujet oscille d'avant en arrière) :

$$OP_y = \frac{R_3 \text{ x } OP_3}{R} \qquad (15.2)$$

où P_y correspond à la position du centre de pression sur l'axe antéro-postérieur et P_3 représente le point d'application de la force mesurée par le capteur C3. Enfin, OP_y et OP_3 définissent les distances entre origine et point d'application concerné.

La plate-forme présentée mesure 60 cm le long de l'axe médio-latéral (distance P_1P_2) et 40 cm le long l'axe antéro-postérieur (distance OP_3). Dans le cas d'une bille, le point de contact entre la bille et la plate-forme correspond à la position du centre de pression. Plaçons la bille à différents endroits de la plate-forme. Dans un premier temps, posons la bille sur le point d'application P_1. Quelles sont les valeurs de force mesurées par les trois capteurs si la bille a une masse de 3 kg ? La bille étant en équilibre mécanique juste au-dessus du capteur C1, celui-ci enregistre une force égale au poids de la bille ($R_1 = P_{bille} = mg = 29{,}4$ N). La bille n'a alors aucune action sur les autres capteurs dont les valeurs enregistrées sont nulles ($R_2 = R_3 = 0$). Vérifions la position du centre de pression à partir des forces enregistrées par la plate-forme en utilisant les équations 15.1 et 15.2 définies auparavant.

Pour l'axe latéral, équation 15.1, on obtient

$$OP_x = \frac{(R_2 - R_1) \text{ x } OP_2}{R}$$

O est situé entre P_1 et P_2 donc $OP_2 = \frac{P_1P_2}{2} = \frac{60}{2} = 30$ cm

et $R = P_{bille} = 29{,}4$ N

RAPPEL SUR LES VECTEURS

Un vecteur est défini par un point d'application, une direction, un sens et une norme. Il est représenté par une flèche avec un point représentant son origine, une droite sa direction et une flèche au bout du vecteur représentant son sens (•——►). La longueur de la flèche détermine la norme du vecteur (en biomécanique, cette norme a toujours une unité, par exemple le Newton pour une force). Il est possible d'ajouter deux vecteurs. La somme de deux vecteurs est un vecteur qu'on appelle fréquemment le vecteur résultant. Pour ajouter deux vecteurs, il faut que ces deux vecteurs soient en contact (l'origine d'un vecteur doit « toucher » la flèche de l'autre vecteur). Sur le schéma ci-dessous, la flèche en trait plein correspond à la somme des deux vecteurs en trait pointillé.

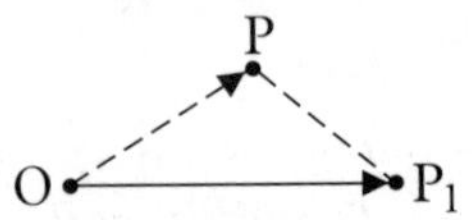

On peut écrire : $\overrightarrow{OP} + \overrightarrow{PP_1} = \overrightarrow{OP_1}$ ou encore $\overrightarrow{OP_1} = \overrightarrow{OP} + \overrightarrow{PP_1}$

Si la somme de plusieurs vecteurs se retrouve au point d'origine, cette somme est alors égale au vecteur nul (les exemples ci-dessous ne sont pas représentés sur le schéma).

Par exemple : $\overrightarrow{PO} + \overrightarrow{OP} = \overrightarrow{PP} = \overrightarrow{O}$ ou encore $\overrightarrow{OP} = -\overrightarrow{PO}$ *(15.3)*

On peut également décomposer un vecteur en plusieurs vecteurs. On utilise alors la relation de Chasles. Par exemple pour le vecteur $\overrightarrow{PP_1}$, on peut écrire :

$$\overrightarrow{PP_1} = \overrightarrow{PO} + \overrightarrow{OP_1} \qquad (15.4)$$

dans les deux cas, on part bien du point P pour arriver au point P_1 (voir figure 15.9).

$$OP_x = \frac{(0 - 29{,}4) \times 30}{29{,}4} = -30 \text{ cm}$$

Cette distance OP_x calculée à partir des valeurs de force correspond bien à la position P_1 sur laquelle est positionnée la bille.

Pour l'axe antéro-postérieur on utilise l'équation 15.2

$$OP_y = \frac{R_3 \times OP_3}{R}$$

$$OP_y = \frac{0 \times 40}{29{,}4} = 0 \text{ cm}$$

Le centre de pression étant situé sur l'axe médio-latéral, il est normal de trouver une composante antéro-postérieure nulle.

Quelle est la position du centre de pression si les forces mesurées par les trois capteurs sont égales ? Dans ce cas, $R_1 = R_2 = R_3 = \frac{R}{3} = \frac{29{,}4}{3} = 9{,}8$ N. Pour les axes médio-latéral et antéro-postérieur on obtient

$$OP_x = \frac{(R_2 - R_1) \times OP_2}{R} \qquad OP_x = \frac{(9{,}8 - 9{,}8) \times 30}{29{,}4} = 0 \text{ cm}$$

$$OP_y = \frac{R_3 \times OP_3}{R} \qquad OP_x = \frac{9{,}8 \times 40}{29{,}4} = \frac{40}{3} = 13{,}3 \text{ cm}$$

Saviez-vous que...

Michel Chasles (1793-1880) fut un mathématicien français dont les principales réalisations marquent un retour à la géométrie pure. Il est l'auteur du *Traité de géométrie supérieure*.

Le centre de pression se trouve à mi-distance entre les points P_1 et P_2 et à 13,3 cm du point O sur l'axe antéro-postérieur. Ce point correspond au barycentre du triangle formé par les points P_1, P_2 et P_3. En effet, si les forces mesurées par les trois capteurs sont identiques cela signifie que les distances PP_1, PP_2 et PP_3 sont égales (voir la définition du barycentre présentée à l'encadré *Calcul de la position du centre de pression*).

Contrôle des connaissances

C 15.7 Les forces mesurées par trois capteurs de la plate-forme sont les suivantes : $R_1 = 30$ N, $R_2 = 43{,}5$ N et $R_3 = 24{,}5$ N. Quelle est la masse de la bille posée sur la plate-forme ? Quelle est la position du centre de pression de la bille ? Sur l'axe médio-latéral la plate-forme mesure 60 cm et 40 cm sur l'axe antéro-postérieur.

C 15.8 Quelle est l'équation du barycentre d'une plate-forme carrée composée de quatre capteurs (la distance entre les deux capteurs d'un même côté est de 1 m) ? Quelles sont alors les formules de OP_x et OP_y pour cette même plate-forme si le point O est au centre de la plate-forme ?

15.4 La quadrupédie

La quadrupédie correspond à la marche à quatre pattes. De telles postures caractérisent les quadrupèdes mais sont assez rares chez l'être humain. On peut toutefois les observer dans différentes activités sportives. Par exemple, lors du départ d'un sprinter ou en gymnastique au sol, la base posturale est limitée par la surface joignant les membres supérieurs et les membres inférieurs. Dans ce cas, la quadrupédie s'effectue selon un plan de support horizontal. En planche à voile ou en escalade, la quadrupédie s'effectue selon un plan de support plus ou moins vertical. Nous allons détailler dans les paragraphes suivant les implications biomécaniques associées au maintien d'une posture quadrupédique verticale rencontrée en escalade.

Saviez-vous que...

Oreopithecus est un grand singe fossile (10 millions d'années) dont le haut du squelette évoque le gibbon, et le bassin... l'homme. La bipédie serait donc beaucoup plus ancienne qu'on ne l'a longtemps cru !

L'escalade est une activité sportive qui consiste à s'élever le long d'une paroi en utilisant les prises du rocher (ou artificielles dans le cas de l'escalade sur mur). Cette activité sportive

CALCUL DE LA POSITION DU CENTRE DE PRESSION

D'un point de vue mathématique, le centre de pression correspond au barycentre des composantes verticales des forces de réaction. Pour une plate-forme composée de trois capteurs, il est donc défini par la relation suivante :

$$R_1\overrightarrow{PP}_1 + R_2\overrightarrow{PP}_2 + R_3\overrightarrow{PP} = \vec{O} \qquad (15.5)$$

où R_1, R_2 et R_3 représentent l'intensité des forces de réaction verticales, et $\overrightarrow{PP}_1$, $\overrightarrow{PP}_2$ et $\overrightarrow{PP}_3$ représentent les vecteurs définis du centre de pression (P) au point d'application de chaque capteur (P1 par exemple pour le capteur C1, voir figure 15.9).

Utilisons cette relation de Chasles (équation 15.4) dans l'équation 15.5 :

$$R_1\,(\overrightarrow{PO} + \overrightarrow{OP}_1) + R_2\,(\overrightarrow{PO} + \overrightarrow{OP}_2) + R_3\,(\overrightarrow{PO} + \overrightarrow{OP}_3) = \vec{O}$$

développons

$$\overrightarrow{PO}\,(\vec{R}_1 + \vec{R}_2 + \vec{R}_3) + R_1\overrightarrow{OP}_1 + R_2\overrightarrow{OP}_2 + R_3\overrightarrow{OP}_3 = \vec{O}$$

on fait passer $\overrightarrow{PO}$ de l'autre côté de l'équation

$$R_1\overrightarrow{OP}_1 + R_2\overrightarrow{OP}_2 + R_3\overrightarrow{OP}_3 = -\overrightarrow{PO}\,(R_1 + R_2 + R_3)$$

en utilisant la relation 15.3 on obtient :

$$R_1\overrightarrow{OP}_1 + R_2\overrightarrow{OP}_2 + R_3\overrightarrow{OP}_3 = \overrightarrow{OP}\,(R_1 + R_2 + R_3)$$ pour rappel $R_1 + R_2 + R_3 = R$

$$\overrightarrow{OP} = \frac{R_1\overrightarrow{OP}_1 + R_2\overrightarrow{OP}_2 + R_3\overrightarrow{OP}_3}{R}$$

Ceci représente la formule générale d'un barycentre exprimé par rapport à un point O quelconque. Ce point O est ici le centre du repère placé au milieu de la distance P_1P_2. Projetons les vecteurs sur les axes x et y. D'après le repère choisi, le sens est positif de O vers P_2 pour l'axe médio-latéral (x) et de O vers P_3 pour l'axe antéro-postérieur (y). Sur x, sachant que $-OP_1 = OP_2$, on peut donc écrire

$$OP_x = \frac{R_1 \text{ x } (-OP_1) + R_2 \text{ x } OP_2}{R}$$ (la projection de OP_3 est nulle sur x car OP_3 est perpendiculaire à l'axe x)

$$OP_x = \frac{(R_2 - R_1) \text{ x } OP_2}{R}$$

et enfin, pour l'axe y

$$OP_y = \frac{R_3 \text{ x } OP_3}{R}$$ (les projections de OP_1 et OP_2 sont nulles sur y)

On retrouve bien les formules présentées à la section 15.3.4.

implique l'utilisation des quatre membres pour maintenir son équilibre et progresser. Un facteur déterminant réside dans le fait d'être capable de stabiliser sa posture et d'assurer son équilibre sur les prises. Les forces alors appliquées traduisent les stratégies d'équilibration mises en œuvre. L'ana-

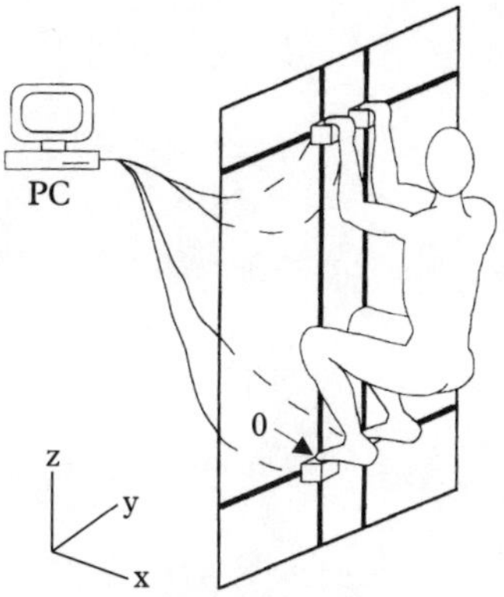

Figure 15.9
Représentation schématique du tétrapodomètre.

lyse de ces forces nous renseigne sur la façon dont les grimpeurs gèrent le conflit entre l'équilibre et le mouvement en escalade.

Pour mesurer les forces aux appuis dans des positions quadrupédiques verticales, une structure originale baptisée « tétrapodomètre » a été élaborée par les membres du laboratoire Sport et Performance Motrice de l'Université de Grenoble (France). Cette structure (figure 15.9) est composée de gabarits métalliques dont la géométrie et l'inclinaison sont réglables en fonction de l'anthropométrie des sujets. Des prises d'escalade artificielles équipées de capteurs de force (jauges de déformation) sont fixées sur la structure. Un micro-ordinateur permet l'enregistrement en trois dimensions des forces appliquées sur chacune des prises.

L'étude des caractéristiques biomécaniques de l'équilibre en escalade montre certaines différences avec la bipédie. Par analogie avec ce que nous avons vu dans les paragraphes concernant la bipédie, la base de support en escalade correspond à la zone de contact avec les prises de main et les prises de pied. La figure 15.10 montre que la taille réduite des prises et la position verticale du support impliquent que le poids du grimpeur appliqué à son centre de masse se projette à l'extérieur de la surface de support (sauf cas exceptionnel d'une dalle peu inclinée par rapport à l'horizontale, figure 15.10 b). Le grimpeur est ainsi entraîné par son poids dans un mouvement vers l'arrière. Dans une telle situation, le maintien de l'équilibre ne dépend plus de la projection du centre de masse dans la surface de support (voir *la bipédie*), mais plutôt des forces stabilisatrices que le grimpeur applique sur les prises. Ces forces doivent répondre à deux exigences :

- supporter le poids corporel du grimpeur (assurer l'équilibre de translation dans la direction verticale). Première condition d'équilibre : $\Sigma F = 0$.
- enrayer le déséquilibre créé par ce même poids (assurer l'équilibre de rotation autour des prises de pied). Deuxième condition d'équilibre : $\Sigma M = 0$.

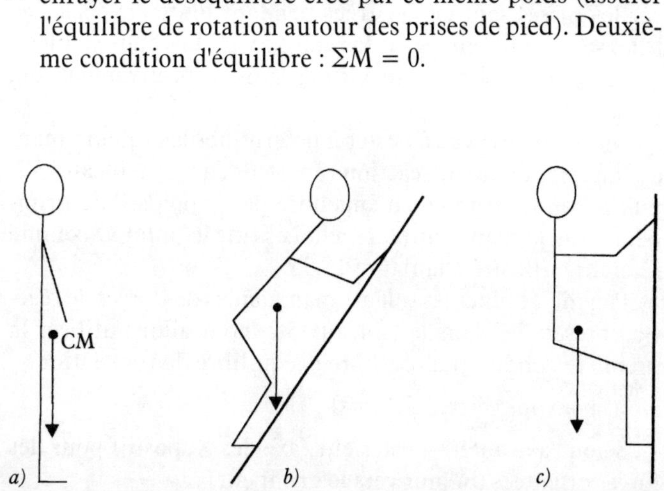

Figure 15.10
Projection du poids appliqué au centre de masse : a) dans une position bipédique, b) quadrupédique sur une dalle inclinée et c) quadrupédique sur un mur vertical.

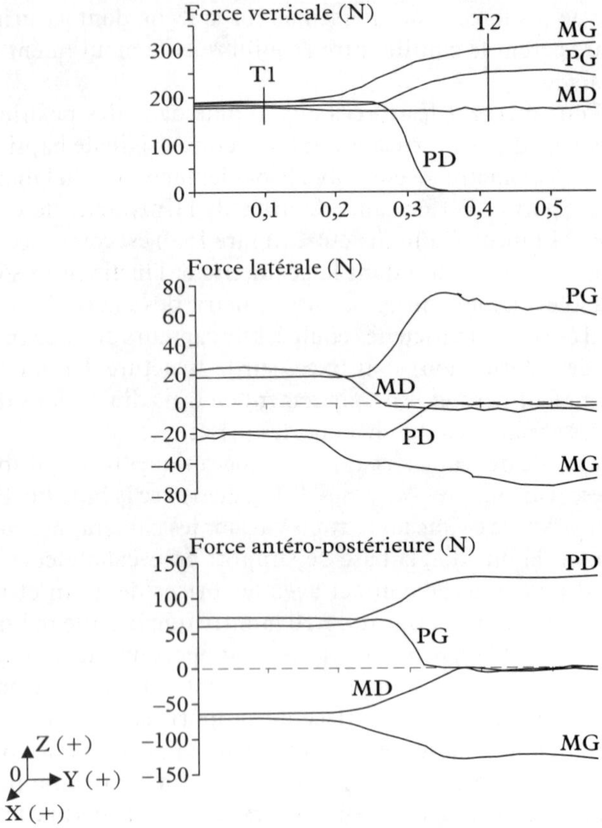

Figure 15.11

Forces de réaction verticales (axe Z), latérales (axe Y) et antéro-postérieures (axe X) observées sur les prises dans le repère d'étude. MD, MG, PD et PG représentent respectivement la main droite, la main gauche, le pied droit et le pied gauche.

Nous allons maintenant étudier l'équilibre d'un grimpeur passant d'une position à quatre appuis à une position à trois appuis. Dans cet exemple le grimpeur pèse P = 728 N et mesure 1,80 m. La distance entre les prises de main et les prises de pied est de D = 1,5 m. Le grimpeur est en position stable sur le tétrapodomètre. On attend de lui qu'il maintienne cette position, puis qu'il relâche la prise de pied droit et stabilise sa posture à trois appuis. Les forces de réaction sur les prises sont enregistrées pendant toute l'expérience. Elles sont représentées sur la figure 15.11. Les états stables à quatre puis trois appuis sont observés respectivement aux instants T1 et T2.

Notre analyse va consister à déterminer les valeurs manquantes des forces de réaction reportées dans le tableau 15.2, puis à évaluer le moment engendré par le poids P du grimpeur dans le plan sagittal en choisissant le point O comme référence, illustré à la figure 15.9.

Pour déterminer les valeurs manquantes des forces de réaction présentées dans le tableau 15.2, nous allons utiliser la première condition d'équilibre : l'équilibre de translation.

Nous pouvons écrire : $\Sigma F = 0$

Selon l'axe antéro-postérieur (axe des X, positif pour des forces orientées du mur vers le grimpeur) :

Tableau 15.2

Forces aux appuis (Newton) observées dans le maintien de la posture à quatre appuis de départ et dans la posture à trois appuis obtenue après le relâchement volontaire de la prise de pied droit.

	4 appuis			3 appuis		
	X	Y	Z	X	Y	Z
MG	–71	?	187	–127	–78	307
MD	–66	24	176	–1,7	0,8	173
PG	?	18	?	128,7	68,5	248
PD	62	–18	185	0	0	0

MG : main gauche; MD : main droite; PG : pied gauche; PD :pied droit; ? :valeurs manquantes.

PGx + PDx – MGx – MDx = 0
PGx = –(PDx – MGx – MDx)
PGx = –(62 – 71 – 66)
PGx = 75 N

La force appliquée sur le PG est positive, elle est donc orientée du mur vers le grimpeur.

Selon l'axe médio-latéral (axe des Y, positif pour des forces orientées de gauche à droite) :

MDy –– MGy + PGy – PDy = 0
MGy = –(MDy + PGy – PDy)
MGy = –(24 + 18 – 18)
MGy = –24 N

La force de réaction médio-latérale appliquée sur le PG est négative, elle est orientée de droite à gauche.

Selon l'axe vertical (axe des Z, positif pour des forces orientées vers le haut) :

MGz + MDz + PGz +PDz – P = 0
PGz = –(MGz + MDz + PDz – P)
PGz = –(187 + 176 + 185 – 728)
PGz = 180 N

La force de réaction appliquée sur PG est positive, elle est orientée vers le haut.

Pour évaluer le moment du poids du grimpeur, il faut déterminer la distance d à laquelle se projette le poids par rapport à O (voir figure 15.12).

Appliquons la seconde condition d'équilibre : $\Sigma M_0 = 0$

Le sens horaire indique des moments négatifs, alors que le sens anti-horaire indique des moments positifs. Les moments autour de l'axe médio-latéral sont générés par le poids corporel et par les composantes de force antéro-postérieures appliquées au niveau des mains (les forces d'appui verticales ne créent pas de moment par rapport à O, tout comme les forces antéro-postérieures appliquées sur les prises de pied).

Le moment du poids tend à faire tourner le grimpeur dans le sens des aiguilles d'une montre, il est négatif. Les

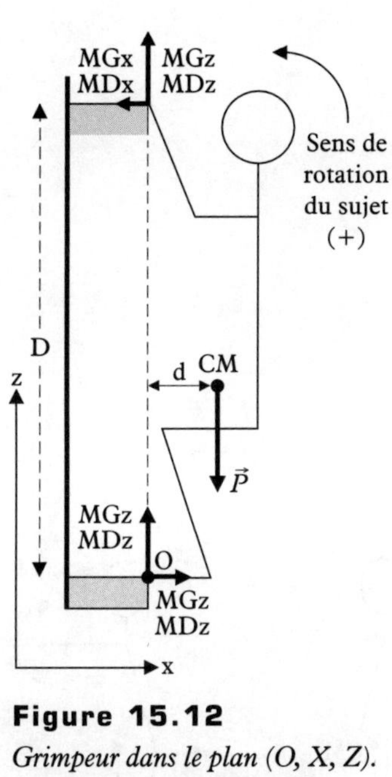

Figure 15.12

Grimpeur dans le plan (O, X, Z). Les forces en présence sont les forces verticales et les forces antéro-postérieures. D représente la distance entre les prises de main et les prises de pied, d représente la distance perpendiculaire entre les prises de pied et la projection du poids.

moments engendrés par les forces antéro-postérieures au niveau des mains tendent à faire tourner le grimpeur dans le sens inverse des aiguilles d'une montre. Ces moments sont positifs.

On peut écrire :

$\circlearrowleft \Sigma M_0 = 0$

$D.MGx + D.MDx - d.P = 0$

$D.(MGx + MDx) - d.P = 0$

$$d = \frac{D.(MGx + MDx)}{P}$$

$$d = \frac{1{,}5.(71 + 66)}{728}$$

$d = 0{,}28$ m

Le poids du grimpeur se projette à 0,28 m en arrière du point O.

Le moment du poids est alors de :

$M_0P = -(728 \times 0{,}28)$

$M_0P = -203{,}84$ N.m

Pour réduire ce moment déstabilisateur le grimpeur peut adopter différentes positions qui se caractérisent par le rapprochement du centre de masse de la surface de support (le grimpeur adopte des positions de type « collé »). Ce type de position a pour conséquence de rapprocher le centre de masse de la surface de support (la distance d diminue), le moment du poids du corps est ainsi réduit et les forces nécessaires à le contrecarrer sont alors de moindre intensité. On peut supposer que la position est moins contraignante à maintenir.

CONTRÔLE DES CONNAISSANCES

C 15.9 En utilisant la figure 15.11, décrivez les forces aux appuis observées dans la posture à quatre appuis et dans la posture à trois appuis.

15.5 POSTURE ET MOUVEMENT

Comme nous l'avons déjà dit, la réalisation d'un mouvement va entraîner une modification de la posture. Cependant, il est intéressant d'observer que cette modification de la posture ne se produit pas uniquement au niveau du membre sollicité. Par exemple, lorsqu'un sujet lève un bras devant lui jusqu'à une position horizontale, on observe une modification de la position du bassin qui part vers l'arrière (figure 15.13). Ce mouvement en sens inverse du bassin par

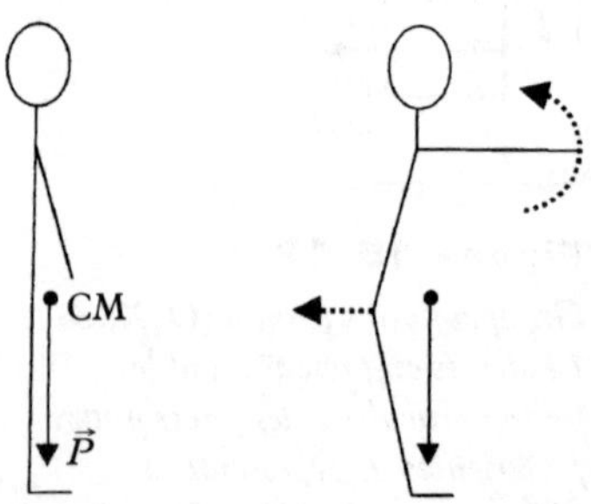

Figure 15.13
Mouvement opposé du bassin associé à un mouvement de lever de bras.

rapport au membre mobilisé découle du principe d'action et de réaction (chapitre 13). Cette « double » modification de la posture va se traduire par une modification très faible de la projection verticale du centre de masse à l'intérieur de la base de support. Ainsi, la stabilité à la fin de la réalisation du mouvement pourra être conservée.

Les mouvements de parties du corps autres que celles mobilisées par le membre à déplacer sont appelés des ajustements posturaux (comme par exemple le mouvement des hanches lors du soulèvement volontaire d'un bras). La présence de ces ajustements posturaux est essentielle pour permettre la réalisation du mouvement. En effet, dès 1899, Babinski avait mis en évidence qu'une personne atteinte de lésions au niveau du cervelet était incapable de réaliser un mouvement de flexion vers l'arrière sans tomber. Cette personne était devenue incapable de réaliser les ajustements posturaux nécessaires à l'exécution du mouvement, dans le cas présent une flexion vers l'avant des genoux. Ces ajustements posturaux accompagnent le mouvement mais peuvent également le précéder (ajustements posturaux anticipés, APA) ou le suivre (ajustements posturaux consécutifs, APC). La présence des ajustements posturaux anticipés ne peut se produire qu'à condition que le mouvement soit volontaire. Comme pour la stabilité posturale, la « qualité » des ajustements posturaux augmente avec l'expertise des sujets. Cette qualité peut se traduire par exemple en terme de précocité de mise en jeu des ajustements posturaux anticipés chez le sujet expert.

Étudions maintenant plus précisément les réactions posturales lors d'un mouvement en escalade. L'analyse des forces aux appuis montre que le relâchement volontaire de la prise de pied droit est accompagné de variations de force siégeant sur les trois autres prises (figure 15.11). Ces variations concernent les forces verticales, latérales et antéro-postérieures. Les forces verticales augmentent sur les appuis controlatéraux (main gauche et pied gauche) et restent constantes sur l'appui ipsilatéral (main droite). Les forces latérales et antéro-postérieures diminuent sur l'appui ipsilatéral (main droite) et sont transférées sur les appuis controlatéraux (main gauche et pied gauche).

Ces variations interviennent de manière anticipée par rapport à l'instant d'initiation du délestage volontaire du pied droit. Ces variations témoignent d'ajustements posturaux anticipés. Pour un relâchement de la prise de pied droit, l'ajustement postural anticipé se produit d'abord sur la main gauche (le début de la variation de force observée sur la prise main gauche débute 140 ms en moyenne avant le délestage du pied droit), suivi du recrutement simultané de la prise de main droite et de la prise de pied gauche (65 ms en moyenne avant le délestage du pied droit). De plus, les variations observées pour les forces verticales, latérales et antéro-postérieures sur une même prise ne présentent pas de différence significative : les modifications des forces en trois dimensions sont initiées en synchronie sur chaque prise. Cette organisation temporelle qui a pu être mise en évidence dans différentes expériences en escalade semble privilégier l'appui le plus intéressant d'un point de vue mécanique pour assurer le maintien de l'équilibre. Dans l'exemple étudié ici, cet appui correspond à la prise de main gauche.

15.6 CONCLUSION

Nous avons vu que l'homme était toujours en mouvement. L'amplitude de ses oscillations lorsque celui-ci essaie de ne pas bouger diminue avec la pratique d'une activité physique et sportive. Cette amplitude diminue davantage pour les activités sollicitant tout particulièrement le contrôle de la posture comme la danse, la gymnastique ou encore le tir à la carabine. Nous avons également vu que la réalisation d'un mouvement simple comme l'élévation d'un bras est accompagnée de mouvements d'autres parties du corps : les ajustements posturaux. Pour les activités physiques et sportives plus complexes comme par exemple l'escalade ou la course à pieds, il faut garder à l'esprit que la performance d'un athlète va dépendre de nombreux facteurs. Les qualités de sa posture et de ses ajustements posturaux font partie de ces facteurs.

chapitre
SEIZE

IMPULSION ET MOMENT LINÉAIRE

Objectifs d'apprentissage

1 Définir et différencier impulsion et moment linéaire.
2 Être capable d'effectuer des calculs relatifs à l'impulsion et au moment linéaire.
3 Énoncer et illustrer le Principe nº 11 : L'impulsion.
4 Énoncer et illustrer le Principe nº 12 : Conservation du moment linéaire.

16.1 IMPULSION ET MOMENT LINÉAIRE

À partir des équations du mouvement Newton-Euler, nous sommes en mesure de développer plusieurs paramètres biomécaniques tels que l'impulsion, le travail, l'énergie mécanique et la puissance musculaire. Ces paramètres nous permettent de mieux décrire et comprendre le mouvement humain. Par exemple, le travail fait par les forces internes repose sur le calcul des énergies mécaniques. Par contre, la hauteur d'un saut vertical ou la performance d'un saut en longueur découle de l'impulsion. Cet aspect est traité plus longuement dans ce chapitre.

Selon la deuxième loi de Newton, la force se traduit par une masse accélérée. Bien que la force appliquée sur une masse demeure constante, la masse va se déplacer de plus en plus rapidement. Et si la force diminue, la masse va décélérer. Que se passe-t-il quand la force se retire ?

En absence de toute force externe, la première loi de Newton s'applique, c'est-à-dire que la masse est en équilibre. Elle reste au repos ou se déplace à vitesse constante. Dans la situation où il n'y a plus de force externe, la masse possède un mouvement uniforme et se déplace à vitesse constante.

Il existe une relation entre la force externe appliquée et la vitesse linéaire de la masse une fois libre de toute force. Cette relation découle directement de la seconde loi de Newton

RELATIONS ENTRE LE MOUVEMENT ET LES FORCES

Moment linéaire	Moment angulaire
F = m a	M = I a
Ft = m v	M t = I v
Cause = effet	Cause = effet

La cause du mouvement est toujours une force appliquée au centre de masse (principe n ° 8) dans le mouvement linéaire ou une force excentrée (principe n ° 9) au centre de masse dans un mouvement angulaire. L'effet se manifeste par des déplacements linéaire ou angulaire sur la masse.

$$F = m a \qquad (13.2)$$

On multiplie chaque côté de l'équation 13.2 par l'intervalle de temps, t et on obtient

$$Ft = m a t \qquad (16.1)$$

L'accélération est aussi représentée par un changement de vitesse par rapport au temps ($a = \Delta v/\Delta t$). L'équation 16.1 se transforme

$$Ft = m (\Delta v/\Delta t)\, t$$

et devient

$$Ft = m \Delta v \qquad (16.2)$$

La cause du mouvement donnée par la partie gauche de l'équation 16.2 correspond à l'impulsion, alors que l'effet en est le moment linéaire représenté par la masse qui se déplace à vitesse constante.

16.2 PRINCIPE N° 11 : L'IMPULSION

Le segment gauche de l'équation 16.2, Ft, est défini comme étant l'impulsion, soit la force multipliée par son temps d'application. Ce paramètre est exprimé en Ns (Newton seconde).

Une des phases du saut en longueur se nomme l'impulsion. Si vous vous souvenez, elle est de très courte durée. C'est dans cette phase que l'athlète va se propulser vers l'avant et le haut pour préparer sa phase de suspension. La trajectoire aérienne obéit aux équations du mouvement parabolique qui dépendent entre autres des vitesses initiales. Ces vitesses résultent de la poussée ou de l'impulsion et par conséquent sont prises au moment où il n'y a plus de contact entre l'athlète et les forces externes.

Maintenant on peut faire le lien entre la force de propulsion du sauteur et les vitesses initiales, car celles-ci sont le résultat des forces appliquées et de leur durée.

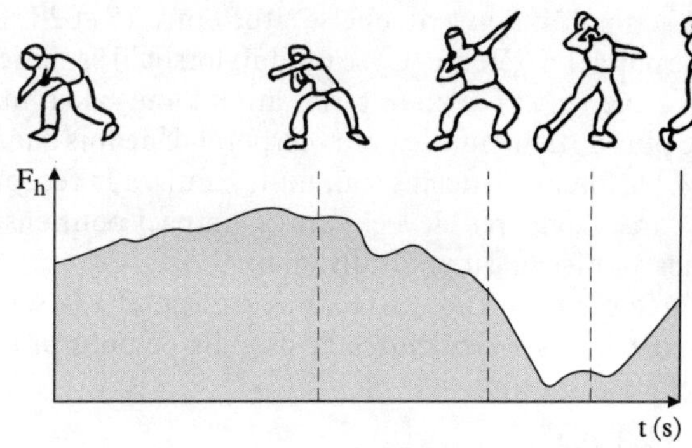

Figure 16.1

Forces de réaction horizontales lors du lancer du poids. La zone ombragée représente l'impulsion nécessaire à la projection du poids vers l'avant. D'après Hay, J.G. (1978). The biomecanics of sports techniques. *Prentice-Hall, Englewood Cliffs, N. J.*

Principe no 11 : L'impulsion est égale à la force multipliée par sa durée d'application.

L'impulsion définie comme le produit de la force par le temps correspond plus spécifiquement à l'aire (surface) sous une courbe de force en fonction du temps. La figure 16.1 représente la force horizontale totale au sol développée lors du lancer du poids. Les impulsions horizontales produites par les forces médio-latérales et antéro-postérieures ne font pas intervenir la gravité. Ainsi l'impulsion est représentée par l'aire sous la courbe.

Par contre, l'impulsion verticale fait intervenir l'effet de la gravité. La figure 16.2 représente la force verticale développée lors d'un saut vertical. Au début, le sauteur se tient debout sur la pate-forme dynamométrique (A). Ensuite (B), il amorce son saut par une flexion aux genoux qui se traduit par un allègement. À cet instant, la force verticale est infé-

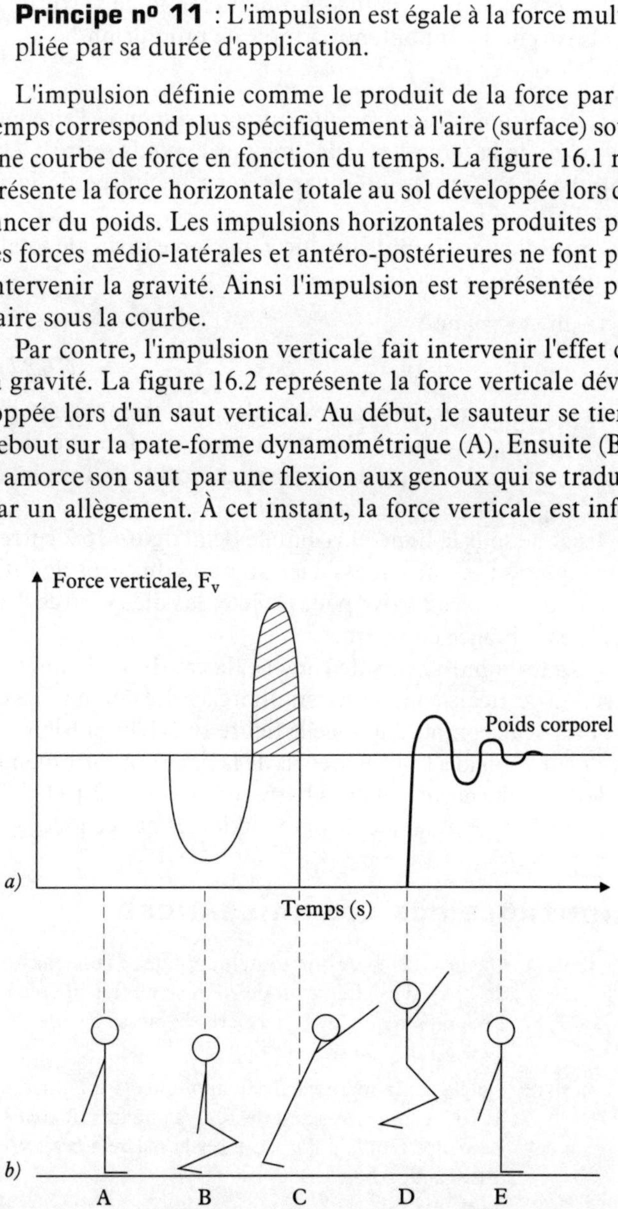

Figure 16.2

Force verticale développée lors d'un saut vertical. Au repos, la force correspond au poids corporel. La force est nulle quand le sauteur est dans les airs.

rieure à son poids. Souvent, elle se situe entre 15 et 20 % du poids corporel. La détente (C) se produit lorsqu'il se redresse, et la force exercée sur la plate-forme atteint une valeur maximale de plus de deux fois le poids corporel. Une fois dans les airs (D), les forces verticales sont nulles. Puis, à la réception (E), les forces sont très élevées suite à l'impact pour ensuite diminuer au niveau du poids du sujet.

La force verticale enregistrée, F_V correspond à la somme du poids du corps et de la force de propulsion pour projeter le sauteur, F_P.

$$F_V = F_P + mg$$

Par conséquent, il faut soustraire de la force verticale le poids corporel pour obtenir la force de propulsion.

$$F_P = F_V - mg$$

L'impulsion nécessaire pour sauter correspond à l'aire sous la courbe de la force verticale, une fois le poids retiré. Cette impulsion est représentée par la zone hachurée de la figure 16.2.

Pour calculer l'impulsion due à une force verticale totale, l'équation 16.2 s'écrit :

$$F_V\, t - mg\, t = m\,\Delta v \qquad (16.3)$$

$$(F_V - mg)\, t = m\,\Delta v \qquad (16.3\ bis)$$

Si la force verticale totale est égale ou inférieure au poids, on ne pourra rien lancer. Par contre, avec une force verticale totale supérieure au poids corporel et à celui de l'engin, ce dernier pourra être lancé vers le haut.

La zone sous la ligne horizontale de la figure 16.2 correspond donc à l'impulsion associée au poids du corps de l'athlète. L'impulsion effective pour projeter le poids se situe dans la zone ombragée de la courbe.

En haltérophilie, lors de l'araché, la courbe de la force de réaction verticale a une force similaire à celle obtenu lors du saut vertical, comme l'indique la figure 16.3. L'impulsion verticale correspond à l'aire au dessus de la ligne qui correspond à celle du poids corporel et de la barre qui se situe à 2 100 N. La période d'envol n'est que de deux dixièmes de seconde.

CONTRÔLE DES CONNAISSANCES

C 16.1 Quelle est la force horizontale appliquée à une masse de 30 kg si sa vitesse est de 20 m/s une fois libérée ? Le temps requis pour accélérer la masse à cette vitesse est de 0,50 s.

C 16.2 Quelle est la force verticale appliquée à une masse de 30 kg si sa vitesse est de 20 m/s une fois libérée ? Le temps requis pour accélérer la masse à cette vitesse est de 0,50 s.

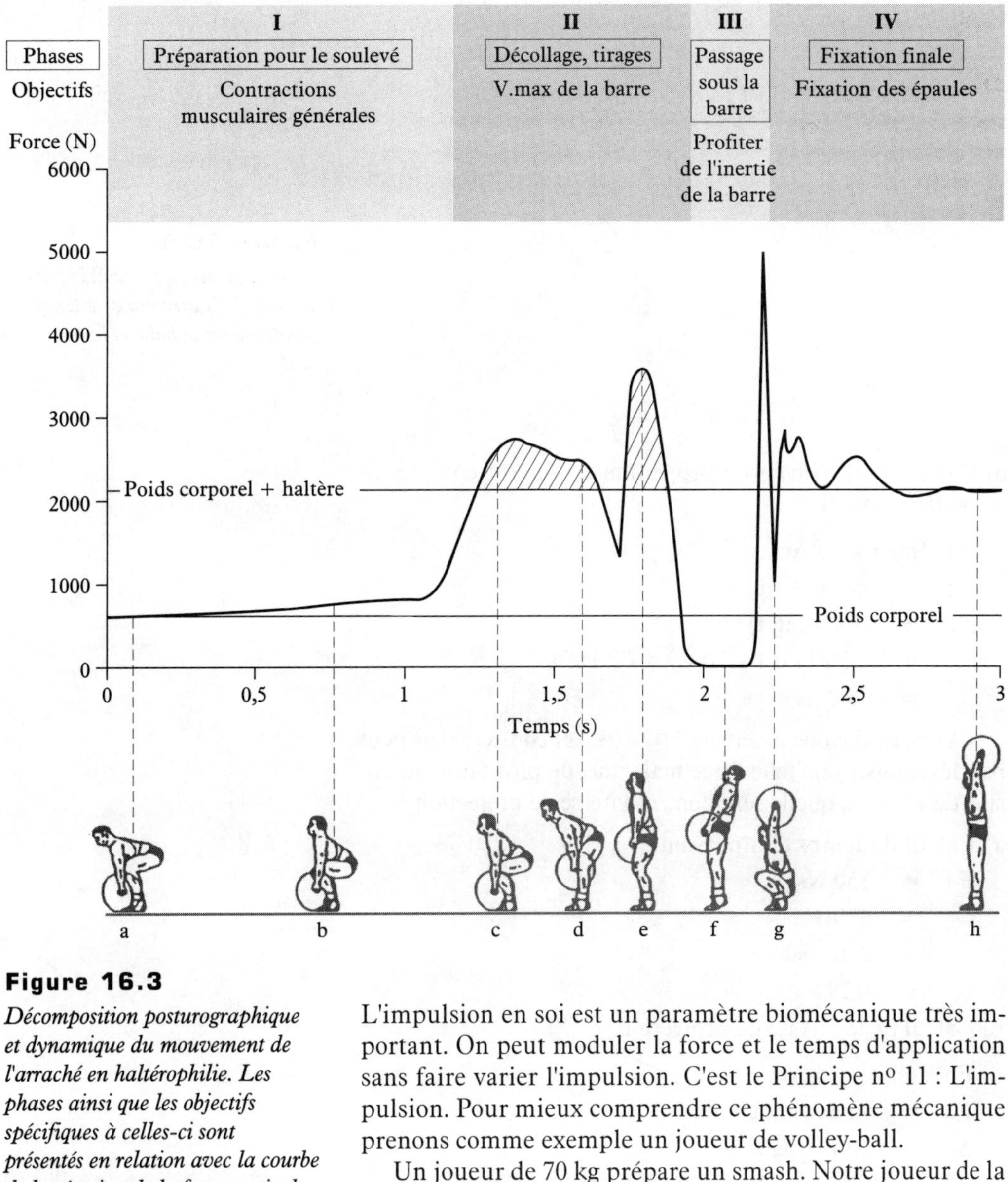

Figure 16.3

Décomposition posturographique et dynamique du mouvement de l'arraché en haltérophilie. Les phases ainsi que les objectifs spécifiques à celles-ci sont présentés en relation avec la courbe de la réaction de la force verticale. Cette courbe a plusieurs affinités avec celle du saut vertical de la figure 14.2. On note un allègement à l'image d ainsi qu'un envol (absence de force verticale) à l'image f). La région ombragée correspond aux périodes d'impulsion.

L'impulsion en soi est un paramètre biomécanique très important. On peut moduler la force et le temps d'application sans faire varier l'impulsion. C'est le Principe n° 11 : L'impulsion. Pour mieux comprendre ce phénomène mécanique prenons comme exemple un joueur de volley-ball.

Un joueur de 70 kg prépare un smash. Notre joueur de la figure 16.4 doit se propulser vers le haut pour le bloquer. Pour atteindre le ballon, il doit produire une impulsion de 350 Ns. La force et le temps interviennent. Dans un premier cas, notre joueur mise sur une très grande force verticale maximale de 3500 N. Quelle sera la vitesse de son centre de masse à l'instant où il quitte le sol si son poids est aussi de 70 kg ?

a) Calcul du temps de l'impulsion

$$F\,t = 350 \text{ Ns}$$
$$t = 350/F$$
$$= 350/3500$$
$$t = 0{,}10 \text{ s}$$

Figure 16.4

Pour la même impulsion, le joueur de volleyball arrivera a) à temps pour bloquer la balle et b) trop tard.

b) Calcul de la vitesse de projection en tenant compte du poids corporel

$F\,t - mg\,t = m\,\Delta v$

$F\,t = m\,\Delta v + mg\,t$

$\Delta v = (F\,t - mg\,t)/m$

$= (3500 \cdot 0{,}1 - 70 \cdot 9{,}8 \cdot 0{,}1)/70$

$= 4{,}02$ m/s

La vitesse du joueur sera de 4,02 m/s. Par contre, s'il ne peut pas développer une telle force mais une, de plus faible intensité, de 1 800 N, quelle sera donc sa vitesse de projection ?

a) Calcul du temps d'impulsion

$F\,t = 350$ Ns

$t = 350/F$

$= 350/1800$

$t = 0{,}194$ s

b) Calcul de la vitesse de projection

$F\,t - mg\,t = m\,\Delta v$

$F\,t = m\,\Delta v + mg\,t$

$\Delta v = (F\,t - mg\,t)/m$

$= (1800 \cdot 0{,}194 - 70 \cdot 9{,}8 \cdot 0{,}194)/70$

$= 3{,}09$ m/s

Cette diminution de vitesse est peut-être suffisante pour arriver trop tard au haut du filet pour bloquer le ballon et laisser marquer l'adversaire. En pratique, l'impulsion ne sera pas nécessairement constante et va varier légèrement. Les prochains exemples illustrent comment la force et son temps d'application modulent l'impulsion.

16.2.1 Départ au sprint

À la figure 16.5, l'impulsion horizontale, la force de réaction au sol et le temps sont représentés en fonction du nombre

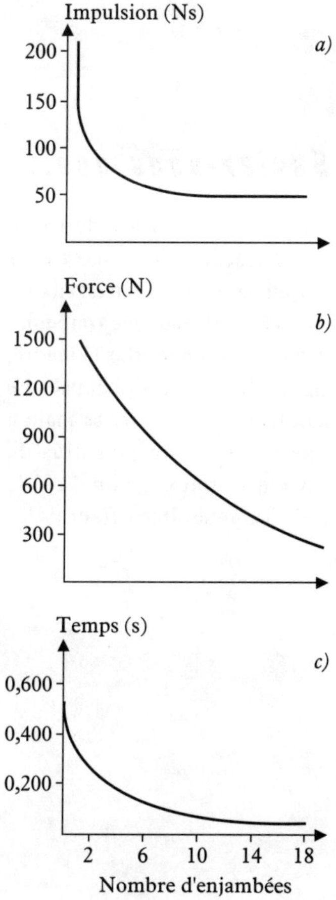

Figure 16.5

Pour un départ au sprint, on note une chute de l'impulsion horizontale a), qui est affectée à la fois par une réduction de la force b) et du temps d'application c).

d'enjambées pour un départ au sprint. L'impulsion chute rapidement d'une valeur de 200 Ns pour ensuite se stabiliser aux environs de 50 Ns vers la 5e enjambée. Bien que la force antérieure diminue progressivement de 1500 N à 300 N, elle est près de 1000 N à la 5e enjambée. Le temps d'application de la force est aussi responsable de la réduction de l'impulsion. Sa courbe suit de près celle de l'impulsion. En effet le temps d'application passe de 600 ms à 150 ms à la 5e en jambée.

Cette relation de l'impulsion et du temps s'explique par le besoin de développer une très grande impulsion dès le départ de la course. Cela se réalise à la fois par une force élevée et une longue durée d'application. Lorsque la vitesse de croisière est atteinte en quelques enjambées, il est important de réduire le temps alloué à chaque enjambée pour maintenir une vitesse de course rapide. La force maintenue est un compromis entre son temps d'application et la capacité de l'athlète à la développer.

16.2.2 Triple saut

Au sprint, l'impulsion horizontale est importante au départ. Au triple saut, l'impulsion verticale est surtout modulée par le temps d'application qui augmente de saut en saut, tel qu'illustré à la figure 16.6. L'impulsion verticale passe de 450 Ns au premier saut pour atteindre une valeur d'un peu plus de 550 Ns au dernier saut. Bien que la force verticale diminue sensiblement de 3200 N à 3050 N, la durée d'application est essentiellement responsable de l'augmentation de l'impulsion. En effet, le temps augmente de saut en saut en passant de 150 ms à 180 ms. Une chute de 5 % dans la force est compensée par une augmentation de 20 % dans la durée d'application.

Au sprint comme au triple saut, il apparaît plus facile de contrôler la durée d'application de la force que de moduler la force. En effet, plus la durée d'application diminue moins il y a de temps pour déployer une grande force.

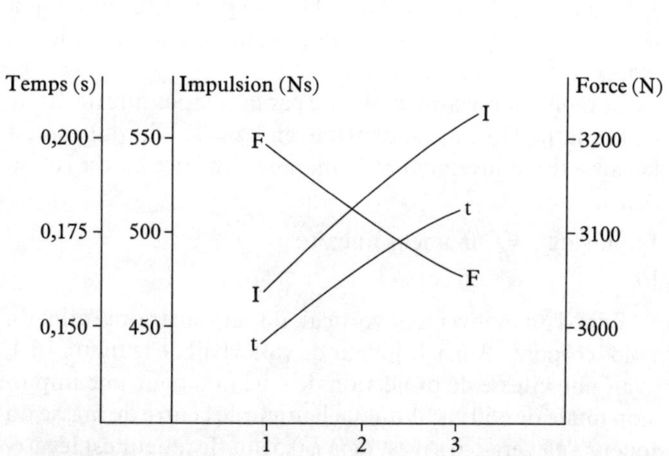

Figure 16.6

Courbes d'impulsion verticale (I), force verticale (F) et temps (t) en fonction de chacun des sauts lors d'un triple saut.

16.2.3 Karaté

Le secret du karaté repose sur trois facteurs à savoir la vitesse, le poids et la rigidité de l'arme – le corps. À titre d'exemple, examinons de plus près ce qui se produit lorsqu'un karatéka fend une brique ou quelques planches de bois avec ses mains.

Je tiens une planche de bois que vous allez fracasser avec votre main. Si vous frappez lentement et même avec une très grande force, vous n'allez que la repousser. Par contre, si vous le faites très rapidement (grande vitesse), la planche va se fracasser car elle n'aura pas le temps de dissiper l'impact et de rebondir.

Pour fendre une ou deux planches avec la main, ça va. Quatre ou plus, cela est plus difficile. Il est plus aisé de le faire avec le pied qui a un poids de presque deux fois et demi celui de la main (voir tableau 4.1).

Finalement, la rigidité compte pour beaucoup. La main doit être très rigide au moment de l'impact afin de ne pas amortir le choc et de transmettre le plus d'énergie possible aux planches. Les os sont 6 fois plus rigides que le pin de nos forêts. La main peut résister à une force de 8000 N; donc, on peut fendre 4 ou 5 planches de pin sans trop souffrir !

Saviez-vous que...

La frappe au karaté doit être extrêmement rapide et brève pour être efficace. La main n'est en contact avec une brique que 4 ou 5 millièmes de seconde pour la fendre; sinon, elle va amortir l'impact. Le karatéka devra retirer sa main à une vitesse d'un peu plus de 300 km/h, soit celle du TGV, le train à grande vitesse français !

16.3 PRINCIPE N⁰ 12 : CONSERVATION DU MOMENT LINÉAIRE

La force est la cause du mouvement alors que l'accélération de la masse en est la manifestation ou l'effet. Il en est de même avec l'impulsion et le moment linéaire. Le moment linéaire est la quantité de mouvement (linéaire) que confère l'impulsion à la masse.

Dans l'exemple du joueur de volley-ball, une impulsion verticale de 350 Ns lui permet d'atteindre le ballon au filet. Si la masse de l'athlète est de 70 kg, on peut déterminer non seulement la vitesse de la détente verticale mais aussi le déplacement du centre de masse.

Le moment linéaire se calcule par la composante de droite de l'équation 16.2 et est exprimé en kgm/s. L'impulsion est la cause du mouvement et le moment linéaire en est l'effet. Ainsi,

$$\text{Impulsion} = \text{moment linéaire}$$
$$Ft = m\,\Delta v$$

Lors d'un mouvement vertical, il faut soustraire l'effet du poids corporel. Ainsi, le joueur de volleyball de la figure 16.4, avait une vitesse de projection de 4,02 m/s pour une impulsion totale de 350 Ns. À quelle hauteur le centre de masse du joueur s'élèvera-t-il s'il est déjà à 0,55 m (le joueur est légèrement accroupi avant l'impulsion) ? On utilise les équations du mouvement parabolique et plus particulièrement l'équation 6.2 et où la vitesse finale est nulle (apogée).

$$v_f^2 = v_i^2 - 2\,g\,y \qquad (6.2)$$

$$\begin{aligned} y &= (v_i^2 - v_f^2)/2\,g \\ &= 4{,}02^2/(2 \times 9{,}8) \\ &= 16{,}16/19{,}60 \\ &= 0{,}825 \text{ m} \end{aligned}$$

La hauteur sera de 0,825 m de plus que la hauteur initiale de 0,55 m. La hauteur totale du centre de masse sera de 1,375 m. On verra aussi plus loin comment d'autres paramètres biomécaniques interagissent, tout comme nous venons d'utiliser la notion d'impulsion-moment linéaire avec les équations du mouvement parabolique.

Si l'on reprend le même exemple mais avec des impulsions de 10 %, 20 % et 30 % supérieures aux 350 Ns, la hauteur atteinte par le centre de masse de l'athlète augmentera-t-elle dans les mêmes proportions tout en conservant un temps d'application de la force égale à 0,10 ? Toujours en employant les équations 16.3 bis et 6.3 on obtient la vitesse initiale et le déplacement vertical du centre de masse.

Le tableau 16.1 résume les principaux calculs ainsi que la hauteur atteinte selon les différentes impulsions. On remarque que la vitesse verticale augmente de manière proportionnelle à celle de l'impulsion. Cela est logique car l'équation 16.3 est linéaire. P ar contre sans ajouter la hauteur verticale initiale de 0,55 m, le déplacement vertical augmente beaucoup plus rapidement. Il est de 26,3 % pour une augmentation de 10 % de l'impulsion et la hauteur double presque quand l'impulsion augmente de 30 % ! D'où l'importance de l'impulsion ou de la vitesse verticale. Ainsi une simple augmentation de l'impulsion se traduit par une forte augmentation de la performance.

La figure 16.7 illustre la nature de l'accroissement du déplacement vertical du centre de masse par rapport à l'augmentation de l'impulsion. On note immédiatement une relation non linéaire qui découle de l'équation 6.3. Celle-ci comprend

Tableau 16.1

Déplacement du centre de masse suite à différentes impulsions.

Impulsion (Ns)	Augmentation (%) de l'impulsion	Vitesse verticale (m/s)	Augmentation (%) de la vitesse	Déplacement vertical (m)	Augmentation (%) du déplacement
350	—	4,02	—	8,25	—
385	10	4,52	12,4	1,042	26,3
420	20	5,02	24,9	1,286	55,9
455	30	5,52	37,3	1,555	88,5

des termes au carré et ainsi l'augmentation du déplacement vertical est de forme exponentielle.

CONTRÔLE DES CONNAISSANCES

C 16.3 Lors d'une mise au jeu au basket-ball, un joueur s'élève de 1,080 m et l'autre de 1,188 m, soit 10 % de plus. Quelle est la différence d'impulsion en pourcentage, si les deux joueurs ont le même poids de 800 N et le même temps d'impulsion, de 0,5 s ?

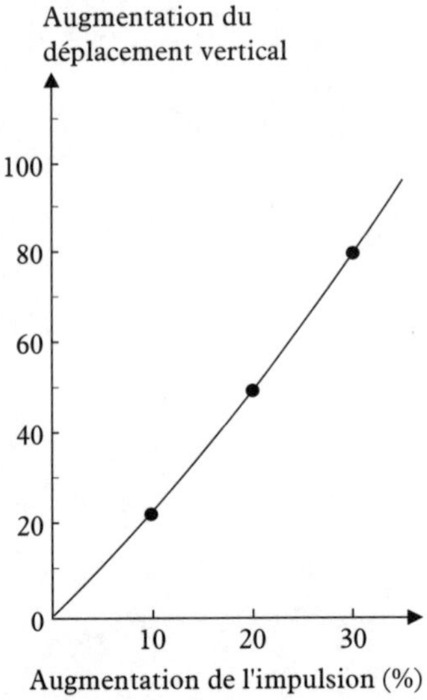

Figure 16.7

Relation non linéaire (exponentielle) entre l'augmentation de l'impulsion (%) et celle du déplacement du centre de masse (%).

On vous lance un ballon. Pour ce faire on doit appliquer une force externe sur le ballon durant un certain temps, une impulsion. Cette impulsion étant la cause du mouvement elle se transforme en moment linéaire. Lorsque vous le captez, le ballon exerce une force externe sur vous et vous confère du moment linéaire. Il y a un échange entre l'impulsion et le moment linéaire et vice versa.

S'il n'y a aucune perte (atténuation des forces), la valeur de l'impulsion est toujours égale à celle du moment linéaire peu importe si c'est au lancer, dans les airs, au moment où vous captez le ballon ou après.

Principe nº 12 : Le moment linéaire avant l'impact est égal au moment linéaire après l'impact.

Moment linéaire avant = Moment linéaire après

$$m_1v_1 + m_2v_2 + ... + m_iv_i = m_1v_1' + m_2v_2' + ... + m_iv_i' \quad (16.4)$$

où m_i sont les masses des objets, les v_i sont leurs vitesses respectives avant la collision et les v_i' sont les nouvelles vitesses.

À titre d'exemple, on lance un ballon de football dont la masse de 1 kg a une vitesse de 22 m/s (figure 16.8). Le joueur l'attrape dans les airs (aucune résistance au sol et aucun mouvement horizontal du joueur). À quelle vitesse horizontale va t-il se déplacer si sa masse est de 60 kg ?

Avant la collision, le ballon a une vitesse horizontale de 22 m/s alors que le joueur n'en a aucune. Après la collision, le joueur tient le ballon et possède avec lui une seule vitesse horizontale, v'. On se sert de l'équation 16.4 mais on se limite à deux corps, à savoir le ballon, m_1 et l'athlète, m_2

$$\begin{aligned}
m_1v_1 + m_2v_2 &= m_1v_1' + m_2v_2' \\
m_1v_1 + m_2v_2 &= (m_1 + m_2)\, v_2' \\
v' &= (m_1v_1 + m_2v_2)/(m_1 + m_2) \\
&= (1{,}00 \times 22 + 0)/(1{,}00 + 60) \\
&= 22/61 \\
&= 0{,}361 \text{ m/s}
\end{aligned}$$

Figure 16.8

a) Le joueur de football attend de capter le ballon; b) le moment linéaire du ballon est transmis au joueur. Reproduit, avec permission de Kreighbaum, E. et Barthels, K.M. (1985). Biomechanics. A Qualitative approach for Studying Human Movement. *MacMillan Publishing Company, New York, N. Y.*

Le ballon aura donné au joueur assez de moment linéaire pour le déplacer à une vitesse 0,361 m/s.

Ainsi, l'impulsion et le moment linaire sont déterminés à partir des équations du mouvement et met en relation la force développée avec la vitesse de projection. Comme l'on se sert de la vitesse pour décrire la trajectoire aérienne, la performance d'un saut ou d'un lancer peut être caractérisée par l'impulsion. D'autres paramètres biomécaniques découlent des équations du mouvement. Le prochain chapitre aborde les notions de travail, d'énergie mécanique et de puissance musculaire.

Saviez-vous que...

Un bâton de base-ball de poids moyen est à peu près six fois plus lourd que la balle. Prendre un bâton un peu plus lourd n'augmentera pas de beaucoup le moment linéaire transféré à la balle et risque plutôt de ralentir votre élan ! À vous de jouer.

Contrôle des connaissances

C 16.4 Un joueur de football américain de 100 kg vient plaquer le quart-arrière de 66 kg de l'équipe adverse. Au moment de l'impact le joueur de ligne se déplaçait à une vitesse de 7 m/s. Quelle est la vitesse des deux joueurs ensemble peu après la collision ?

C 16.5 Si le quart-arrière de l'exercice précédent cherchait à éviter le placage et courait en s'éloignant à une vitesse de 5 m/s, quelle serait alors la vitesse après le placage ?

chapitre
DIX-SEPT

TRAVAIL, ÉNERGIE ET PUISSANCE MÉCANIQUE

Objectifs d'apprentissage

1 Différencier travail interne et travail externe.
2 Comprendre le lien entre travail et lénergie.
3 Reconnaître et nommer les différentes formes d'énergie.
4 Énoncer et expliquer la loi de la conservation d'énergie.
5 Énoncer et expliquer le théorème de l'énergie cinétique.
6 Définir et décrire l'énergie de gesticulation.
7 Définir et appliquer les notions de puissance.
8 Différencier puissance positive et puissance négative.
9 Appliquer la notion de puissance à la marche normale.
10 Saisir l'importance du travail pour amortir les chocs d'impact.

17.1 TRAVAIL

À la fin d'une randonnée pédestre, vous vous sentez légèrement fatigué d'avoir porté toute la journée un sac à dos de 20 kg. Après une session d'entraînement au basket-ball où on vous a fait faire plusieurs aller-retours à la course, vous êtes épuisé. Vous montez dix étages à pied et là encore vous avez besoin de repos. Quel est le lien entre toutes ces activités ?

Dans tous les cas, vous vous êtes déplacé et ce déplacement résulte d'une ou plusieurs forces appliquées au sol (chapitre 13); en d'autres termes vous avez travaillé. En mécanique, une force appliquée sur une distance quelconque est également reconnue comme étant du travail, W. La figure 17.1 a) illustre pour un mouvement de translation le travail linéaire accompli (déplacer une charge). Il est exprimé par

Saviez-vous que...

L'unité de mesure du travail, le Joule, est nommé en l'honneur du physicien britannique et maître brasseur James Prescott Joule (1810-1889). Par ses études sur la chaleur dégagée par les courants électriques, il détermina l'équivalent mécanique, la calorie. C'est lui qui a proposé le concept de la conservation de l'énergie mécanique.

$$W = F\,d \qquad (17.1)$$

où F est la force en Newton et d la distance parcourue en mètre. L'unité de mesure du travail est le joule (J). À la figure 17.1 b), le travail angulaire pour un mouvement de rotation est

$$W = M\,\theta \qquad (17.2)$$

où M est le moment en Nm et θ est l'angle parcouru en radian.

On distinguera deux types de travail accompli par le corps humain. Le travail interne qui est réalisé par le système musculaire pour déplacer les segments corporels et le travail externe pour déplacer un objet, une charge quelconque ou le corps.

L'exemple suivant montre la différence entre le travail interne et le travail externe. Deux cyclistes se faisant dos pédalent sur une bicyclette ergométrique telle qu'illustrée à la figure 17.2. Chacun doit faire un travail interne pour pédaler sans résistance. Il s'agit tout simplement de pédaler dans le vide. Ce travail est de 75 J. Maintenant, le cycliste de gauche pédale dans le sens anti-horaire alors que celui de droite pédale dans le sens horaire. Le premier (gauche) fait un travail total de 300 J répartis comme suit : 75 J de travail interne pour pédaler et 225 J de travail externe ou supplémentaire.

Pour contrer cette action, quelle quantité de travail doit faire le cycliste de droite ? La réponse est 150 J ! Du cycliste de gauche, seulement 225 J de travail externe est transmis au cycliste de droite. Si ce dernier se laisse pédaler par l'arrière, 75 J vont être perdus à cause du travail interne, ne laissant que 150 J. Ainsi, le cycliste de droite n'a qu'à faire un travail de 150 J pour annuler les efforts de 300 J du cycliste de gauche ! La différence de 150 J est simplement due au fait que le cycliste de gauche doit d'abord faire le travail interne des deux cyclistes avant de produire un effort ou un travail externe net.

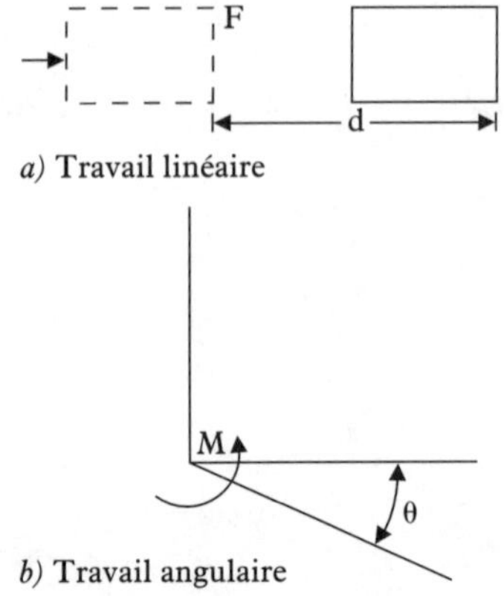

Figure 17.1
Le travail linéaire a) est le produit de la force par la distance, d, alors que le travail angulaire b) est le produit du moment, M, par la distance angulaire θ exprimée en radian.

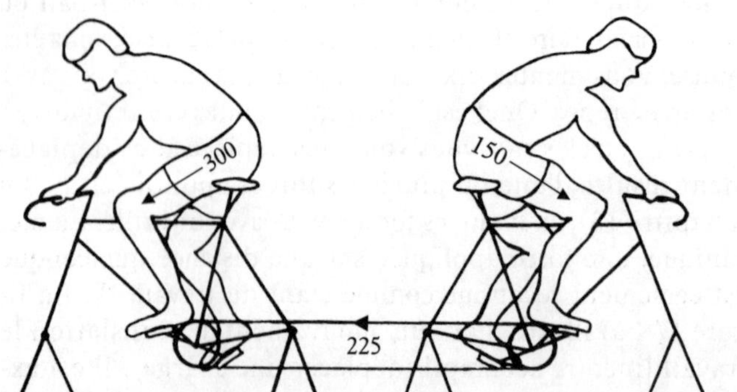

Figure 17.2
Le cycliste de gauche doit développer 300 J d'énergie pour les 150 J de celui de droite. La différence est le travail interne des deux cyclistes. Reproduit, avec permission, de Winter, D.A. (1990). Biomechanics and Motor Control of Human Movement. *Wiley-Interscience Publication, New York, N. Y.*

Saviez-vous que...

Il y a cette fameuse énergie de masse que possède chaque objet. Albert Einstein (1879-1955) a imaginé le concept du photon, énoncé la théorie de la relativité et marqué le monde en établissant l'équivalence entre la masse et l'énergie par l'équation $E = m c^2$.

Le travail, interne ou externe, est une des causes du mouvement car il fait intervenir la force. Quelle est sa manifestation cinématique ? La force entraîne une accélération, l'impulsion une vitesse, et le travail c'est de l'énergie.

Contrôle des connaissances

C 17.1 En attrapant une balle de base-ball (500 g) dont l'accélération est de 90 m/s^2, le gant du receveur recule de 10 cm. Quel est le travail linéaire fait par la balle ?

C 17.2 Au base-ball, le receveur tient son avant-bras incliné vers l'avant formant un angle de 11,31° par rapport à la verticale et avec la main faisant face au lanceur. Quel est le travail angulaire fait par le receveur de l'exemple C 17.1 quand l'avant-bras revient à la verticale une fois la balle attrapée et si la longueur de la main au coude du receveur est de 50 cm ?

C 17.3 Y a-t-il une différence entre le travail linéaire et le travail angulaire et pourquoi ?

17.2 ÉNERGIE

L'énergie se trouve sous des formes nombreuses et variées : thermique, électrique, nucléaire, mécanique pour ne citer que les plus connues. Mais derrière toutes ces formes et leurs unités différentes (joule, kilowatt-heure, électron-volt), il s'agit toujours de la même grandeur physique. Comme l'argent, chaque pays possède sa propre unité monétaire et une même somme peut être exprimée en dollars, en francs, en marks, etc.

Pour nous, l'énergie c'est le résultat du travail. Vous soulevez une masse de 30 kg et par ce travail vous venez de lui donner de l'énergie. On possède de l'énergie seulement par rapport à un état physique précédent. Par exemple, la boîte soulevée a une énergie par rapport à sa position initiale. Vous lancez une balle; celle-ci possède maintenant de l'énergie. Ce n'est pas parce que la balle a une vitesse qu'elle a de l'énergie, mais bien par ce qu'elle était au repos avant de se déplacer. L'énergie mécanique possède elle aussi plusieurs formes.

17.2.1 Énergie potentielle

On a d'abord l'énergie potentielle. C'est une énergie latente prête à être utilisée telle qu'un réservoir ou bassin d'eau d'un barrage hydroélectrique; c'est de l'énergie emmagasinée dans un ressort ou dans un arc tendu. Les figures 17.3 et 17.4 illustrent un arc tendu et un ressort comprimé. Grâce à une déformation élastique d'un corps (travail interne), celui-ci possède une énergie potentielle interne.

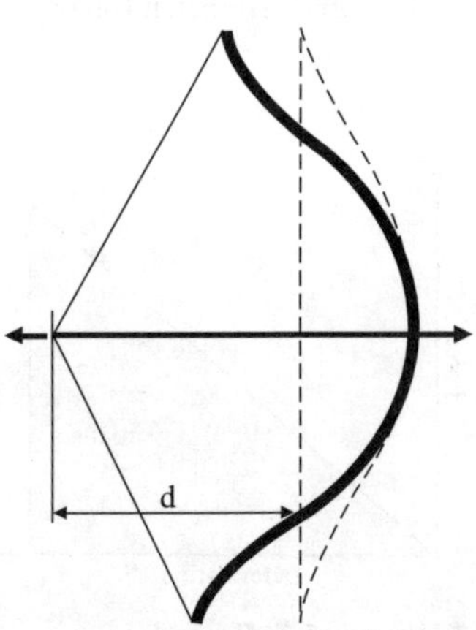

Figure 17.3
Un arc tendu représente de l'énergie potentielle interne.

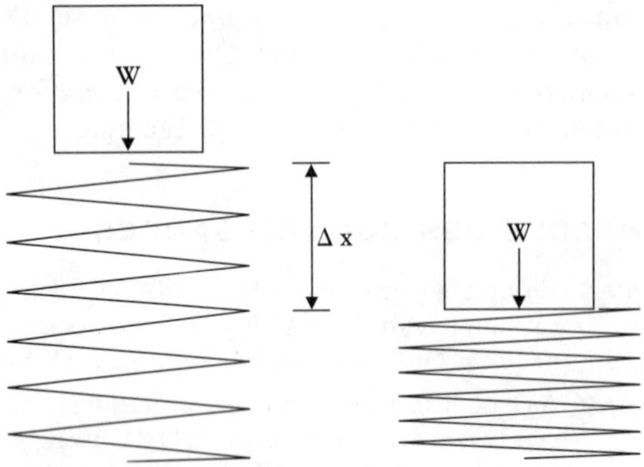

Figure 17.4
Le ressort comprimé par le poids a aussi une énergie potentielle interne.

La force dans un ressort comprimé est

$$F = k(\Delta x) \qquad (17.3)$$

où k est la constante élastique (N/m) et Δx est la déformation du matériau exprimé en mètre. Elle est représentée à la figure 17.5 où on note une relation linéaire entre la force et la déformation. L'aire sous la courbe de force correspond à l'énergie potentielle interne. La surface, A, d'un triangle étant

$$A = 1/2 \text{ (base hauteur)}, \qquad (17.4)$$

l'énergie potentielle interne est égale à

$$E_p^{int} = 1/2 \text{ (Force) (déformation)}$$
$$= 1/2 (k\, \Delta x)(\Delta x)$$

ou

$$E_p^{int} = 1/2\, k (\Delta x)^2 \qquad (17.5)$$

Ainsi un ressort comprimé de 0,80 m et dont la constante élastique est de 1400 N/m a une énergie potentielle interne de

$$E_p^{int} = 1/2\, k (\Delta x)^2$$
$$= 1/2 \times 1400\, (0{,}80)^2$$
$$= 448 \text{ J}$$

L'énergie potentielle est aussi associée à l'énergie emmagasinée dans une masse par sa position en relation avec un référentiel quelconque tel que le niveau de l'eau, le plancher, etc. C'est l'énergie potentielle externe. Ainsi, un rocher qui est près de se détacher d'un flanc de montagne possède une énergie potentielle externe, E_p^{ext}. Elle est exprimée par

$$E_p^{ext} = m\, g\, h \qquad (17.6)$$

où m est la masse (kg), g l'accélération due à la gravité (9,8 m/s ^{2}) et h, la hauteur en mètre. Notre rocher de 50 kg à 100 m du sol a une énergie potentielle externe de

$$Ep^{ext} = m\, g\, h$$
$$= 50 \times 9{,}8 \times 100$$
$$= 49\,000 \text{ J ou } 49 \text{ kJ}$$

Saviez-vous que...

Herman von Helmholtz (1821-1894) a d'abord été chirurgien dans l'armée prussienne, ensuite professeur d'anatomie et de physiologie à l'Université de Bonn avant d'être titulaire d'un poste de professeur de physique à l'Université de Berlin en 1871. Il a inventé plusieurs instruments scientifiques dont le myographe qui permet d'enregistrer les contractions musculaires. Helmholtz a aussi introduit le concept d'énergie potentielle et énoncé le principe de conservation d'énergie. Il a été le professeur de Heinrich Hertz.

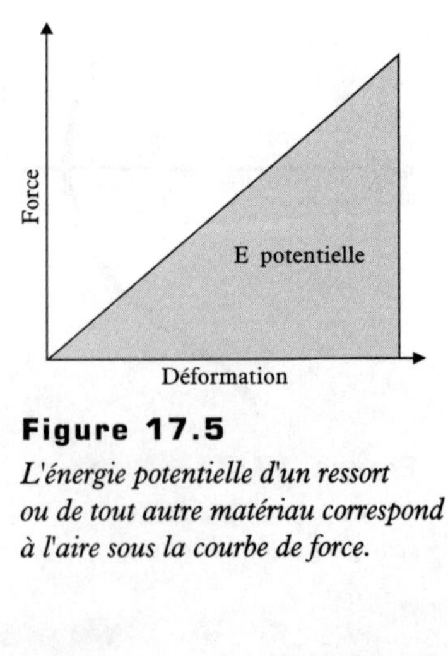

Figure 17.5
L'énergie potentielle d'un ressort ou de tout autre matériau correspond à l'aire sous la courbe de force.

L'énergie potentielle totale, E_p^{tot} est en fait la somme des énergies potentielles interne et externe.

$$E_p^{tot} = E_p^{int} + E_p^{ext}$$

$$E_p^{tot} = 1/2\ k\ (\Delta x)^2 + m\ g\ h \qquad (17.7)$$

17.2.2 Énergie cinétique

Le corps humain ou un objet n'a pas nécessairement toutes les formes d'énergie. Il se peut qu'il en possède une, plusieurs ou pas du tout. Le ressort et le rocher n'avaient que de l'énergie potentielle interne ou externe respectivement.

Il y a aussi l'énergie d'un corps en mouvement ou énergie cinétique. C'est une flèche au vol, une balle lancée, un boomerang qui nous revient, tout comme un coureur ou un gymnaste qui fait un salto. On retrouve ainsi l'énergie cinétique linéaire associée aux mouvements de translation et l'énergie cinétique angulaire propre aux rotations. Ces énergies sont directement proportionnelles au carré de la vitesse de déplacement. L'énergie cinétique linéaire E_c^{lin} s'exprime par

$$E_c^{lin} = 1/2\ m\ v^2 \qquad (17.8)$$

où m est la masse (kg) et v, la vitesse linéaire en m/s.

Par exemple, un arc tendu confère une énergie de 450 J à une flèche de 250 g. Un peu comme l'exemple du ressort ci-haut. Une fois libérée, elle devient de l'énergie cinétique linéaire, $E_c^{lin} = 450$ J. Quelle serait la vitesse de cette flèche ?

$$E_c^{lin} = 1/2\ m\ v^2$$

$$v^2 = (2 \times E_c^{lin})/m$$

$$= 2 \times 450/0{,}250$$

$$= 3\ 600$$

$$v = 60\ m/s$$

Cette vitesse représente la différence entre l'état de repos et celui de mouvement.

L'énergie cinétique angulaire E_c^{ang} est

$$E_c^{ang} = 1/2\ I\omega^2 \qquad (17.9)$$

où I est le moment d'inertie (kgm^2) et ω, la vitesse angulaire en rad/s.

Si le moment d'inertie de l'avant-bras par rapport à son centre de masse est de 0,0081 kgm^2 et développe 0,76 J d'énergie, quelle est sa vitesse angulaire ?

$$E_c^{ang} = 1/2\ I\omega^2$$

$$\omega = (2 \times E_c^{ang}/I)^{1/2}$$

$$= (0{,}76/0{,}0081)^{1/2}$$

$$= 13{,}7\ rad/s$$

soit 784°/s. Cette vitesse angulaire est celle développée par l'avant-bras lors d'un mouvement de flexion rapide !

L'énergie cinétique totale est la somme de l'énergie cinétique linéaire et angulaire telle que

$$E_c^{tot} = E_c^{lin} + E_c^{ang}$$
$$E_c^{tot} = 1/2\ m\ v^2 + 1/2\ I\omega^2 \qquad (17.10)$$

L'énergie totale, E_{TOTALE} que possède un corps est constituée par toutes les formes d'énergie : potentielle et cinétique, comprenant :

a) l'énergie potentielle interne, E_p^{int}
b) l'énergie potentielle externe, E_p^{ext}
c) l'énergie cinétique linéaire, E_c^{lin}
d) l'énergie cinétique angulaire, E_c^{ang}

ou

$$E_{TOTALE} = E_p^{int} + E_p^{ext} + E_c^{lin} + E_c^{ang}$$
$$E_{TOTALE} = 1/2\ k\ (\Delta x)^2 + m\ g\ h + 1/2\ m\ v^2 + 1/2\ I\omega^2 \qquad (17.11)$$

Un corps en mouvement peut avoir plusieurs formes d'énergie, à savoir potentielle, interne ou externe et cinétique, linéaire ou non. Cette énergie permet à un skieur de dévaler rapidement une pente, à une flèche d'atteindre une cible, à l'équipement protecteur d'amortir les coups.

CONTRÔLE DES CONNAISSANCES

C 17.4 Quelle est l'énergie de la balle de base-ball (500 g) si sa vitesse est de 90 m/s ?

C 17.5 Y a-t-il une différence entre l'énergie calculée de l'exemple précédent et le travail estimé à l'exemple C 17.2 et pourquoi ?

C 17.6 Un skieur de 75 kg se trouve en haut d'un parcours incliné de 30° par rapport à l'horizontale. Il est situé à 800 m de l'arrivée. Quelle est son énergie potentielle ?

17.2.3 La loi de conservation d'énergie

L'exemple du ressort et du tir à l'arc représentent respectivement de l'énergie emmagasinée (potentielle) et libérée (cinétique). En absence de toute perte (frottement, résistance de l'air, etc.), il apparaît raisonnable d'imaginer que l'arc tendu agit comme un ressort qui restitue son énergie à la flèche lors de l'envol (figure 17.6). En fait c'est la loi de la conservation d'énergie, qui nous permet de poser une telle analogie.

La conservation de l'énergie est une loi qui revient tout bonnement à dire que rien ne se crée, rien ne se perd, et tout se transforme ! En termes savants : l'énergie totale d'un système est constante bien qu'elle puisse changer de forme, de potentielle à cinétique et vice versa.

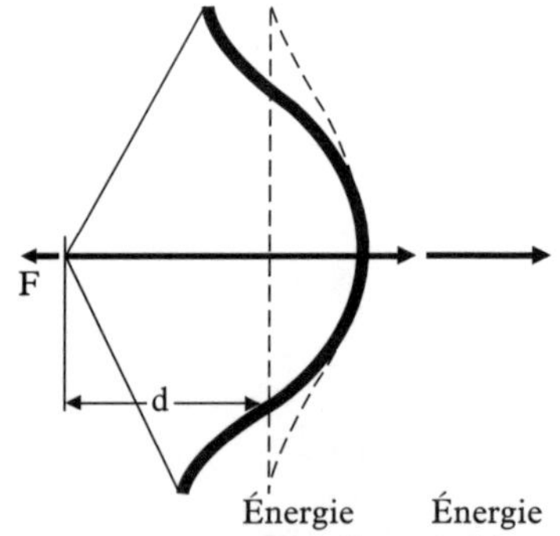

Figure 17.6
Illustration de la loi de la conservation d'énergie. L'énergie potentielle dans l'arc tendu se transforme entièrement en énergie cinétique dès que la flèche est libérée.

ÉNERGIE

L'énergie potentielle ou cinétique que possède le corps humain ou le matériel sportif est due à une différence entre deux états. Par exemple, la flèche possède une énergie potentielle parce que l'arc est tendu. Une flèche possède une énergie cinétique non pas à cause de sa vitesse, mais parce qu'il existe une différence de vitesse linéaire entre sa position de départ au repos et son vol dans les airs.

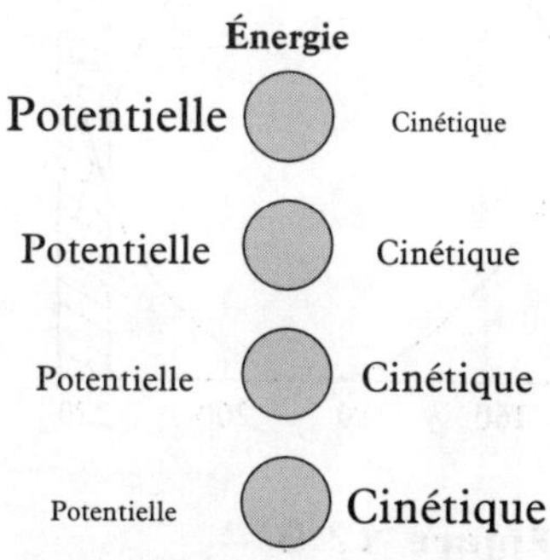

Figure 17.7

Un ballon en chute libre possède toujours la même énergie. En tombant, il perd graduellement son énergie potentielle pour gagner de l'énergie cinétique.

Par exemple, le ballon de la figure 17.7 possède toujours la même énergie totale bien que son énergie potentielle diminue au fur et à mesure qu'il tombe. Par contre, la perte d'énergie potentielle est récupérée en énergie cinétique qui se manifeste par un gain de vitesse verticale. Il en est de même pour un pendule qui oscille (figure 17.8). Il y a un échange ou une transformation continue entre l'énergie potentielle et l'énergie cinétique.

Il en est de même pour le gymnaste qui bondit sur le trampoline. À la figure 17.9, on note que l'énergie totale lors de la phase aérienne demeure constante peu importe la position et l'activité du gymnaste. Plus spécifiquement, il y a un échange continu entre l'énergie potentielle et l'énergie cinétique sans modifier la quantité totale d'énergie. Dès qu'il y contact avec le trampoline, l'énergie totale n'est plus constante. Les forces externes interviennent et perturbent l'équilibre.

Ainsi un skieur de 75 kg à 400 m d'altitude a autant d'énergie au départ qu'à l'arrivée. On peut facilement estimer sa vitesse à la fin de sa course s'il défile une pente de 30°.

$$(E_{TOTALE})_{départ} = (E_{TOTALE})_{arrivée}$$

$$(E_p^{int} + E_p^{ext} + E_c^{lin} + E_c^{ang})_{départ} =$$
$$(E_p^{int} + E_p^{ext} + E_c^{lin} + E_c^{ang})_{arrivée} \quad (17.12)$$

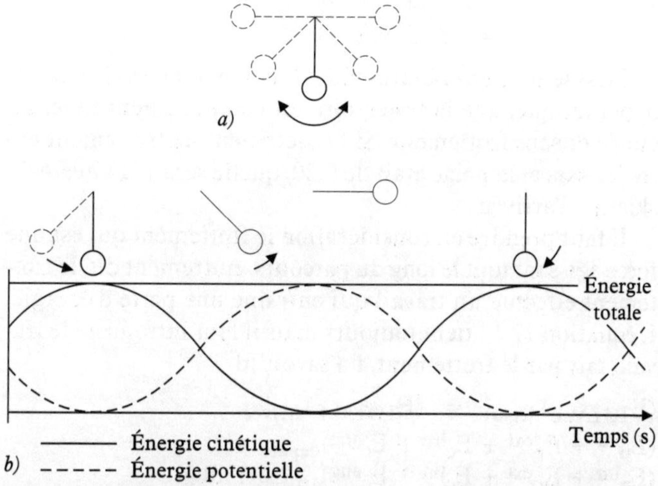

Figure 17.8

Un pendule qui oscille conserve également son énergie bien qu'il y ait un échange continu entre l'énergie potentielle et l'énergie cinétique.

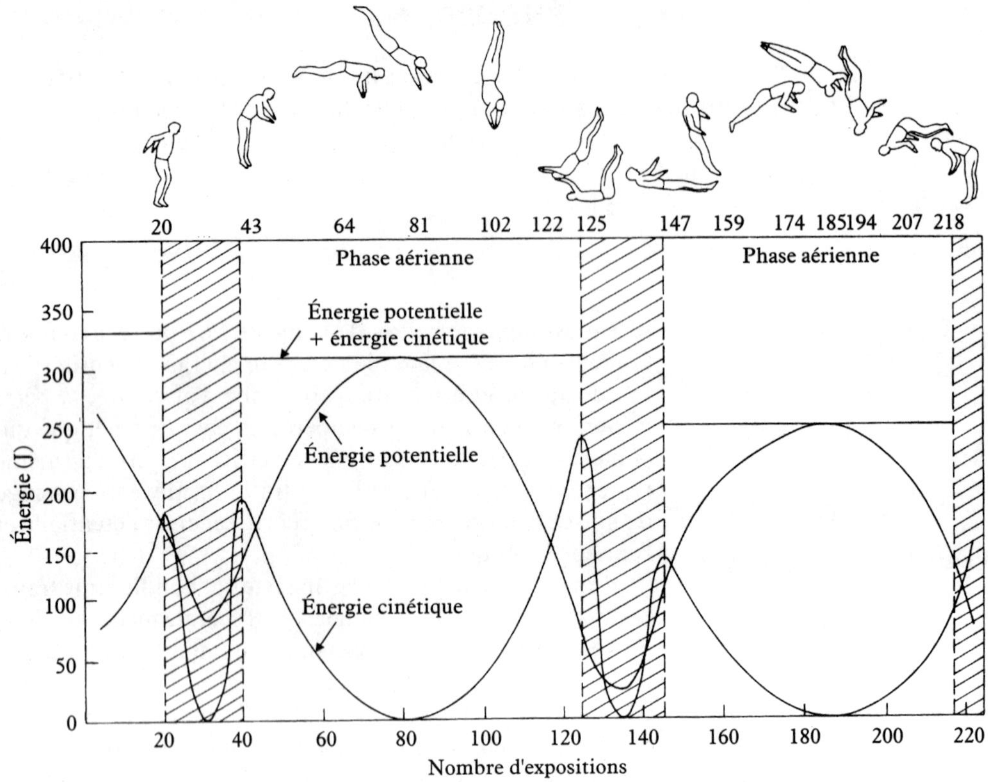

Figure 17.9

Durant la phase aérienne d'un saut sur un trampoline, l'énergie totale demeure constante. Reproduit, avec permission, de Hay, J.G. (1978). The Biomechanics of Sports Techniques. *Prentice-Hall, Englewood Cliffs N. J.*

Dans ce cas-ci, tous les termes de l'équation 17.12 sont nuls à l'exception de

$$
\begin{aligned}
(E_p^{ext})_{départ} &= (E_c^{lin})_{arrivée} \\
m\,g\,h &= 1/2\ m\ v^2 \\
75\ (9{,}8)\ (400) &= 1/2\ (75)\ v^2 \\
294\ 000\ J &= 1/2\ (75)\ v^2 \\
v^2 &= 294\ 000/(1/2 \times 75) \\
v^2 &= 7\ 840 \\
v &= 88{,}5\ m/s
\end{aligned}
$$

Le skieur va en effet très vite ! Il faut noter dans l'exemple hypothétique, que la trajectoire est complètement lisse, inclinée et sans frottement. Si le coefficient de frottement entre les skis et la neige était de 0,20, quelle serait la vitesse du skieur à l'arrivée ?

Il faut prendre en considération le frottement qui est une force agissant tout le long du parcours. Autrement dit, le frottement effectue un travail qui entraîne une perte d'énergie. L'équation 17.12 tient toujours mais il faut introduire le travail, fait par le frottement, f à savoir fd

$$
\begin{aligned}
&(E_{TOTALE})_{départ} = (E_{TOTALE})_{arrivée} \\
&(E_p^{int} + E_p^{ext} + E_c^{lin} + E_c^{ang})_{départ} = \\
&(E_p^{int} + E_p^{ext} + E_c^{lin} + E_c^{ang})_{arrivée} + fd
\end{aligned}
$$

$(0 + E_p^{ext} + 0 + 0)_{départ} =$
$(0 + 0 + E_c^{lin} + 0)_{arrivée} + fd$
$(mgh)d_{épart} = (1/2\ mv^2)_{arrivée} + fd$

Le frottement, f n'est que μN où μ est le coefficient de frottement et N la force normale. Comme le skieur glisse le long d'un plan incliné de 30°, la force normale est de 636,5 N (N = poids x cos 30°; N = 75 x 9,8 cos 30°; N = 75 x 9,8 x 0,866). Le frottement est

$$\begin{aligned} f &= \mu N \\ &= 0{,}20 \times 636{,}5 \\ &= 127{,}3\ N \end{aligned}$$

Le travail fait par le frottement est le produit de la force par la distance. Celle-ci est égale à la hauteur divisée par sin 30° (400 m/0,5) soit 800 m. Le travail de la force de frottement est

$$\begin{aligned} W &= fd \\ &= 127{,}3 \times 800 \\ &= 101\ 841\ J \end{aligned}$$

Ainsi

$$\begin{aligned} (mgh)_{départ} &= (1/2\ mv^2)_{arrivée} + W \\ 75\ (9{,}8)\ 400 &= 1/2\ (75)\ v^2 + 101\ 841 \\ 1/2\ (75)\ v^2 &= 75 \times 9{,}8 \times 400 - 101\ 841 \\ 37{,}5\ v^2 &= 192\ 159 \\ v^2 &= 192\ 159/37{,}5 \\ v^2 &= 5\ 124 \\ v &= 71{,}58\ m/s \end{aligned}$$

Le frottement contribue à une perte de 19,1 % dans la vitesse du skieur ((88,5 – 71,58) x 100/88,5 = 19,1 %). Cette perte d'énergie due au frottement correspond à une descente en ski d'une hauteur de 261,4 m au lieu de 400 m soit une perte de hauteur de 34,6 % !

CONTRÔLE DES CONNAISSANCES

C 17.7 Quelle est la vitesse d'un skieur de 70 kg au milieu de son parcours, si la hauteur de départ est de 300 m, le plan est incliné de 35° et le coefficient de frottement est de 0,20 ?

C 17.8 Un acrobate de 65 kg saute d'une hauteur de 2 m sur une planche qui propulse une gymnaste de 45 kg . À quelle hauteur va rebondir la gymnaste si le point d'appui se situe au milieu de la planche (levier inter-appui) ?

C 17.9 Une pierre de curling de 5 kg doit glisser 40 m avant de s'arrêter. Quelle vitesse de départ doit-on lui donner si le coefficient de frottement est de 0,005 ?

C 17.10 Un skieur de 70 kg se donne un élan en développant une force de 2 000 N sur une distance de 2 m. Quel est sa vitesse au bas de la pente de ski si le skieur se trouvait au sommet d'une pente de 350 m dont l'inclinaison est de 26° et le coefficient de frottement de la neige sur les skis est de 0,15 ?

17.3 THÉORÈME DE L'ÉNERGIE CINÉTIQUE

Dans les équations précédentes nous avons mis en évidence la relation entre l'énergie et le travail. Cette relation s'applique lorsqu'on considère un ballon ou une balle comme un corps rigide. Qu'en est-il pour un athlète ? Le mouvement des bras, des jambes et du tronc intervient à chaque instant et participe directement à sa performance. On ne peut plus considérer le corps humain comme étant rigide et non articulé.

On s'est toujours intéressé au calcul de la dépense énergétique musculaire car elle reflète l'apport de l'athlète pour accomplir une activité sportive. On se rapproche de cette mesure par les différents tests physiologiques mais ceux-ci représentent habituellement une valeur globale. On peut aussi faire des mesures en continu comme à la course sur tapis roulant. Pour d'autres activités comme le saut en longueur ou un salto arrière avec vrille, on n'y pense même pas ! En revanche, l'analyse du mouvement permet d'obtenir une bonne appréciation du travail des forces internes par le théorème de l'énergie cinétique tel que présenté par Duboy et al. (1994).

17.3.1 Calcul de l'énergie cinétique du corps humain

Nous avons déjà traité de l'énergie cinétique que possède un objet ou un corps à son centre de masse. Nous allons maintenant revoir ces notions pour un système articulé comme le corps humain. L'énergie cinétique linéaire du corps humain est la sommation des énergies cinétiques linéaires segmentaires. Ainsi l'équation 17.8 devient

$$E_c^{lin} = \Sigma 1/2\ m_i V_i^2 \qquad (17.13)$$

où m est la masse et v la vitesse de chacun des segments i. Il en est de même pour l'énergie cinétique angulaire.

$$E_c^{ang} = \Sigma 1/2\ I_i \omega_i^2 \qquad (17.14)$$

Il faut aussi tenir compte de l'énergie cinétique du centre de masse corporel.

$$E = 1/2 \Sigma\ m_i V^2 \qquad (17.15)$$

où $\Sigma\ m_i$ est la masse corporelle et V sa vitesse.

L'énergie cinétique totale du corps (articulé) humain est la somme des équations 17.13 à 17.15.

$$E_c = \Sigma 1/2\ m_i v_i^2 + \Sigma 1/2\ I_i\omega_i^2 + 1/2\Sigma\ m_i V^2 \quad (17.16)$$

Les deux premiers termes de l'équation 17.16 représentent l'énergie interne nécessaire à déplacer les masses segmentaires ou énergie de gesticulation. Cela correspond aussi à l'énergie dépensée lorsque nous courrons sur place (si l'on accepte que notre centre de masse ne se déplace pas ou très peu). Le troisième terme de cette équation tient de l'énergie relative au déplacement du centre de masse.

Le fait de considérer le corps humain comme un point matériel situé à son centre de masse revient à ne retenir que ce troisième terme ! Plusieurs études associent de manière erronée l'énergie cinétique du centre de masse à l'énergie dépensée par l'athlète, alors qu'il faut également considérer l'énergie de gesticulation.

Contrôle des connaissances

C 17.11 Une femme de 50 kg marche le long d'un sentier plat à une vitesse de 0,85 m/s. L'énergie de gesticulation des membres inférieurs est de 6 J et celui des bras est de 2 J. Quelle est l'énergie cinétique totale a) si l'on considère le centre de masse comme un point matériel b) en tenant compte de l'énergie de gesticulation.

17.3.2 Travail des forces internes

Le théorème de l'énergie cinétique énonce que la variation de l'énergie cinétique est égale à la somme du travail des forces internes et externes. Entre deux instants quelconques,

$$\Delta Ec = W_{Fext} + W_{Fint} \quad (17.17)$$

où W_{Fext} est la somme du travail du poids du corps et des forces externes. Dans le cas particulier des forces de réaction au sol, il s'agit de contacts sans glissement et par conséquent leur travail est nul (pas de déplacement). Le poids est une force conservatrice donc, $W_{Fext} = -\Delta E_p$. W_{Fint} est la somme du travail des forces positives et négatives internes développées entre ces deux mêmes instants. L'équation 17.17 s'écrit ainsi

$$\Delta|\Sigma 1/2\ m_i v_i^2 + \Sigma 1/2\ I_i\omega_i^2 + 1/2\Sigma\ m_i V^2| = -\Delta E_p + W_{Fin} \quad (17.18)$$

Le travail des forces internes est

$$W_{Fint} = \Delta|\Sigma 1/2\ m_i v_i^2 + \Sigma 1/2\ I_i\omega_i^2 + 1/2\Sigma\ m_i V^2| + \Delta E_p \quad (17.19)$$

Cette équation peut aussi s'écrire comme

$$W_{Fint} = \Delta|\Sigma 1/2\ m_i v_i^2 + \Sigma 1/2\ I_i\omega_i^2| + \Delta E_{mext} \quad (17.19\ bis)$$

$$W_{Fint} = \Delta E_{Cint} + \Delta E_{mext} \qquad (17.20)$$

où ΔE_{Cint} représente la variation de l'énergie de gesticulation et ΔE_{mext} est la somme de l'énergie cinétique du centre de masse et de son énergie potentielle.

On se rend compte de l'importance et de la pertinence du théorème de l'énergie cinétique lorsqu'on compare deux activités dites comparables, à savoir la course sur tapis roulant et la course sur le plat. La figure 17.10 illustre un kinogramme d'une course sur tapis roulant ainsi que le travail des forces internes (1), la variation de l'énergie cinétique totale (2), l'énergie cinétique du centre de masse (3), l'énergie cinétique linéaire (4) et angulaire (5) des segments et le travail du poids (6). La principale constituante de la variation de l'énergie cinétique totale est en fait celle de l'énergie cinétique linéaire des segments par rapport au centre de masse. Elle est le facteur qui contribue le plus au travail des forces externes. On peut dire que le mouvement des jambes et des bras constitue la dépense énergétique la plus importante. On l'appelle l'énergie de gesticulation. L'énergie cinétique du centre de masse est presque nulle car le coureur demeure essentiellement sur place. Par contre le travail du poids (énergie potentielle) oscille entre zéro et –50 J.

Le travail des forces internes lors de la course sur tapis roulant est de près de 100 J alors qu'à la course sur le plat (figure 17.11) il est de 800 J ! Qu'est-ce qui explique cette différence de 700 J ? On remarque à la figure 17.11 que la courbe du travail des forces internes est similaire à celle de

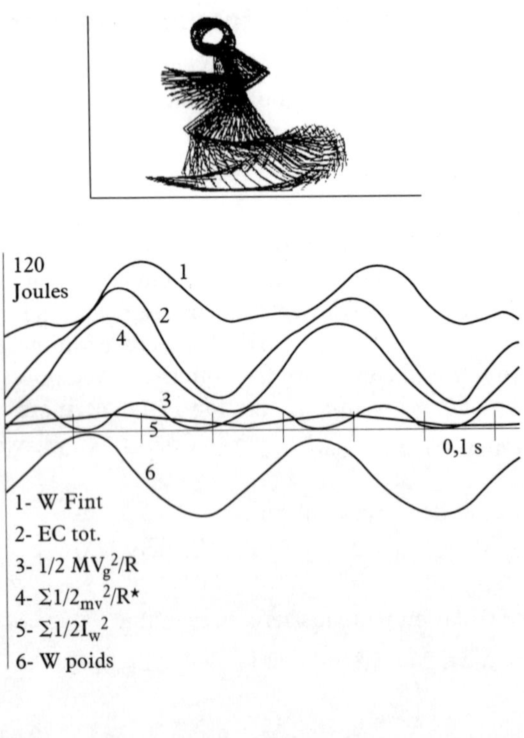

Figure 17.10

Cas d'une course sur tapis roulant. D'après Duboy, J., Junqua, A. et Lacouture, P. (1994). Mécanique humaine. *Revues E. P. S., Paris.*

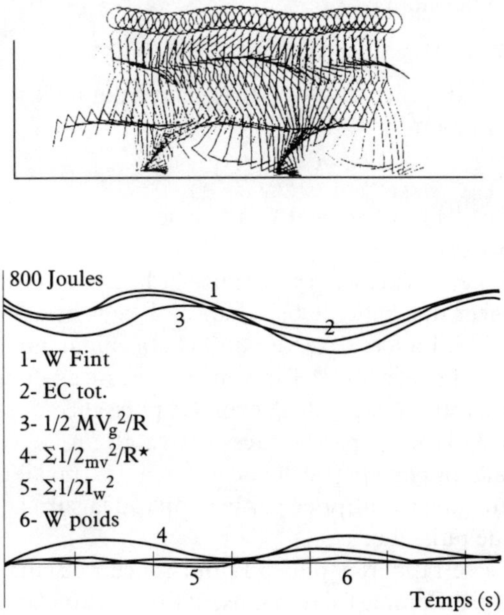

Figure 17.11

Cas d'une course sur le plat. D'après Duboy, J., Junqua, A. et Lacouture, P. (1994). Mécanique humaine. *Revues E. P. S., Paris.*

l'énergie cinétique totale, tout comme pour la course sur tapis roulant. La différence vient de la contribution de l'énergie cinétique linéaire du centre de masse ! En fait, la différence est due au déplacement du centre de masse, que l'on ne retrouve pas à la course sur tapis roulant.

Bien sûr vous allez nous dire que c'est évident ! Mais mettez-vous à la place du chercheur qui base toute son analyse mécanique sur le déplacement du centre de masse. On retrouve la même énergie potentielle, le même déplacement vertical pour les deux types de course. Cependant, on néglige le déplacement horizontal du centre de masse lors de la course sur tapis roulant.

17.4 PUISSANCE

Le travail représente l'énergie dépensée. Mais cette énergie peut être libérée rapidement ou progressivement. Le taux de dépense énergétique ou l'énergie divisée par le temps constitue la puissance, P.

$$P = E/\Delta t \qquad (17.21)$$

où E est l'énergie exprimée en J, le temps t en seconde et la puissance P, en watt. Un watt correspond à une énergie d'un joule dépensée en une seconde.

Le travail, W peut remplacer le terme énergie de l'équation 17.21,

$$P = W/\Delta t$$

si l'on développe

$$P = F\,(d/\Delta t)$$

mais la distance divisée par le temps donne la vitesse et on obtient alors

$$P = F\,V \qquad (17.22)$$

où F est la force en N et V la vitesse exprimée en m/s. La puissance est toujours donnée en Watt.

La force, la vitesse, la puissance et le travail développés pour lancer une balle de base-ball de 1 kg sont donnés à la figure 17.12. La force exercée sur la balle augmente puis diminue dès qu'on la libère. Par contre la vitesse augmente toujours jusqu'au moment de l'envol. La puissance n'est que le produit de la force par la vitesse et va atteindre sa valeur maximale un peu après celle de la force. Le travail effectué est la puissance multipliée par le temps ou la surface sous la courbe de puissance.

On va se rapporter plus à la puissance musculaire qu'à son énergie. Comme l'action musculaire entraîne un mouvement de rotation, l'équation 17.22 va être transformée pour s'adapter aux mouvements angulaires. Ainsi la puissance lors d'une flexion ou extension sera exprimée par

$$P = M\,\omega \qquad (17.23)$$

où P est en Watt, M est le moment en N m et ω, la vitesse angulaire, en rad/s.

Selon la convention utilisée, le moment est positif ou négatif. Il en est de même pour la direction (flexion ou exten-

Saviez-vous que...

James Watt (1736-1819) ingénieur britannique, né en Écosse, apporta de nombreuses améliorations à la machine à vapeur. Ses contributions furent si considérables qu'on attribua son nom à toutes les formes de puissance mécanique ou électrique.

LES CAUSES DU MOUVEMENT

Mouvement linéaire	Mouvement angulaire
$F = m\,a$	$M = I\,\alpha$
$F\,t = m\,v$	$M\,t = I\,\omega$
$F\,d = m\,g\,h$	$M\,t = 1/2\,I\,\omega^2 + 1/2 mV_x^2 + 1/2 mV_y^2$
$F\,v = F\,E_{lin}\,dt$	$M\,w = \int E_{ang}\,dt$
Cause = effet	Cause = effet

La cause du mouvement est toujours une force appliquée au centre de masse (principe nº 8) dans le mouvement linéaire ou une force excentrée (principe nº 9) au centre de masse dans un mouvement angulaire. L'effet se manifeste par des déplacements linéaire ou angulaire sur la masse.

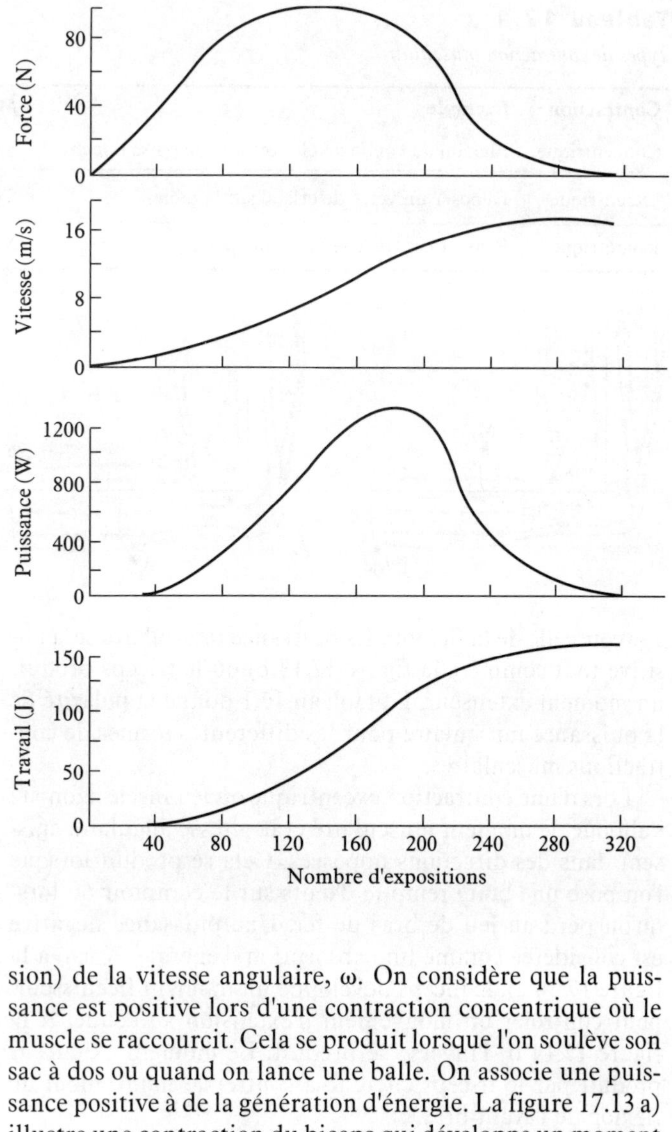

Figure 17.12

Les variations dans la force, la vitesse linéaire, la puissance et le travail observées lors d'un lancer. Le travail représente l'aire sous la courbe de la puissance. D'après Winter, D.A. (1990). Biomechanics and Motor Control of Human Movement. *Wiley-Interscience Publication, New York, N. Y.*

sion) de la vitesse angulaire, ω. On considère que la puissance est positive lors d'une contraction concentrique où le muscle se raccourcit. Cela se produit lorsque l'on soulève son sac à dos ou quand on lance une balle. On associe une puissance positive à de la génération d'énergie. La figure 17.13 a) illustre une contraction du biceps qui développe un moment fléchisseur. Cela entraîne une vitesse angulaire, ω_f de l'avant-bras au coude dans la même direction. Le moment musculaire et la vitesse angulaire agissent dans la même direction,

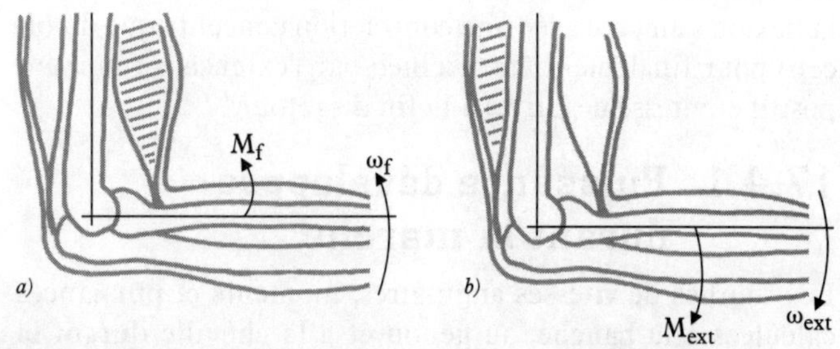

Figure 17.13

Puissance musculaire positive lors d'une contraction concentrique, a) des fléchisseur et b) des extenseurs. D'après Winter, D.A. (1990). Biomechanics and Motor Control of Human Movement. *Wiley-Interscience Publication, New York, N. Y.*

Tableau 17.1
Types de contraction musculaire.

Contraction	Exemple	Mouvement du muscle	Puissance
Concentrique	Flexion au coude en élevant un verre à sa bouche	Se raccourcit	Positive
Excentrique	Déposer un verre de cristal sur la table	S'allonge	Négative
Isométrique	Pousser contre le cadre d'une porte avec les bras	Ne change de dimension	Nulle

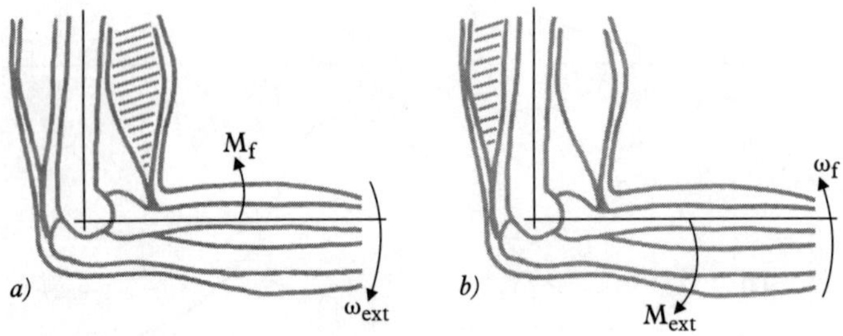

Figure 17.14
Puissance négative lors d'un contraction excentrique a) des fléchisseurs et b) des extenseurs. Notez que la vitesse angulaire est dans le sens opposé de celui du moment. D'après Winter, D.A. (1990). Biomechanics and Motor Control of Human Movement. *Wiley-Interscience Publication, New York, N. Y.*

à savoir celle de la flexion. La puissance musculaire sera positive tout comme à la figure 17.13 b) où le triceps produit un moment extenseur. Le tableau 17.1 donne la polarité de la puissance musculaire pour les différentes formes de contractions musculaires.

Lors d'une contraction excentrique où le muscle agoniste s'allonge, le moment musculaire et la vitesse angulaire agissent dans des directions opposées. Cela se produit lorsque l'on pose une boîte remplie d'œufs sur le comptoir où lorsqu'on perd au jeu de bras de fer. Une puissance négative est considérée comme une absorption d'énergie. Ainsi, à la figure 17.14 a), le biceps développe un moment fléchisseur pour contrôler un mouvement d'extension au coude. À la figure 17.14 b) l'inverse se produit. Le moment extenseur produit par le triceps cherche à contrer le mouvement de flexion de l'avant-bras.

La figure 17.15 illustre la variation de puissance lors d'une extension de l'avant-bras suivi de sa flexion. Au début, tout est positif (moment et vitesse) lors de la contraction concentrique de l'extenseur. Avant que l'avant-bras soit en extension complète, le biceps s'active (contraction excentrique — moment négatif et vitesse positive) pour le freiner. Ensuite la flexion s'amorce avec une contraction concentrique du biceps pour finalement être freinée par l'extenseur (moment positif et vitesse négative) à la fin du retour.

Saviez-vous que...

Votre compte d'électricité rapporte votre consommation en kWh (kilowatt-heure) qui est tout simplement la quantité d'énergie en joule que vous avez utilisée. Un kWh correspond 3 600 000 J ou 3,6 MJ (mégajoule).

17.4.1 Puissance développée durant la marche

Les courbes de vitesses angulaires, moments et puissances calculées à la hanche, au genou et à la cheville durant la

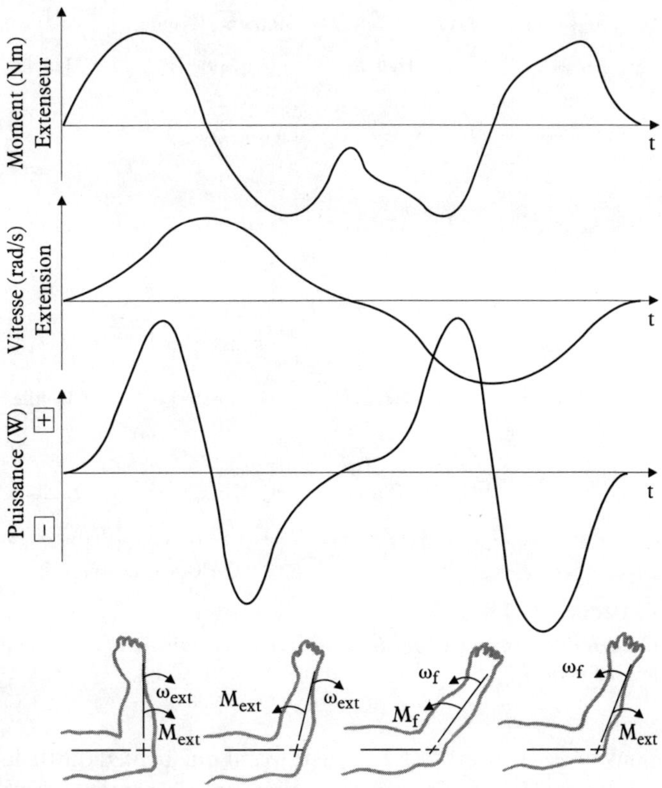

Figure 17.15

Puissance développée lors d'un mouvement d'extension du bras suivi d'une flexion. D'après Winter, D.A. (1990). Biomechanics and Motor Control of Human Movement. *Wiley-Interscience Publication, New York, N. Y.*

marche sont données à la figure 17.16. Les valeurs maximales sont identifiées par un code alphanumérique se rapportant à l'articulation et à sa séquence. Par exemple, K2 signifie la deuxième bouffée de puissance musculaire au genou. On utilise la lettre A pour la cheville et H pour la hanche. Durant la réception et une bonne partie de l'appui intermédiaire (0 %-45 % du cycle de la marche), la jambe pivote autour de la cheville provoquant une flexion dorsale contrôlée par un moment de flexion plantaire (figure 17.16 b). Cela se traduit par une absorption d'énergie (A1) à la cheville. Ensuite le moment de flexion plantaire arrimé avec celui de la flexion correspondante entraîne une génération de puissance (A2) nécessaire à propulser le membre inférieur vers l'avant.

Au genou on retrouve quatre bouffées de puissance. Peu après la réception, le genou fléchit de quelques degrés sous le contrôle des extenseurs (contraction excentrique) entraînant une première absorption K1. Ensuite les extenseurs maintiennent leur activité pour redresser le membre inférieur dans une génération de puissance (K2) lors d'une contraction concentrique. Vers la fin de la phase de support et le début de l'oscillation, le genou amorce une flexion importante. Le faible moment extenseur a, à ce stade, deux fonc-

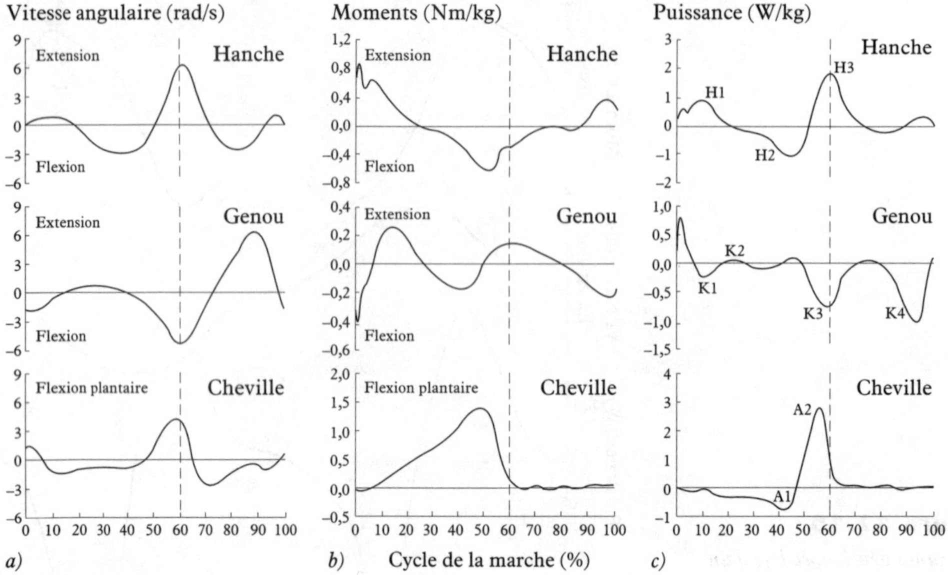

Figure 17.16

Courbes de vitesse angulaire, de moment et de puissance à la hanche, au genou et à la cheville durant la marche normale.

tions liées à l'absorption K3. Juste avant que le pied quitte le sol, les quadriceps (extenseur) absorbent de l'énergie pour empêcher le genou de s'effondrer. Ensuite, ils poursuivent leurs activités pour décélérer le mouvement arrière de la jambe avant d'entreprendre l'atteinte. Il est important de noter que les quadriceps contribuent très peu à la progression vers l'avant du membre inférieur et c'est surtout l'effet de pendule (transfert d'énergie potentielle en énergie cinétique) ainsi que la flexion à la hanche qui en sont responsables. À la fin de la phase d'oscillation, il y a une bouffée d'absorption de puissance, K4 qui résulte d'une activité des fléchisseurs (contraction excentrique) pour décélérer l'extension au genou par la jambe juste avant le contact initial du même membre.

À la cuisse, on note quatre successions de génération et d'absorption de puissance. Peu après la réception, le genou fléchit et les extenseurs quadriceps sont actifs pour maintenir la stabilité du genou (K1). Ces mêmes muscles provoquent un moment extenseur à la hanche qui sert à freiner son avance d'où la génération de puissance, H1. Ensuite, un moment fléchisseur cherchant à ramener la cuisse vers l'avant est combiné à un mouvement d'extension qui se termine à la hanche (H2). Cela prépare la génération de puissance H3 qui suit immédiatement. En effet, au début de l'oscillation, la génération de puissance H3 est provoquée par une flexion de la cuisse à la hanche (contraction concentrique) pour tirer le membre inférieur vers l'avant. Ainsi la progression est assurée par la propulsion à la cheville (A2) et l'action de flexion de la hanche. Un peu avant la fin de l'oscillation, l'avance du membre inférieur est freinée par la génération H4 due à une contraction concentrique des extenseurs.

On peut apprécier l'effet conjugué des moments musculaires et des vitesses angulaires. En effet, la puissance rassemble les notions de force par le moment musculaire et de mouvement par la vitesse angulaire. En d'autres termes, on retrouve la cinétique et la cinématique dans un seul paramètre. C'est pourquoi les valeurs de la puissance doivent être interprétées en relation avec le moment musculaire ou la vitesse angulaire. Par exemple, en examinant seulement le moment musculaire de la cheville illustré à la figure 17.16 b), on croirait qu'il y a que de la flexion plantaire durant la phase de support. En considérant uniquement les moments musculaires, on a tendance à ne les interpréter que par des contractions concentriques. Cependant, on note à la figure 17.16 a) des vitesses angulaires associées à des mouvements de flexion dorsale et de flexion plantaire. Ces mouvements se produisent lors de contractions excentrique et concentrique respectivement. Ainsi, l'utilisation des moments musculaires nous donne une impression imparfaite du mouvement humain. En expliquant les puissances par les moments musculaires, on profite du meilleur des deux mondes.

CONTRÔLE DES CONNAISSANCES

C 17.12 Donner quatre exemples d'activités ou de gestes où la puissance est positive.

C 17.13 Donner quatre exemples d'activités ou de gestes où la puissance est négative.

17.5 FORCES D'IMPACT

On a déjà donné l'exemple du receveur qui reçoit de l'énergie d'une balle de base-ball et qui la dissipe par le gant. La figure 17.17 illustre comment cette énergie, bien que constante, est répartie différemment selon la stratégie employée. Si le receveur garde son bras ferme, l'impact de la balle va être élevé et l'énergie cinétique va se transformer en travail sur une courte distance (figure 17.17 a). Par contre, si le receveur atténue l'effet de la balle en la laissant travailler contre la résistance de son bras, la force d'impact sera beaucoup moindre (figure 17.17 b). On a aussi mentionné l'atténuation des forces d'impact sur la chaussure et le pied durant la course par une surface molle.

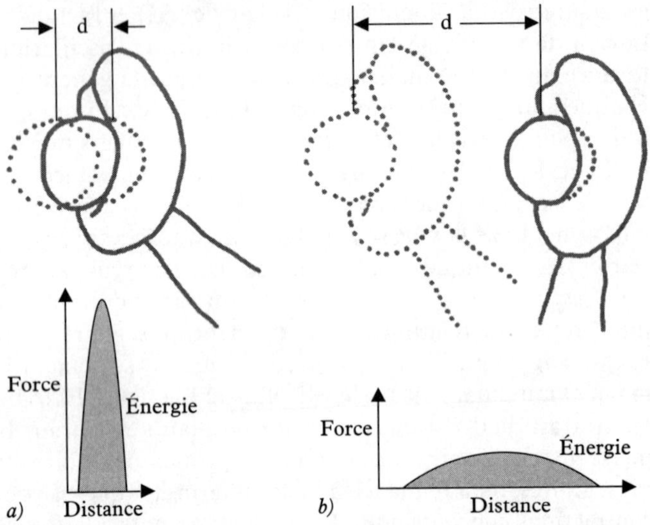

Figure 17.17
Force d'impact perçue par le receveur au base-ball et énergie absorbée quand a) il garde son bras rigide ou b) amortit le choc.

CONTRÔLE DES CONNAISSANCES

C 17.14 Une balle de base-ball a une énergie de 200 J. Quelle sera la force d'impact si le gant du receveur recule de 1 cm, 5 cm et 10 cm ?

Plusieurs paramètres biomécaniques sont développés à partir des équations du mouvement Newton-Euler. Des forces de réaction articulaire au travail des forces internes en passant par les déplacements linéaires et angulaires. Mais comment fait-on pour calculer tous ces paramètres à chaque articulation ou pour chaque segment corporel ? Il faut d'abord identifier toutes les forces externes avant d'effectuer une analyse du mouvement. Pour nous aider, les différents systèmes de force seront présentés dans le prochain chapitre.

chapitre

DIX-HUIT

SYSTÈMES DE FORCES

Objectifs d'apprentissage

1 Identifier les forces et produire un diagramme des corps libres.

2 Nommer et donner des exemples des quatre systèmes de forces.

3 Savoir calculer les forces résultantes ou inconnues.

4 Identifier les deux fonctions d'un système de poulie et effectuer les calculs appropriés.

18.1 LES FORCES

La notion de force a été traitée de différentes façons. Ainsi au chapitre 3, on la définit comme un vecteur ayant un module, une direction, une ligne d'action et un point d'application. Par contre au chapitre 13, elle est exprimée par la seconde loi de Newton, $F = ma$. Elle représente un choc ou un impact, une résistance au mouvement ou un frottement; elle est impliquée dans la production de moment, d'impulsion et de puissance articulaire.

18.2 DIAGRAMME DES CORPS LIBRES

Pour calculer ces forces, les moments et les puissances articulaires, on doit être en mesure d'identifier toutes les forces agissant sur le corps humain. C'est en fait l'application directe de la troisième loi de Newton (action/réaction). La figure 18.1 illustre une personne poussant sur un mur. Les forces agissant sur la personne sont d'abord son poids, W_{per}, la force horizontale du mur sur celle-ci, F_{mur} et la force de réaction au sol R. Le mur subit la force de réaction de la personne, F_{per}, et son propre poids, W_{mur}. Cette représentation des forces sur chacun des corps isolés s'appelle un diagramme des corps libres.

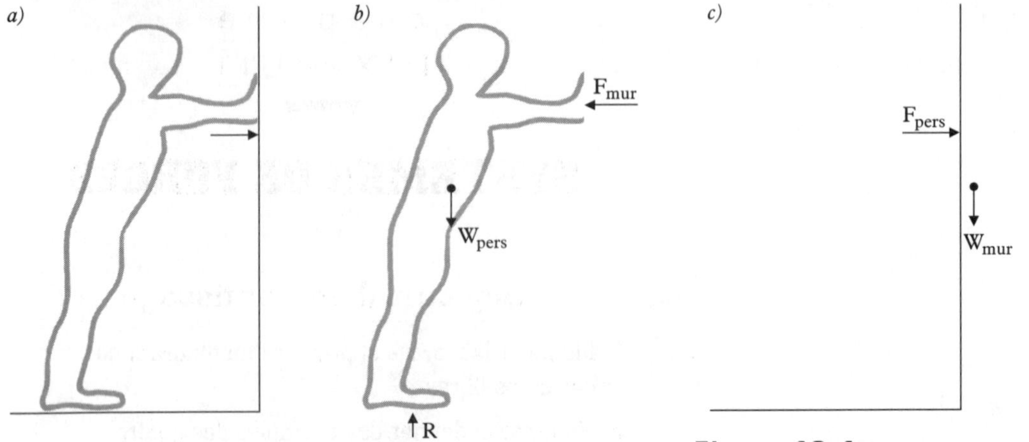

Figure 18.1
Les forces agissant sur la personne et sur le mur en a) sont illustrées en b) et c).

CONTRÔLE DES CONNAISSANCES

C 18.1 En vous rapportant à la figure 18.2, identifiez par un diagramme des corps libres les forces agissant sur la personne et sur le chariot.

Figure 18.2
Personne poussant un charriot.

Une fois les forces identifiées, on cherche à déterminer la force résultante ou à trouver une force inconnue, par exemple, la force de compression au dos lors de la levée d'une charge lourde. Nous allons maintenant aborder ces notions de forces résultante et inconnue en examinant de plus près les systèmes de forces.

18.3 SYSTÈMES DE FORCES

Les forces sont classées dans quatre grandes catégories, à savoir linéaire, parallèle, concourante et générale telles que présentées au tableau 18.1. Bien que dans l'ensemble le sys-

Tableau 18.1
Système de forces.

Linéaire	Même ligne d'action pour toutes les forces
Parallèle	Lignes d'action de toutes les forces sont parallèles
Concourante	Même point d'application pour toutes les forces
Générale	Rien de commun entre toutes les forces

tème de forces général constitue le type le plus fréquent, il est bien plus facile de solutionner les forces résultante ou inconnue des autres systèmes.

18.3.1 Système de forces linéaires

Dans un système de forces linéaires, les forces ont toutes la même ligne d'action. La ligne d'action peut être horizontale, verticale ou oblique, mais il ne doit y en avoir qu'une. Le module, le point d'application et la direction de chacune des forces peuvent varier tel qu'illustré à la figure 18.3 où les participants s'affrontent au jeu du souque à la corde.

La force résultante, R, s'exprime par la sommation algébrique des forces telle que

$$R = F_1 + F_2 + F_3 + F_4 + ...$$

ou

$$R = \Sigma F_i \qquad (18.1)$$

Ainsi, si les forces L, M, et N sont de 200 N, 250 N et 300 N de la figure 18.3, la résultante est de 750 N. Si le joueur G exerce une force de 400, on obtient la force F en retirant la force du joueur G du 750 N et on obtient 350 N.

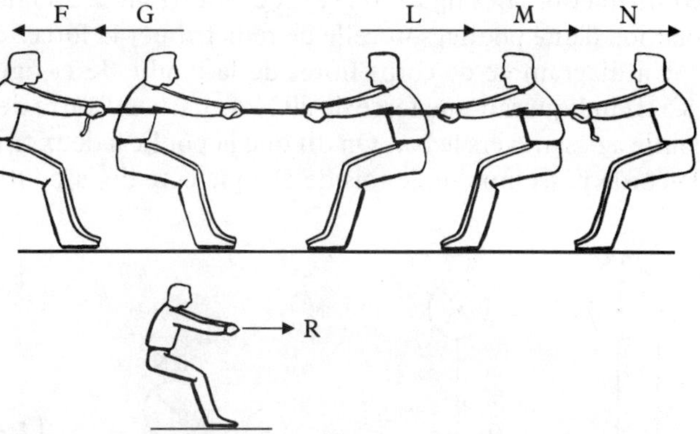

Figure 18.3
Le jeu de souque à la corde est un exemple d'un système de forces linéaires. Si l'on connaît chacune des forces des trois coéquipiers de droite (L, M, N), il est possible de calculer la force résultante, R. Reproduit, avec permission, de Williams et Lissner (LeVeau, B.) (1977). Biomechanics of Hum an Motion. *W.B. Saunders Company, Philadelphia, Pa.*

18.3.2 Système de forces parallèles

Dans un système de forces parallèles, les lignes d'action des forces doivent être parallèles. Ces lignes d'action peuvent être horizontales, verticales ou obliques, mais elles doivent être absolument parallèles.

L'exemple de la figure 18.4 où deux personnes déplacent un meuble représente un système de forces parallèles. Les systèmes de levier du chapitre 3 en sont tous des exemples. La lectrice ou le lecteur est prié(e) de se référer à ce chapitre pour des exemples de calcul.

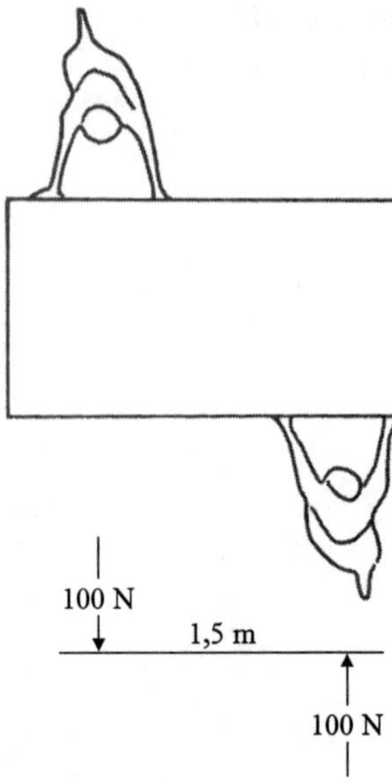

Figure 18.4
Deux personnes poussant un meuble pour le faire pivoter constituent un système de forces parallèles.

Les poulies

Une poulie est une roue traversée par un axe et dont la jante est conçue pour recevoir un câble, une chaîne ou une courroie dans le but de diriger la force ou d'agir comme levier. L'importance des poulies se manifeste dans la conception et l'utilisation des appareils de musculation.

La figure 18.5 illustre différents systèmes de poulie. À la figure 18.5 b), une masse de 2 kg est attachée à une corde elle-même fixée à une balance qui enregistre 20 N. Quelle est la tension dans la corde ? Elle est de 20 N. Le poids de 20 N est transféré intégralement à la balance. Il est important de comprendre ce phénomène pour bien maîtriser le principe de la transmission de l'effort de traction.

À la figure 18.5 c), la corde vient s'enrouler autour d'une poulie représentée simplement par un cylindre fixe. La balance continue d'enregistrer le poids, c'est-à-dire 20 N. Comme la gravité agit vers le bas, la poulie sert à transmettre l'effort de traction non plus vers le bas comme à la figure 18.5 b) mais de manière horizontale. La tension dans la corde est encore 20 N. On continue d'enrouler la corde autour de la poulie de manière à ce que la traction sur la balance soit dirigée vers le haut (figure 18.5 d). La balance indique toujours 20 N et la tension dans la corde demeure inchangée bien que la poulie ait *redistribué l'orientation sans modifier l'effort* de traction. Les figure 18.5 c) et d) illustrent la première fonction d'une poulie, soit celle de redistribuer la force.

Un diagramme de corps libres de la poulie de la figure 18.5 d) indiquerait une force de 20 N de part et d'autre de la poulie agissant vers le bas. On dit que la poulie a deux filins (la corde passe une seule fois de chaque côté de la poulie).

Saviez-vous que...

La poulie simple était en usage dès le IXe siècle avant J.-C. en Assyrie alors que les poulies à plusieurs roues ne sont apparues que 500 ans plus tard !

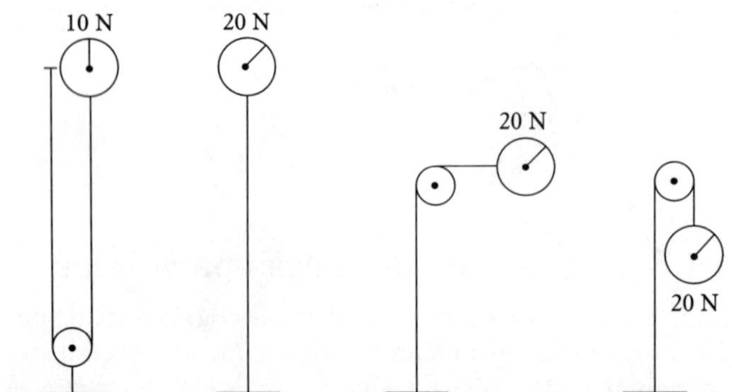

Figure 18.5
Systèmes de poulie. (Inspiré de Williams et Lissner (Le Veau, B.) (1977). Biomecanics of Human Motion. *W.B. Saunders Company, Philadelphia, Pa.*

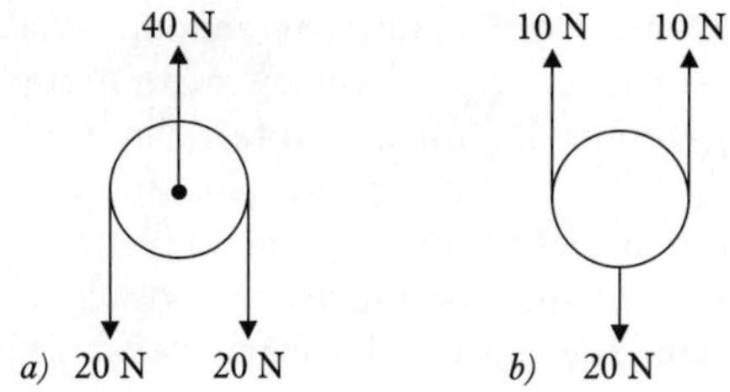

Figure 18.6
Diagrammes des corps libres des forces agissant sur la poulie a) de la figure 18.5 d) et b) figure 18.5 a).

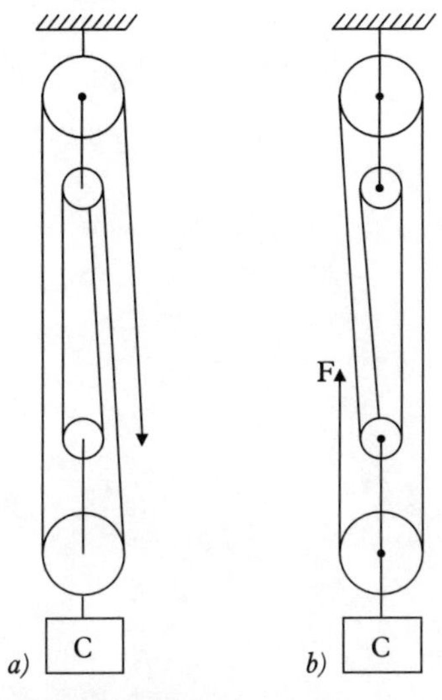

Figure 18.7
Système de poulies a) à 4 filins et b) à 5 filins.

Cela représente un système de force parallèle comme l'indique la figure 18.6 a). La force totale exercée sur la poulie est du double soit 40 N bien que la force dans la corde soit de 20 N !

La seconde fonction d'une poulie est celle de levier, dans les sens qu'une poulie donne un avantage mécanique, comme l'illustre la figure 18.5 a). Une corde dont une des extrémités est fixée au plafond passe par une poulie retenant une masse de 2 kg. L'autre extrémité de la corde est reliée à une balance qui indique une force de 10 N. Cet agencement est similaire à celle de la figure 18.5 d) mais la poulie est mobile. En effet la poulie subit le double de la charge. La tension dans la corde est de 10 N tel qu'indiqué par la balance. Deux forces verticales de 10 N agissent à la poulie, totalisant 20 N, comme l'indique le diagramme des corps libres présenté à la figure 18.6 b). Donc la poulie peut supporter une charge de 20 N soit le double de la force développée dans le filin.

Quelle charge peut-on soulever avec la poulie de la figure 18.7 a) si la force exercée, F, est de 100 N ? Nous avons affaire à un système de poulie à cinq filins dont un filin ne sert qu'à diriger la force. La force dans la corde est de 100 N, effective sur quatre filins (la corde passe deux fois de chaque côté). Par conséquent, la charge est égale à 4 fois 100 N, donc 400 N.

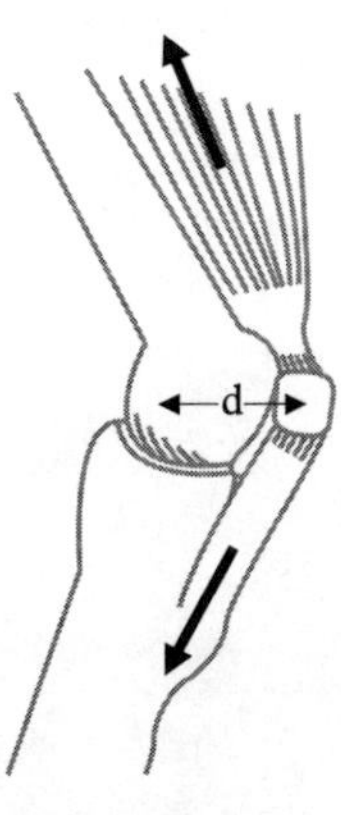

Figure 18.8
La rotule agit à titre de poulie en glissant sur le fémur et augmentant ainsi le bras de levier des extenseurs par son épaisseur.

La figure 18.7 b) possède la même configuration que celle de la figure 18.6 a) mais elle est à l'envers. De cette façon, les cinq filins sont actifs et on peut soulever une charge de 500 N. Comment savoir si le dernier filin participe comme levier ou n'est là que pour diriger la force ? Si le dernier filin touche à la poulie mobile qui soulève la charge, il est actif et participe comme levier (figure 18.6 b). Par contre, si le dernier filin part de la poulie qui est éloignée de la charge ou fixe, il ne sert qu'à diriger la force.

La rotule du genou, tout comme la malléole latérale d'une cheville, sont des exemples de poulies où la force musculaire est réorientée. Les extenseurs agissent sur la jambe en passant par la rotule qui glisse le long de la trochlée fémorale. De même, le tendon des péroniers (fléchisseurs plantaires) contournent la malléole latérale avant de s'insérer dans le pied.

Dans l'extension de la jambe au genou, la rotule (figure 18.8) glisse sur le fémur et donne aux extenseurs une nouvelle ligne d'action. De plus, la rotule facilite l'action des extenseurs en augmentant par son épaisseur leur bras de levier, d par rapport à l'axe de rotation du genou.

Un appareil de musculation est composé d'une structure métallique munie de poulies. Dans le cas présent (figure 18.9), on retrouve un système de poulies qui s'attache au levier des bras et un autre à celui des membres inférieurs. Les deux systèmes sont reliés entre eux afin d'utiliser le même ensemble de poids. On note que toutes les poulies servent uniquement à orienter les forces développées par les membres supérieurs et inférieurs. Cela veut dire qu'il faudra autant de poids qu'on est capable de soulever avec les bras et avec les jambes. La charge devra être relativement lourde pour répondre aux besoins de l'usager, sans compter qu'on pourrait avoir des problèmes d'encombrement ou de transport. En se fiant uniquement à des critères de design mécanique, il serait préférable de choisir un appareil de musculation ayant un avantage mécanique en faveur de l'appareil. De cette façon, l'appareil est plus léger et plus compact à transporter.

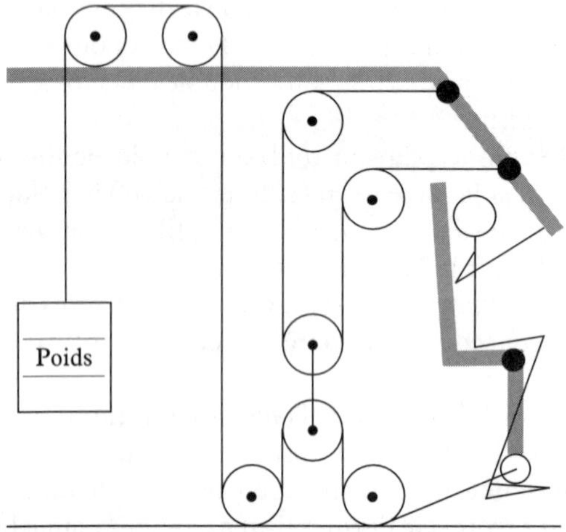

Figure 18.9
Schéma illustrant le système de poulies d'un l'appareil de musculation.

Contrôle des connaissances

C 18.2 En vous rapportant à la figure 18.10 (page suivante), indiquez le nombre de filins dans ces systèmes de poulie et calculez la charge qui peut être soulevée si la force F est de 100 N.

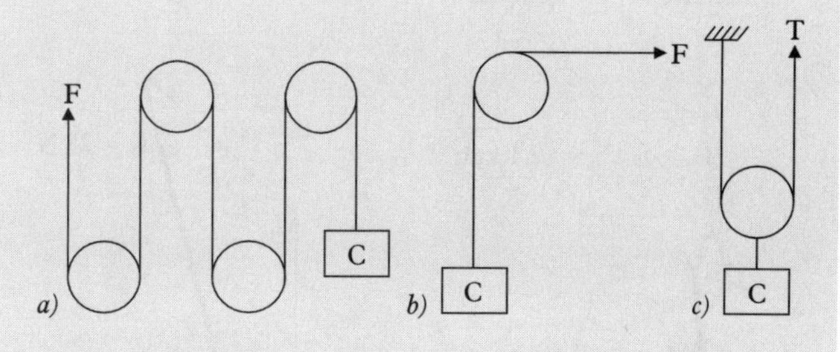

Figure 18.10

Différents systèmes de poulie où la force F est de 100 N.

18.3.3 Système de forces concourantes

Dans un système de forces concourantes, toutes les forces ont le même point d'application. À titre d'exemple, les parties latérale (L) et médiale (M) du quadriceps de la figure 18.11 se rejoignent à la rotule. Pour calculer la force résultante, on doit procéder d'abord à la sommation des forces horizontales puis verticales.

$$R_x = F_{1,x} + F_{2,x} + F_{3,x} + F_{4,x} + ...$$
$$R_y = F_{1,y} + F_{2,y} + F_{3,y} + F_{4,y} + ...$$
$$R = (R_x^2 + R_y^2)^{1/2} \quad (18.2)$$

Si la portion latérale du quadriceps développe une force de 800 N à 30° par rapport à la verticale et si la portion médiale du quadriceps développe une force de 500 N à 40° par rapport à la verticale, la force résultante calculée à l'origine, soit la rotule, est

$$\begin{aligned} R_x &= F_{1,x} + F_{2,x} \\ &= -800 \sin 30° + 500 \sin 40° \\ &= -800\ (0{,}500) + 500\ (0{,}643) \\ &= -400{,}0 + 321{,}5 \\ &= -78{,}5 \text{ N} \end{aligned}$$

$$\begin{aligned} R_y &= F_{1,y} + F_{2,y} \\ &= 800 \cos 30° + 500 \cos 40° \\ &= 800\ (0{,}867) + 500\ (0{,}766) \\ &= 692{,}8 + 383{,}0 \\ &= 1\ 075{,}8 \text{ N} \end{aligned}$$

$$\begin{aligned} R &= (R_x^2 + R_y^2)^{1/2} \\ &= (-78{,}5^2 + 1\ 075{,}8^2)^{1/2} \\ &= 1\ 078{,}7 \text{ N} \end{aligned}$$

L'angle de cette force par rapport à la verticale est de

$$\theta = \arctan (-78{,}5/1075{,}8)$$

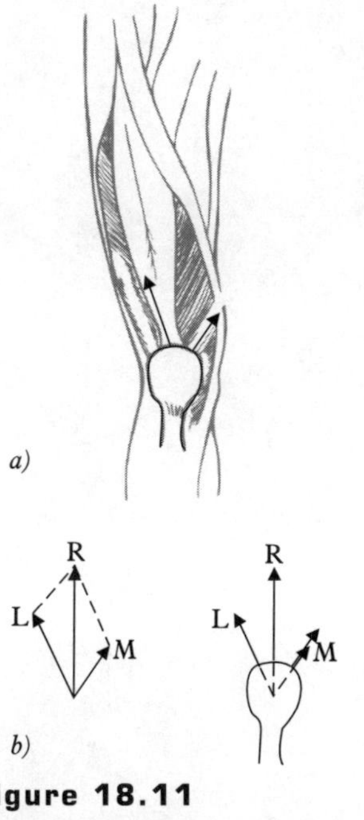

Figure 18.11

Les parties latérale (L) et médiane (M) a) du quadriceps forment b) un système de forces concourantes. Reproduit avec permission, de Williams et Lissner (LeVeau B. 1977). Biomechanics of Human Motion. *W. B. Saunders Company, Philadelphia, Pa.*

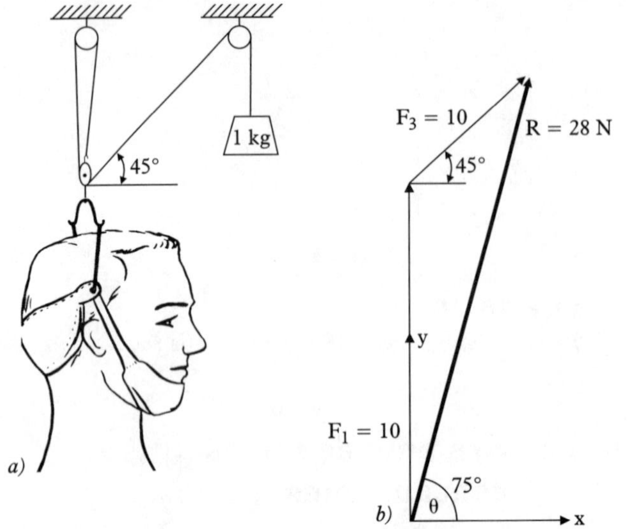

Figure 18.12

Système de forces concourantes avec un système de poulies. D'après Williams et Lissner (LeVeau B. 1977). Biomechanics of Human Motion. *W. B. Saunders Company. Philadelphia, Pa.*

$$= \arctan(-0{,}0727)$$
$$= -4{,}17°$$

soit 4,17° de la verticale à gauche de la rotule.

La poulie de la figure 18.12 illustre un système de forces concourantes. Le dernier filin passe par la poulie soulevant la charge et constitue une charge de 10 N appliquée à 45° par rapport à l'horizontale. L'origine est située à la poulie inférieure. Noter que le dernier filin passe par la poulie mobile; donc, tous les filins sont actifs. On détermine la force résultante par

$$R_x = F_{1,x} + F_{2,x} + F_{3,x}$$
$$= 0 + 0 + 10 \cos 45°$$
$$= 10\,(0{,}707)$$
$$= 7{,}07 \text{ N}$$

$$R_y = F_{1,y} + F_{2,y} + F_{3,y}$$
$$= 10 + 10 + 10 \sin 45°$$
$$= 10 + 10 + 10\,(0{,}707)$$
$$= 27{,}07 \text{ N}$$

La force de tension qui agit sur la tête est de 29,7 N.

$$R = (R_x^2 + R_y^2)^{1/2}$$
$$= (7{,}07^2 + 27{,}07^2)^{1/2}$$
$$= 28{,}0 \text{ N}$$

La résultante est de 28,0 N.

CONTRÔLE DES CONNAISSANCES

C 18.3 En vous rapportant à la figure 18.13 (page suivante), calculer la force résultante et son angle par rapport à l'origine.

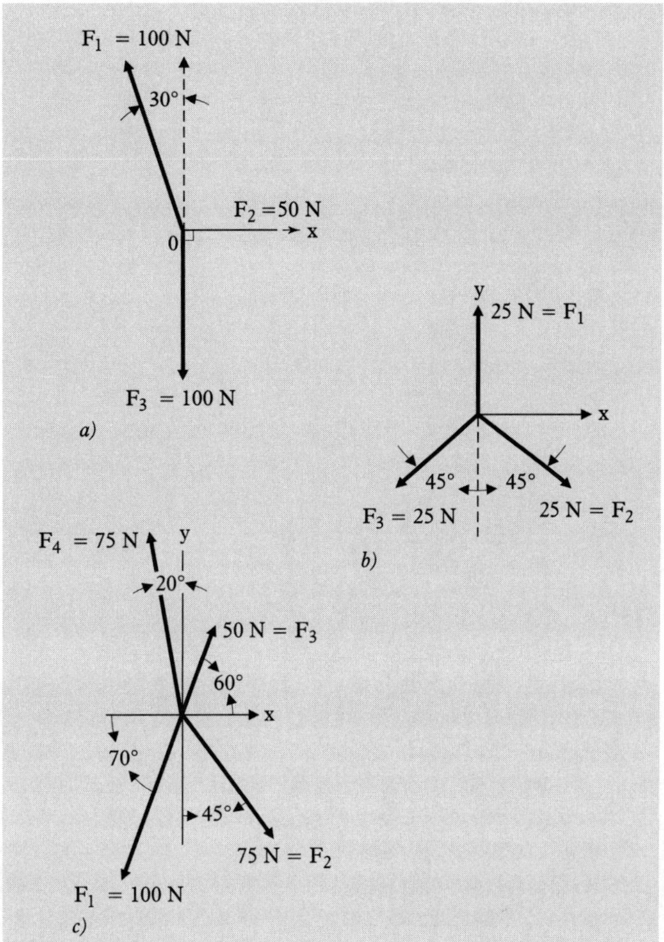

Figure 18.13

18.3.4 Système de forces général

Dans un système de forces général, les forces sont appliquées à différents endroits, leurs lignes d'action s'entrecroisent, la direction des forces varie, etc. La solution de tels systèmes se fait de la même manière que celle des forces concourantes. Par contre, on doit sélectionner une origine. Souvent, celle-ci va se situer au centre de masse. Le prochain chapitre traite de l'analyse du mouvement qui constitue un bon exemple d'un système de forces général.

chapitre

DIX-NEUF

ANALYSE DES CORPS LIBRES ET MOUVEMENT HUMAIN

Objectifs d'apprentissage

1 Savoir différencier solution directe et solution inverse.

2 Nommer les types de mesures nécessaires à effectuer une analyse du mouvement.

3 Définir et illustrer les notions de modélisation et de modèle de chaînon.

4 Définir et expliquer la notion de référentiel.

5 Être capable d'appliquer les équations du mouvement de Newton-Euler.

Il est impossible de mesurer directement les forces musculaires déployées lors d'une activité physique. L'estimation des forces musculaires est une des principales raisons qui nous incitent à effectuer une analyse du mouvement. L'apport des forces musculaires nous permet d'établir de manière quantitative le niveau de la performance de l'athlète. Par exemple, pour soulever une masse de 165 kg, un moment extenseur de 350 Nm est développé au genou. Cela correspond à une force musculaire de 7 000 N ! L'athlète devra donc s'entraîner en conséquence.

De plus, une connaissance des forces musculaires nous permet d'apprécier les forces de contact, à savoir les données de compression exercées sur l'os. À partir de ces forces, on est en mesure de :

1) concevoir le matériel sportif tels les appareils de musculation et les chaussures de sport;
2) établir des normes de sécurité tant pour la pratique sportive que pour les tâches au travail;
3) évaluer des produits comme les orthèses au genou, les raquettes de tennis, etc.

S'il est impossible de mesurer directement les forces musculaires déployées lors d'une activité physique, on procédera par une analyse du mouvement pour en déduire les causes, à savoir les forces musculaires. Ces forces sont estimées au moyen d'un modèle mathématique basé sur les équations du mouvement de Newton-Euler et qui fait intervenir les paramètres anthropométriques de chaque sujet, les déplacements des segments lors de l'activité et l'identification de toutes les forces en jeu. Les étapes de l'élaboration de ce modèle sont l'objet de ce chapitre.

19.1 SOLUTION DIRECTE ET SOLUTION INVERSE

Le principal problème abordé et solutionné par les modèles biomécaniques appliqués à l'analyse du mouvement humain est l'évaluation des forces générées par les muscles. Si l'on pouvait mesurer certaines de ces forces, il serait facile d'en évaluer l'effet. On utiliserait les équations du mouvement de Newton-Euler :

$$\Sigma F = ma \qquad (19.1)$$

$$F_1 + F_2 + F_3 + F_4 + F_5... = ma$$

$$\Sigma M_o = I\alpha \qquad (19.2)$$

$$M_1 + M_2 + M_3 + M_4 + M_5... = I\alpha$$

C'est la solution directe (ou *forward*) qui consiste à faire la sommation des forces et des moments. Par solution directe on entend prédire l'effet, à savoir celui des masses accélérées. Comme on connaît la masse et le moment d'inertie, les accélérations linéaire et angulaire deviennent les seules inconnues à trouver. On connaît les poids segmentaires; mais les forces externes, les forces articulaires et les moments musculaires sont inconnus et par conséquent l'approche directe ou *forward* est inutilisable.

Lorsque la cause n'est pas mesurable, on a recours à la solution indirecte ou inverse qui consiste en une mesure de l'effet. Par exemple, on veut comparer les techniques employées lors de la phase de suspension d'un saut en longueur pour déterminer le patron le plus économique. On filmera le saut des athlètes pour calculer l'accélération des masses segmentaires. Les équations du mouvement de Newton-Euler (19.1 et 19.2) seront utilisées pour décrire le mouvement de chaque segment, le mouvement linéaire sera décomposé le long de l'axe horizontal (x) et vertical (y) pour obtenir

$$\Sigma F_x = ma_x$$

$$F_{1x} + F_{2x} + F_{3x} + F_{4x} + F_{5x}... = ma_x \qquad (19.3)$$

$$\Sigma F_y = ma_y$$

$$F_{1y} + F_{2y} + F_{3y} + F_{4y} + F_{5y}... = ma_y \qquad (19.4)$$

$$\circlearrowleft \Sigma M_o = I\,\alpha$$

$$M_1 + M_2 + M_3 + M_4 + M_5... = I\,\alpha \qquad (19.5)$$

et les inconnues sont maintenant les forces de réaction articulaire en x et en y et le moment musculaire. Ces trois équations nous permettront de solutionner pour ces inconnues. Le tableau 19.1 résume la méthode d'analyse du mouvement humain par la solution inverse.

Tableau 19.1

Analyse du mouvement par la solution inverse.

But	Estimer les forces de réaction articulaire et le moment musculaire
Outil	Mesures anthropométriques, vidéographiques, dynamométriques, conjuguées aux équations du mouvement Newton-Euler
Modèle	Modèle des chaînons
Étapes	Diagramme des corps libres Identification des forces et des moments Application des équations du mouvement Application de la 3e loi de Newton

CONTRÔLE DES CONNAISSANCES

C 19.1 Quelle est la force déployée par un athlète de 85 kg pour sauter une distance a) horizontale et b) verticale de 1,80 m en sachant que les accélérations horizontale et verticale sont toutes deux de 1,2 m/s^2 ?

C 19.2 Quelle est l'accélération d'une balle de 250 g lancée à l'horizontale avec une force de 100 N ?

Saviez-vous que...

Avant l'ère des ordinateurs, les chercheurs passaient plusieurs jours pour calculer à la main les forces et les moments à chacune des articulations. Aujourd'hui, ces calculs se font en quelques minutes !

19.2 OUTILS DE LA SOLUTION INVERSE

L'approche utilisée pour estimer les forces musculaires qui sont responsables du mouvement humain est présentée à la figure 19.1. Il y a trois sources d'informations nécessaires à une analyse complète. Elles sont les mesures anthropométriques, vidéographiques et dynamométriques. Les mesures anthropométriques sont prélevées sur le sujet et, à l'aide de tableaux, on estime les masses et les moments d'inertie segmentaires. À partir des données vidéo, on calcule la positions des centres de masse segmentaires. Les forces et les moments de réaction au sol sont obtenus au moyen d'une plate-forme dynamométrique. Le bruit est ensuite éliminé en grande partie en lissant ou en filtrant les mesures vidéo et dynamo-

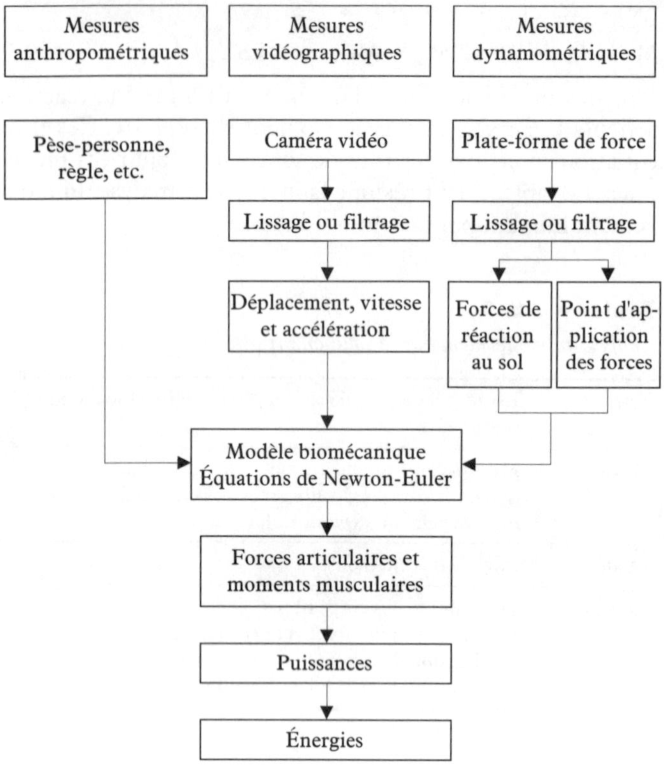

Figure 19.1
L'approche utilisée pour le calcul des forces articulaires, des moments, des puissances et de l'énergie mécanique.

métriques pour obtenir les vitesses et les accélérations segmentaires ainsi que les forces de réaction au sol et leurs points d'application. Pour estimer les forces de réaction articulaire et les moments musculaires, on applique les équations 19.3 à 19.5 qui forment notre modèle mathématique ou biomécanique.

19.3 MODÉLISATION

Lors d'études du mouvement humain on a recours à des schémas ou à des représentations artificielles de la réalité. Ces représentations abstraites offrent plusieurs avantages, dont la simplification des phénomènes physiques permettant une meilleure compréhension. Il s'agit d'une modélisation géométrique.

La figure 19.2 illustre quelques types de modélisation du membre inférieur. La représentation du membre inférieur avec ses masses molles est un modèle anatomique. Celui-ci comporte des détails inutiles qui sont éliminés en reliant les centres articulaires par une droite. Cette illustration est un exemple d'un modèle filaire (figure 19.2 b). Cette figure représente le membre inférieur à un instant donné. La même opération est répétée à intervalles réguliers pour couvrir l'ensemble du mouvement. C'est ainsi que l'on arrive en un pre-

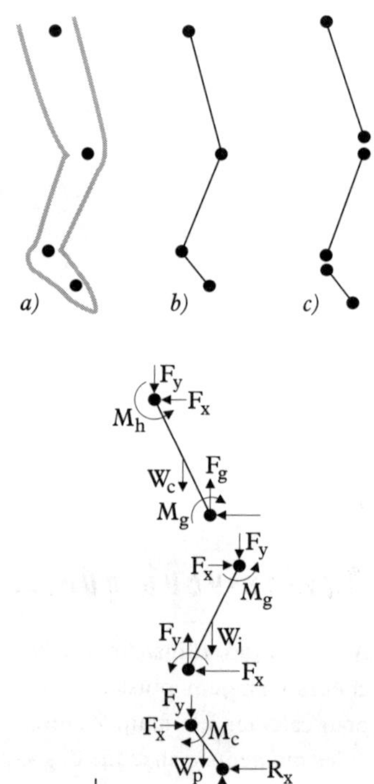

Figure 19.2
Modèles géométriques du membre inférieur. a) Modèle anatomique avec repères externes; b) modèle filaire; c) modèle de chaînons; d) modèle des corps libres.

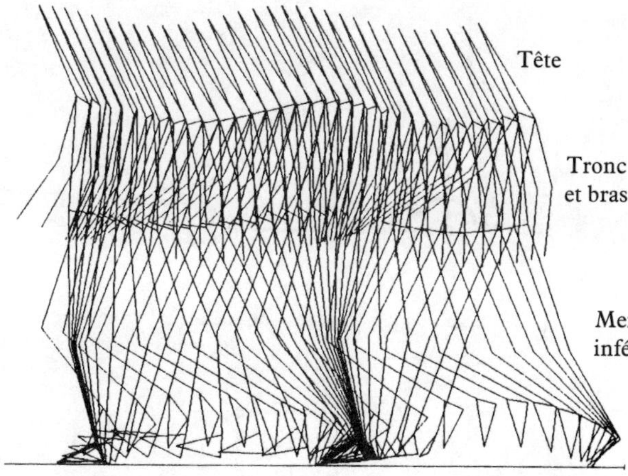

Figure 19.3
Kinogramme illustrant le déplacement des segments corporels lors de la marche.

mier temps à la construction d'un kinogramme (figure 19.3) décrivant par exemple une personne marchant de la droite vers la gauche.

Comme les segments du membre inférieur sont indépendants les uns des autres, on peut aussi les séparer pour obtenir un modèle de chaînons (figure 19.2 c). Afin d'appliquer les équations du mouvement de Newton-Euler, on a recours à une représentation schématique du corps humain faisant apparaître toutes les forces et les moments agissant sur chaque segment. Cette représentation mécaniste constitue un modèle ou diagramme des corps libres (figure 19.2 d). On identifie d'abord les forces externes à savoir les forces de réaction au sol, ou celles d'une poussée ou toute autre appliquée sur le segment; ensuite le poids du segment, les forces articulaires et les moments musculaires. Puis on détermine les forces connues et celles qui ne le sont pas. Le moment musculaire est toujours inconnu. L'analyse dynamique faisant appel à la solution inverse nous aidera à quantifier les paramètres inconnus.

19.4 DÉFINITION D'UN RÉFÉRENTIEL

À partir d'un modèle anatomique, on isole les segments pour obtenir un diagramme des corps libres. Pour chaque segment, on doit appliquer les équations de Newton-Euler (équations 19.3 à 19.5). Cela entraîne un léger problème car pour la cuisse et la jambe par exemple, il y a plus d'inconnues que d'équations. Nous devons donc procéder par le pied car seuls les forces articulaires et le moment musculaire nous y sont inconnus et nous pouvons mesurer les forces de réaction au sol au moyen d'une plate-forme dynamométrique. Après, on remonte les chaînons segmentaires jusqu'à la hanche.

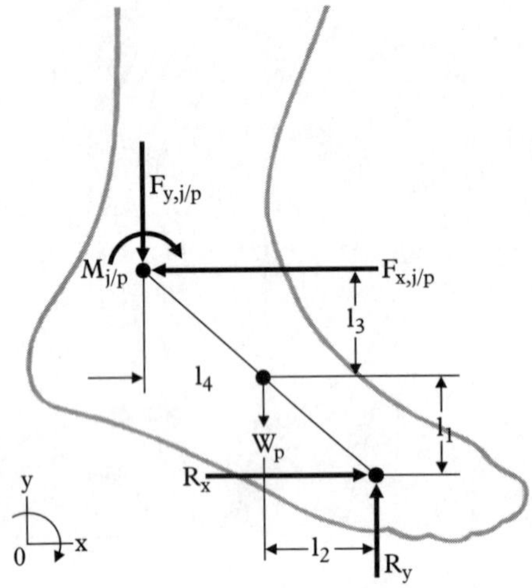

Figure 19.4
Diagramme des corps libres du pied.

La figure 19.4 illustre le pied dans sa position à la fin de la période de poussée. En premier, on établit un référentiel pour identifier la direction positive des forces et des moments. Ce référentiel se situe dans le coin gauche inférieur de la figure 19.4 et indique que les forces sont positives quand elles sont dirigées vers le haut ou vers la droite alors que les moments sont positifs quand ils entraînent une rotation dans le sens horaire.

La notion de référentiel ou de système de coordonnées a déjà été traitée au chapitre 4 où l'on a présenté le concept de centre de masse combinée. On a alors défini une origine, O, d'où partent deux axes, un horizontal et un vertical. Un point situé dans le plan délimité par ce système possède une coordonnée ou une valeur sur l'axe horizontal et une sur l'axe vertical. Ainsi, on peut exprimer la trajectoire d'une balle par une série de coordonnées établies par rapport à une origine quelconque. En choisissant l'origine à l'extérieur de l'athlète ou de la balle, on a un système de coordonnées absolu ou global; c'est-à-dire qu'il reste fixe par rapport au mouvement effectué. Les coordonnées des centres articulaires, des centres de masses segmentaires et le point d'application des forces de réaction au sol sont données par rapport à ce référentiel pour chaque segment. Ce référentiel est choisi lors de la collecte de données.

On a utilisé le système de coordonnées global pour le mouvement humain et plus spécifiquement pour la cinématique des segments corporels (chapitre 7). En fixant le système de coordonnées sur le corps d'un athlète ou à une articulation quelconque, on peut décrire le mouvement relatif entre deux segments ou la cinématique articulaire. On a alors un système de coordonnées local.

Saviez-vous que...

René Descartes (1596-1650), philosophe, mathématicien et physicien français créa l'algèbre des polynômes et, avec Pierre de Fermat, (1601-1665) la géométrie analytique. Il définit une logique fondée sur la déduction allant du simple au complexe qui fut reprise plus tard par le brillant détective anglais, Sherlock Holmes de Sir Conan Doyle (1859-1930). Rappelez-vous, c'est Descartes qui a dit : « Je pense, donc je suis ».

19.5 ÉTAPES DE LA SOLUTION INVERSE

Nous connaissons maintenant les modèles géométrique et biomécanique. Mais comment ceux-ci travaillent-ils ensemble pour donner les forces articulaires et le moment musculaire ? La figure 19.5 nous illustre les étapes qu'il faut suivre. On commence par le modèle de chaînons du membre inférieur. Ensuite, on trace le diagramme des corps libres du premier segment, le pied, où l'on identifie toutes les forces et le moment articulaire. Après, on utilise le modèle biomécanique ou les équations de Newton-Euler au premier segment puis on calcule les forces articulaires et le moment musculaire à la cheville. Pour passer au prochain segment, on applique la troisième loi de Newton (action/réaction) afin de transférer à la cheville du segment jambe les forces articulaires et le moment musculaire calculés à la cheville du segment pied. On répète la même procédure pour la cuisse. On peut ainsi continuer pour calculer les forces articulaires et le moment musculaire à l'articulation lombo-sacrée, à l'épaule, etc.

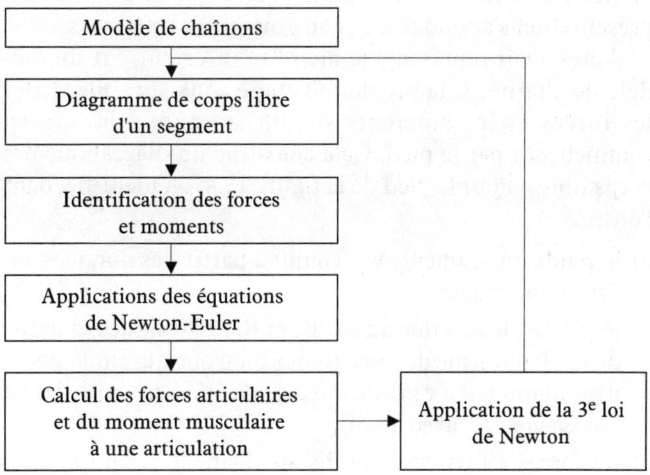

Figure 19.5
Étapes pour le calcul des forces articulaires et moments musculaires à un premier segment puis aux autres.

CONTRÔLE DES CONNAISSANCES

C 19.3 Énumérer les articulations auxquelles il faut calculer les forces articulaires et les moments musculaires pour estimer ceux de l'épaule lors d'un lancer ?

19.5.1 Identification des forces et des moments musculaires

La figure 19.6 illustre de manière générale les forces externes agissant sur un skieur et où sont inclus le poids

Figure 19.6

Diagramme des corps libres d'un skieur. Les forces de réaction au sol sont représentées par le frottement F_μ et la force normale, N. La résistance de l'air, F_l et le poids, W du skieur sont également indiqués (Wirhed, 1985).

corporel, W, les forces de réaction au sol, N (force normale) et F_μ (frottement) ainsi que la résistance due à l'air (F_l). Les forces internes sont essentiellement limitées aux forces musculaires car les forces développées dans les tendons, les ligaments et les tissus conjonctifs sont d'une part relativement faibles et, d'autres part, difficiles à estimer. Ce genre de représentation s'applique aussi aux membres inférieurs.

Après avoir représenté le membre inférieur par un modèle de chaînons, la prochaine étape consiste à identifier les forces et les moments sur un segment à la fois, en commençant par le pied. Cela constitue un diagramme des corps libres. Pour le pied de la figure 19.4, on identifie, dans l'ordre :

a) le poids du segment, W_p, connu à partir des données anthropométriques;
b) les forces de réaction au sol, R_x et R_y, déterminées à partir de la plate-forme de force (notez bien que durant la phase d'oscillation, il n'y pas de force de réaction car le pied n'est pas en contact avec le sol);
c) les forces à l'articulation distale. Dans le cas du pied, il n'y en a pas;
d) le moment musculaire à l'articulation distale. Dans le cas du pied, il n'y en a pas;
e) les forces à l'articulation proximale (la cheville), $F_{x,j/p}$ et $F_{y,j/p}$, inconnues;
f) le moment musculaire à l'articulation proximale (la cheville), $M_{j/p}$, inconnu.

L'indice j/p indique que la force ou le moment de la jambe agit sur le pied, et inversement lorsqu'il prend la forme p/j.

Comme les forces articulaires et le moment musculaire sont inconnus, on leur attribue une direction arbitraire qui sera ajustée lors des calculs.

19.5.2 Applications des équations du mouvement de Newton-Euler

Maintenant nous allons passer à notre modèle biomécanique ou mathématique en utilisant les équations 19.3 à 19.5 pour estimer les forces articulaires et le moment musculaire. Avant de les appliquer, il vous faut quelques données, à savoir des informations anthropométriques, vidéo et dynamométriques.

Les données anthropométriques sont :

a) les masses et les moments d'inertie segmentaires;

b) les longueurs segmentaires;

c) la position des centres de masse segmentaires.

Les données vidéo sont :

a) les coordonnées articulaires et anatomiques en fonction du temps;

b) les accélérations linéaires et angulaires des segments corporels en fonction du temps.

Les données dynamométriques sont :

a) les composantes horizontales et verticales de la force de réaction au sol en fonction du temps;

b) le point d'application de la force de réaction en fonction du temps.

L'application des équations du mouvement de Newton-Euler présente quelques particularités que nous soulignerons par les exemples suivants.

Mouvement du pied sans mise en charge

Examinons en premier lieu une situation où le pied n'est pas mis en charge. Cela se produit lors de la phase d'oscillation durant la marche. Les données fournies par l'anthropométrie et la vidéo suffisent car le pied n'est pas en contact avec le sol. À la figure 19.7, nous avons le diagramme des corps

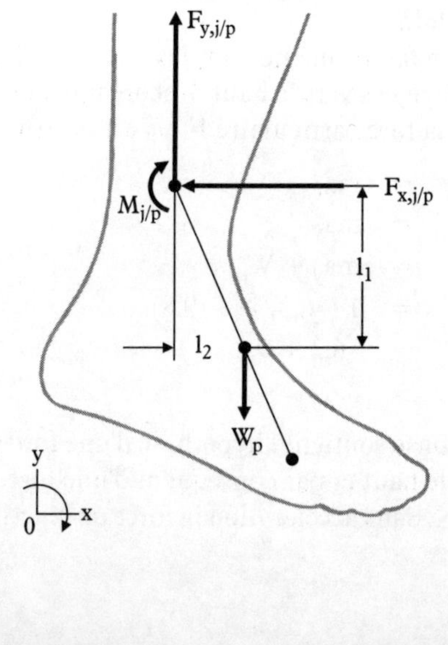

Figure 19.7
Diagramme corps libres du pied dans les airs.

libres de ce pied. Bien que nous ne nous attardons qu'à un seul segment, cette application des équations de Newton-Euler va nous confronter au problème de la direction ou du sens des forces articulaires et du moment musculaire.

Il est important de noter que nous ne connaissons pas la direction ou le sens des forces articulaires et du moment musculaire. En fait, nous ne savons même pas s'ils sont présents ou non. C'est seulement en résolvant les équations de Newton-Euler que leur valeur et leur direction seront déterminées. Pour l'instant on estime que la force articulaire horizontale est négative (dirigée vers la gauche), que la force articulaire verticale est positive et que le moment musculaire est positif. La masse du pied est de 1 kg. L'accélération horizontale est de –4,3 m/s² et elle est de –6,2 m/s² le long de la verticale. L'accélération angulaire est de 15,6 rad/s² alors que ce moment d'inertie est de 0,0099 kgm². Les bras de levier l_1 et l_2 illustrés à la figure 19.7 ont la même valeur de 0,03 m. Quels seraient les forces articulaires et le moment musculaire à la cheville ? On applique les équations de Newton-Euler en faisant d'abord la sommation de toutes les forces horizontales en respectant les signes des forces.

$$\overset{\rightarrow}{\Sigma} F_x = m_p a_x$$
$$-F_{x,j/p} = m_p a_x$$
$$= 1\,(-4{,}3)$$
$$F_{x,j/p} = 4{,}3$$

Un fait important à noter : une réponse positive ne signifie pas que la force est positive ! Une réponse positive confirme que la direction ou le sens de la force inconnue a été bien estimée. Ainsi $F_{x,j/p}$ a une grandeur de 4,3 N et elle est dirigée vers la gauche comme on l'avait pensé. En fait, $F_{x,j/p}$ est négatif et égale à –4,3 N. C'est un bel exemple qui traduit bien qu'une masse accélérée est vraiment une force. Une réponse négative au calcul aurait indiqué que la direction de la force était erronée. Nous allons voir un exemple de cela un peu plus loin.

Ensuite, on fait de même pour les forces verticales, positives lorsque dirigées vers le haut. Encore une fois on fait l'hypothèse que la force articulaire $F_{y,j/p}$ est positive.

$$\uparrow\Sigma F_y = ma_y$$
$$-W_p + F_{y,j/p} = ma_y$$
$$+F_{y,j/p} = ma_y + W_p$$
$$= 1\,(-6{,}2) + 1\,(9{,}8)$$
$$= -6{,}2 + 9{,}8$$
$$F_{y,j/p} = 3{,}6$$

Cette réponse soutient l'hypothèse d'une force articulaire dirigée vers le haut et par conséquent d'une force positive et $F_{y,j/p} = 3{,}6$ N. Sans accélération la force de réaction verticale aurait été égale au poids du pied; mais une accélération dirigée vers le bas entraîne un allègement.

Finalement, on passe au calcul des moments par rapport au centre de masse du pied. Les moments positifs sont dans le sens horaire. Le moment articulaire $M_{j/p}$ est partout pareil, à la cheville comme au centre de masse du pied parce qu'il agit sur l'ensemble du pied. Il est considéré positif.

$$\curvearrowright \Sigma M_{cm} = I\,\alpha$$
$$-(F_{x,j/p})\,l_1 + (F_{y,j/p})\,l_2 + M_{j/p} = I\,\alpha$$
$$M_{j/p} = I\,\alpha + (F_{x,j/p})\,l_1 - (F_{y,j/p})\,l_2$$
$$= 0{,}0099\,(15{,}6) + (4{,}3)\,(0{,}03) - (3{,}6)\,(0{,}03)$$
$$= 0{,}15 + 0{,}13 - 0{,}11$$
$$M_{j/p} = 0{,}17$$

Ce moment agit comme prévu dans une direction horaire et est égal à 0,17 Nm. Le moment de flexion plantaire est presque nul car d'une part les forces en jeu sont faibles et leurs moments s'annulent et d'autre part le moment d'inertie du pied est très faible. En somme durant la phase d'oscillation, les forces articulaires et le moment musculaire sont presque nuls malgré que le pied possède des accélérations linéaires et angulaires importantes.

Position debout et stationnaire

Calculons les forces articulaires et le moment musculaire à la cheville en position debout dont le diagramme des corps libres est illustré à la figure 19.8. Dans cet exemple, on est en présence de forces de réaction au sol mais les accélérations sont nulles car on est en position stationnaire. Nous allons être en présence de forces élevées mais dont le moment net sera faible. Cet exemple va également révéler la stratégie à adopter lorsque la solution d'une des équations de Newton-Euler est négative.

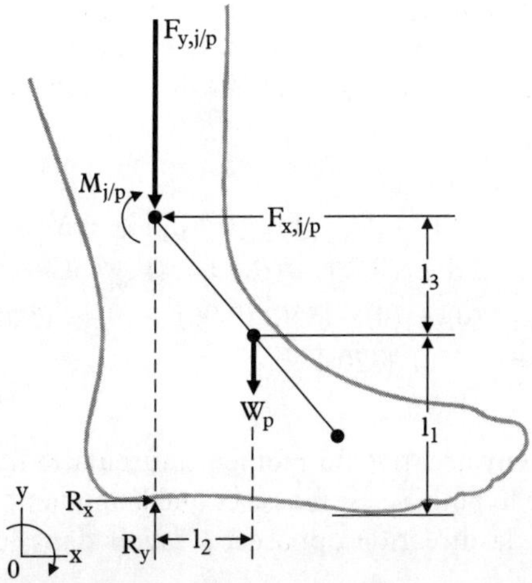

Figure 19.8
Diagramme des corps libres du pied en position debout et stationnaire.

La masse du pied est de 1 kg. La force de réaction, R_y est de 350 N en vertical (la moitié du poids corporel) et de 0 N en horizontal. On procède à la sommation des forces de l'axe horizontal, R_x. Les forces dirigées vers la droite sont positives selon notre référentiel global. Pour l'instant on fait l'hypothèse que la force articulaire horizontale $F_{x,j/p}$ est négative. Ainsi

$$\begin{aligned}
\overrightarrow{\Sigma} F_x &= m_p a_x \\
R_x - F_{x,j/p} &= m_p a_x \\
F_{x,j/p} &= m_p a_x - R_x \\
&= 1\,(0) - 0 \\
F_{x,j/p} &= 0
\end{aligned}$$

La force horizontale est nulle.

Il n'y a rien de surprenant à cela car il n'y a aucune force ni accélération horizontales.

Ensuite, on fait de même pour les forces verticales, positives lorsque dirigées vers le haut. Encore une fois on fait l'hypothèse que la force articulaire $F_{y,j/p}$ est négative.

$$\begin{aligned}
\uparrow\Sigma F_y &= ma_y \\
R_y - W_p - F_{y,j/p} &= ma_y \\
F_{y,j/p} &= -ma_y + R_y - W_p \\
&= -1\,(0) + 350 - 1\,(9{,}8) \\
F_{y,j/p} &= 340{,}2
\end{aligned}$$

Le résultat positif indique que notre hypothèse est juste et que la force verticale agit vers le bas et est égale à –340,2 N.

Cette réponse ne nous surprend pas non plus car la force verticale à la cheville consiste en la moitié du poids corporel moins celui du pied.

Finalement, on passe au calcul des moments par rapport au centre de masse du pied. Les moments positifs sont dans le sens horaire. Le moment articulaire $M_{j/p}$ est partout le même, à la cheville comme au centre de masse du pied parce qu'il agit sur l'ensemble du pied. Il est considéré comme étant positif. Les bras de leviers, l_2, de la force verticale, $F_{y,j/p}$ et de la force de réaction verticale, F_y sont égaux à 0,06 m. Les bras de levier des autres forces, l_1 et l_3 sont inutiles car la force horizontale, $F_{x,j/p}$ et la force de réaction horizontale F_x sont nulles.

$$\begin{aligned}
\circlearrowright\Sigma M_{cm} &= I\,\alpha \\
-(R_x)\,l_1 + (R_y)\,l_2 - (F_{x,j/p})\,l_3 - (F_{y,j/p})\,l_2 + M_{j/p} &= I\,\alpha \\
M_{j/p} &= I\,\alpha + (R_x)\,l_1 - (R_y)\,l_2 + (F_{x,j/p})\,l_3 + (F_{y,j/p})\,l_2 \\
&= (0) + (0) - (350)\,(0{,}06) + (0) + (340{,}2)\,(0{,}06) \\
&= -21{,}0 + 20{,}4 \\
M_{j/p} &= -0{,}6
\end{aligned}$$

La valeur négative du moment musculaire nous indique que notre hypothèse est fausse et que le moment musculaire agit dans la direction opposée, à savoir dans le sens anti-horaire, représentant une faible action des fléchisseurs dorsaux. Ceux-ci cherchent à déporter le reste du corps vers l'avant. Le moment musculaire est de –0,6 Nm. Il est presque nul même en présence de deux forces de près de 350 N car leur action rotatoire s'annule. Cela s'explique aussi par une ligne d'action commune. En position debout, la force de réaction au sol et la force à la cheville sont colinéaires (forment une droite).

Pied et jambe en mouvement

Les exemples précédents ont servi à illustrer certaines particularités de la solution inverse telles que a) la direction ou le sens des forces articulaires et le moment musculaire, b) le signe de la réponse et sa signification et c) le signe de l'accélération. Pour estimer les actions musculaires à la hanche, l'analyse s'effectue à partir du segment le plus distal, le pied, pour ensuite remonter jusqu'à la cuisse. Ainsi, on doit être en mesure de poursuivre l'analyse au prochain segment.

L'exemple suivant fait intervenir les forces de réaction au sol et les accélérations dans une analyse dynamique complète du pied en mouvement. De là nous procéderons au chaînon prochain afin d'estimer les forces articulaires et le moment musculaire au genou. Les données sont présentées au tableau 19.2. Elles seront utilisées avec les figures 19.4 et 19.9 ainsi que les équations 19.3 à 19.5 pour calculer les forces articulaires et les moments musculaires à la cheville et au genou. On suit la même approche pour continuer jusqu'à la hanche.

Tableau 19.2

Données anthropométriques, cinématiques et dynamométriques.

	Pied	Jambe	
Masse (kg)	1	3	
Moment d'inertie (kgm^2)	0,00995	0,0642	
Accélération(m/s^2) en x	2,714	7,769	
Accélération(m/s^2) en y	1,187	–0,190	
Accélération angulaire (rad/s^2)	30,4	12,043	
Bras de levier (m), l_1	0,0195	0,185	bras de levier (m), l_5
Bras de levier (m), l_2	0,0985	0,169	bras de levier (m), l_6
Bras de levier (m), l_3	0,0195	0,129	bras de levier (m), l_7
Bras de levier (m), l_4	0,0985	0,142	bras de levier (m), l_8
Force horizontale (N)	137	—	
Force verticale (N)	828	—	

Calcul des forces articulaires et du moment musculaire à la cheville

Les forces à la cheville sont considérées comme étant négatives alors que le moment est positif. La solution des équations nous permettra de confirmer ces hypothèses.

a) Force horizontale :

$$\overrightarrow{\Sigma} F_x = ma_x$$
$$R_x - F_{x,j/p} = ma_x$$
$$137 - F_{x,j/p} = (1)\,(2{,}714)$$
$$F_{x,j/p} = 137 - 2{,}714$$
$$= 134{,}3$$

Le résultat est positif. Donc l'estimation de la direction de la force de réaction à la cheville est bonne et $F_{x,j/p}$ agit donc vers la gauche et par conséquent sa valeur est de –134,3 N.

b) Force verticale :

$$\uparrow \Sigma F_y = ma_y$$
$$R_y - W_p - F_{y,j/p} = ma_y$$
$$828 - (1)\,(9{,}8) - F_{y,j/p} = (1)\,(1{,}187)$$
$$F_{y,j/p} = 828 - 9{,}8 - 1{,}187$$
$$= 817{,}0$$

Le résultat est positif. Donc l'estimation de la direction de la force de réaction à la cheville est bonne et $F_{y,j/p}$ agit donc vers le bas et par conséquent sa valeur est de –817,0 N. C'est une force de compression exercée sur la cheville.

c) Moment musculaire :

$$\circlearrowright \Sigma M_{cm} = I\,\alpha$$
$$-(R_x)\,l_1 - (R_y)\,l_2 - (F_{x,j/p})l_3 - (F_{y,j/p})l_4 + M_{j/p} = I\,\alpha$$
$$-(137)\,(0{,}0195) - (828)\,(0{,}0985) - (134{,}3)\,(0{,}0195) - (817{,}0)\,(0{,}0985) + M_{j/p} = (0{,}00995)\,(30{,}4)$$
$$-2{,}67 - 81{,}56 - 2{,}62 - 80{,}47 + M_{j/p} = 0{,}30$$
$$M_{j/p} = 167{,}3$$

Le résultat est positif. Donc l'estimation de la direction du moment musculaire à la cheville est bonne et $M_{j/p}$ agit donc dans le sens horaire comme prévu et par conséquent sa valeur est de 167,3 Nm. Il s'agit d'un donc d'un moment des fléchisseurs plantaires.

Mouvement de la jambe

Pour la jambe, figure 19.9, on procède de la même façon mais en se rappelant la troisième loi de Newton (action/réaction). Comme la cheville est une articulation commune au pied et à la jambe, la sommation des forces et des moments doit être nulle. Ainsi, ils agiront dans le sens opposé tel qu'illustré à la

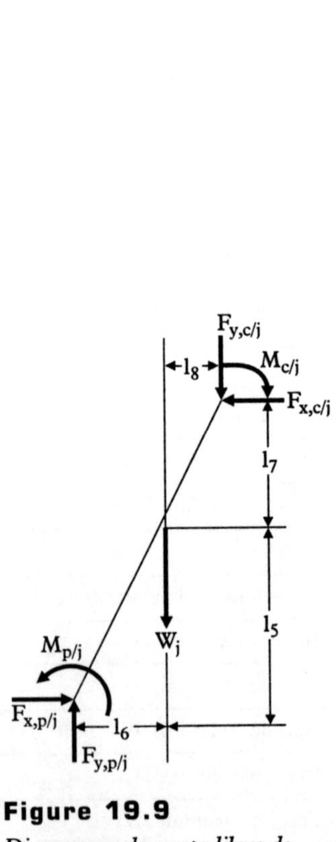

Figure 19.9
Diagramme des corps libres de la jambe.

figure 19.9. Attention ! Les forces $F_{x,j/p}$ (–134,3 N) et $F_{y,j/p}$ (–817,0 N) sont maintenant $F_{x,p/j}$ (134,3 N) et $F_{y,p/j}$ (817,0 N) positives (action/réaction). Le moment $M_{j/p}$ (167,3 Nm) prend le sens anti-horaire et devient $M_{p/j}$ négatif (–167,3 Nm). Les inconnues sont : $F_{x,c/j}$, $F_{y,c/j}$ et $M_{c/j}$. On considère arbitrairement les forces articulaires au genou comme étant négatives et le moment musculaire positif. On aurait pu choisir toute autre convention et ajuster le sens des forces à la fin du problème.

Calcul des forces articulaires et du moment musculaire au genou

a) Force horizontale :

$$\overrightarrow{\sum} Fx = ma_x$$
$$F_{x,p/j} - F_{x,c/j} = ma_x$$
$$134{,}3 - F_{x,c/j} = (3)\,(7{,}769)$$
$$F_{x,c/j} = 134{,}3 - 23{,}31$$
$$= 111{,}0$$

Le résultat est positif. Donc l'estimation de la direction de la force de réaction au genou est bonne et $F_{x,c/j}$ agit donc vers la gauche et par conséquent sa valeur est de –111,0 N.

b) Force verticale :

$$\uparrow\Sigma F_y = ma_y$$
$$F_{y,p/j} - W_p - F_{y,c/j} = ma_y$$
$$817{,}0 - (3)\,(9{,}8) - F_{y,c/j} = (3)\,(-0{,}190)$$
$$F_{y,c/j} = 817{,}0 - 29{,}4 - 0{,}57$$
$$= 788{,}2$$

Le résultat est positif. Donc l'estimation de la direction de la force de réaction au genou est bonne et $F_{y,c/j}$ agit donc vers le bas et par conséquent sa valeur est de –788,2 N. C'est une force de compression agissant sur le genou.

c) Moment musculaire :

$$\circlearrowleft\Sigma M_{cm} = I\,\alpha$$
$$-(F_{x,p/j})\,l_5 + (F_{y,p/j})\,l_6 - M_{p/j} - (F_{x,c/j})\,l_7 + (F_{y,c/j})\,l_8 + M_{c/j} = I\,\alpha$$
$$-(134{,}3)\,(0{,}185) + (817{,}0)\,(0{,}169) - 167{,}3 - (111{,}0)\,(0{,}129) + (788{,}2)\,(0{,}142) + M_{c/j} = (0{,}0642)\,(12{,}043)$$
$$-24{,}85 + 138{,}1 - 167{,}3 - 14{,}32 + 111{,}92 + M_{c/j} = 0{,}77$$
$$M_{c/j} = 0{,}77 - 43{,}55$$
$$= -42{,}78$$

Le résultat est négatif. Donc l'estimation de la direction du moment musculaire au genou, $M_{c/j}$, agit dans le sens anti-horaire et par conséquent sa valeur est de –42,78 Nm. C'est un moment produit par les extenseurs du genou.

Tableau 19.3
Données anthropométriques, cinématiques et dynamométriques.

	Cuisse
Masse (kg)	7
Moment d'inertie (kgm^2)	0,1002
Accélération (m/s^2) en x	5,189
Accélération (m/s^2) en y	–0,957
Accélération angulaire (rad/s^2)	13,956
Bras de levier (m), $F_{x,j/c}$, l_1	0,225
Bras de levier (m), $F_{y,j/c}$, l_2	0,167
Bras de levier (m), $F_{x,tronc/c}$, l_3	0,216
Bras de levier (m), $F_{y,tronc/c}$, l_4	0,155

CONTRÔLE DES CONNAISSANCES

C 19.4 Tracer le diagramme des corps libres pour la cuisse étant donné les diagrammes de corps libres des figures 19.4 et 19.9. La cuisse est inclinée dans une direction oblique (de bas à gauche, en haut à droite).

C 19.5 Calculez les forces articulaires et le moment musculaire à la hanche. Servez-vous du tableau 19.3 et des résultats déjà calculés au genou. La cuisse est inclinée dans une direction oblique (de bas à gauche en haut à droite).

19.6 LIMITES DE LA DYNAMIQUE INVERSE

La solution inverse repose sur un nombre d'hypothèses simplificatrices qui nous permettent d'arriver à une estimation raisonnable des forces articulaires et des moments musculaires.

Les segments corporels sont à toutes fins pratiques considérés comme des corps rigides qui ne se déforment pas sous les mises en charge. Cette hypothèse nous permet de faire appel à la mécanique des corps rigides par les équations de Newton-Euler. Comme les segments corporels sont rigides, il va de soi que leur centre de masse ainsi que leur moment d'inertie ne change pas au cours du mouvement.

On estime que le mouvement des masses molles (peau et muscles) est négligeable et n'affecte pas les propriétés inertielles. On fait également l'hypothèse que le mouvement s'effectue autour d'un seul axe et qu'il est orienté le long de l'axe transverse. Ainsi, seuls les mouvements de flexion et d'extension sont permis à chaque articulation. De plus cet axe est fixe ne permettant pas de glissement d'un os sur l'autre comme on observe au genou.

La solution inverse nous permet d'estimer les forces articulaires et le moment musculaire à partir du mouvement et de la connaissance des forces externes telles que les forces de réaction au sol durant la marche. Nous avons ainsi une appréciation de l'activité des muscles agonistes, c'est-à-dire de tous les muscles qui ont provoqué le geste ou l'action. À titre d'exemple, nous savons qu'un moment extenseur au genou est dû à l'action des quadriceps. En revanche, à ce stade nous ne sommes pas en mesure de différencier l'action du vaste interne de celle du vaste externe ou encore du droit antérieur. Pour cela nous devons faire appel à des techniques de modélisation plus fines et beaucoup plus complexes. Pour l'instant, l'action musculaire est due à un seul groupe de muscles.

Uniquement à l'aide de la dynamique inverse, il est impossible d'estimer l'action des muscles antagonistes. Ces muscles travaillent en opposition aux agonistes. Ainsi lors d'une flexion au coude, les extenseurs peuvent venir freiner le mouvement pour le rendre plus précis. Dans cet exemple, les extenseurs agissent donc comme des muscles antagonistes. Par contre lorsqu'on frappe du marteau, les extenseurs deviennent des muscles agonistes. Un muscle est donc agoniste ou antagoniste selon son action. Comme la solution inverse nous renseigne sur les muscles responsables du geste, nous n'avons aucune information sur le rôle ou l'action des muscles antagonistes.

Les muscles antagonistes servent aussi à stabiliser une articulation en travaillant de concert avec les muscles agonistes. Dans une telle situation, la dynamique inverse correspond à l'action nette du moment agoniste. C'est-à-dire que l'action des muscles antagonistes annule une partie du moment agoniste. Le moment musculaire calculé représente uniquement le moment supplémentaire développé par les muscles agonistes. Par conséquent, cette estimation du moment net est inférieur au moment des muscles agonistes. Par exemple si vous fermez votre poing très fort et vous faites un mouvement de flexion au poignet, le mouvement lent qui se produit au poignet est dû à la différence de moments entre les muscles agonistes et antagonistes. Nous avons donc au poignet un moment net qui ne reflète pas les actions musculaires individuelles. Le moment musculaire représente donc l'activité des muscles agonistes restante. De plus, on ne tient pas tout à fait compte de l'action des muscles biarticulaires. Ce sont ces muscles qui chevauchent deux articulations. Les ischio-jambiers ont leur origine au niveau du bassin et viennent s'insérer dans le tibia. Une contraction entraîne une flexion de la jambe au genou et une extension du bassin à la hanche. À chacune de ces articulations, l'action des muscles biarticulaires est comptabilisée par le moment net.

Toutes ces hypothèses font en sorte que nous sommes capables de quantifier la marche et la course, d'identifier les lacunes dans une activité physique ou sportive ainsi que de différencier les marches pathologiques et les boiteries. La biomécanique c'est génial.

19.7 FORCES MUSCULAIRES ET CONTACT SUR L'OS

À partir des moments musculaires calculés à l'aide de l'équation d'Euler, nous sommes en mesure d'estimer la contribution des forces musculaires agonistes, c'est-à-dire celles qui entraînent le mouvement. Par exemple, le moment musculaire calculé précédemment au genou, $M_{c/j}$ était de 42,78 Nm et représente l'action des extenseurs. Mais un moment est le produit d'un bras de levier par une force. Ainsi, si le bras de levier des extenseurs du genou, l_{ext} est de 5 cm, la force des extenseurs, F_{ext} est de

$$\begin{aligned} M_{c/j} &= F_{ext} \cdot l_{ext} \\ F_{ext} &= M_{c/j}/l_{ext} \\ &= 42{,}78/0{,}03 \\ &= 1\,426 \text{ N} \end{aligned}$$

On est donc capable d'estimer les forces musculaires à partir des moments développés aux articulations au moyen des bras de levier des groupes musculaires. Les valeurs des principaux groupes musculaires ont été répertoriées par Yamaguchi *et al.* (1990) et sont résumées au tableau 19.4.

Articulation	Action	Longueur (m)
Hanche	Extenseur	0,02
	Fléchisseur	0,05
Genou	Extenseur	0,03
	Fléchisseur	0,03
Cheville	Fléchisseur plantaire	0,05
	Fléchisseur dorsal	0,04

Tableau 19.4
Longueur des bras de levier des groupes musculaires extenseurs ou fléchisseurs estimés à la hanche, au genou et à la cheville (valeurs moyennes tirées de Yamaguchi et al., *1990).*

CONTRÔLE DES CONNAISSANCES

C 19.6 Calculer les forces musculaires à la hanche et à la cheville, si les moments extenseurs sont de 35 et de 45 Nm respectivement.

C 19.7 Quel est le moment fléchisseur au genou si la force développée est de 2 000 Nm ?

Il faut dissocier les forces de réaction articulaires des forces de contact. Les forces articulaires sont obtenues par la solution des équations du mouvement de Newton. Cette

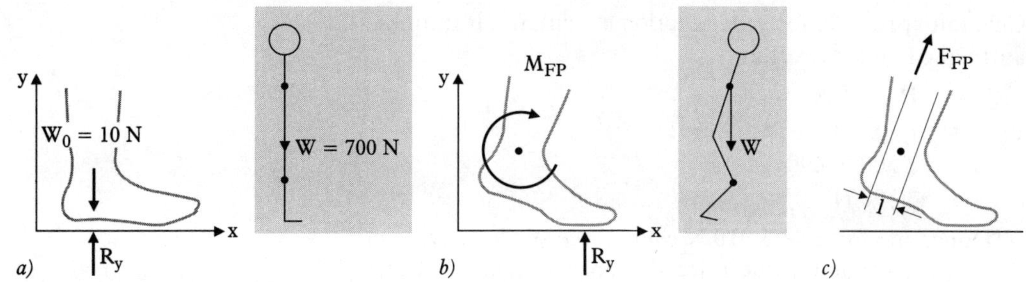

Figure 19.10

a) Si toutes les forces verticales passent par la cheville, les forces musculaires sont nulles. Par contre, avec le tronc fléchi, b) les fléchisseurs plantaires exercent un moment stabilisateur, M_{FP} à la cheville. c) La force musculaire, F_{FP} se calcule en divisant le moment par le bras de levier, l.

force est représentative de toutes les forces qui agissent à une articulation donnée. Par exemple, si l'on se tient debout sur un seul pied, la force de réaction à la cheville est égale au poids du corps moins celle du pied. Pour une personne de 700 N, la force de réaction serait près de 690 N. Toujours debout sur une seule jambe, le moment musculaire net va varier selon le bras de levier du poids corporel et de la force de réaction au sol par rapport à la cheville, comme l'indique la figure 19.10 a). Ainsi, le moment musculaire sera nul seulement si les forces passent par la cheville. Par contre, si le tronc est nettement déporté vers l'avant, tel qu'illustré à la figure 19.10 b), l'action des fléchisseurs plantaires, M_{FP} rétablira l'équilibre. Dans ce cas-là, la force développée par les fléchisseurs, F_{FP} sera de 2 500 N (figure 19.10 c).

Que ressent la cheville ? Quelle est cette force qui l'écrase (force de compression) ou qui tire (force de tension) sur elle ? Pour répondre à cette question, on trace un diagramme des corps libres de la cheville, comme l'indique la figure 19.11 a), et on calcule la force de compression F_C ou de tension, F_T.

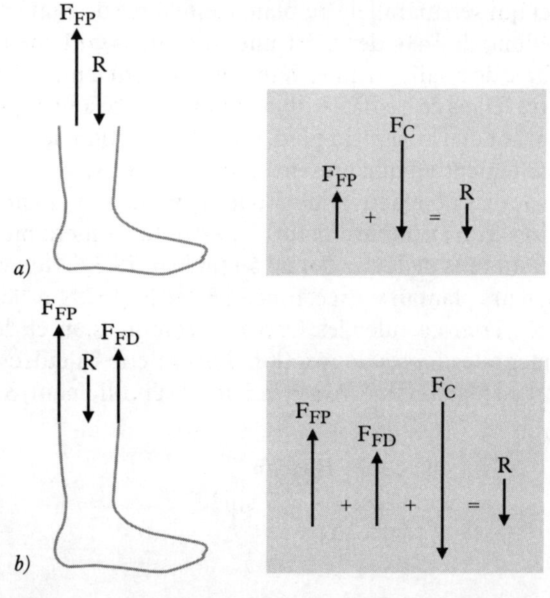

Figure 19.11

La force de compression F_C sur la cheville en relation avec a) une seule force musculaire F_{FP} et b) lors d'une co-contraction des fléchisseurs dorsaux F_{FD}. Dans les deux cas, la force de réaction articulaire R est identique.

Cela fait appel à la force de réaction articulaire, R qui n'est autre que la force résultante.

$$-R = F_{FP} - F_C$$
$$F_C = F_{FP} + R$$
$$= 2\,500 + 690$$
$$= 3\,190 \text{ N}$$

Donc, une force de 3 910 N est exercée sur la cheville et celle-ci correspond à une force de compression, F_C. Cette compression vient de l'effort musculaire qui tire la cheville vers le haut et du poids corporel, sans la partie due au pied qui pousse sur la cheville.

En présence d'une contraction de 1 000 N provenant des fléchisseurs dorsaux F_{FD}, tel qu'illustré à la figure 19.11 b), la force de compression sur la cheville serait :

$$-R = F_m - F_C + F_{FD}$$
$$F_C = F_m + F_{FD} + R$$
$$= 2\,500 + 1\,000 + 690$$
$$= 4\,190 \text{ N}$$

Une cocontraction aurait tendance à augmenter la force de compression.

Que se passe t-il quand le pied est incliné de 30° par rapport au sol comme à la figure 19.12 ? Les forces de réaction articulaire sont calculées par rapport à un référentiel situé à la cheville, mais dans un système de coordonnées dont les axes sont vertical et horizontal. Il est préférable de calculer les forces de contact à la cheville selon la position du pied. Il s'agit d'effectuer les calculs comme pour un plan incliné (section 4.4.3). La force de contact située le long de l'axe des y correspond à une force de tension ou de compression. Comme les calculs se font dans un plan incliné, il y aura une force de contact qui sera parallèle au plan. Cette force de contact qui agit le long de l'axe des x est une force de cisaillement F_S. Une force de cisaillement reflète le glissement d'un objet sur un autre. Dans ce cas-là, le tibia aura tendance à se déplacer vers l'avant ou l'arrière du pied, selon la direction de la force de cisaillement tel que présenté à la figure 19.12 b).

Les forces de réaction ainsi que le moment à la cheville sont tirés d'un exemple ci-haut. À partir du moment musculaire et du bras de levier donné au tableau 19.3, la force des fléchisseurs plantaires est estimée à 3 340 N (167 Nm/0,05 = 3340 N). Pour calculer les forces de compression et de cisaillement, les forces de réaction doivent être calculées par rapport au plan incliné. Ainsi, la force de cisaillement, S sera

$$-R_x \cos\theta = R_y \sin\theta + F_S$$
$$F_S = -R_x \cos\theta - R_y \sin\theta$$
$$= -134 \cos 30° - 817 \sin 30°$$
$$= -116{,}0 - 408{,}5$$
$$= -524{,}5 \text{ N}$$

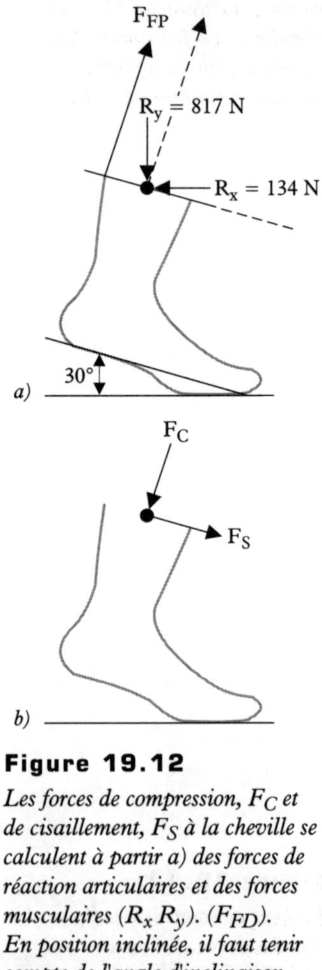

Figure 19.12

Les forces de compression, F_C et de cisaillement, F_S à la cheville se calculent à partir a) des forces de réaction articulaires et des forces musculaires (R_x R_y). (F_{FD}). En position inclinée, il faut tenir compte de l'angle d'inclinaison. b) La force de compression agit le long de l'axe de la jambe et la force de cisaillement est perpendiculaire à celle-ci ou parallèle au pied.

La valeur négative indique qu'une force de cisaillement de 524,5 N cherche à déplacer la jambe vers l'arrière du pied.

La force de compression est donnée par

$$
\begin{aligned}
-R_y \cos\theta &= F_{FP} - R_x \sin\theta - F_C \\
F_C &= F_{FP} - R_x \sin\theta + R_y \cos\theta \\
&= 3\,340 - 134 \sin 30° + 817 \cos 30° \\
&= 3\,340 - 67 + 707 \\
&= 3\,980 \text{ N}
\end{aligned}
$$

La force de compression est de 3 980 N.

Cet exemple illustre les différences entre les forces de contact qui représentent une compression ou un cisaillement, les forces de réaction articulaires estimées au moyen des équations du mouvement de Newton et les forces musculaires déterminées à partir du moment musculaire.

19.8 TRAITEMENT DE SIX EXEMPLES PARTICULIERS

Dans cette série d'exemples, plusieurs notions déjà traitées sont reprises, mais sous des formes différentes. Nous vous conseillons de suivre cette progression pour vous autoévaluer et ainsi confirmer les connaissances acquises.

Pour étudier le comportement mécanique d'un système quelconque, il est tout d'abord nécessaire de le modéliser en fonction des objectifs de l'étude. Par exemple si seul l'équilibre global ou le déplacement global nous intéresse, on peut étudier le seul déplacement du centre de masse global du système. C'est le cas de la trajectoire de l'athlète lors du saut en longueur (chapitre 6). Si c'est le mouvement relatif de la cheville par rapport à la hanche qui nous intéresse, alors on peut considérer les mouvements relatifs des centres de masse de la jambe, de la cuisse ou le centre de masse jambe-cuisse par rapport à la hanche.

La notion de modèle dans ce cas est représentée par une illustration du système. Pour le corps humain en mouvement on utilise toute la gradation des représentations, depuis le point matériel qui représente le centre de masse global du corps, jusqu'à la juxtaposition de segments liés les uns aux autres et qui représentent l'ensemble des segments corporels joints par les articulations. Le détail des segments représentés peut être important si l'on décide de s'intéresser aux vertèbres de la colonne dorsale, par exemple, ou aux phalanges des mains ou des pieds. Il est bien utile pour représenter et étudier l'équilibre et les déplacements du corps humain à l'aide d'un diagramme en bâtons, ou kinogramme.

Le corps humain est soumis au champ de pesanteur. Il est régi par les lois classiques de la mécanique. Lorsqu'il y a équi-

Exemple 19.4 :

Calcul des coordonnées du centre de masse d'un athlète en position de course à partir des coordonnées des centres de masse de chacun des segments et de leurs poids respectifs, exprimées en fonction du poids total du corps (figure 19.16).

Les données numériques nécessaires au calcul sont portées sur la figure 19.16 avec en particulier la proportion de la masse de chaque segment par rapport au poids total du corps W. On remarquera que le total de ces partitions n'est pas égal à 100 % mais à 97,3 % ce qui correspond aux erreurs de mesure sur les poids segmentaires du corps humain.

Pour retrouver les coordonnées x et y du centre de masse du corps tout entier, il suffit d'écrire que la somme des moments de chacune des composantes des poids segmentaire et du corps tout entier, est nulle.

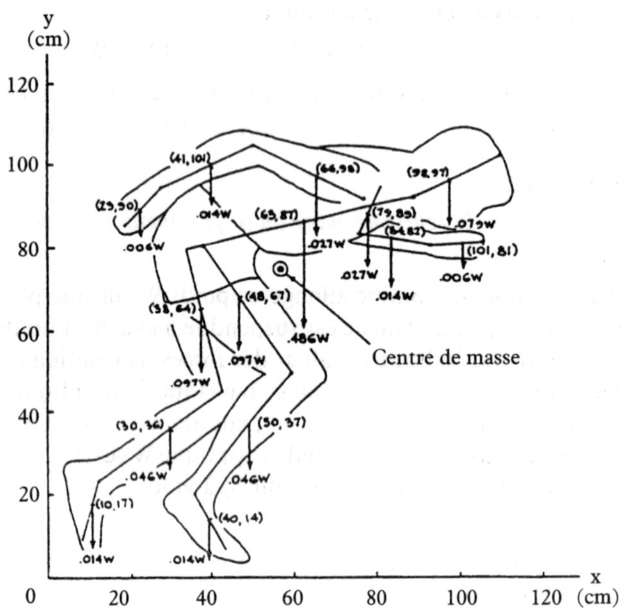

Figure 19.16

Coordonnées des centres de masse de chaque segment corporel.

Exemple 19.5 :

Mesure de forces statiques et de moments musculaires résultants.

La flexion du coude est retenue par une tension T reliée à un capteur qui en indique la valeur en Newton. La force musculaire F implique un moment musculaire résultant noté RMM et fonction de l'angle formé par l'avant-bras et l'horizontale (figure 19.17).

$$RMM = W \cdot s \cdot \cos + T \cdot d$$

Faire un tableau des ordres de grandeur du moment musculaire résultant en fonction de l'angle; on choisira arbitrai-

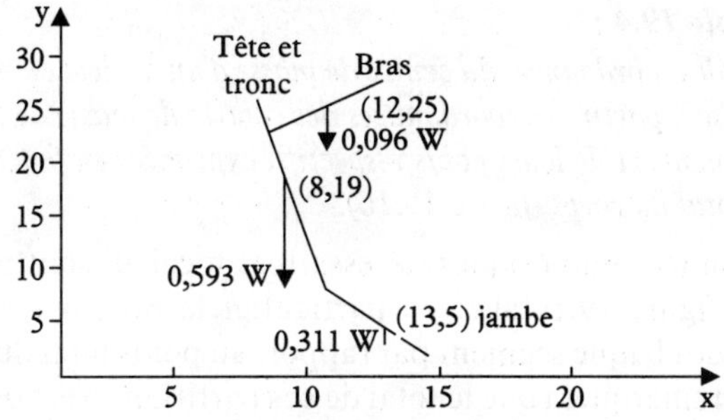

Figure 19.14

Cette figure schématise le positionnement d'un sujet selon des coordonnées x et y.

poids total du corps, par exemple les bras représentent 0,096 W, soit pour les deux bras réunis environ 10 % du poids total du corps.

Pour connaître la position du centre de masse global G de tout le corps, il suffit d'écrire que le moment de la somme des forces appliquées au centre de masse est égal à la somme des moments de chacune des forces :

$$W \cdot x = (0{,}593 \cdot 8 + 0{,}311 \cdot 13 + 0{,}096 \cdot 12) \cdot W$$

ce qui donne la coordonnée x de G. Avec la même relation pour les coordonnées y on obtiendra la coordonnée y de G.

Exemple 19.3 :

Positionnement du centre de masse du corps humain par « pesée » (figure 19.15).

On positionne un homme allongé de poids W sur une planche de poids B. La planche est suspendue à gauche à un dynamomètre qui indique la valeur des forces de réaction et à droite sur un support. La distance b à laquelle s'applique la force B est déterminée à vide; on peut alors lire $S_{z°}$. La recherche de la distance g à laquelle s'applique W se détermine en charge où l'on peut lire la valeur S_z à vide :

$$\Sigma_x = 0$$

$$-S_{z°} \cdot s + B \cdot b = 0$$

$$B \cdot b = Sz° \cdot s$$

en charge :

$$-Sz \cdot s + W \cdot g + B \cdot b = 0$$

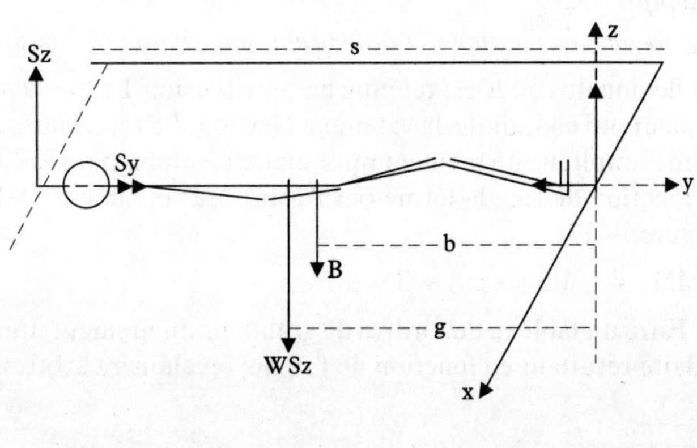

Figure 19.15

Positionnement du centre de masse du corps humain sur une planche par pesée.

Exemple 19.4 :

Calcul des coordonnées du centre de masse d'un athlète en position de course à partir des coordonnées des centres de masse de chacun des segments et de leurs poids respectifs, exprimées en fonction du poids total du corps (figure 19.16).

Les données numériques nécessaires au calcul sont portées sur la figure 19.16 avec en particulier la proportion de la masse de chaque segment par rapport au poids total du corps W. On remarquera que le total de ces partitions n'est pas égal à 100 % mais à 97,3 % ce qui correspond aux erreurs de mesure sur les poids segmentaires du corps humain.

Pour retrouver les coordonnées x et y du centre de masse du corps tout entier, il suffit d'écrire que la somme des moments de chacune des composantes des poids segmentaire et du corps tout entier, est nulle.

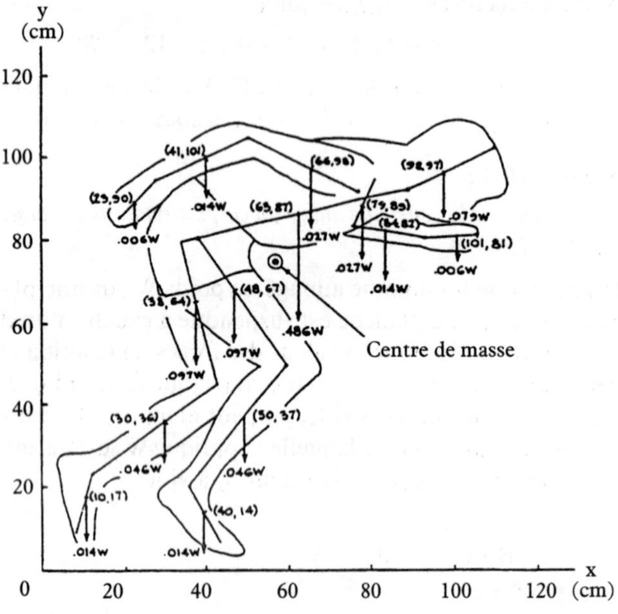

Figure 19.16

Coordonnées des centres de masse de chaque segment corporel.

Exemple 19.5 :

Mesure de forces statiques et de moments musculaires résultants.

La flexion du coude est retenue par une tension T reliée à un capteur qui en indique la valeur en Newton. La force musculaire F implique un moment musculaire résultant noté RMM et fonction de l'angle formé par l'avant-bras et l'horizontale (figure 19.17).

$$RMM = W \bullet s \bullet \cos + T \bullet d$$

Faire un tableau des ordres de grandeur du moment musculaire résultant en fonction de l'angle; on choisira arbitrai-

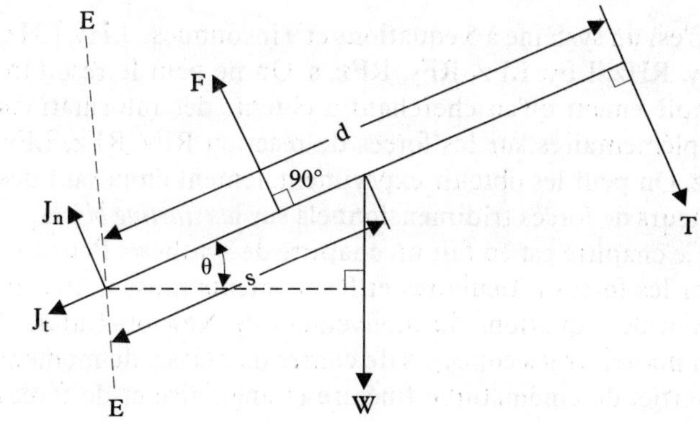

Figure 19.17
Représentant la flexion de l'avant-bras de poids W, selon l'axe E passant par le coude.

rement des valeurs numériques réalistes pour conduire le calcul.

Exemple 19.6 :
Mise en équation de l'ensemble des données fournies par la modélisation biomécanique; cas où le nombre des inconnues est supérieur au nombre d'équations disponibles, position de départ de course (figure 19.18).

Il faut poser les équations de l'équilibre :

$\Sigma Fy = 0$

$LHy + RHy - RFy - LFy = 0$

$\Sigma Fz = 0$

$RFz + RHz + LHz + LFZ - W = 0$

$\Sigma Mx = 0$

$18\ LFz + 27\ RFz - s \cdot W = 0$

$\Sigma My = 0$

$-18\ LHz - 13\ LFz - 5\ RFz + 9\ W = 0$

$\Sigma Mz = 0$

$18\ LHy - 13\ LFy - 5\ RFy = 0$

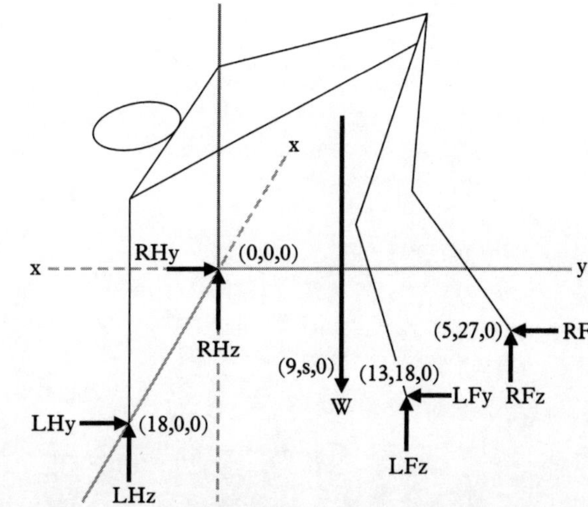

Figure 19.18
Position de départ en course où les coordonnées de chaque appui (x, y, z) sont données. Seule la coordonnée y du centre de gravité est à rechercher.

C'est un système à 5 équations et 9 inconnues : LHy, LHz, RHy, RHz, LFy, LFz, RFy, RFz, s. On ne peut le résoudre complètement qu'en cherchant à obtenir des informations supplémentaires sur les forces de réaction RFy, RFz, LFy, LFz. On peut les obtenir expérimentalement en posant des capteurs de forces tridimensionnels sur les *starting blocks*.

Ce chapitre est en fait un chapitre de synthèse. Pour calculer les forces articulaires et les moments musculaires au moyen des équations du mouvement de Newton-Euler, il faut maîtriser les concepts de centre de masse, de moment d'inertie, de cinématique linéaire et angulaire et de forces externes.

chapitre

VINGT

MÉCANIQUE DES FLUIDES : APPLICATION À LA NATATION

Véronique Deschodt,
Centre de recherche et d'innovation sur le sport, Université de Lyon, Faculté des Sciences du sport, Université de Bordeaux
Karine Monteil,
Centre de recherche et d'innovation sur le sport, Université de Lyon
Annie Rouard,
Centre de recherche et d'innovation sur le sport, Université de Lyon, Laboratoire de modélisation des activités sportives, Université de Savoie
Redha Taïar,
Centre de recherche et d'innovation sur le sport, Université de Lyon

Objectifs d'apprentissage

1. Être capable d'analyser les conditions d'équilibre du corps du nageur dans l'eau.
2. Définir les notions fondamentales d'écoulement et de résistance autour d'un nageur.
3. Être capable de représenter les trajectoires de la main par rapport à un repère externe.
4. Être capable de représenter les trajectoires relatives de la main par rapport à la hanche.
5. Être capable de représenter les forces exercées par la main du nageur au cours de sa trajectoire aquatique.

20.1 INTRODUCTION

La natation est une activité cyclique qui se déroule à l'interface de deux fluides, l'air et l'eau dont la résistance est déterminante. La propulsion du nageur va donc dépendre de sa capacité à réduire la résistance à l'avancement et à générer des forces propulsives. Ces forces sont créées par les différents segments corporels. Parmi ceux-ci, de nombreux auteurs s'accordent sur la prépondérance de la contribution des membres supérieurs par rapport aux membres inférieurs dans la propulsion en natation. La configuration anatomique de

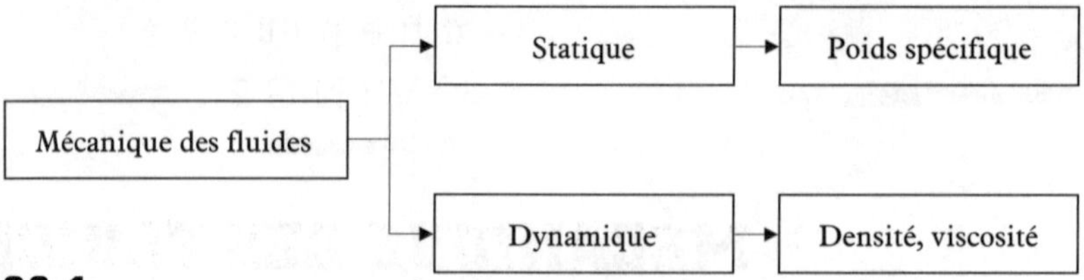

Figure 20.1
Différentes branches de la mécanique des fluides.

l'épaule permet une meilleure orientation des segments du membre supérieur pour générer des forces propulsives. Plus précisément, il a été montré que la plus grande partie des forces du membre supérieur provient de la main (Berger *et al.*, 1995). Le nageur utilise sa main pour créer un appui sur l'eau et propulser son corps au-delà de cet appui. Chaque appui sur le fluide entraîne une réaction de sens opposé qui va être transmise à l'ensemble du corps par les différentes chaînes articulaires. Les trajectoires des segments et en particulier de la main vont donc être déterminantes dans la production des forces propulsives. Avant de présenter les trajectoires et les forces générées par la main, nous aborderons les notions de mécanique des fluides.

20.2 NOTIONS DE MÉCANIQUE DES FLUIDES

La mécanique des fluides concerne l'étude des fluides en statique et en dynamique. L'hydrostatique renvoie à l'étude de l'équilibre d'un corps en milieu liquide alors que l'hydrodynamique étudie le mouvement d'un corps dans un liquide (figure 20.1).

20.2.1 Hydrostatique

En statique le nageur est soumis à deux forces externes, le poids (P) et la poussée d'Archimède (Pa) illustrés à la figure 20.2. Le poids du nageur est une force verticale qui est dirigée vers le bas s'exerçant au centre de masse et d'intensité P = mg (m : masse du sujet et g : accélération gravitationnelle). Archimède (287-212 av. J.-C.) fut un des premiers à définir les principes fondamentaux de l'hydrostatique. La

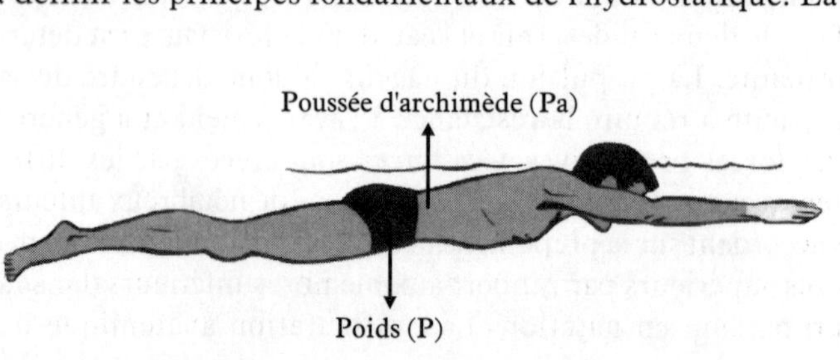

Figure 20.2
Forces externes appliquées au nageur.

poussée d'Archimède (Pa) est égale à la résultante verticale des forces de pression exercées sur la surface d'un corps immergé. Son point d'application (centre de poussée) se situe au centre géométrique du volume d'eau déplacé. Son sens est opposée au poids du sujet et son intensité est égale au poids du volume du fluide déplacé.

La flottaison du nageur va dépendre du rapport de ces deux forces (poids et poussée d'Archimède), et en particulier de la densité du corps. La densité relative d'un corps représente le rapport du poids du corps sur le poids d'un volume d'eau équivalent. Elle est déterminée par les densités relatives des différentes composantes du corps (os, muscle, graisse et viscères).

Trois cas de figure peuvent se produire :

P = Pa : le corps est en équilibre.

P > Pa : le corps s'enfonce.

P < Pa : le corps remonte à la surface.

Par exemple, un sujet de 75 kg totalement immergé occupe un volume d'eau de 70 l. Son poids sera de P = mg = 75 x 9,81, soit 735,75 N. Sa poussée d'Archimède sera égale à 70 x 9,81 = 686,7 N. Dans ce cas Pa < P, le sujet va couler.

Contrôle des connaissances

C 20.1 La poussée d'Archimède d'un corps totalement immergé à 5 m de profondeur est-elle supérieure à celle d'un corps totalement immergé à 0,6 m ?

C 20.2 Un nageur de 75 kg occupe un volume d'eau de 78 l. Est-il en équilibre ou comment va-t-il obtenir l'équilibre ?

20.2.2 Hydrodynamique

L'écoulement de l'eau exerce constamment une force sur les organismes qui se déplacent dans l'eau. La vitesse du fluide va influencer la nature de l'écoulement autour du corps. Il existe deux types d'écoulement : laminaire et turbulent. À faible vitesse, les particules du fluide qui s'opposent au déplacement du nageur s'écoulent selon une direction bien définie, l'ensemble formant des couches parallèles appelées ligne de courant (figure 20.3). Un tel écoulement, caractérisé par une superposition de minces lamelles d'eau, est qualifié de laminaire. L'écoulement laminaire suit les contours du corps immergé. À fortes vitesses, les conditions d'écoulement deviennent instables, l'écoulement se définit comme turbulent. Lorsque l'écoulement passe d'un régime laminaire à un régime turbulent, la région intermédiaire est appelée zone de transition. Il faut savoir que, pour des vitesses d'écoulement similaires, un courant turbulent présente une éner-

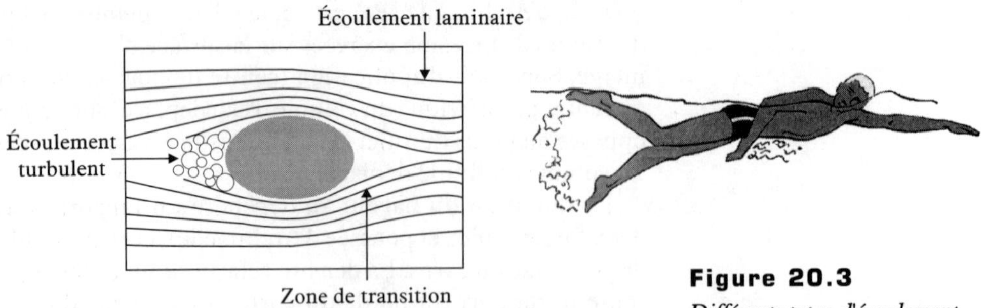

Figure 20.3
Différents types d'écoulement.

gie cinétique supérieure à celle d'un courant laminaire et oppose de ce fait plus de résistance à la progression du nageur.

Afin de prédire les conditions d'écoulement, les relations entre la taille d'un corps, la vitesse du courant et les caractéristiques du fluide peuvent être exprimées par des applications simples. La plus couramment utilisée est la loi de Reynolds.

L'expérience effectuée par Osborne Reynolds (1842-1912) à la fin du dix-neuvième siècle sur les écoulements de fluides dans des tubes, le nombre de Reynolds est égal au rapport des forces d'inertie sur les forces de viscosité. Les forces d'inertie traduisent la résistance de la masse du corps aux accélérations alors que les forces de viscosité traduisent la résistance du fluide à la déformation. Le nombre de Reynolds peut être calculé d'après n'importe quelle dimension linéaire d'un corps. Un indice est alors utilisé pour nommer la dimension caractéristique employée. Après simplification du rapport, on arrive à la formule couramment utilisée :

$$Re = \frac{vL\rho}{\mu} \qquad (20.1)$$

- Re : nombre de Reynolds;
- v : vitesse relative (le nageur et le déplacement du fluide);
- L : taille du nageur;
- ρ : densité du fluide;
- μ : viscosité cinématique.

Le tableau 20.1 nous donne quelques valeurs du nombre de Reynolds dans le règne animal. Les écoulements à faibles nombres de Reynolds sont observés pour de basses vitesses, ou dans des systèmes de très petites taille. La vitesse instantanée d'un organisme soumis à des conditions telles que son nombre de Reynolds est très faible et résulte entièrement des forces qu'il met en oeuvre à cet instant précis. L'énergie dissipée antérieurement ne joue plus aucun rôle; en d'autres termes, l'inertie est nulle. Les écoulements à grands nom-

Saviez-vous que...

Osborne Reynolds (1842-1912), ingénieur et physicien, montra l'existence d'une vitesse critique pour les fuides qu'il associa à un coefficient sans dimension.

Tableau 20.1
Quelques valeurs du nombre de Reynolds, d'après Gray, 1955.

Organisme	Reynolds
Baleine bleue nageant à 10 m/s	3×10^8
Thon nageant à 10 m/s	3×10^7
Homme nageant	10^4

bres de Reynolds sont observés aux fortes vitesses, ou dans des fluides peu visqueux, ou dans des systèmes de grande taille; de tels écoulements forment derrière le corps immergé des tourbillons d'amplitudes variables.

La forme, le morphotype du nageur de haut niveau est proche du somatotype mésomorphe. Il est caractérisé par la robustesse du squelette et le développement de la musculature. La face est longue et large, osseuse et musclée, le cou long et puissant, les épaules larges à musculature saillante, le thorax large, les extrémités massives et musclées, la peau épaisse et rude. En situation de nage le corps du nageur présente des caractéristique d'un corps profilé. Il s'agit d'un corps allongé, tranchant à l'arrière et l'épaisseur maximale se situe en avant de sa demi longueur. Selon la forme du corps du nageur, la position des segments ou du style de nage utilisé, l'écoulement de l'eau va exercer une force sur le corps du nageur.

La vitesse de nage va influencer la nature de l'écoulement autour du corps. La meilleure illustration de ce phénomène est l'exemple des deux positions extrêmes d'une plaque lisse soumise à un courant d'eau (figure 20.4). Lorsque la plaque est maintenue parallèle à l'écoulement, elle est presque seulement soumise aux forces de friction agissant sur sa surface; le flot n'est pas très perturbé et la résistance totale est très faible. Par contre, la plaque perpendiculaire à l'écoulement voit sa résistance augmenter considérablement; le frottement de surface est pratiquement nulle et la résistance est presque entièrement due à la pression exercée sur l'objet par le fluide.

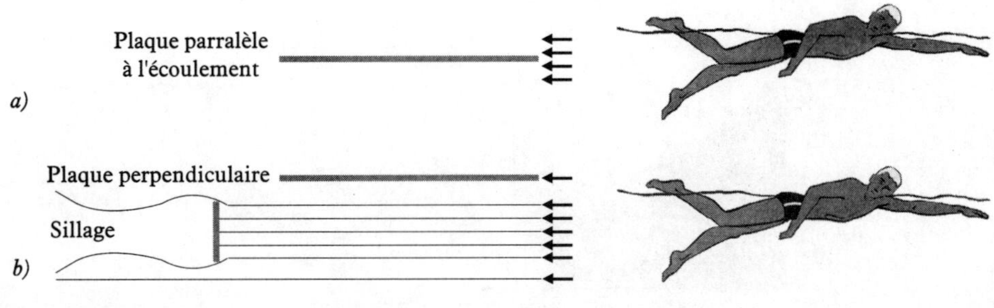

Figure 20.4
Écoulements autour de deux plaques immergées dans un fluide en mouvement. a) Le nageur présente une position parallèle à l'écoulement. b) Le nageur a une position moins profilée favorisant l'augmentation de la résistance à l'avancement.

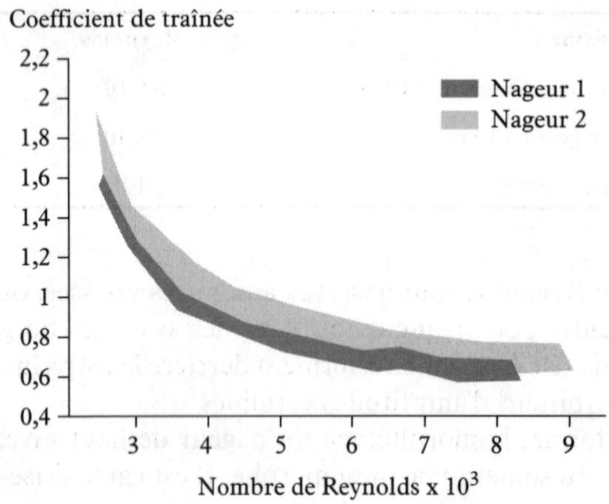

Figure 20.5

Le coefficient de traînée de mannequins reprenant des positions instantanées de nageurs en conditions réelles de nage (fin de cycle) Le nageur 1 représente le champion du monde (Pankratov), le nageur 2 représente un autre nageur de niveau international.

Dans le cadre de la natation, on retrouve des vitesses de nage différentes, des corps de nageur différents, des positions de segments variés et variables au cours du cycle de nage (papillon, dos crawlé, brasse et crawl) et des types d'écoulement. Ce sont des paramètres déterminants à considérer pour espérer une évaluation précise des forces mises en jeu sur le corps du nageur, et donc de la résistance qui s'oppose au déplacement . Ces paramètres sont illustrés dans la figure 20.5. La courbe représente la variation du coefficient de traînée en fonction du nombre de Reynolds de deux nageurs de niveau international. Le nageur 1 présente un coefficient de traînée plus petit que le nageur 2 aux grands nombres de Reynolds. Le nageur 1 a une position plus hydrodynamique que le nageur 2.

Saviez-vous que...

Un corps idéalement profilé a une forme de goutte et un coefficient de traînée de l'ordre de 0,06 à 0,08.

CONTRÔLE DES CONNAISSANCES

C 20.3 En référence à la figure 20.6, pour un nombre de Reynolds de 10^3, quel est le coefficient de traînée ? Quel sont les types d'écoulements en A, B et C ?

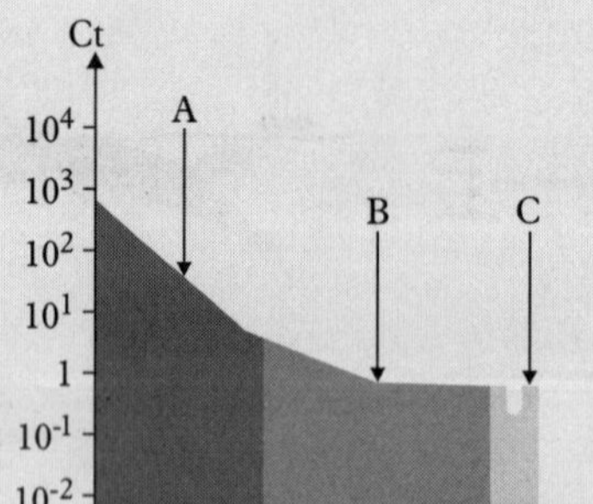

Figure 20.6

Relation entre le nombre de Reynolds et le coefficient de traînée.

C 20.4 Selon la figure 20.7, situez les différents types d'écoulement autour de la sphère et expliquez.

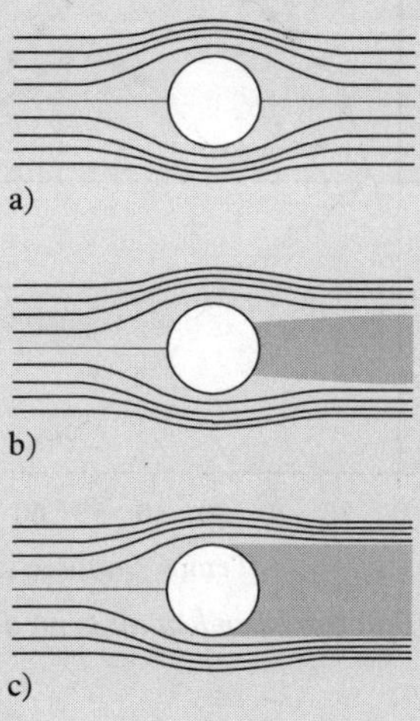

Figure 20.7
Différents types d'écoulement autour d'une sphère.

20.3 TRAJECTOIRES SEGMENTAIRES ET DU CORPS DU NAGEUR

La trajectoire de la main du nageur peut être observée en considérant un repère fixe situé sur le bord de la piscine. La trajectoire ainsi obtenue sera une combinaison du mouvement global du corps (la main est solidaire du corps) et le mouvement propre de la main.

Pour isoler la trajectoire propre de la main, il faut étudier sa trajectoire en prenant un repère situé sur le nageur comme par exemple, la hanche.

En considérant un repère externe fixe situé au niveau du point d'entrée de la main (coordonnées (0,0,0)), la trajectoire de la main montre qu'elle ne reste pas fixe durant la phase aquatique, mais qu'elle effectue des mouvements curvilinéaires. La figure 20.8 montre que la main se déplace dans les trois dimensions (3D) avec des amplitudes plus importantes sur les axes antéro-postérieur et vertical. Ces changements d'orientation permettent à la main de rechercher des masses d'eau plus inertes et ainsi de recréer un appui. Ces nouvelles masses d'eau vont être mises en mouvement et serviront d'appui tant que la vitesse de l'eau en arrière de la main sera inférieure à la vitesse de la main.

Les trajectoires de la main dans les plans sagittal et frontal sont influencées par le niveau de performance du nageur

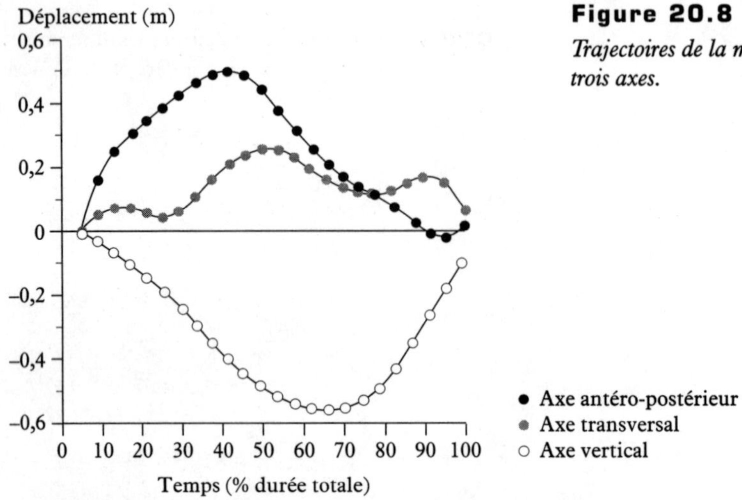

Figure 20.8

Trajectoires de la main sur les trois axes.

* *Les coordonnées (0,0) correspondent au point d'entrée de la main dans l'eau.*

(figure 20.9). La main du nageur de haut niveau ne recule jamais en arrière de son point d'entrée contrairement au nageur de niveau régional. Le nageur de haut niveau privilégie l'avancée de la main lors de la première moitié du cycle et atteint une profondeur maximale plus importante. Par ailleurs, la vue frontale montre que le meilleur nageur effectue son trajet aquatique proche de l'axe vertical alors que le moins bon présente une forte déviation latérale de sa trajectoire. Le maintien de la main proche de l'axe médian du corps donne une plus grande efficacité mécanique de l'action de la

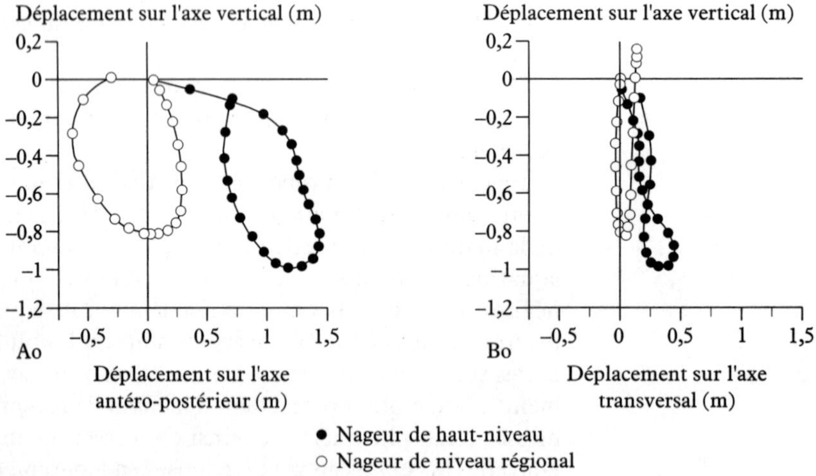

* *Les coordonnées (0,0) correspondent au point d'entrée de la main dans l'eau.*

Figure 20.9

Trajectoire de la main dans les plans sagittal a) et frontal b) de nageurs de niveau international et régional.

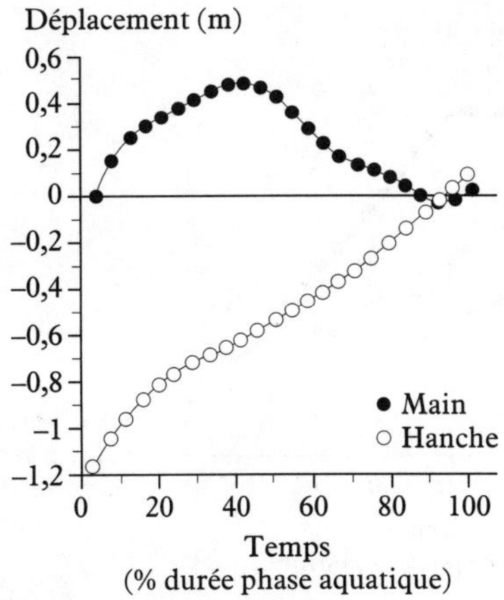

Figure 20.10

Trajectoires de la main et de la hanche sur l'axe antéro-postérieur au cours de la phase aquatique du cycle de nage.

main (forces d'action-réaction plus importantes sur l'axe antéro-postérieur).

Le mouvement de nage est donc un mouvement très complexe. La main effectue des déplacements dans les trois dimensions pour créer un appui non fixe au delà duquel le corps va être propulsé. Les trajectoires de la hanche et de la main sur l'axe antéro-postérieur permettent de comprendre comment le corps se déplace par rapport à la main (figure 20.10). Durant tout le cycle aquatique, le corps ne fait qu'avancer vers le point d'entrée de la main (coordonnées 0) pour le dépasser en fin de cycle (90 % de la durée du cycle aquatique) alors que dans un même temps la main avance puis recule pour revenir à son point d'entrée. L'avancée du corps n'est pas strictement linéaire. La courbe de la figure 20.10 montre deux points d'inflexion à 30 % et à 70 % de la durée du cycle aquatique indiquant un déplacement du corps plus important en début et en fin de cycle qu'en milieu.

La main étant solidaire de l'ensemble du corps, les trajectoires précédemment décrites relèvent pour une part du mouvement global du corps. Par exemple, dans la première partie du cycle (de 0 à 40 %), le parallélisme des trajectoires de la main et de la hanche sur l'axe antéro-postérieur peut laisser supposer que le mouvement de la main durant cette phase est seulement lié à la translation globale du corps (figure 20.10). Pour connaître son mouvement propre, il convient d'étudier la trajectoire relative de la main par rapport à celle de la hanche. La figure 20.11 montre que la main présente bien un mouvement propre sur chacun des axes. Sur l'axe antéro-postérieur, l'horizontalité de la courbe durant le début du cycle (de 0 à 40 %) indique que la main reste fixe par rapport à la hanche, et qu'elle subit donc la translation globale du corps (voir le parallélisme observé à la figure 20.10).

En résumé, pour générer des forces propulsives, le nageur effectue des mouvements avec sa main dans les 3 dimensions.

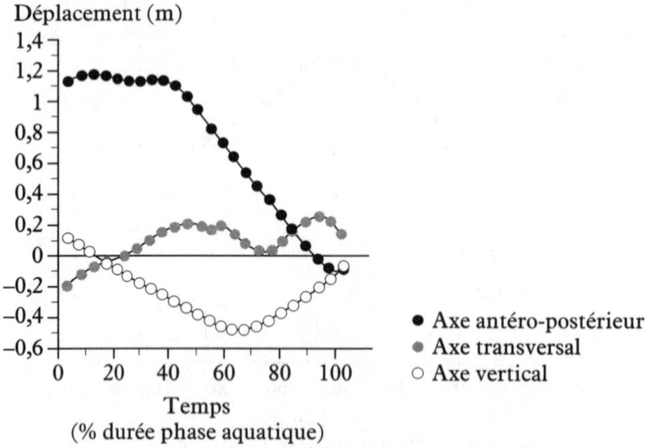

Figure 20.11

Trajectoires relatives de la main par rapport à la hanche sur chacun des axes.

Ces mouvements sinusoïdaux vont permettre d'avoir une propulsion rectiligne du corps vers l'avant.

L'étude de ces trajectoires en relation avec le niveau de performance a permis d'identifier un certain nombre de paramètres fortement corrélés à la vitesse de nage comme le point d'avancée maximale (coordonnée x max.), la profondeur de la main (z max.), l'instant où la main va repasser par l'origine sont des facteurs, la coordonnée du point de sortie de la main de l'eau sur (Ox). Ces résultats ont servi à mettre en place des critères d'évaluation de l'efficacité gestuelle de nageurs de niveaux régional et international.

La figure 20.12 montre les trajectoires de la main dans les plans sagittal et frontal d'un nageur de l'équipe nationale italienne. Les résultats de l'évaluation bilan montrent que sa

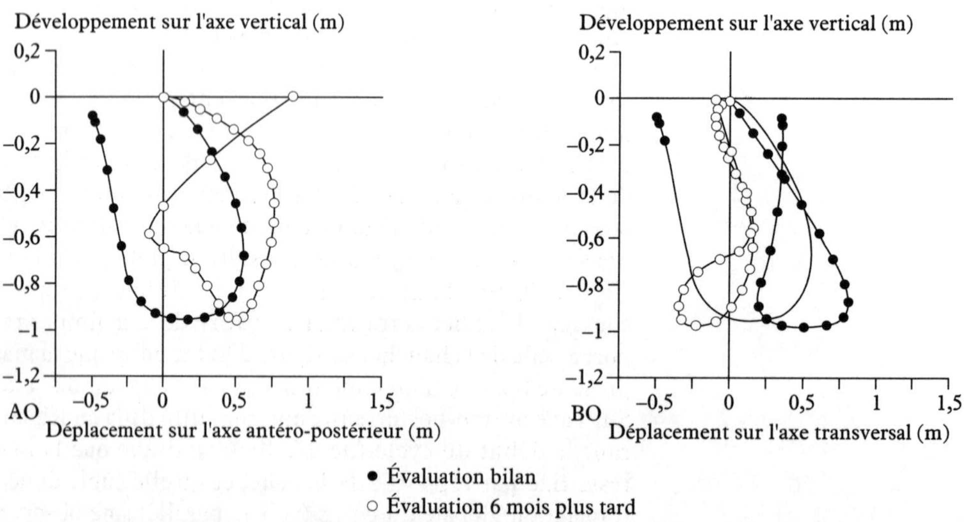

Figure 20.12

Trajectoires de la main dans les plans sagittal a) et frontal b) d'un nageur lors d'une première évaluation et après une période d'entraînement technique de 6 mois.

main se dirige très rapidement vers le bas et peu vers l'avant en début de cycle, elle sort largement en arrière de son point d'entrée et présente une trajectoire fortement déviée latéralement dans le plan frontal. L'évaluation cinématique de ce nageur a permis au nageur de visualiser sa technique et ses insuffisances. Elle a servi de support à l'établissement d'un programme de travail technique pour l'entraîneur. Après six mois d'entraînement, la gestuelle du nageur s'est fortement améliorée avec en particulier, une trajectoire plus orientée vers l'avant et le bas en début de cycle, et une trajectoire plus proche de l'axe du corps.

CONTRÔLE DES CONNAISSANCES

C 20.5 Quelle trajectoire de la main pourrait-on observer chez un nageur filmé avec une caméra se déplaçant à la même vitesse que lui ?

20.4 LES FORCES

Le milieu dans lequel le nageur évolue a une incidence sur sa propulsion. Celle-ci résulte de forces créées à l'interface entre le nageur et l'eau. Ces forces résistives (qui s'opposent au déplacement) et propulsives (qui favorisent le déplacement) vont déterminer sa vitesse de déplacement. Nous allons développer ces différentes forces ainsi que leurs contributions respectives à la propulsion dans les sections qui suivent.

20.4.1 Forces qui s'opposent au déplacement du nageur

Un nageur se déplaçant à la surface de l'eau est soumis à quatre types de résistance : les résistances de frottement, de forme, tourbillonnaire et de vague (figure 20.13). Le frotte-

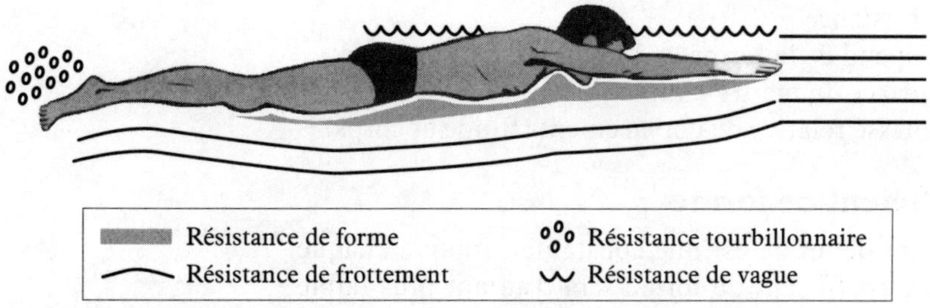

Figure 20.13
Les différents types de résistance.

ment entre la peau du nageur et l'eau interrompt leur écoulement laminaire et augmente la résistance. Les facteurs déterminants sont la quantité de surface en contact avec le fluide et la régularité de cette surface. Il est évident que des surfaces lisses provoquent moins de frottement que les surfaces rugueuses, ce qui explique le rasage et le textile des maillot utilisé par les nageurs. Un groupe de nageurs avant et après rasage ont été testés à neuf jours d'intervalle. Les nageurs ont réalisé des parcours à vitesse sous-maximale identique au cours des deux tests. Le taux sanguin d'acide lactique pour déterminer l'effort que représentaient ces parcours et l'amplitude par cycle de bras ont été mesurés. Après rasage, les nageurs ont réalisé leurs parcours avec significativement moins de lactate et une amplitude par cycle de bras plus grande.

La résistance de forme résulte des perturbations de l'écoulement laminaire liés à la forme du corps du nageur, à son alignement et aux changements de position de segments au cours du cycle de nage. Ainsi, une position du corps qui n'est pas parfaitement horizontale augmente la résistance à l'avancement, de même que les mouvements verticaux ou latéraux des membres inférieurs et supérieurs.

Au contact du corps le fluide qui est dévié laisse à l'arrière des reliefs des zones de basse pression constituant la résistance tourbillonnaire.

La résistance de vague est due aux turbulences à la surface de l'eau. Lorsque les mouvements d'un nageur accroissent la taille des vagues, la turbulence crée une aire de haute pression devant le nageur, littéralement un « mur d'eau » qui le freine. Elle est la source principale de résistance à vitesse élevée.

Calcul de la résistance

La résultante de ces résistances est proportionnelle au coefficient de forme (k), à la surface du maître-couple du corps (s) et au carré de la vitesse relative du corps par rapport au fluide (v^2).

$$R = ksv^2 \qquad (20.2)$$

Avec R : résistance
k : dépend de la forme et du nombre de Reynolds
s : surface du maître-couple
v : vitesse relative de déplacement (fluide et corps)

k : Coefficient de forme

Le coefficient de forme est une constante propre à chaque individu. Ce coefficient de forme sera d'autant plus faible que le sujet aura une forme hydrodynamique (proche de celle du poisson), avec de larges épaules, un bassin étroit et des jambes fines.

Saviez-vous que...

En 1912, Houssay avait mesuré la résistance à l'avancement chez les poissons par la méthode de remorquage. Un poisson été attaché par sa partie antérieure et relié à un poids suspendu par l'intermédiaire d'un système de poulies. Le poids étant lâché, les calculs sont basés sur le temps que met celui-ci pour toucher le sol. En 1642, Newton avait déjà défini la résistance à l'avancement.

s : Surface du maître-couple

C'est la surface de la projection orthogonale ou surface projetée de son corps sur un plan perpendiculaire à son axe de déplacement. Plus un nageur se rapproche de l'horizontale, plus il diminue la surface de son maître couple, moins la résistance à l'avancement est grande.

v : vitesse relative de déplacement

La résistance que le fluide va opposer au nageur varie proportionnellement au carré de sa vitesse, plus on va vite, plus l'eau résiste. Quand la vitesse est multipliée par 2, la résistance l'est par 4.

Contrôle des connaissances

C 20.6 Selon la position des segments du corps dans l'eau, la plus grande résistance à l'avancement est observée en crawl, dos crawlé, brasse ou papillon ?

20.4.2 Forces propulsives

Pendant très longtemps, les entraîneurs recommandaient un trajet aquatique de la main du nageur rectiligne vers l'arrière : pousser l'eau vers l'arrière (action), de façon à être par la réaction propulsé vers l'avant en application de la 3e loi du mouvement de Newton. Il était alors admis que la seule force propulsive exercée par la main du nageur sur l'eau était une force de traînée. Dans ce modèle de propulsion par la traînée, les mains et les pieds sont comparés à des rames qui poussent l'eau vers l'arrière. En 1971, des trajets de la main non rectilignes sont observés (Brown et Counsilman, 1971; Counsilman, 1971). Ces mouvements dans les 3 dimensions laissent supposer que la main n'exerce pas seulement une force de traînée mais également une force de portance. Dans ce modèle, la main est comparée à une aile d'avion.

La propulsion d'un avion résulte de la combinaison de forces de traînée et de portance. L'avion, quelle que soit la direction de son déplacement, provoque un écoulement relatif de l'air opposé à celui-ci. Cet écoulement du fluide génère une force opposée au déplacement de l'avion appelée force de traînée. Le vecteur force de traînée a pour direction l'axe de déplacement de l'avion et est orienté en sens inverse de la vitesse de déplacement de l'avion et a pour point d'application, par convention, le centre géométrique de l'aile d'avion et pour norme l'expression suivante :

$$F_T = \frac{1}{2} C_T S_{\rho v}^2 \tag{20.3}$$

La force de traînée, F_T (N), dépend donc de nombreux paramètres qui sont le coefficient de traînée, C_T (sans dimension), la surface du maître-couple, S (m^2), la densité du fluide, ρ (sans dimension) et la vitesse relative du fluide, v (m/s). Le coefficient de traînée, C_T, est un indice de profilage du corps. Il dépend de l'orientation de l'aile d'avion par rapport à l'air. Ainsi, le C_T augmente avec l'accroissement de l'angle d'attaque de l'aile d'avion.

La force de portance est liée à la forme convexe de la face supérieure de l'aile d'avion (extrados) et plane de sa face inférieure (intrados). L'écoulement de l'air est donc accéléré sur sa face supérieure. La distance à parcourir par les molécules d'air entre le bord d'attaque (initialement en contact avec le fluide) et le bord de fuite est plus grande que sur la face inférieure (figure 20.14 a). Cette différence de vitesses des molécules d'air existant entre les deux faces va entraîner une différence de pression (figure 20.14 b). En effet, il existe une relation inverse entre la vitesse du fluide et la pression. Cette relation découle du Théorème de Bernoulli, selon lequel « l'énergie totale d'un fluide dont l'écoulement est stationnaire est constante ». Ainsi, il se crée une zone de basse pression sur la face supérieure de l'aile d'avion et une zone de haute pression sur sa face inférieure. Cette différence de pression entraîne la création d'une force de direction orthogonale à la force de traînée et orientée des hautes vers les basses pressions appelée *force de portance* (figure 20.14 c).

Le vecteur force de portance a pour direction une droite perpendiculaire à l'axe de déplacement de l'avion et est orienté des zones de hautes pression (face inférieure) vers les basses pressions (face supérieure) de l'aile d'avion et a pour point d'application, par convention, le centre géométrique de l'aile d'avion et pour norme l'expression suivante :

$$F_p = \frac{1}{2} C_p S_\rho v^2 \qquad (20.4)$$

La force de portance, F_P (N), dépend donc de nombreux paramètres qui sont le coefficient de portance, C_P (sans dimension), la surface du maître-couple, S (m^2), la densité du fluide, ρ (sans dimension) et la vitesse relative du fluide, v (m/s). Le coefficient de portance, C_P, est un indice caractérisant la possibilité d'un corps à produire une force de portance.

Schleihauf (1979) compare la main du nageur à l'aile d'un avion, la face dorsale de la main étant convexe, pour étudier les forces exercées par la main en fonction de sa vitesse et de son orientation. A l'aide de jauges de déformation, il a mesuré les forces exercées par le fluide en mouvement sur divers modèles de main en résine fixés dans un bassin d'essais. Ces modèles comportaient différents écartements de doigts, abductions du pouce et positions angulaires du poignet correspondant aux configurations de la main au cours de la phase aquatique du cycle de bras. Cette expérimentation lui a per-

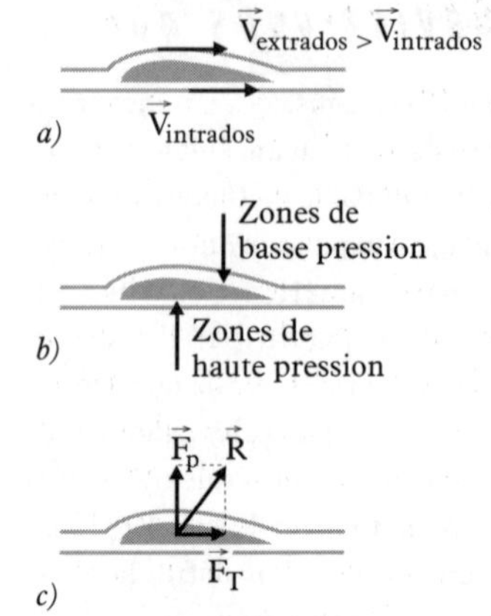

Figure 20.14

Représentation schématique du modèle de l'aile d'avion, où a) représente la variation de vitesse entre les deux faces; b) représente les zones de pression et c) les forces de traînée (F_T) de portance (F_P) et leur résultante (R).

Saviez-vous que...

Daniel Bernoulli (1700-1782), un suisse, vient d'une famille de savants ! Il est le fondateur de l'hydrodynamique.

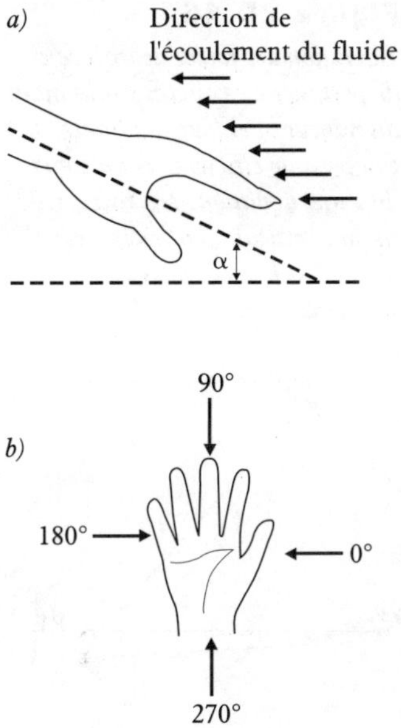

Figure 20.15

Représentation schématique des angles d'attaque a) et de balayage arrière b) de la main du nageur.

mis de déterminer les coefficients de traînée (C_T) et de portance (C_P) de la main en fonction de l'angle d'attaque, de l'angle de balayage arrière et de la vitesse relative d'écoulement de l'eau par rapport à la main. L'angle d'attaque (α) est l'angle formé par le plan de la main et la direction de l'écoulement de l'eau (figure 20.15 a). L'angle de balayage arrière est un angle de convention. La paume de la main droite est considérée comme un cercle orienté selon le sens trigonométrique (figure 20.15 b). La valeur 0° est assignée à l'articulation métacarpo-phalangienne du pouce. Cet angle renseigne sur la partie de la main qui initie le mouvement. À titre d'exemple, un angle de balayage arrière de 90° indique que le mouvement de la main commence par l'extrémité du majeur.

Le coefficient de traînée de la main, CT, atteint sa valeur maximale pour un angle d'attaque de 90° (Schleihauf, 1979). C'est dans cette position que la déviation de l'eau (perturbation de l'écoulement du fluide) est la plus importante, la main offrant le plus de résistance. Le coefficient de portance de la main, C_P augmente jusqu'à une valeur d'angle d'attaque de 40°. Au delà de cette valeur, le C_P diminue.

La détermination expérimentale de ces coefficients permet de calculer les forces de traînée et de portance exercées par la main sur le fluide. Par convention, ces deux forces sont appliquées au centre géométrique de la main. La résultante, $\vec{R}$, des forces de traînée et de portance est obtenue par la somme vectorielle de ces deux forces (figure 20.14 c) et figure 20.16 b) :

$$\vec{R} = \vec{F}r + \vec{F}p \tag{20.5}$$

Seule la composante de cette résultante orientée selon le sens de déplacement du nageur participe à la propulsion de ce dernier. Celle-ci est appelée la composante efficiente de la résultante, RE. Elle est la projection de la résultante des forces sur une parallèle à l'axe de déplacement du nageur (figure 20.16 b). La main étant solidaire du corps, cette composante horizontale va être transférée au corps dans son ensemble. Cette composante efficiente contribue donc à la propulsion du corps sur l'axe antéro-postérieur.

À titre d'exemple, nous donnons les courbes de la force de traînée (F_T) et de la force de portance (F_P) de la résultante (R) et de la résultante efficiente (RE) d'un nageur de niveau international au cours d'un trajet aquatique en crawl (figure 20.16). En début de cycle, la force de traînée est plus importante que la force de portance (figure 16 a). En fin de cycle le résultat inverse est observé. Au milieu du cycle, la force de portance est supérieure en début tandis que la force de traînée domine en fin. Cette alternance de l'importance de ces forces de traînée et de portance met en évidence que ces deux forces interviennent à part équivalente dans les for-

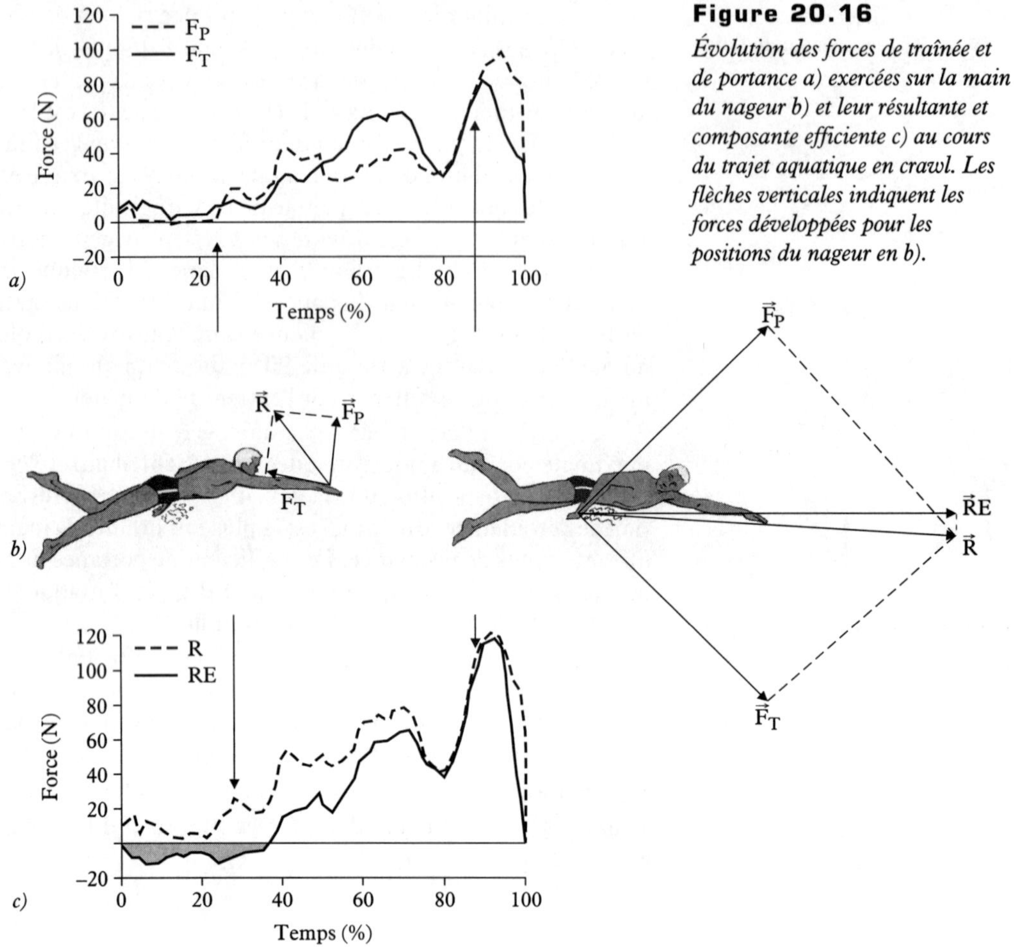

Figure 20.16
Évolution des forces de traînée et de portance a) exercées sur la main du nageur b) et leur résultante et composante efficiente c) au cours du trajet aquatique en crawl. Les flèches verticales indiquent les forces développées pour les positions du nageur en b).

ces totale et propulsive. Il est important de trouver un rapport optimal entre la création de chacune de ces forces par l'orientation de la main par rapport à l'écoulement du fluide.

Les crêtes de forces (F_T, F_P, R, RE) se situent en fin de trajet aquatique. La superposition des courbes de la résultante des forces et de la résultante efficiente indique que la trajectoire de la main de ce nageur lui permet de produire une résultante des forces optimales pour la propulsion du corps vers l'avant (figures 20.16 b) et c). La composante efficiente de la résultante est négative en début de cycle (partie hachurée), due à l'orientation de la main (angle d'attaque inférieur à 20°). Cependant ce nageur limite l'amplitude de cette force (inférieure à 10 N) et la durée pendant laquelle RE est négative.

Contrôle des connaissances

C 20.7 Quel paramètre influence le plus l'intensité de la force de traînée ?

C 20.8 Comment doit être orientée la main et quelle doit être la direction et le sens de son déplacement pour que la force de traînée soit orientée vers l'avant ?

C 20.9 Comment sont déterminés la direction et le sens de la force de portance ?

C 20.10 Décrire comment une différence de pression se produit sur les faces opposées de la main.

C 20.11 En dehors de la forme de sa main, comment le nageur peut-il générer une force de portance ?

C 20.12 À l'aide de la figure 20.16, déterminer la composante efficiente de la résultante à 10 % du début de cycle. Quelle conséquence peut-on observer sur le déplacement du nageur, si celui-ci est à vitesse nulle, sans la participation de l'autre membre supérieur et des jambes.

ANNEXE

Tables trigonométriques.

Angle (degré)	Sinus	Cosinus	Tangente
0	0,0000	1,0000	0,0000
1	0,0174	0,9998	0,0175
2	0,0349	0,9994	0,0349
3	0,0523	0,9986	0,0524
4	0,0698	0,9976	0,0699
5	0,0872	0,9962	0,0875
6	0,1045	0,9945	0,1051
7	0,1219	0,9925	0,1228
8	0,1392	0,9903	0,1405
9	0,1564	0,9877	0,1584
10	0,1736	0,9848	0,1763
11	0,1908	0,9816	0,1944
12	0,2079	0,9781	0,2126
13	0,2250	0,9744	0,2309
14	0,2419	0,9703	0,2493
15	0,2588	0,9659	0,2679
16	0,2756	0,9613	0,2867
17	0,2924	0,9563	0,3057
18	0,3090	0,9511	0,3249
19	0,3256	0,9455	0,3443
20	0,3420	0,9397	0,3640
21	0,3584	0,9336	0,3839
22	0,3746	0,9272	0,4040
23	0,3907	0,9205	0,4245
24	0,4067	0,9135	0,4452
25	0,4226	0,9063	0,4663
26	0,4384	0,8988	0,4877
27	0,4695	0,8910	0,5095
28	0,4740	0,8829	0,5317
29	0,4848	0,8746	0,5543
30	0,5000	0,8660	0,5774
31	0,5150	0,8572	0,6009
32	0,5299	0,8480	0,6249
33	0,5446	0,8387	0,6494
34	0,5592	0,8290	0,6745
35	0,5736	0,8192	0,7002
36	0,5878	0,8090	0,7265
37	0,6018	0,7986	0,7536
38	0,6157	0,7880	0,7813
39	0,6293	0,7771	0,8098
40	0,6428	0,7660	0,8391
41	0,6561	0,7547	0,8693
42	0,6691	0,7431	0,9004
43	0,6820	0,7314	0,9325
44	0,6947	0,7193	0,9657
45	0,7071	0,7071	1,0000
46	0,7193	0,6947	1,0355
47	0,7314	0,6820	1,0724
48	0,7431	0,6691	1,1106
49	0,7547	0,6561	1,1504
50	0,7660	0,6428	1,1918
51	0,7771	0,6293	1,2249
52	0,7880	0,6157	1,2799
53	0,7986	0,6018	1,3270
54	0,8090	0,5878	1,3764
55	0,8192	0,5736	1,4281
56	0,8290	0,5592	1,4826
57	0,8387	0,5446	1,5399
58	0,8480	0,5299	1,6003
59	0,8572	0,5150	1,6643
60	0,8660	0,5000	1,7321
61	0,8746	0,4848	1,8040
62	0,8829	0,4740	1,8807
63	0,8910	0,4695	1,9626

Angle (degré)	Sinus	Cosinus	Tangente	Angle (degré)	Sinus	Cosinus	Tangente
64	0,8988	0,4384	2,0503	78	0,9781	0,2079	4,7046
65	0,9063	0,4226	2,1445	79	0,9816	0,1908	5,1446
66	0,9135	0,4067	2,2460	80	0,9848	0,1736	5,6713
67	0,9205	0,3907	2,3559	81	0,9877	0,1564	6,3138
68	0,9272	0,3746	2,4751	82	0,9903	0,1392	7,1154
69	0,9336	0,3584	2,6051	83	0,9925	0,1219	8,1443
70	0,9397	0,3420	2,7475	84	0,9945	0,1045	9,5144
71	0,9455	0,3256	2,9042	85	0,9962	0,0872	11,4301
72	0,9511	0,3090	3,0777	86	0,9976	0,0698	14,3007
73	0,9563	0,2924	3,2709	87	0,9986	0,0523	19,0811
74	0,9613	0,2756	3,4874	88	0,9994	0,0349	28,6363
75	0,9659	0,2588	3,7321	89	0,9998	0,0174	57,2900
76	0,9703	0,2419	4,0108	90	1,0000	0,0000	∞
77	0,9744	0,2250	4,3315				

SOLUTIONNAIRE

chapitre un

C 1.1 Nouveaux matériaux.
Plus sécuritaire.
Plus performante (moins lourde).

C 1.2 Orthopédie.
Ergonomie.
Réadaptation.
Biologie animale et végétale.

C 1.3 Les matériaux de fabrication.
Les matériaux biologiques (corps humain).
Les besoins de l'athlète.

chapitre deux

C 2.1 Plan frontal : coup de départ au golf.
Plan sagittal : course.
Plan horinzontal : coup droit au tennis.

C 2.2 Double salto arrière avec vrille.
Salto : plan sagittal.
Vrille : plan horizontal.

C 2.3 Axe sagittal : coup de départ au golf.
Axe transverse : course.
Axe vertical : coup droit au tennis.

C 2.4 Double salto avec vrille.
Salto : axe transverse.
Vrille : axe longitudinal.

C 2.5 Flexion/extension : coup de pied pour un botté.
Abduction/adduction : papillon dans la neige.
Rotation interne/externe : mouvement du poignet pour donner de l'effet à une balle lors d'un lancer.

C 2.6 Lancer au base-ball.

chapitre trois

C 3.1 Homme : levier inter-moteur.
Base-ball : levier inter-moteur.

C 3.2 Inter-appui : pelleter lorsque la main située au milieu du manche agit comme point d'appui.

C 3.3 Inter-résistant : un casse-noisette.

C 3.4 a) inter-résistant
b) inter-appui
c) inter-moteur
d) inter-moteur
e) inter-résistant

C 3.5 Partie supérieure : inter-résistant
Inférieur : inter-moteur

C 3.6 Charge lourde : système de poulie.
Vitesse : ciseaux.

C 3.7 Moment positif = sens horaire
Moment musculaire – Moment de la résistance = 0
3 cm x F_m – 30 cm x 100 N = 0
F_m = (30 x 100)/3
F_m = 1000 N
La force des extenseurs, F_m, est de 1000 N.

C 3.8 Moment positif = sens horaire
$\circlearrowright \Sigma M_A$ = 0
–Moment de F_m + Moment de F_w + Moment de F_R = 0
$-F_m \times l_m + F_w \times l_w + F_R \times l_R$ = 0
$-F_m$ x 3 cm + 30 x 12 + 50 x 36 cm = 0
$-F_m$ x 3 cm + 360 N.cm + 1800 N.cm = 0
$-F_m$ x 3 cm + 2160 N.cm = 0
$-F_m$ x 3 cm = –2160 N.cm
F_m x 3 cm = 2160 N.cm
F_m = (2160/3) N
F_m = 720 N

chapitre quatre

C 4.1 Le centre de masse de la cuisse est plus près de la hanche car il y a plus de masse près de la hanche que du genou. Voir aussi le tableau 4.1 où la fraction proximale (0,433) est plus petite que celle se rapportant au genou (0,567).

C 4.2 *Partie a)*
Centre de masse corporel par rapport au point d'appui, A.
Moment (balance) – Moment (poids) = 0
l_d • 381,5 N – l_p • 700 N = 0
2,00 m • 381,5 N – l_p • 700 N = 0
l_p = (2,00 m • 381,5)/700
l_p = 1,09 m
Le centre de masse corporel est situé à 1,09 m du point d'appui, A.

Partie b)
Centre de masse corporel par rapport aux pieds.
Sachant que les pieds se situent à 15 cm du point d'appui, A, on soustrait cette valeur de la réponse (1,09 m – 0,15 m = 0,940 m) et on obtient la même réponse que tantôt. Le centre de masse corporel demeure inchangé par rapport à la position des pieds. Il est à 0,940 m.

C 4.3 Les moments sont pris à la balance. ATTENTION ! La distance de la balance au poids du corps est de 1,06 m soit 2,0 m – 0,94 m (distance entre le poids et le point d'appui A) = 1,06 m.
$M_{balance} + M_{poids} - Moment_{appuis}$ = 0
0,0 + (2,00 – 0,94) • 700 N – 2,0 • F_A = 0
1,06 • 700 N = 2,0 • F_A
742/2,0 = F_A
F_A = 371 N
La force au point d'appui est de 371 N.

C 4.4 Les moments, M, sont pris au point d'appui, A.

$M_{balance} - M_{planche} - M_{poids}$	=	0
$l_b \cdot 379\ N - l_{pl} \cdot 100\ N - l_p \cdot 700\ N$	=	0
$2 \cdot 379 - l_{pl} \cdot 100\ N - 0{,}94 \cdot 700\ N$	=	0
$718 - l_{pl} \cdot 100\ N - 658$	=	0
$758 - 658$	=	$l_{pl} \cdot 100\ N$
$100/100$	=	l_{pl}
l_{pl}	=	1,00 m

Le centre de la planche est situé à 1,00 m du point d'appui ou au milieu de la planche de 2 m.

C 4.5 On augmente la base de support en se servant de nos mains, on diminue la hauteur du centre de masse en se penchant, on s'assure que la ligne d'action de la gravité reste à l'intérieur de la base de support.

C 4.6 On se penche pour diminuer la hauteur du centre de masse, on s'incline vers le joueur adverse pour que la ligne d'action de la gravité passe au-delà de notre base de support mais qu'elle demeure à l'intérieur de la nouvelle base de support délimitée à l'impact par les pieds des joueurs.

C 4.7 Masse de la cuisse = Masse corporelle x 0,100 (tableau 4.1).
= 90 kg x 0,100
= 9 kg
La masse de la cuisse est de 9 kg.

C 4.8 Par rapport à la hanche (distance proximale) : Longueur de la cuisse x rapport proximal
0,400 m x 0,433
0,173 m
Le centre de masse de la cuisse est à 17,3 cm de la hanche.
Par rapport au genou : Longueur de la cuisse – position par rapport à la hanche.
0,400 – 0,173
0,227 cm
Le centre de masse de la cuisse est à 22,7 cm du genou. Avez-vous une autre façon de trouver cette réponse ?

C 4.9 Selon l'axe des x.

Effet Cuisse	Effet Jambe/Pied		Effet total
$mc \cdot l_{cx}$	$+ m_{jp} \cdot l_{jpx}$	=	$m_{tot} \cdot l_{CMx}$
$7 \cdot (0{,}400 - 0{,}227)$	$+ 4 \cdot 0{,}400$	=	$11 \cdot l_{CMx}$
$7 \cdot 0{,}173$	$+ 4 \cdot 0{,}400$	=	$11 \cdot l_{CMx}$
1,211	+ 1,600	=	$11 \cdot l_{CMx}$
2,811/11		=	l_{CMx}
0,256 m		=	l_{CMx}

soit 25,6 cm de la hanche ou à 14,4 cm à gauche du genou ! En effet, la position du centre de masse n'a pas changé de place par rapport au genou même si l'origine n'est pas située au même endroit.

Selon l'axe des y.

Effet Cuisse	Effet Jambe/Pied		Effet total
$mc \cdot l_{cy}$	$+ m_{jp} \cdot l_{jpy}$	=	$m_{tot} \cdot l_{CMy}$
$7 \cdot 0{,}0$	$+4 \cdot - 0{,}240$	=	$11 \cdot l_{CMy}$
0,0 – 0,960		=	$11 \cdot l_{CMy}$
–0,960/11		=	l_{CMy}
–0,087 m		=	l_{CMy}

soit 8,7 cm au-dessous de la hanche.

C 4.10 *Les données du problème sont :*
Masse de la cuisse $m_c = 7$ kg

Masse de la jambe/pied	$m_{jp} = 4$ kg
Masse totale (7 + 4)	$m_{tot} = 11$ kg
Bras de levier de la cuisse en x	$l_{cx} = 0{,}227$ m (à gauche du genou).
Bras de levier de la jambe/pied en x	$l_{jpx} = 0{,}240$ m (à droite du genou).
Bras de levier de la masse totale	l_{CMx} = *à déterminer*

Effet Cuisse	Effet Jambe/Pied		Effet complexe jambe/pied
$m_c \cdot l_{cx}$	$+ m_{jp} \cdot l_{jpx}$	=	$m_{tot} \cdot l_{CMx}$
7 kg • –0,227 m	+ 4kg • 0,240	=	$11 \cdot l_{CMx}$
–1,589	+ 0,96	=	$11 \cdot l_{CMx}$
–0,629/11		=	l_{CMx}

ou 5,7 cm à gauche du genou. Ceci est concevable car la cuisse est plus lourde que le segment jambe/pied. Les bras de levier auraient pu modifier la réponse mais pas dans ce cas-ci. En position verticale, le centre de masse demeure à la même hauteur à savoir au niveau de l'axe longitudinal : hauteur = zéro.

C 4.11 Position du centre de masse en x seulement. La sommation des moments est faite par rapport au point d'appui, A. Le poids total est de 700 N + 200 N = 900 N.

Effet sac à dos	Effet individu		Effet équivalent (sac et personne)
$-m_s \cdot l_s$	$- m_i \cdot l_i$	=	$m_{tot} \cdot l_{CMx}$
–20 • 1,4	– 70 • 0,94	=	$90 \cdot l_{CMx}$
–28	– 65,8	=	$90 \cdot l_{CMx}$
–93,8		=	$90 \cdot l_{CMx}$
–93,8/90		=	l_{CMx}
–1,042		=	l_{CMx}

Le centre de masse combiné (sac et personne) est situé à 104,4 cm du point d'appui.

C 4.12 a) HYP = $(ADJ^2 + OPP^2)^{1/2}$
= $(1^2 + 1^2)^{1/2}$
= $2^{1/2}$
= 1,414 cm

b) $\cos\theta$ = opp/HYP
= 1/1,414
= 0,707
θ = 45°

c) $\sin\theta$ = ADJ/HYP
= 1/1,414
= 0,707
θ = 45°

Les deux autres angles sont égaux car les côtés adjacent et opposé sont identiques.
Somme des trois angles = 90° + 45° + 45° = 180°

C 4.13 Angle total = 90° + 36,87° + 53,13°
= 180°

Tout les triangles droits ont un angle total de 180°.

C 4.14 *Figure 4.19 c)*
F_r = 500 cos 45° = 353,6 N
F_c = 500 sin 45° = 353,6 N

Figure 4.19 d)
F_r = 500 cos 70° = 171,0 N
F_c = 500 sin 70° = 469,8 N

C 4.15 Les masses sont : tête/tronc = 40,0 kg, bras = 2,0 kg, avant-bras = 1,5 kg. Attention ! L'avant-bras fait un angle de 25° avec l'horizontale. Il faut donc utiliser le sinus ou le cosinus de 25° selon le cas pour déterminer la position du centre de masse de ce segment.

Effet tête/tronc	Effet bras	Effet avant-bras		Effet équivalent
$m_t \cdot l_t$	$+ m_b \cdot l_b$	$+ ma_b \cdot la_b$	=	$m_{tot} \cdot l_{CMx}$
40 • 20	+ 2 • (20 + 15 +18)			
		+ 1,5 • (20 + 15 + 18 + 22 + 17cos 25°)		
			=	43,5 • l_{CMx}
800	+ 106	+ 135,6	=	43,5 • l_{CMx}
1041,6			=	43,5 • l_{CMx}
1041,6/43,5			=	l_{CMx}
23,95			=	l_{CMx}

Le centre de masse total est situé à 23,95 cm de l'origine où à 3,95 cm à droite du centre de masse du segment tête/tronc.

Effet tête/tronc	Effet bras	Effet avant-bras		Effet équivalent
$m_t \cdot l_t$	$+ m_b \cdot l_b$	$+ ma_b \cdot la_b$	=	$m_{tot} \cdot l_{CMy}$
40 • 10	+ 2 • (10+36)	+ 1,5 • (10 + 36 – 17 sin25°)		
			=	43,5 • l_{CMy}
400	+ 92	+ 58,22	=	43,5 • l_{CMy}
550,22			=	43,5 • l_{CMy}
550,22/(43,5)			=	l_{CMy}
12,65			=	l_{CMy}

Le centre de masse total est situé à 12,65 cm de l'origine où à 2,65 cm au-dessus du centre de masse du segment tête/tronc.

C 4.16 a) Masse de la cuisse

Tableau 4.1 : 70 x 0,100 = 7,00 kg

Équation 4.8 : m = 0,1032 (70) + 12,76 x $0{,}40^2$ x 0,40 – 1,023

m = 7,02 kg

b) Position du centre de masse

Tableau 4.1 : = 0,40 x 0,433

= 0,173 m de la hanche

Équation 4.9 : = 0,39 x 0,40

= 0,156 m de la hanche

C 4.17 a) Circonférence de 40 cm

Équation 4.8 : m = 0,1032 (60) + 12,76 x $0{,}40^2$ x 0,35 – 1,023

m = 5,88 kg

Équation 4.9 : = 0,39 x 0,35

= 0,136 m de la hanche

b) Circonférence de 60 cm

Équation 4.8 : m = 0,1032 (60) + 12,76 x $0{,}60^2$ x 0,35 – 1,023

m = 6,78 kg

Équation 4.9 : = 0,39 x 0,35

= 0,136 m de la hanche

C 4.18 a) Masse de la cuisse

Équation 4.12 (Jensen *et al.*, 1989) : m = (0,04309 + 0,0088978 x 18 – 0,00027425 x 18^2) 70

= 8,05 kg

Équation 4.10 (Zatsiorski *et al.*, 1990) : m = –2,649 + 0,1463 x 70 + 0,0137 x 40= 8,14 kg

Tableau 4.1 : m = 70 x 0,100

= 0,700 kg

Équation 4.8 (Vaughan *et al.*, 1992) : m = 0,1032 (70) + 12,76 x $0{,}40^2$m x 0,40 – 1,023

= 7,018 kg

C 4.19 Position du centre de masse.

a) *Équation 4.11* (Zatsiorski *et al.*, 1990) : = –2, 420 + 0,038 x 70 + 0,135 x 0,40
= 0,29 m de la crète iliaque antérieure ou supérieur soit approximativement 0,19 m de la hanche.

b) *Tableau 4.1 :* = 0,40 x 0,433
= 0,17 m

Équation 4.9 (Vaughan *et al.*, 1992) : = 0,39 x 0,40
= 0,16 m de la hanche

chapitre cinq

C 5.1 Phase d'impulsion.

C 5.2 Période de griffé.

C 5.3 L'apogée et l'impact.

C 5.4 Elle est en oscillation.

C 5.5 Elle est en réception. Ceci correspond au double support.

chapitre six

C 6.1 *Équation 6.1 :* Angle d'appel = arc tan (vitesse verticale/vitesse horizontale)
= arctan (3,41/8,9)
= 20,96°

C 6.2 La vitesse d'appel (à ne pas confondre avec les vitesses initiales) est :
8,56 = vitesse d'appel cos 22°
vitesse d'appel = 8,56/cos22°
= 8,56/0,927
= 9,23 m/s
La vitesse initiale verticale est :
Vitesse initiale verticale = vitesse d'appel sin 22°
= 9,23 x 0,375
= 3,46 m/s

C 6.3 $v = \Delta d/\Delta t$
$\Delta t = \Delta d/v$
$\Delta t = 240/89$
$= 2{,}70$ heures
L'automobiliste prendra 2,70 heures pour se rendre à destination.

C 6.4 $v = \Delta d/\Delta t$
$\Delta d = V\,\Delta t$
$= 65 \times 2{,}35$
$= 152{,}75$ m
La distance horizontale parcourue sera de 152,75 m.

C 6.5 Ils arriveront au même instant au sol. La gravité les attire de la même manière !

C 6.6 L'apogée a déjà été calculée à 0,61 m.
Le temps pour l'atteindre à été calculé à l'aide de l'équation 6.3 et est de 0,35 s.
On utilise l'équation 6.5 avec ce temps pour comparer le résultat. La vitesse initiale est de 3,45 m/s.

Équation 6.5 : $y = v_i t - 1/2\ g\ t^2$
$= 3{,}45 \times 0{,}35 - 1/2 \times 9{,}8 \times (0{,}35)^2$
$= 1{,}208 - 0{,}600$
$= 0{,}608$ m

Ceci correspond au 0,61 m déterminé avec l'équation 6.2.

C 6.7 Angle de projection est de 30°. Les résultats précédants sont indiqués entre parenthèse.

Vitesse horinzontale initiale :	7,967 m/s	(8,53 m/s)
Vitesse verticale initiale :	4,600 m/s	(3,45 m/s)
Apogée :	1,08 m	(0,61 m)
Temps pour apogée :	0,469 s	(0,35 s)
Distance l_{OD} :	7,479 m	(5,97 m)
Vitesse finale (y = 0) :	–4,600 m/s	(–3,45 m/s)
Temps l_{OD} :	0,939 s	(0,70 s)
Distance de vol		
Vitesse finale (y = –0,65 m) :	–5,82 m/s	(–4,96 m/s)
Temps :	1,06 s	(0,858 s)
Distance de vol :	8,445 m	(7,32 m)

Avec un angle de projection de 30°, l'athlète serait capable de parcourir une distance de vol de 8,445 m correspondant à une distance totale de près de 9,532 m ! On réalise comment l'angle de projection est important.

C 6.8 La vitesse de projection est de 10 m/s. Les résultats des premiers calculs sont indiqués entre parenthèse.

Vitesse horinzontale initiale :	9,272 m/s	(8,53 m/s)
Vitesse verticale initiale :	3,746 m/s	(3,45 m/s)
Apogée :	1,816 m	(1,71 m)
Temps pour apogée :	0,382 s	(0,35 s)
Distance l_{OD}		
Vitesse finale (y = 0)	–3,746 m/s	(–3,45 m/s)
Temps l_{OD}	0,764 s	(0,70 s)
Distance de vol	7,084 m	(5,97 m)
Vitesse finale (y = –0,65 m)	–5,174 m/s	(–4,96 m/s)
Temps	0,910 s	(0,858 s)
Distance de vol :	8,439 m	(7,32 m)

Une longueur de vol de 8,439 m correspond à une distance totale de près de 9,525 m ! Il faut être un bon coureur pour bien réussir ses sauts en longueur.

C 6.9 Pour solutionner ce problème, il faut trouver la vitesse verticale initiale nécessaire pour atteindre la partie inférieure et ensuite la partie supérieure de la cible.

a) Partie inférieure de la cible

Hauteur de la partie inférieure de la cible : 1,50 m – 0,05 m = 1,45 m
Hauteur entre le fusil et le bas de la cible : 1,45 m – 0,30 = 1,15 m
Temps pour parcourir 50 m à 1500 m/s = 0,033 s
Vitesse initiale verticale

Équation 6.5 : $y = v_i t - 1/2\ g\ t^2$
$v_i t = y + 1/2\ g\ t^2$
$v_i = (y + 1/2\ g\ t^2)/t$
$= (1{,}15 + 0{,}5 \times 9{,}8 \times 0{,}033^2)/0{,}033$
$= 1{,}155/0{,}033$
$= 35{,}010$ m/s

Angle de projection

Angle = arc tan (vitesse verticale/vitesse horizontale)
= arctan (35,010/1500)
= 1,337°

b) Partie supérieure de la cible
Hauteur de la partie supérieure de la cible : 1,50 m + 0,05 m = 1,55 m
Hauteur entre le fusil et le bas de la cible : 1,55 m – 0,30 = 1,25 m
Temps pour parcourir 50 m à 1500 m/s = 0,033 s
Vitesse initiale verticale

Équation 6.5 :
$$\begin{aligned} y &= v_i t - 1/2\, g\, t^2 \\ v_i t &= y + 1/2\, g\, t^2 \\ v_i &= (y + 1/2\, g\, t^2)/t \\ &= (1{,}25 + 0{,}5 \times 9{,}8 \times 0{,}033^2)/0{,}033 \\ &= 1{,}255/0{,}033 \\ &= 38{,}040 \text{ m/s} \end{aligned}$$

Angle de projection
$$\begin{aligned} \text{Angle} &= \text{arc tan (vitesse verticale/vitesse horizontale)} \\ &= \text{arctan } (38{,}040/1500) \\ &= 1{,}453° \end{aligned}$$

L'athlète a donc un jeu entre 1,337° et 1,453°, soit un dixième de degré de liberté !

chapitre sept

C 7.1 Aucun.
Le premier se situe à une distance à vol d'oiseau de $(400^2 + 300^2)^{1/2}$ = 500 m du point de départ.
Le second se situe aussi à une distance de 500 m !

C 7.2

Homme, 40 km/h	(200 m/40 000 m/h) x 3 600 s/h = 18,0 s
Gazelle, 96 km/h	(200 m/96 000 m/h) x 3 600 s/h = 7,5 s
Léopard, 112 km/h	(200 m/112 000 m/h) x 3 600 s/h = 6,4 s
Chameau, 43 km/h	(200 m/43 000 m/h) x 3 600 s/h = 16,7 s
Tortue, 1,6 km/h	(200 m/1 600 m/h) x 3 600 s/h = 450 s ou 7,5 minutes.

C 7.3 Une révolution = 360°, une révolution par deux minutes = 360°/(2 x 60) = 3°/s
360° = 2π rad = 2 x 3,14 rad = 6,28 rad
3°/360° x 6,28 = 0,052 rad
3°/s = 0,052 rad/s

C 7.4 *Équation 7.4 bis :*
$$\begin{aligned} \alpha &= (\omega_2 - \omega_1)/(t_2 - t_1) \\ &= (0 - 3°/s)/(0{,}1 s) \\ &= -30°/s^2 \end{aligned}$$

C 7.5 La vitesse au point A a été calculée au point milieu entre B et A, c'est-à-dire à C. Il en est de même avec la vitesse à B qui a été calculée au point milieu entre E et B c'est-à-dire à F. Comme l'accélération est calculée comme étant une valeur moyenne entre la vitesse de A (calculée à C) et celle de B (calculée à F), elle est donc représentative du point mileu entre F et C, donc B.

C 7.6 a) Vitesse au point A
Équation 7.5 :
$$\begin{aligned} V_a &= (0{,}3 - 0{,}1)/0{,}1 \\ &= 2 \text{ m/s} \end{aligned}$$
Équation 7.7 :
$$\begin{aligned} V_a &= (0{,}7 - 0{,}1)/(2 \times 0{,}1) \\ &= 3 \text{ m/s} \end{aligned}$$

b) Vitesse au point D
Équation 7.5 :
$$\begin{aligned} V_d &= (0{,}7 - 0{,}3)/0{,}1 \\ &= 4 \text{ m/s} \end{aligned}$$
Équation 7.7 :
$$\begin{aligned} V_a &= (1{,}2 - 0{,}3)/(0{,}1 \times 2) \\ &= 4{,}5 \text{ m/s} \end{aligned}$$

C 7.7 a) *Équation 7.6 :*
$$\begin{aligned} A_d &= (V_d - V_a)/t \\ &= (4 - 2)/0{,}1 \\ &= 20 \text{ m/s}^2 \end{aligned}$$

b) Équation 7.7 : $A_d = (d_G - 2d_D + d_A)/t^2$
$= (1{,}2 - 2 \times 0{,}7 + 0{,}3)/0{,}1^2$
$= 10\ m/s^2$

C 7.8 Positions-Temps-Vitesses-Accélérations pour traiter le calcul à partir des valeurs de position. D'après Enoka (1988).

No	Vitesse (m/s)	Accélération (m/s²)
1	(0,059 – 0,00)/(0,1 – 0,0) = 5,9	(3,6 – 5,9)/(0,100 – 0,000) = –23,0
2	(0,95 – 0,59)/(0,20 – 0,10) = 3,6	(3,6 – 5,9)/(0,150 – 0,050) = –23,0
3	(1,00 – 0,95)/(0,250 – 0,200) = 1,0	(1,0 – 3,6)/(0,225 – 0,150) = –34,7
4	(0,95 – 1,00)/(0,300 – 0,250) = –1,0	(–1,0 – 1,0)/(0,275 – 0,225) = –40,0
5	(0,59 – 0,95)/(0,400 – 0,300) = –3,6	(–3,6 + 1,0)/0350 – 0,275) = –34,7
6	(0,00 – 0,59)/(0,500 – 0,400) = –5,9	(–5,9 + 3,6)/(0450 – 0,350) = –23
7	(–5,9 – 0,00)/(0,600 – 0,500) = –5,9	(–5,9 + 5,9)/0,550 – 0450) = 0,0
8	(–0,95 + 059)/(0,700 – 0,600) = –3,6	(–3,6 + 5,9)/(0,650 – 0,550) =23,0
9	(–1,00 + 0,95)/(0,750 – 0,700) = –1,0	(–1,0 + 3,6)/(0,725 – 0,650) = 34,7
10	(–0,95 + 1,00)/(0,800 – 0,750) = 1,0	(1,0 + 1,0)/(0,775 – 0,725) = 40,0
11	(–0,59 + 0,95)/(0,900 – 0,800) = 3,6	(3,6 – 1,0)/(0,850 – 0,775) = 34,7
12	(0,00 + 0,59)/(1,000 – 0,900) = 5,9	(5,9 – 3,6)/(0,950 – 0,850) = 23,0
13		

C 7.9 Voir figure 7.8 du chapitre 7.

C 7.10 Voir figure 7.8 du chapitre 7.

C 7.11 La vitesse linéaire du pied au pédalier est de
$v_p = r_p\ \omega_{pav}$
$= 0{,}165 \times 6{,}28$
$= 1{,}036\ m/s$
La valeur de r_p est obtenue du tableau 7.4.

C 7.12 Par ordre croissant les vitesses linéaires sont :
Plateau avant (ou chaîne) : 0,66 m/s
Pédalier : 1,036 m/s
Roue : 6,6 m/s

C 7.13 La roue a une vitesse linéaire de 6,6 m/s et le cycliste fait une révolution par seconde. Un quart de tour se fera en 0,25 s et la distance sera
$\Delta d = V \cdot \Delta t$
$= 6{,}6\ m/s \times 0{,}25\ s$
$= 1{,}650\ m$

C 7.14 *Équation 7.6 :* $a = r\,\alpha$
$= 50\,(45/57{,}3)$
$= 39{,}3\ m/s^2$
Une accélération linéaire de 39,3 m/s² correspond à 4 fois celle de la gravité ou 4 g (39,3/9,8 = 4,0).

C 7.15 *Équation 7.3 :* Vitesse angulaire de la cuisse à l'image 2.
$\omega_2 = (\theta_2 - \theta_1)/\Delta t = (90° - 89°)/0{,}017 = 58{,}8°/s$
Vitesse angulaire de la cuisse à l'image 3.
$\omega_3 = (\theta_3 - \theta_2)/\Delta t = (93° - 90°)/0{,}017 = 176{,}5°/s$

Équation 7.7 : Vitesse angulaire de la cuisse à l'image 2.
$\omega_2 = (\theta_3 - \theta_1)/2\Delta t = (93° - 89°)/(2 \times 0{,}017) = 117{,}6°/s$
Vitesse angulaire de la cuisse à l'image 3.
$\omega_3 = (\theta_4 - \theta_2)/2\Delta t = (94° - 90°)/(2 \times 0{,}017) = 117{,}6°/s$
Quelle différence entre les deux méthodes de calcul !

C 7.16 *Équation 7.4 :* L'accélération de la cuisse à l'image 3 est de
$(\omega_3 - \omega_2)/\Delta t = (176{,}5° - 58{,}8°)/0{,}017 = 6\,923°/s^2$
Équation 7.8 : L'accélération de la cuisse à l'image 3 est de
$(\theta_4 - 2\theta_3 + \theta_2)/\Delta t^2 = (94° - 2 \times 93° + 90°)/0{,}017^2 = -6\,920°/s^2$
Quelle différence entre les deux méthodes de calcul !

C 7.17 Angle à la hanche.
Équation 7.7 : $\theta_h = \theta_{cuisse} - \theta_{tronc}$
$= 98° - 90°$
$= 8°$ de flexion.
Angle au genou.
Équation 7.8 : $\theta_g = \theta_{cuisse} - \theta_{jambe}$
$= 98° - 45°$
$= 53°$ de flexion.
Angle à la cheville.
Équation 7.9 : $\theta_{cheville} = \theta_{pied} - \theta_{jambe} - 90°$
$= 140° - 45° - 90°$
$= 5°$ de flexion dorsale.

C 7.18 Angle à la hanche.
Équation 7.7 : $\theta_h = \theta_{cuisse} - \theta_{tronc}$
$= 97° - 90°$
$= 7°$ de flexion.
Angle au genou.
Équation 7.8 : $\theta_g = \theta_{cuisse} - \theta_{jambe}$
$= 97° - 45°$
$= 52°$ de flexion.
Angle à la cheville.
Équation 7.9 : $\theta_{cheville} = \theta_{pied} - \theta_{jambe} - 90°$
$= 142° - 45° - 90°$
$= 7°$ de flexion dorsale.

Vitesse angulaire à la hanche : $\omega_2 = (\theta_2 - \theta_1)/\Delta t = (7° - 8°)/0{,}2 = -5°/s$
Vitesse angulaire au genou : $\omega 2 = (\theta_2 - \theta_1)/\Delta t = (52° - 53°)/0{,}2 = -5°/s$
Vitesse angulaire à la cheville : $\omega 2 = (\theta_2 - \theta_1)/\Delta t = (7° - 5°)/0{,}2 = 10°/s$

C 7.19 Lancer d'une balle de baseball.
Lancer du javelot.

C 7.20 Vitesse linéaire des doigts égale :
v_b x longueur du bras + v_{ab} x longueur de l'avant-bras + v_m x longueur de la main.
= 26 rad/s x 30 cm + 7 rad/s x 28 cm + 100 rad/s x 10 cm
= 780 + 196 + 1,000
= 1976 cm/s ou 19,76 m/s

chapitre huit

C 8.1 Caméra à hautes vitesses.
Vidéo.

C 8.2 $\Delta d = 2\Delta x$
$= 2 \times 0{,}4$ mm
$= 0{,}8$ mm

C 8.3 $\Delta v = 1/t \times 2\Delta x$
$= (1/0{,}02)\ 2 \times (0{,}4)$
$= 40$ mm/s

C 8.4 $\Delta a = 1/t^2 \times 4\Delta x$
$= (1/0{,}02^2)\ 4 \times (0{,}4)$
$= 4\,000$ mm/s² ou 4,0 m/s²

C 8.5 $\Delta d = 2\Delta x$
$= 2 \times 0{,}3$ mm
$= 0{,}6$ m

$\Delta v = 1/t \times 2\Delta x$
$= (1/0{,}02)\ 2 \times (0{,}3)$
$= 30$ mm/s

$\Delta a = 1/t^2 \times 4\Delta x$
$= (1/0{,}02^2)\ 4 \times (0{,}3)$
$= 3\,000$ mm/s² ou 3,0 m/s²

C 8.6 Ordre 1 : droite ou linéaire
Ordre 2 : quadratique
Ordre 3 : cubique
Ordre 4 : quartique
Ordre 5 : quintique

C 8.7 La courbe devient de plus en plus ondulée (voir figures 8.3 et 8.5).

C 8.8 Lors d'un lissage polynômiale, une seule fonction mathématique est utilisée et les coefficients du polynôme sont fixe. Avec une spline, le degré du polynôme est fixe mais les coefficient sont différents d'une partie de la courbe à l'autre délimitée par les points d'inflexion.

C 8.9 Les splines ont plus facilité à se conformer à l'allure générale de la courbe que les polynômes.

C 8.10 Les fonctions polynômiales et les splines visent à reproduire le plus possible l'allure générale de la courbe en déplaçant les points expérimentaux vers la courbe théorique sans se soucier de la nature et la cause du bruit. Ainsi, les hautes fréquences dues aux vibrations et les basses dues à des mouvements lents (mouvements dus aux masses molles) sont traitées de la même manière. Par contre les séries de Fourier nous permettent de reproduire le signal et de le décomposer en harmoniques. On peut ensuite conserver certaines harmoniques jugées comme faisant partie du signal et éliminer celles que l'on considère comme étant du bruit.

C 8.11 Les séries de Fourier servent avant tout à déterminer le spectre du signal et peut ensuite être utilisées comme méthode de filtrage pour éliminer le bruit.

C 8.12 Avec les séries de Fourier on a tendance à éliminer directement ou à couper les fréquences jugées inappropriées. Les filtres digitaux, comme celui de Butterworth, permettent d'atténuer progressivement les fréquences communes au signal et au bruit. Cette transition se fait très rapidement (séries de Fourier) ou très progressivement selon la méthode de filtrage utilisée.

C 8.13 a) Mouvement des caméras.
b) Mauvause mise au foyer des lentilles.
c) Distorsion de l'image due aux abérations optiques.
d) Déplacement ou vibration des marqueurs situés sur la peau.

chapitre neuf

C 9.1 Un geste peut être décrit par les déplacements angulaires et (ou) linéaires en fonction du temps. On trace alors les valeurs des angles = f(t). Sur cette figure il est utile de positionner chaque phase du geste pour qu'il soit reconnu. L'illustration n'aura pas la même forme pour un sujet expert que pour un débutant. Si cette identité du sujet est bien définie en tout les points caractéristiques alors les courbes deviennent un profil, puisqu'il permet de reconnaitre les particularités du sujet qui a exécuté le geste. On utilise aussi la terminologie de patron pour dénomer ce profil.

C 9.2 Si le profil des déplacements angulaires et (ou) linéaires permet de suivre l'évolution des caractéristiques d'un geste au cours du temps, l'évolution de la vitesse correspondante n'est pas aussi évidente à « lire ». Il est donc nécessaire d'un tracer sur un diagramme en colonne la vitese au dessous du profil de déplacement. Ainsi à chaque point du déplacement on pourra lire en dessous la vitesse du geste à cet instant. En contrôle moteur le déphasage des profils de vitesse de 2 segments permet de constater un enchaînement les vitesses d'exécution du geste. Rechercher l'exemple du coup de pied au football(soccer) et observer le déphasage des pics de vitesse de la cuisse et de la jambe.

C 9.3 Ce qui a été décrit dans l'exemple précédant 9.2 peut être appliqué au coup de pied au football (soccer). Le principe de l'ordre d'intervention segmentaire dans ce geste signifie que la cuisse lance d'abord le mouvement du membre inférieur, puis arrête son élan et transmet le mouvement à la jambe qui récupère ainsi l'énergie nécessaire pour exciter le coup de pied.

C 9.4

Temps (s)	Déplacement	Vitesse	Accélération/100
0	4,4	–5	2,5
0,025	4,2	–2	2,89
0,05	4,25	2	2,4
0,075	4,38	7	1,1
0,1	4,5	7,5	0,5
0,125	4,7	8	0,75
0,15	4,9	9	1,2
0,175	5	11	0,75
0,2	5,2	14	0
0,225	5,4	13	–8
0,25	5,55	10	–1,8
0,275	5,75	7	–2,2
0,3	5,9	0	–1,9
0,325	5,85	–3	–1,5
0,35	5,8	–4	–9
0,375	5,65	–4	0
0,4	5,58	–3	0,25
0,425	5,52	–2,5	0,1
0,45	5,5	–3,5	–4
0,475	5,48	–5	–1,5
0,5	5,4	–8	–2,8
0,525	5,15	–10	–2,2
0,55	4,9	–12	–1,6
0,575	4,8	–12	–0,5
0,6	4,5	–10	0,5

Courbes superposées des déplacement-vitesse-accélération du coup de pied au football.

C 9.5 L'examen de la courbe de l'accélération conduit à donner des informations sur les contractions concentriques et excentriques des muscles agissant au niveau de la hanche pour exécuter des flexions et des extensions. Tant que l'accélération est positive la cuisse est en flexion, il y a une action des muscles fléchisseurs de la cuisse; il faut remarquer dans cette première partie de la courbe une fluctuation dans la diminution de l'accélération qui correspond à l'amortissement lors du contact du pied avec le sol; puis l'accélération devient négative au moment de l'impulsion du pied au sol pour engendrer une nouvelle foulée. L'extension est maximale, pendant que le pied est toujours en contact avec le sol, au moment où l'accélération atteint un minimum en valeur négative. Puis l'appui de l'autre pied au sol, permet une nouvelle extension de la cuisse et enfin une flexion où la cuisse remonte et l'accélération redevient positive.

C 9.6 Dans cette illustration les valeurs relatives des variations angulaires de la cuisse par rapport à la verticale sont portées sur l'axe des abscisses. Sur la verticale sont portées les valeurs des angles de la jambe par rapport à la cuisse.

C 9.7 Mêmes remarques que dans C 9.6.

chapitre dix

C 10.1 Les quatre phases sont l'attaque, la propulsion ou la passée, le dégagé et le retour.
Les événements associés sont le pivotement des pelles, la mise à l'eau des pelles, la sortie des pelles de l'eau et le pivotement inversé des pelles.

C 10.2 Si d est la durée du coup d'aviron, la cadence est égale à 60/d. La cadence est ainsi égale à 60/4,16 = 14 coups/mn, qui est une cadence très faible en aviron.

C 10.3 Le pourcentage regroupant l'attaque et la propulsion est égal à : 100 • (Temps mis pour finir la propulsion/Temps du coup d'aviron). Compte tenu que le minimum de l'angle du coude est atteint pour t = 1,68 s et que la fin du coup d'aviron se présente pour t = 4,16 s, le pourcentage regroupant l'attaque et la propulsion est donc égal à 100 • (1,68/4,16) 40 %.

Le pourcentage regroupant le dégagé et le retour est alors égal à 100 – (pourcentage de propulsion) = 100 – 40 = 60 %.

C 10.4 Le calcul des vitesses angulaires est fait à partir de la formule $(\theta_{t+1} - \theta_{t-1})/2\Delta t$, avec Δt = 0,16 s. ω_{genou} = (60,32 - 59,47)/0,16 = 3,63°/s. ω_{coude} = (155,57 - 156,12)/0,16 = -3,44°/s.

C 10.5

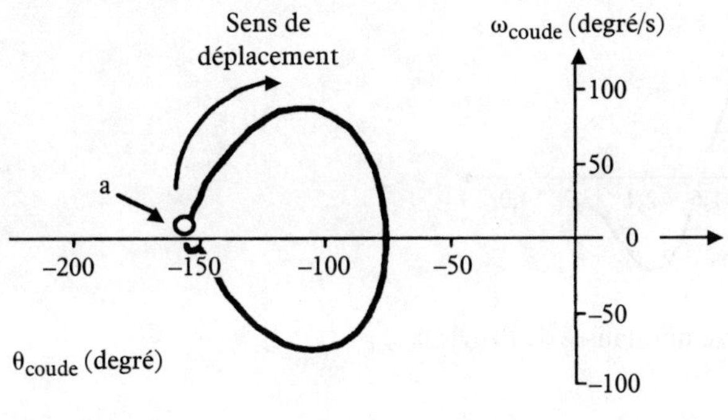

C 10.6

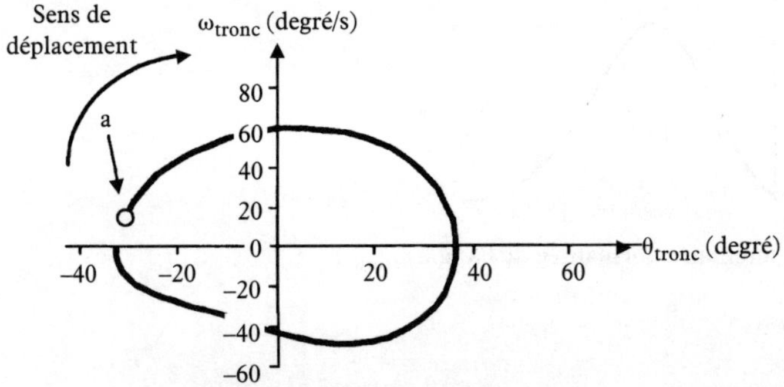

C 10.7 Pour calculer les vitesses angulaires ω_{genou} à l'instant t, il suffit d'appliquer la formule de la différence centrale $(\theta_{genou}(t+1) - \theta_{genou}(t-1))/2\Delta t$ avec Δt la période (0,08 s). Les vitesses angulaires ω_{genou} ainsi calculées sont égales pour t = 0,72 s, t = 2,16 s et t = 3,60 s respectivement à 89,94°/s, –31,50°/s et –50,88°/s.
Pour calculer les positions angulaires normalisées $\theta_{genou,norm}$, il suffit d'appliquer la formule 10.5 pour le genou :

$\theta_{genou,norm}$ =
$[2\theta_{genou}/(\theta_{genou,max} - \theta_{genou,min})] - [(\theta_{genou,max} + \theta_{genou,min}) - \theta_{genou,max} - \theta_{genou,min})]$
On obtient en appliquant la formule 10.5 pour t = 0,72 s = 2,16 s et t = 3,60 s respectivement :
$\theta_{genou,norm} = -0{,}15$; $\theta_{genou,norm} = 0{,}91$; $\theta_{genou,norm} = -0{,}78$.

Pour calculer les vitesses angulaires normalisées $\omega_{genou,norm}$, il suffit d'appliquer la formule 10.6 pour le genou :

$\omega_{genou,norm}$ =
$[2\omega_{genou}/(\omega_{genou,max} - \omega_{genou,min})] - [(\omega_{genou,max} + \omega_{genou,min}) - \omega_{genou,max} - \omega_{genou,min})]$
On obtient en appliquant la formule 10.6 pour t = 0,72 s, t = 2,16 s et t = 3,60 s respectivement :
$\omega_{genou,norm} = 1{,}00$; $\omega_{genou,norm} = -0{,}46$; $\omega_{genou,norm} = -0{,}70$.

C 10.8 Position angulaire normalisée de l'angle θ_{coude} :

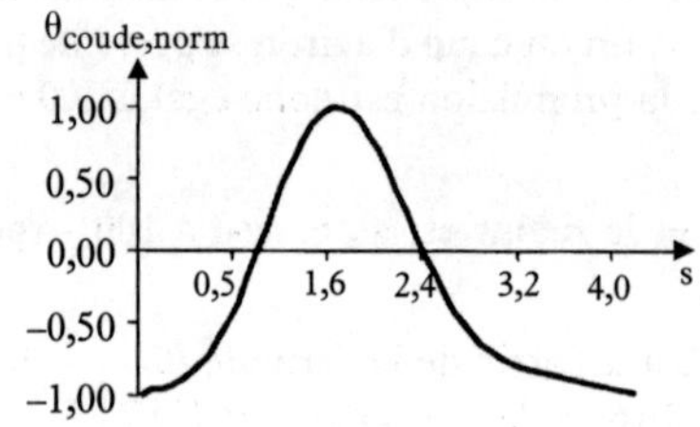

Vitesse angulaire normalisée de l'angle θ_{coude} :

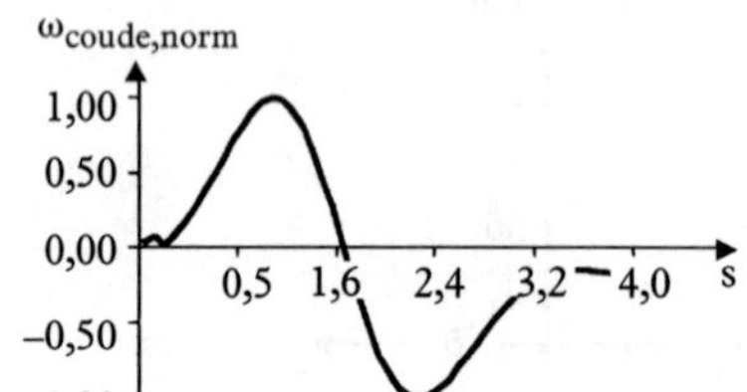

Position angulaire normalisée de l'angle θ_{tronc} :

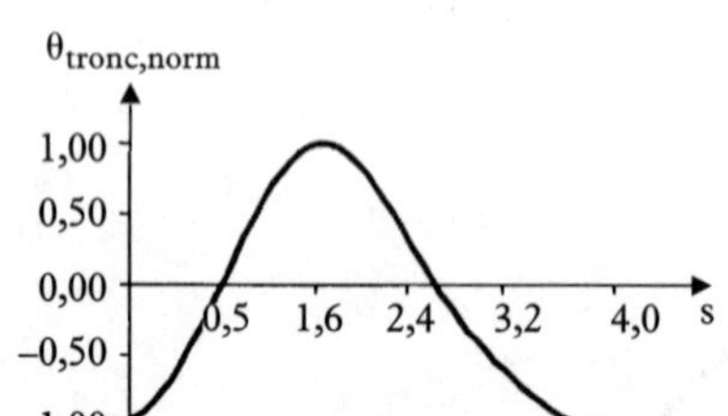

Vitesse angulaire normalisée de l'angle θ_{tronc} :

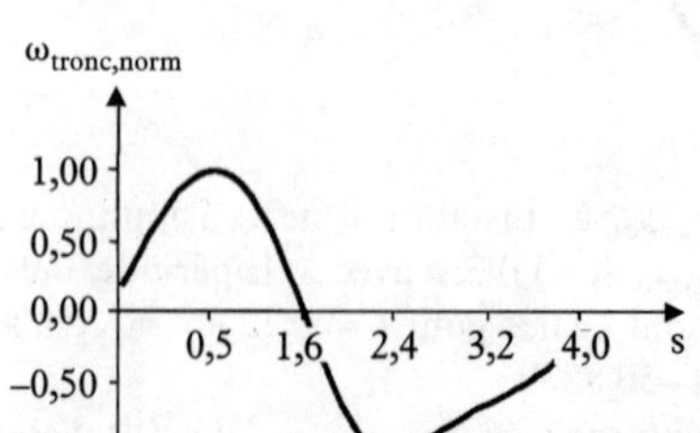

C 10.9 En fin de propulsion :

$\phi_{genou} = \tan^{-1}(\omega_{genou,norm}/\theta_{genou,norm}) - 180 = \tan^{-1}(-0{,}13/-0{,}97) - 180 \quad 7{,}61°$

En fin de coup d'aviron :

$\phi_{genou} = \tan^{-1}(\omega_{genou,norm}/\theta_{genou,norm}) - 180 = \tan^{-1}(-0{,}03/-0{,}98) - 180 \quad -178{,}34°$

C 10.10 En fin de propulsion en appliquant successivement les équations 10.5 et 10.6 et en utilisant les équations du tableau 10.3 pour t = 1,68 s :

$\theta_{coude} = -75{,}50°$, $\theta_{coude,norm} = 1{,}00$, $\omega_{coude} = -7{,}25°/s$, $\omega_{coude,norm} = -0{,}16$ et donc la phase ϕ_{-coude} $-9{,}30°$.

En fin de coup d'aviron en appliquant successivement les équations 10.5 et 10.6 et en utilisant les équations du tableau 10.3 pour t = 4,16 s :

$\theta_{coude} = -155{,}46°$, $\theta_{coude,norm} = -0{,}98$, $\omega_{coude} = -3{,}13°/s$, $\omega_{coude,norm} = -0{,}11$ et donc la phase ϕ_{-coude} $-173{,}38°$.

C 10.11

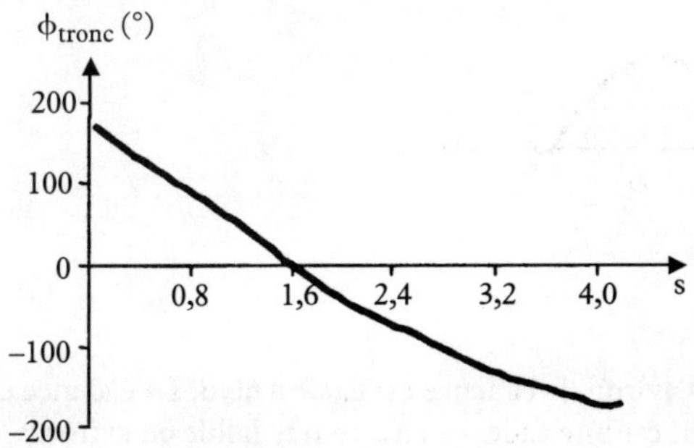

Pour $\theta_{tronc} = 4{,}69°$ (première valeur positive), $\theta_{tronc,norm} = 0{,}08$, $\omega_{tronc} = 59{,}88°/s$, $\omega_{ronc,norm} = 1{,}00$ et donc la phase $\phi_{tronc} = 85{,}47°$.

C 10.12 $Pr_{coude,genou} = -Pr_{genou,-coude}$

C 10.13 Pour retrouver la phase relative $Pr_{genou,coude}$ présentée à la figure 10.11, calculer en utilisant les équations contenues dans le tableau 10.3 les phases ϕ_{genou} et ϕ_{coude} en premier, puis appliquer l'équation $Pr_{genou,coude} = \phi_{genou} - 0_{coude}$. Alors $Pr_{genou,coude}$ est minimal pour la valeur -33,91° à t = 0,48 s. Ainsi, nous trouvons ϕ_{coude} (0,48) = 155,17° et ϕ_{genou} (0,48) = 121,25°. Alors $Pr_{genou,coude}$ est maximal pour la valeur 63,19° et t = 2,96 s. Nous trouvons ϕ_{coude} (2,96) = -151,90° et ϕ_{genou} = -88,72°.

C 10.14 Du point (p) au point (q), la phase relative $Pr_{genou,-coude}$ (°) est positive et croît vers son maximum. En effet, l'extension du coude se réalise, le genou cumule à nouveau du retard par rapport au coude.
Du point (q) au point (r), $Pr_{genou,-coude}$ (°) positive décroît. Le coude est en extension, le genou fléchit et rattrape le retard par rapport au coude.

C 10.15 Le calcul des phases relatives $Pr_{genou,tronc}$ et $Pr_{tronc,coude}$ impose plusieurs étapes.

1. Le calcul des vitesses angulaires ω_{genou}, ω_{tronc} et ω_{coude} en utilisant une différence centrale (voir chapitre 7).
2. Le calcul des positions angulaires normalisées $\theta_{genou,norm}$, $\theta_{tronc,norm}$ et $\theta_{coude,norm}$ en utilisant l'équation 10.5.
3. Le calcul des vitesses angulaires normalisées $\omega_{genou,norm}$, $\omega_{tronc,norm}$ et $\omega_{coude,norm}$ en utilisant l'équation 10.6.
4. Le calcul des phases ϕ_{genou}, ϕ_{tronc} et ϕ_{coude} en utilisant les équations contenues dans le tableau 10.3.
5. Le calcul des phases relatives $Pr_{genou,tronc} = \phi_{genou} - \phi_{tronc}$ et $Pr_{tronc,coude} = \phi_{tronc} - \phi_{coude}$.

La phase relative $Pr_{genou,tronc}$:

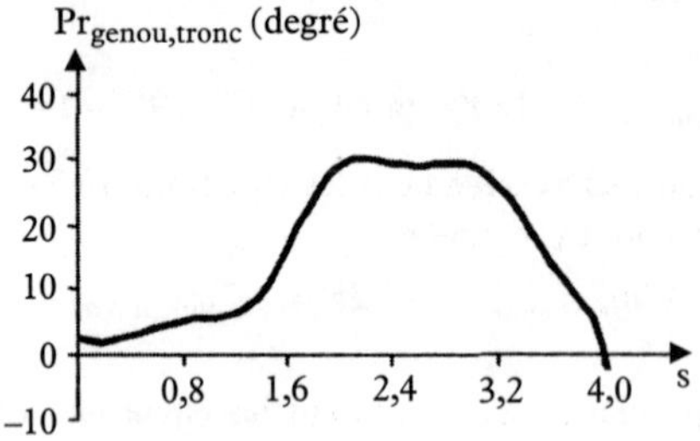

La phase relative $Pr_{tronc,–coude}$:

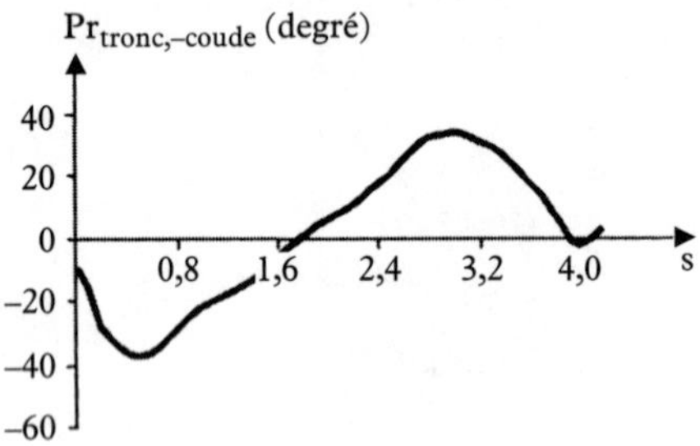

C 10.16 Si d est la durée du coup d'aviron, la cadence est égale à 60/d. La cadence est ainsi égale à 60/4,00 = 15 coups/mn, qui est une cadence encore très faible en aviron.
Le pourcentage regroupant l'attaque et la propulsion est égal à 100 • (Temps mis pour atteindre la fin de la propulsion/Temps du coup d'aviron). Compte tenu que le minimum de l'angle du coude est atteint pour t = 1,44 s et que la fin du coup d'aviron se présente pour t = 4,00 s, le pourcentage regroupant l'attaque et la propulsion est donc égal à 100 • (1,44/4,00) = 36 %.
Le pourcentage regroupant le dégagé et le retour est alors égal à 100 – (Pourcentage de Propulsion) = 100 – 36 = 64 %.

C 10.17 Le calcul de la phase relative Pr_{genou} pour le deuxième rameur impose plusieurs étapes :

1. Le calcul des vitesses angulaires ω_{genou} et ω_{coude} en utilisant la méthode de calcul par différence centrale (voir chapitre 7).
2. Le calcul des positions angulaires normalisées $\theta_{genou,norm}$ et $\theta_{coude,norm}$ en utilisant l'équation 10.5.
3. Le calcul des vitesses angulaires normalisées $\omega_{genou,norm}$ et $\omega_{coude,norm}$ en utilisant l'équation 10.6.
4. Le calcul des phases 0_{genou} et 0_{coude} en utilisant les équations contenues dans le tableau 10.3.
5. Le calcul de la phase relative $Pr_{genou,coude} = \phi_{genou} - \phi_{coude}$.

La position angulaire normalisée de l'angle du genou :

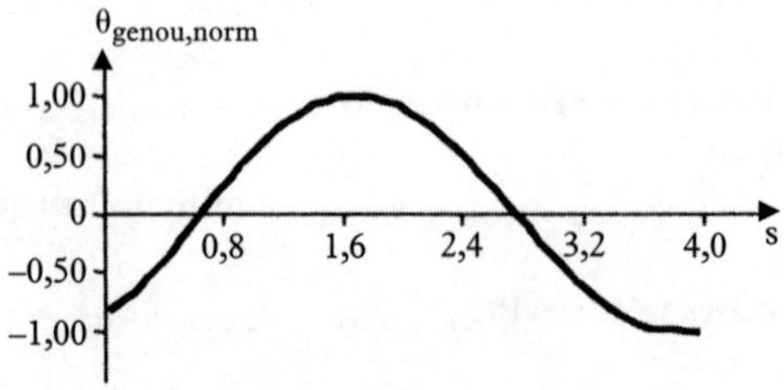

La vitesse angulaire normalisée de l'angle du genou :

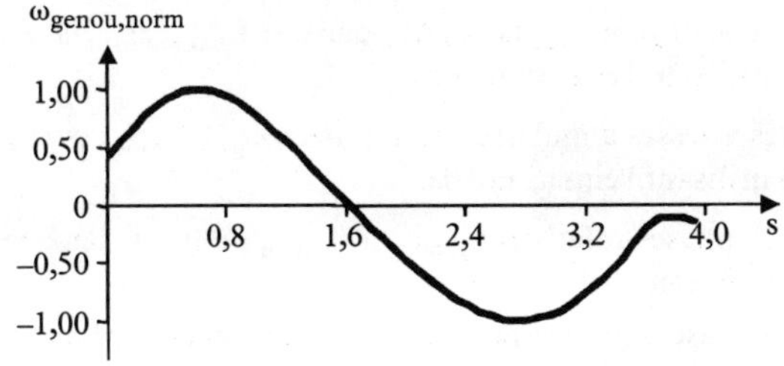

La position angulaire normalisée de l'angle du coude :

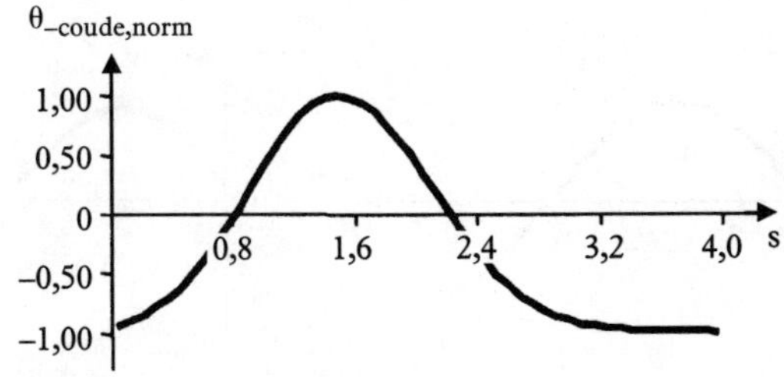

La vitesse angulaire normalisée de l'angle du coude :

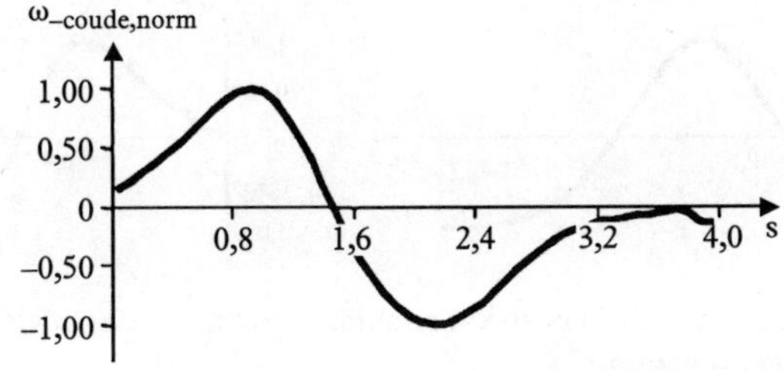

C 10.18 Pour le premier rameur : si d est la durée du coup d'aviron, la cadence est égale à 60/d. La cadence est ainsi égale à 60/2,24 = 27 coups/mn, qui est une cadence moyenne. Le pourcentage regroupant l'attaque et la propulsion est égal à : 100 • (Temps mis pour atteindre la fin de la propulsion/Temps du coup d'aviron). Compte tenu que le minimum de l'angle du coude est atteint pour t = 0,96 s et que la fin du coup d'aviron se présente pour t = 2,24, le pourcentage regroupant l'attaque et la propulsion est donc égal à 100 • (0,96 /2,24) = 43 %. Le pourcentage regroupant le dégagé et le retour est alors égal à 100 – (Pourcentage de propulsion) = 100 – 43 = 57 %.
Pour le deuxième rameur : si d est la durée du coup d'aviron, la cadence est égale à 60/d. La cadence est ainsi égale à 60/2,32 = 26 coups/mn, qui est une cadence moyenne. Le pourcentage regroupant l'attaque et la propulsion est égal à : 100 • (Temps mis pour atteindre la fin de la propulsion/Temps du coup d'aviron). Compte tenu que le minimum de l'angle du coude est atteint pour t = 1,04 s et que la fin du coup d'aviron se présente pour t = 2,32, le pourcentage regroupant l'attaque et la propulsion est donc égal à 100 • (1,04/2,32) = 45 %. Le pourcentage regroupant le dégagé et le retour est alors égal à 100 – (Pourcentage de Propulsion) = 100 – 45 = 55 %.

C 10.19 Le calcul de phases relatives $Pr_{genou,coude}$ pour les deux remeurs impose plusieurs étapes.

1. Le calcul des vitesses angulaires ω_{genou} et ω_{coude} pour les deux rameurs en utilisant la méthode de calcul par différence centrale (voir chapitre 7).
2. Le calcul des positions angulaires normalisées $\theta_{genou,norm}$ et $\theta_{coude,norm}$ pour les deux rameurs en utilisant l'équation 10.5.
3. Le calcul des vitesses angulaires normalisées $\omega_{genou,norm}$ et $\omega_{coude,norm}$ pour les deux rameurs en utilisant l'équation 10.6.
4. Le calcul des phases relatives 0_{genou} et 0_{coude} pour les deux rameurs en utilisant les formules du tableau 10.3.
5. Le calcul des phases relatives pour les deux rameurs en appliquant $Pr_{genou,coude} = \phi_{genou} - \phi_{coude}$.

   Pour le premier rameur : la position angulaire normalisée et la vitesse angulaire normalisée pour l'angle du genou :

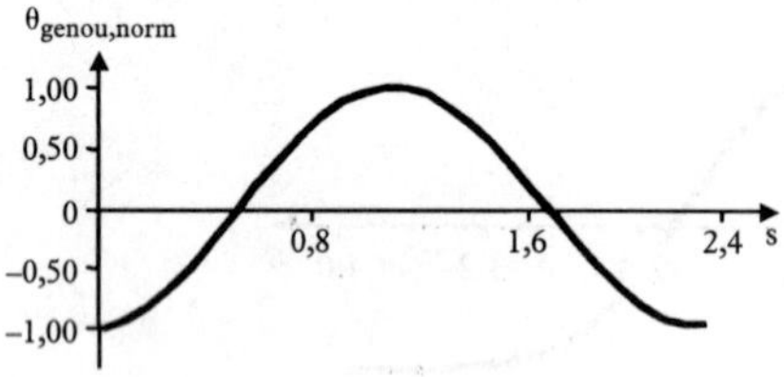

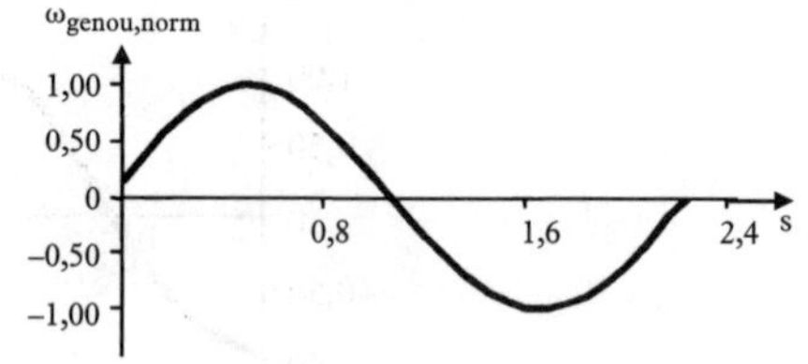

Pour le premier rameur : la position angulaire normalisée et la vitesse angulaire normalisée pour l'angle du coude :

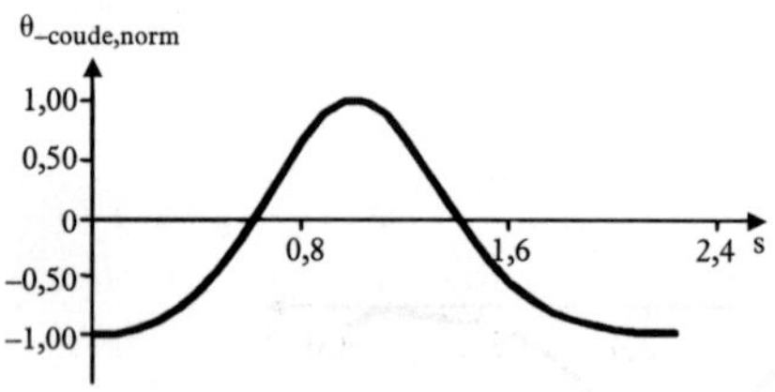

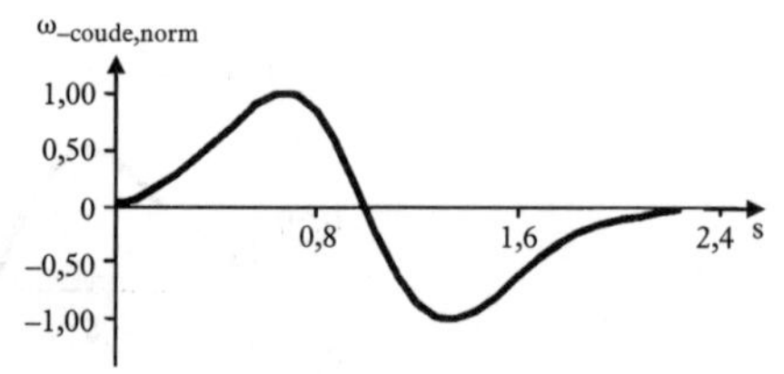

Pour le deuxième rameur : la position angulaire normalisée et la vitesse angulaire normalisée pour l'angle du genou :

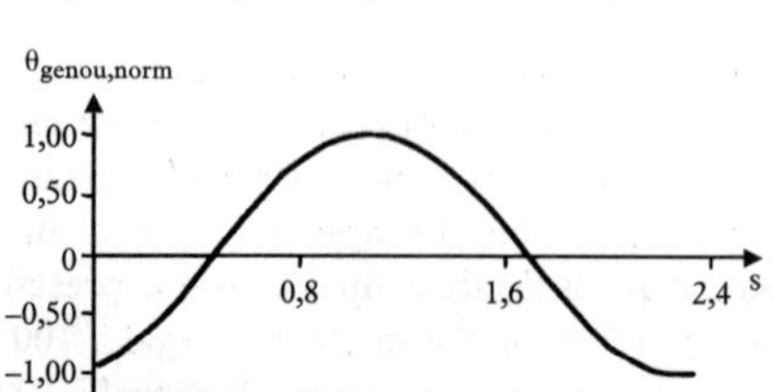

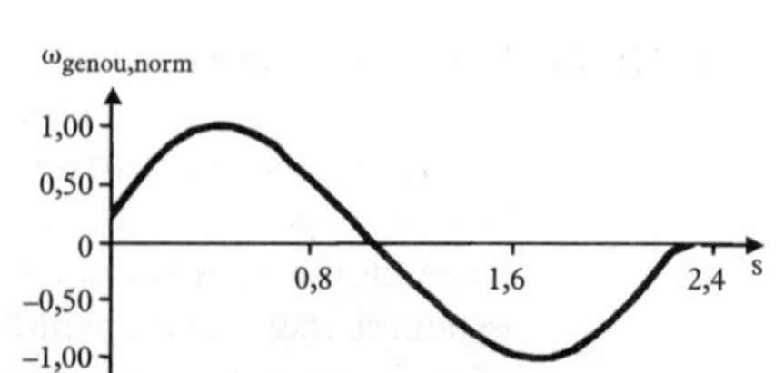

Pour le deuxième rameur : la position angulaire normalisée et la vitesse angulaire normalisée pour l'angle du coude :

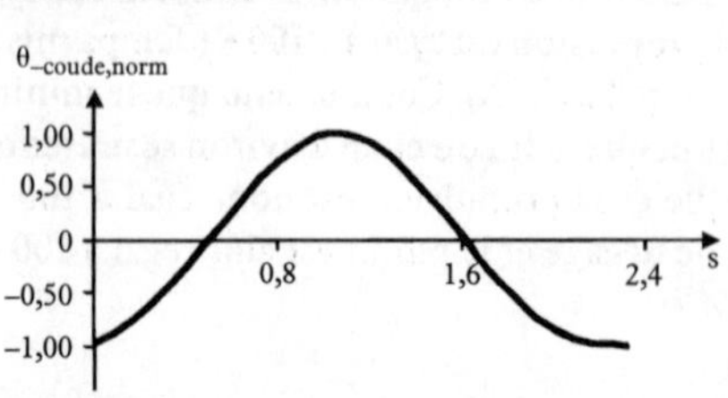

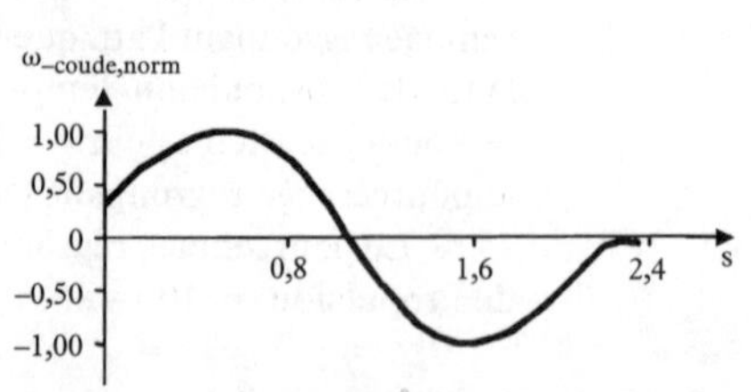

chapitre onze

C 11.1 Masse.
Forme et distribution de la masse.
Axe de rotation.

C 11.2 Masse augmente; I augmente.
Moment d'inertie d'un bâton de baseball est différent de celui d'une raquette de bagmington, forme et masse différentes.
Moment d'inertie d'un périlleux différent de celui d'un flic flac car l'axe de rotation n'est pas le même.

C 11.3 Forme ronde.

C 11.4 Parce que le moment d'inertie fait en sorte que la masse soit distribuée le long d'un cercle ou d'une sphère par rapport à un axe de rotation. Ceci a tendance à le placer loin de son centre de masse.

C 11.5 Vous avez besoin de peser le bâton de base-ball, calculer son centre de masse et mesurer la pédiode d'ocillation.

C 11.6 $I = m\,g\,d\,T^2/4\pi^2$
$d = I\,4\pi^2/(m\,g\,T^2)$
$= 0{,}771\ 4\pi^2/(1{,}3 \text{ x } 9{,}8 \text{ x } 1{,}868^2)$
$= 0{,}683$ m

C 11.7 Pas besoin de la masse corporelle ou de longueur segmentaire. La fraction pour une rotation autour du segment distal (genou) est la plus grande (0,653). On peut faire aussi la preuve.
Au centre de masse.
$I_{cm} = m\,(l \cdot 0{,}323)^2$
$= 0{,}1043\ ml^2$
À la hanche.
$I_h = m\,(l \cdot 0{,}540)^2$
$= 0{,}2916\ ml^2$
Au genou.
$I_g = m\,(l \cdot 0{,}653)^2$
$= 0{,}426\ ml^2$
Donc le moment d'inertie est le plus grand par rapport au genou.

C 11.8 $m_j = (75)\,(0{,}0465) = 3{,}49$ kg
$I_{cm} = m\,(l \cdot 0{,}302)^2$
$= 3{,}49\,(0{,}45 \text{ x } 0{,}302)^2$
$= 0{,}064$ kgm^2

C 11.9 $m_c = (70)\,(0{,}1) = 7{,}0$ kg
$I_h = m\,(l \cdot 0{,}540)^2$
$= 7{,}0\,(0{,}45 \text{ x } 0{,}540)^2$
$= 0{,}413$ kgm^2

C 11.10 masse = 70 kg
$m_c = (70)\,(0{,}1) = 7{,}0$ kg
$m_j = (70)\,(0{,}0465) = 3{,}26$ kg
$m_p = (70)\,(0{,}145) = 1{,}02$ kg
Longueur.
$l_c = 45$ cm
$l_j = 45$ cm
$l_p = 16$ cm

Moment d'inertie au centre de masse segmentaire.

$I_c = 7\,(0{,}45 \cdot 0{,}323)^2$
$= 0{,}1479\ kgm^2$
$I_j = 3{,}26\,(0{,}45 \cdot 0{,}302)^2$
$= 0{,}0602\ kgm^2$
$I_p = 1{,}02\,(0{,}16 \cdot 0{,}475)^2$
$= 0{,}00589\ kgm^2$

Distance du centre de rotation par rapport à la hanche.

$d_c = l_c \cdot 0{,}433$ (0,433 vient du tableau 4.1)
$= 0{,}45 \cdot 0{,}433$
$= 0{,}1949\ m$
$d_j = l_c + l_j \cdot 0{,}433$
$= 0{,}45 + 0{,}45 \cdot 0{,}433$
$= 0{,}6449\ m$
$d_p = l_c + l_j + l_p \cdot 0{,}500$
$= 0{,}45 + 0{,}45 + 0{,}16 \cdot 0{,}500$
$= 0{,}980\ m$

Moment d'inertie à la hanche

$I_{hanche} = (I_c + md_c^2) + (I_j + md_j^2) + (I_p + md_p^2)$
$= 0{,}1479 + 7 \cdot (0{,}1949)^2$
$+ 0{,}0602 + 3{,}26 \cdot (0{,}6449)^2$
$+ 0{,}00589 + 1{,}02 \cdot (0{,}980)^2$
$= 2{,}8153\ kgm^2$

C 11.11 $I_o = I_{CM} + md^2$
$I_{CM} = I_o - md^2$
$= 0{,}244 - 1{,}0\,(0{,}42)^2$
$= 0{,}068\ kgm^2$

C 11.12 $q = \sqrt{k^2/d}$
$= \sqrt{0{,}77^2/0{,}684}$
$= 0{,}93\ m$

chapitre douze

C 12.1 $L = I\omega$
$I = 17{,}5/13$
$= 1{,}35\ kgm^2$

C 12.2 $\omega = L/I$
$= 60/4{,}2$
$= 14{,}29\ rad/s$
ou $14{,}29\ rad/s/2\pi = 2{,}27$ tours/s

C 12.3 $I_1 = 25\ kgm^2$
$I_2 = 22\ kgm^2$
$I_1\omega_1 = I_2\omega_2$
$\omega_2 = (I_1\omega_1)/I_2$
$= (25 \cdot 7)/22$
$= 7{,}95\ rad/s$

Il a une vitesse angulaire de 7,95 rad/s pour une durée de 2 secondes, donc il fera $7{,}95 \cdot 2 = 15{,}9$ rad ou $15{,}9\ rad/2\pi = 2{,}53$ tours.

C 12.4 3 tours en 2 secondes = (2p • 3)/2 = 9,42 rad/s = ω

$L_1 = L_2$

$I_1\omega_1 = I_2\omega_2$

$I_2 = (I_1\omega_1)/\omega_2$

$= (25 \cdot 7)/9,42$

$= 18,58\ \text{kgm}^2$

C 12.5 $L_{jambes} = 20\ \text{kgm}^2/\text{s}$

$L_1 = L_2$

$(L_{tronc} + L_{bras} + L_{jambes})_1 = (L_{tronc} + L_{bras} + L_{jambes})_2$

$50 = L_{tronc} + 15 + 20$

$L_{tronc} = 50 - 15 - 20$

$= 15\ \text{kgm}^2/\text{s}$

C 12.6 $50 = L_{tronc} + L_{jambe} + L_{bras}$

$50 = L_{tronc} + 20 - 15$

$L_{tronc} = 50 - 20 + 15$

$= 45\ \text{kgm}^2/\text{s}$

C 12.7 $L = 50\ \text{kgm}^2/\text{s}$

Figure 12.12 a) : $L_{bras} = 0$

$L_{jambe} = 0$

$L_{total} = L_{tronc} + L_{bras} + L_{jambe}$

$L_{tronc} = 50 + 0 + 0$

$L_{tronc} = I_{tronc}\omega_{tronc}$

$\omega_{tronc} = L_{tronc}/I_{tronc}$

$= 50/45$

$= 1,11\ \text{rad/s}$

Figure 12.12 b) : $L_{bras} = 15\ \text{kgm}^2/\text{s}$

$L_{jambe} = 0$

$L_{total} = L_{tronc} + L_{bras} + L_{jambe}$

$50 = L_{tronc} + 15 + 0$

$L_{tronc} = 50 - 15$

$= 35\ \text{kgm}^2/\text{s}$

$L_{tronc} = I_{tronc}\omega_{tronc}$

$\omega_{tronc} = L/I_{tronc}$

$= 35/40$

$= 0,88\ \text{rad/s}$

Figure 12.12 c) : $L_{bras} = -15\ \text{kgm}^2/\text{s}$

$L_{jambe} = 0$

$L_{total} = L_{tronc} + L_{bras} + L_{jambe}$

$50 = L_{tronc} - 15 + 0$

$L_{tronc} = 50 + 15$

$= 65\ \text{kgm}^2/\text{s}$

$L_{tronc} = I_{tronc}\omega_{tronc}$

$\omega_{tronc} = L/I_{tronc}$

$= 65/40$

$= 1,63\ \text{rad/s}$

C 12.8 $L_{total} = 75\ \text{kgm}^2/\text{s}$

$L_{périlleux} = 25\ \text{kgm}^2/\text{s}$

$L_{vrille} = (75^2 - 25^2)^{1/2}$

$= 70,71\ \text{kgm}^2/\text{s}$

$\theta = \arctan(70,41/25) = 70,53°$

C 12.9

	Corps	Périlleux	Vrille
L (kgm^2/s)	75	25	70,71
I (kgm^2)	35	30	15
ω (rad/s)	75/35 = 2,14	25/30 = 0,83	70,71/15 = 4,71

chapitre treize

C 13.1 Force d'action : Force des pieds représentant chacune la moitié du poids du coprs agissant sur le sol.

Force de réaction : Force du sol sur les pieds ayant les mêmes valeurs que les force d'action mais de direction opposée.

C 13.2 Force d'action : Forces sous chacun des pieds (2).
Forces des mains sur la porte (2).

Force de réaction : Forces du sol aux pieds (2).
Forces de la porte sur les mains (2).

C 13.3 Force horizontale : 3500 x cos40° = 3500 x 0,766 = 2681 N
Force verticale : 3500 x sin40° = 3500 x 0,643 = 2250 N

C 13.4 Force horizontale : 3500 x sin25° = 3500 x 0,423 = 1479 N
Force verticale : 3500 x cos25° = 3500 x 0,906 = 3172 N

C 13.5

$$\text{Force totale} = (F_{VERT}^2 + F_{AP}^2 + F_{MD}^2)^{1/2}$$
$$(\text{Force totale})^2 = F_{VERT}^2 + F_{AP}^2 + F_{MD}^2$$
$$F_{MD}^2 = (\text{Force totale})^2 - F_{VERT}^2 - F_{AP}^2$$
$$F_{MD} = (\text{Force totale})^2 - F_{VERT}^2 - F_{AP}^2)^{1/2}$$
$$= (3400^2 - 2750^2 - 900^2)^{1/2}$$
$$= 1785 \text{ N}$$

C 13.6

$$\uparrow\Sigma F = ma$$
$$R - W = ma$$
$$a = (R - W)/m$$
$$= (950 - 700)/71,4$$
$$= 3,5 \text{ m/s}^2$$

L'accélération est positive, donc la personne se redresse.

C 13.7

$$\uparrow\Sigma F = ma$$
$$R - W = ma$$
$$R - mg = ma$$
$$m(a + g) = R$$
$$m = R/(a + g)$$
$$= 625 (-2 + 9,8)$$
$$= 80,1 \text{ kg}$$

La masse de l'individu est de 80,1 kg.

C 13.8 Levé de charge rapide = accélération vers le haut.
Augmentation des forces agissant au dos comme l'exemple de la balance.
Levé de charge lent = accélération presque nulle.
Il y a encore des forces agissant au dos mais elles sont moindre qu'avec une accélération vers le haut.

C 13.9 Quand on lance un ballon.
Saut en hauteur.

C 13.10 Bien que la figure le représente pas tellement bien, elles sont presqu'identiques.

C 13.11 Presque tous sinon tous.

C 13.12 La gravité agit toujours vers le bas. Sur un plan incliné seulement une partie (le cosinus de l'angle par rapport à l'horizontale) est perpendiculaire au plan. Ainsi la force normale (perpendiculaire au plan) est de 800 N x cos30° = 0,866 = 693 N.

$f = \mu N$
$= 0{,}2 \times 693$
$= 138$ N

La force de frottement est de 138 N.

C 13.13 La force de fottement est : $f = \mu N$.

On ne connaît ni la force de frottement, ni la force normale mais on se rappel que la relation entre la force normale et la force de frottement est :

$N = mg \cos\theta$
$f = \mu mg \cos\theta$

La force de frottement agit contre une partie du poids qui cherche à faire descendre le verre. Cette force est mg sinθ donc

$\mu mg \cos\theta = mg \sin\theta$
$\mu = mg \sin\theta / mg \cos\theta$
$\mu = \tan\theta$
$\mu = 0{,}466$

Le coefficient de frottement est de 0,466.

C 13.14 Comme la surface du doigt est très petite, la pression exercée est très élevée. Une force même faible (pas trop tout de même) résulte en une grande pression. De plus on est habituellement sensible à l'estomac.

C 13.15 Surface du doigt = 0,0001 m^2
Surface du poing = 0,00435 m^2
Pression du doigt = Pression de poing
Force du doigt/0,0001 = Force du poing/0,00435
Force du doigt = Force du poing x 0,0001/0,00435 = Force du poing x 0,023
Autrement dit, pour une même pression, le doigt exercera 43,5 fois moins de force que le poing !

chapitre quatorze

C 14.1 Voir figures 14.1 et 14.2.

chapitre quinze

C 15.1 Non, puisque lorsque nous sommes en phase de suspension, nous subissons une seule force : notre poids. De plus, pendant les phases d'appui, les forces de réaction varient en permanence selon les axes vertical, médio-latéral et antéro-postérieur. La première condition de l'équilibre n'est donc jamais respectée. On dit alors que le sujet est en équilibre dynamique.

C 15.2 On utilise la seconde équation du mouvement $\Sigma F = ma$

$R - P = ma$

$a = \frac{(R-P)}{m}$ la différence maximum entre R et P est de 2,5 N environ

$a = \frac{2{,}5}{75}$

$a = 0{,}03$ m/s^2

C 15.3 L'accélération est constante donc le mouvement est rectiligne uniformément varié. Dans ce cas, on sait que la variation de hauteur est donnée par la formule (section 6.3.2)

$y = v_i t + \frac{1}{2} at^2$ (la personne se déplace vers le haut, donc y est positif)

d'après l'énoncé, la vitesse initiale est nulle donc $v_i t = 0$

$y = 0 + \frac{1}{2} \text{x } 0{,}03 \text{ x } 0{,}2^2$

$y = 0{,}0006 \text{ m}$

en surestimant le déplacement vertical celui-ci ne dépasse pas 0,7 mm. L'amplitude des mouvements le long de cet axe est donc très faible et invisible à l'œil nu. Ces mouvements peuvent donc être négligés.

C 15.4 Puisque les véliplanchistes filent à toute allure cela signifie que la force du vent ($\vec{F}_v$) est importante. La personne se penche donc en avant pour rester en équilibre. Le vent poussant la personne en arrière, cette dernière résiste à cette poussée qui se traduit par une force de réaction dirigée vers l'avant. Pour être en équilibre métastable, la somme des forces doit être proche de zéro comme la somme des moments (la résultante R de Ry et de Rz passe par le centre de masse, trait pointillé oblique). La personne est stable alors que la projection du centre de masse se situe en avant de la base de support.

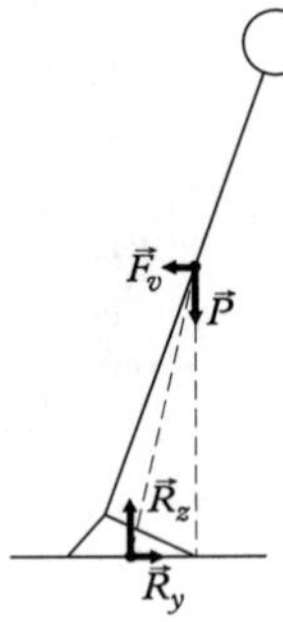

C 15.5 La première est l'impossibilité de maintenir une force musculaire constante. La seconde est la respiration. On doit en permanence respirer. Cette respiration provoque des déformations de la cage thoracique ou du ventre qui modifient en permanence la position du centre de masse. Ces déplacements sont en partie compensés par les ajustements posturaux (on aurait pu également citer les battements du cœur).

C 15.6 Le centre de pression ne peut pas sortir des limites de la base de support définie ici par la surface de la pointe de la chaussure (450 mm²). Cette surface est proche de celle du CP de la personne se tenant sur un seul pied (415 mm²). Malgré la petitesse de la base de support, la danseuse aura un contrôle de sa posture proche de celui de la personne disposant de tout le pied (tableau 5.1). La relation entre le contrôle de la posture (et par extension la stabilité) et la dimension de la base de support n'est donc pas toujours évidente !

C 15.7 Pour calculer la masse on utilise la première condition de l'équilibre $\Sigma F = 0$. Les forces sont le poids ($P = mg$) et la réaction verticale $R = R_1 + R_2 + R_3$. On peut écrire

$(R_1 + R_2 + R_3) - mg = 0$

$m = \frac{R_1 + R_2 + R_3}{g}$ $\quad m = \frac{30 + 43{,}5 + 24{,}5}{9{,}8}$ $\quad m = 10 \text{ kg}$

pour connaître la position on utilise les équations 5.1 et 5.2

$OP_x = \frac{(R_2 - R_1) \text{ x } OP_2}{R}$ $\quad OP_x = \frac{(43{,}5 - 30) \text{ x } 30}{9{,}8}$ $\quad OP_x = 41{,}3 \text{ cm}$

$OPy = \frac{R_3 \text{ x } OP_3}{R}$ $\quad OPy = \frac{24{,}5 \text{ x } 40}{98}$ $\quad OPy = 10{,}0 \text{ cm}$

C 15.8 L'équation du barycentre est $R_1\overrightarrow{PP}_1 + R_2\overrightarrow{PP}_2 + R_3\overrightarrow{PP}_3 + R_4\overrightarrow{PP}_4 = \vec{0}$. Pour résoudre cette équation on utilise la relation de Chasles

$$R_1(\overrightarrow{PO} + \overrightarrow{OP}_1) + R_2(\overrightarrow{PO} + \overrightarrow{OP}_2) + R_3(\overrightarrow{PO} + \overrightarrow{OP}_3) + R_4(\overrightarrow{PO} + \overrightarrow{OP}_4) = \vec{0}$$

en développant on obtient l'équation

$$\overrightarrow{OP} = \frac{R_1\overrightarrow{OP}_1 + R_2\overrightarrow{OP}_2 + R_3\overrightarrow{OP}_3 + R_4\overrightarrow{OP}_4}{R}$$

O est au centre de la plate-forme, on obtient en projetant sur les deux axes

$$OP_x = \frac{[(R_3 + R_2) - (R_1 + R_4)] \text{ x } OA}{R}$$

$$OP_y = \frac{[(R_3 + R_4) - (R_1 + R_2)] \text{ x } OB}{R}$$

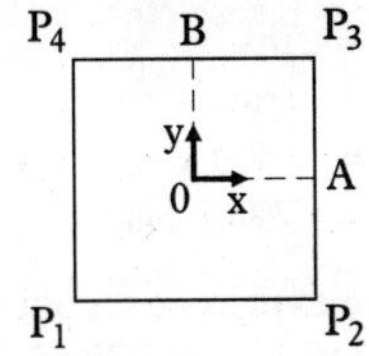

avec $OA = OB = 50$ cm

C 15.9 Dans la posture à 4 appuis, la somme des forces verticales correspond au poids du grimpeur. Les forces latérales appliquées sur le pied droit et la main gauche s'opposent à celles appliquées sur la main droite et le pied gauche. Les forces antéro-postérieures appliquées sur les mains s'opposent à celles appliquées sur les pieds.
Dans la posture à 3 appuis, les forces verticales sont distribuées sur les trois appuis. Les forces antéro-postérieures et latérales diminuent sur l'appui du coté du segment déplacé et augmentent sur la ligne d'appui opposée.

chapitre seize

C 16.1 F t = m v

F = (m v)/t
= (30 x 20)/0,50
= 1200 N

Une force de 1200 N sera nécessaire pour accélérer le poids à une vitesse de projection de 20 m/s.

C 16.2 (F – mg) t = m v

Ft – mgt = mv
F = (mv + mgt)/t
= (30 x 20 + 30 x 9,8 x 0,5)/0,5
= 1494 N

C 16.3 La hauteur est calculée à partir des équations du mouvement parabolique.

Équation 6.2 : $v_f^2 = v_i^2 - 2\,g\,y$

$y = (v_i^2 - v_f^2)/2\,g$

La vitesse à l'apogée est nulle = v_f^2.

$y = (v_i^2 - 0)/2\,g$

La vitesse du premier joueur est de

$vi^2 = y \text{ x } 2\,g$

$v_i = (y \text{ x } 2\,g)^{1/2}$
$= (1{,}080 \text{ x } 2 \text{ x } 9{,}8)^{1/2}$
$= (21{,}17)^{1/2}$
$= 4{,}60$ m/s

L'impulsion du premier joueur est pour t = 0,5 s

(F – mg) t = m v
Ft – mgt = mv
Ft = (mv + mgt)
= (800 x 4,60/9,8 + 800 x 0,5)
= 775,5 Ns

La vitesse du second joueur est de

$v_i = (y \times 2\,g)^{1/2}$
$= (1{,}188 \times 2 \times 9{,}8)^{1/2}$
$= (23{,}28)^{1/2}$
$= 4{,}82$ m/s

L'impulsion du second joueur est pour t= 0,5 s

$(F - mg)\,t = m\,v$
$Ft - mgt = mv$
$Ft = (mv + mgt)$
$= (800 \times 4{,}82/9{,}8 + 800 \times 0{,}5)$
$= 793{,}5$ Ns

La différence exprimée en pourcentage est de
$= (793{,}5 - 775{,}5) \times 100/793{,}5$
$= 2{,}27\,\%$

Ainsi une différence de 2,27 % dans l'impulsion entraîne une variation de hauteur de l'ordre de 10 % !

C 16.4 $m_1v_1 + m_2v_2 = m_1v_1' + m_2v_2'$
$100 \times 7 + 66 \times 0 = (100 + 66)\,v_1'$
$700 = 166\,v_1'$
$v_1' = 700/166$
$= 4{,}2$ m/s

La vitesse des deux joueurs après le placage est de 4,2 m/s.

C 16.5 $m_1v_1 + m_2v_2 = m_1v_1' + m_2v_2'$
$100 \times 7 + 66 \times 5 = (100 + 66)\,v_1'$
$700 + 330 = 166\,v_1'$
$v_1' = 1030/166$
$= 6{,}2$ m/s

La vitesse des deux joueurs après le placage est de 6,2 m/s.

chapitre dix-sept

C 17.1 m = 0,500 kg
a = 90 m/s^2
d = 0,10 m
$W = F\,d$
$= m\,a\,d$
$= (0{,}500)\,(90)\,(0{,}1)$
$= 4{,}55$ J

C 17.2 $W = M\,\theta$
$= F\,l\,\theta$
$= m\,a\,l\,\theta$
$= (0{,}500)\,(90)\,(0{,}5)\,(0{,}2)$
$= 4{,}55$ J

Noter bien que : $\theta = 11{,}31°/57{,}3° = 0{,}2$ rad

C 17.3 Non. Travail linéaire = travail angulaire.

C 17.4 $E_c^{lin} = 1/2\,m\,v^2$
$= 1/2\,(0{,}500)\,(90)^2$
$= 2\,025$ J

C 17.5 Oui; c'est la raison pour laquelle il faut porter un gant de baseball !

C 17.6 E_p^{tot} = m g h
= mg (l sin 30°)
= (75) (9,8) (800) sin30°
= 294 000 J

C 17.7 m = 70 kg
H = 300 m
θ = 35°
μ = 0,2
Quelques calculs :
La distance totale de la pente : distance = H/sin35° = 300/0,574 = 523 m
La distance parcourue au milieu de la pente : 523/2 = 261 m
La hauteur au milieu de la pente : h = 261 sin35° = 261 x 0,574 = 150 m
Poids du skieur : W = 70 x 9,8 = 686 N
Force normale : N = 686 cos35° = 686 x 0,819 = 562 N
Force de frottement :
F_f = μN
= 0,20 x 562 N
= 112,4 N
Travail du au frottement :
W = Fd
= 112,4 x 261
= 29 336 J
Ainsi
$(mgh)_{départ}$ = $(1/2\ mv^2)_{mi\text{-}hauteur} + (mgh)_{mi\text{-}hauteur}$ + W
70(9,8) 300 = 1/2(70)v2 + 70(9,8) (150) + 29 336
1/2 mv^2 = 205 800 – 102 900 – 29 336
35 v^2 = 73 564
v^2 = 73 564/35
v^2 = 2 101
v = 45,84 m/s

C 17.8 m_1 = 65 kg
m_2 = 45 kg
h_1 = 2 m
h_2 = ?
$(mgh)_1$ = $(mgh)_2$
h_2 = $(mgh)_1/m_2g$
= (65) (9,8) (2)/(45 • 9,8)
= 2,89 m

C 17.9 W_f = Fd
= μ N d
= μ (m g) d
= (0,005) (5x9,8) (40)
= 9,8 J
W_f = 1/2 m v^2
v = $(W_f \cdot 2/m)^{1/2}$
= $(9,8 \cdot 2/5)^{1/2}$
= 1,98 m/s

C 17.10 $(É_{tot})_1$ = $(É_{tot})_2$
$W_{skieur} + E_{pot}$ = $E_{cin}^{lin} + W_{frottement}$
F l_1 + mgh = 1/2 m v^2 + μ m g cosθ l_2
2000 (2) + 70 (9,8) 350 = 1/2 70 v^2 + 0,15 (70) 9,8 cos26° (350/sin26°)

4000 + 240 100	=	$35\ v^2 + 73\ 842$
244 100 – 73 842	=	$35\ v^2$
v^2	=	170 258/35
v	=	69,8 m/s

C 17.11 a) Point matériel au centre de masse :

$E = 1/2\Sigma\ m_iV^2$

$= 1/2\Sigma\ 50\ (0{,}85)^2$

$= 18{,}06$ J

b) Énergie cinétique totale :

$E_c = \Sigma 1/2\ m_i\ v_i^2 + \Sigma 1/2\ I_i\omega_i^2 + 1/2\Sigma\ m_iV^2$

$= 6$ J + 2 J + 18,06 J

$= 26{,}06$ J

En considérant que le centre de masse on néglige l'énergie de gesticulation (8 J) et on sous-estime l'énegie cinétique de 30 %.

C 17.12 À vous de trouver, c'est-à-dire contraction concentrique.

C 17.13 À vous de trouver, c'est-à-dire contraction excentrique.

C 17.14 Énergie = 200 J = Travail

W = 200 = F d

a) = 200/0,01 = 20 000 N

b) = 200/0,05 = 4 000 N

c) = 200/0,10 = 2 000 N

chapitre dix-huit

C 18.1 Personne.

Poids de la personne, 1 force.

Forces horizontale et verticale agissant sous chacun des pieds au point de contact avec le sol, 4 forces (deux en x et deux en y).

Forces horizontale et verticale aux mains agissant vers la personne, 2 forces par mains, 4 au total (deux en x et deux en y).

Total : 9 forces.

Charriot.

Poids du fauteuil roulant, 1 force.

Forces horizontale et verticale de réaction aux poignées 2 forces par mains 4 au total (deux en x et deux en y).

Force de réaction verticale SEULEMENT à chacune des roues, 2 forces.

Total : 7 forces ou 9 forces si l'on inclue les forces verticales des deux roues cachées.

C 18.2 a) 1 filin 100 N

b) 1 filin 100 N

c) 2 filins 200 N

C 18.3 a)

Fx	=	50 – 100sin30° = 0 N
Fy	=	100cos30° – 100 = –13,4 N
Résultante	=	$(Fx^2 + Fy^2)^{1/2}$
	=	$(0 - (-13{,}4)^2)^{1/2}$
	=	13,4 N

Directement vers le bas.

b)

Fx	=	–25 sin45° + 25 sin45° = 0 N
Fy	=	–25 cos45° – 25 cos45° + 25
	=	–17,7 – 17,7 + 25 N
	=	–10,4 N

Résultante = $(Fx^2 + Fy^2)^{1/2}$
= $(0 - 10{,}4^2)^{1/2}$
= 10,4 N

Directement vers le bas.

c) Fx = –100cos 70° + 75sin45°
+ 50cos 60° – 75sin20°
= 18,18 N

Fy = –100sin70° – 75cos45°
+ 50sin60° +75cos20°
= –33,22 N

Résultante = $(Fx^2 + Fy^2)^{1/2}$
= $(18{,}18 + (-33{,}22)^2)^{1/2}$
= 37,87 N

θ = arctan(Fy/Fx)
= arctan(–33,22/18,18)
= –61,31°

Soit dirigé vers le bas dans le coin droit inférieur à 61,31° par rapport à l'horizontale.

chapitre dix-neuf

C 19.1 a) Horizontal :
F = m a
= 85 x 1,2
= 102 N

b) Vertical :
F – mg = m a
F = ma + mg
= 85 x 1,2 + 85 x 9,8
= 935 N

C 19.2 F = ma
a = F/m
= 100/0,250
= 400 m/s²

C 19.3 Poignet, coude et épaule.

C 19.4 À vous de faire.

C 19.5

- Force horizontale ($F_{x,\,tr/c}$ est négatif)

ΣF_x = ma_x
$F_{x,j/c} - F_{x,tr/c}$ = ma_x
$111{,}0 - F_{x,tr/c}$ = (7) (5,189)
$Fx_{,tr/j}$ = 111,0 – 36,32
= 74,68 N

Le résultat est positif. Donc l'estimation de la direction de la force de réaction à la hanche est bonne et $F_{x,tr/c}$ agit donc vers la gauche et par conséquent sa valeur est de –74,68 N.

- Force verticale ($F_{y,\,tr/c}$ est négatif)

ΣF_y = ma_y
$F_{y,j/c} - W_c - F_{y,tr/c}$ = ma_y
$788{,}2 - (7)(9{,}8) - F_{y,tr/c}$ = (7) (–0,957)
$F_{y,c/j}$ = 788,2 – 68,6 + 6,7
= 726,3 N

Le résultat est positif. Donc l'estimation de la direction de la force de réaction à la hanche est bonne et $Fy_{,tr/c}$ agit donc vers le bas et par conséquent sa valeur est de –726,3 N.

- Moment musculaire ($M_{m,\,tr/c}$ est positif)

$\Sigma M_{CM} = I\,\alpha$

$-(F_{x,j/c})\,l_1 + (F_{y,j/c})\,l_2 + M_{m,j/c} - (F_{x,tr/c})l_3 + (F_{y,tr/c})l_4 + M_{m,tr/c} = I_\alpha$

$-(111{,}0)\,(0{,}225) + (788{,}2)\,(0{,}167) + 42{,}78$

$-(74{,}68)\,(0{,}216) + (726{,}3)\,(0{,}155) + Mm_{,c/j} = (0{,}1002)\,(13{,}956)$

$-24{,}98 + 131{,}63 + 42{,}78 - 16{,}13 + 112{,}3 + M_{m,c/j} = 1{,}40$

$M_{m,c/j} = -245{,}6 + 0{,}77$

$= -244{,}8$ Nm

Le résultat est négatif. Donc l'estimation de la direction du moment musculaire à la hanche, $M_{m,tr/c}$, agit donc dans le sens anti-horaire et par conséquent sa valeur est de –244,8 Nm.

C 19.6 À la hanche :

$F = M/l$

$= 35/0{,}02$

$= 1\,750$ N

Au genou :

$F = M/l$

$= 45/0{,}05$

$= 900$ N

C 19.7 $M = Fl$

$= 2000 \cdot 0{,}03$

$= 60$ Nm

chapitre vingt

C 20.1 En statique les forces qui interviennent sur un corps sont le poids est la poussée d'Archimède. Dans ce cas il y a seulement une variation de profondeur donc de pression. Ce qui implique que la poussée d'Archimède est la même.

C 20.2 Le volume d'eau déplacé étant de 78 l, la poussée d'Archimède (765,18 N) est donc supérieure au poids du corps (735,75 N) du nageur donc ce dernier va flotter.

C 20.3 En référence à la figure 6: le coefficient de traîné à un Reynolds de 10^3 est de 1. Les types d'écoulement, a) écoulement laminaire; b) zone de transition; c) écoulement turbulent.

C 20.4 a) L'écoulement est laminaire. Les molécules d'eau épouse la forme de la sphère à faible vitesse.

b) La zone de transition. Il y a apparition de quelques turbulences à l'arrière de la sphère.

c) L'écoulement est turbulent. La vitesse de déplacement de la sphère est plus importante que dans les situations précédentes ce qui provoque une grande perturbation des couches d'eau.

C 20.5 La trajectoire de la main filmée par une caméra se déplaçant à la même vitesse que le nageur revient à considérer un repère sur le nageur. La trajectoire observée sera donc la trajectoire de la main par rapport à la hanche.

C 20.6 Le mode de nage qui aura le plus de répercussion sur les écoulements est la brasse. C'est la nage ou la surface du maître couple est la plus grande, c'est à dire plusieurs couches d'eau sont perturbées par le nageur.

C 20.7 Le paramètre qui influence le plus la force de traînée est la vitesse. Ce paramètre est élevée au carré. Ainsi, quand la vitesse est doublée, la force de traînée est quadruplée.

C 20.8 Pour que la force de traînée soit orientée vers l'avant, il faut que la main du nageur effectue un mouvement vers l'arrière, parallèle à l'axe de son déplacement.

C 20.9 La force de portance est toujours perpendiculaire à la force de traînée et elles est toujours orientée des zones de hautes vers les zones de basses pressions.

C 20.10 La main est assimilée à une aile d'avion. Sa face dorsale est convexe. Ainsi les molécules d'eau ont plus de distance à parcourir sur cette face dorsale que sur la face palmaire. Leur vitesse va donc être supérieure à celle de la face palmaire. En sachant qu'il existe une relation inverse entre la vitesse du fluide et la pression, une différence de pressions va donc se créer, avec une zone de hautes pressions au niveau de la face palmaire et une zone de basses pressions au niveau de la face dorsale.

C 20.11 La force de portance peut être créer également par l'angle d'attaque de la main par rapport à l'écoulement du fluide, ainsi le processus décrit à la question précédente va se reproduire de par la position de l a main dans l'eau.

C 20.12 À 10 % de l'entrée de la main dans l'eau, la composante efficiente de la résultante est de - 8,7 N. Elle est négative, c'est à dire qu'elle est orientée en sens inverse du déplacement du nageur. Ainsi, à vitesse nulle, sans participation de l'autre membre supérieur et des jambes, le nageur reculerait.

RÉFÉRENCES BIBLIOGRAPHIQUES

1. Adrian, M. J. and Cooper, J. M. (1989). *Biomechanics of Human Movement*. Benchmark Press Inc., 772 pp.
2. Allard, P. et Blanchi, J.-P. (1999). *La biomécanique*. Coll. « Que sais-je ? » n° 3456. Presse universitaire de France, 127 pp.
3. Allard, P., Blanchi, J.-P., Gauthier, G. et Aissaoui, R. (1990). *Technique de lissage et de filtrage de données biomécaniques*. Sciences et Sports 5, pp. 27-38.
4. Allard, P., Blanchi, J.-P. et Stokes, I. A. F. (1994). *Three-Dimensional Analysis of Human Movement*. Human Kinetics, 371 pp.
5. Allard, P., Cappozzo, A., Lunberg, A. et Vaughan, C. L. (1997). *Three dimensional analysis of human locomotion*. John Wiley and Sons, 414 pp.
6. American Academy of Orthopeadic Surgeons. (1965). *Method of Measuring and Recording*. Publié par l'American Academy of Orthopeadic Surgeons.
7. Berger, M.A.M., de Groot, G. and Hollander, A.P. (1995) Hydrodynamic drag and lift forces on human hand/arm models. *J. Biomechanics*, 28(2), pp.125-133.
8. Bouisset, S. et Pertuzon, E. (1968). *Experimental Determination of the Moment of Inertia of Limb Segments*. Dans Biomechanics 1. (Wartenweiler, éditeur), Karger, pp. 106-109.
9. Braune, W. et Fisher, O. (1894). *The Human Gait*. (Traduit en anglais par Maquet, P. et Furlong, R.) Springer-Verlag, 437 pp.
10. Brenière, Y. (1996). Why we walk the way we do ? *Journal of Motor Behavior* 28, 4, pp. 291-298.
11. Brown, R.M. and Counsilman, J.E. (1971) The role of lift in propelling the swimmer. In J.M. Cooper (ed.), Selected Topics in Biomechanics, Chicago : Chicago Athletic Institute, pp. 179-188.
12. Caron, O. (1997). *Relation d'amplitude entre centre de gravité et centre des pressions en fonction de la fréquence pour estimer la performance en posturologie*. Thèse. Grenoble : Université Joseph Fourier.
13. Cavanagh, P. R. et Lafortune, M. (1980). *Ground Reaction Forces in Distance Running*. J. of Biomech. 13, pp. 397-406.
14. Cavanagh, P. R. (1987). *The Biomechanics of Lower Extremity Action in Distance Running*. Foot and Ankle 7, pp. 197-217.

15. Cavanagh, P. R. (1990). *Biomechanics of Distance Running*. Human Kinetics Publishers, 362 pp.

16. Challis, R. E. et Kitney, R. I. (1991). *Biomedical Signal Processing*. Part 2 : The Frequency Transforms and their Inter-Relationships. Med. and Biol. Eng. and Comput. 29, pp. 1-17.

17. Clark, T. E., Frederick, E. C. et Hamil, C. L. (1984). *The Study of Rearfoot Movement in Running*. Dans E. C. Frederick (Editeur), Sport Shoes and Playing Surfaces. Human Kinetics Publishers, pp. 166-189.

18. Clement, D. B., Tauton, J. E. Smart, G. W. et McNicol K. L. (1981). *A Survey of Overuse Running Injuries*. Physician Sports Medecine, 9, pp. 47-58.

19. Counsilman, J.E. (1971) The applications of Bernoulli's principle to human propulsion in water. In L. Lewillie and J.P. Clarys (eds.), Biomechanics of Swimming, Brussels : Université libre de Bruxelles, 59-72.

20. Dainty, D. A. et Norman, R. W. (1987). *Standardizing Biomechanical Testing in Sports*. Human Kinetics Publishers Inc., 148 pp.

21. Demeny, G. (1909). *Mécanisme et éducation des mouvements*. Reproduit en 1993 par Éditions Revue E.P.S., Paris, France.

22. Dempster, W. T. (1955). *Space Requirements of the Seated Operator*. WADC Technical Report, 55-159, Wright-Patterson Air Force Base, OH, pp. 1-253.

23. Denoth, J. (1986) *Load on the Locomotor System and Modelling*. Dans Biomechanics of Running Shoes, Nigg, B. M., (editor). Human Kinetics Publishers, pp. 63 -116.

24. Doeblin, E. O. (1975). *Measurement Systems. Application and Design*. McGraw-Hill Book Co.

25. Dorier, J.-L. (1996). *Archimède et la géométrie appliquée*. Édition du Sorbier, 31 pp.

26. Drouin, G., Thiry, P. S. et Allard, P. (1980). *Introduction à la biomécanique moderne, ses fondements et ses apllications*. L'Ingénieur, mars-avril, pp. 23-32.

27. Duboy, J., Junqua, A. et Lacouture, P. (1994). *Mécanique humaine*. Édition Revue APS, 11 du Tremblay, 75012, Paris.

28. Durey. A. (1997). *Physique pour les sciences du sport*. Masson, 248 pp.

29. Encyclopædia Britanica. (1987). *The New Encyclopædia Britanica*.

30. Enoka, R. M. (1988). *Neuromechanical Basis of Kinesiology*. Human Kinetics, 366 pp.

31. Frederick, E. C., Clark, T. E. et Hamil, C. L. (1984). *The Effect of Running Shoe Design on Shock Attenuation*. Dans E. C. Frederick (Ed.), Sport Shoes and Playing Surfaces. Human Kinetics Publishers, pp. 190-198.
32. Girard, S. (1979). *Explorer les sciences de la nature*. Dessain et Tolra, Paris.
33. Gordon J. E. (1994). *Structures et matériaux*. Pour la science. Diffusion Belin, 213 pp.
34. Hatze, H. (1980). *A Mathematical Model for the Computational Determination of Parameter Values of Anthropomorphic Segments*. J. of Biomechanics 13, pp. 833-843.
35. Inman, V, T, Ralston, H. J. et Todd, F. (1981). *Human Walking*. Williams and Wilkins, 154 pp.
36. James, S. L. et Jones, D. C. (1990). *Biomechanical Aspects of Distance Running Injuries*. Dans Biomechanics of Distance Running, Canavagh, P. R. Human Kinetics Books, pp. 249-270.
37. Janisse, D. J. (1992). *The Art ans Science of Fitting Shoes*. Foot and Ankle, 13, pp. 257-262.
38. Jensen, R. K. and Nassas, G. (1988). *Growth of Segment Principal Moments of Inertia between Four and Twenty Years*. Medicine and Science in Sports and Exercise 20, pp. 594-604.
39. Jensen, R. K. (1989). *Changes in Segment Inertia Proportions between 4 and 20 Years*. J. of Biomechanics 22, pp. 529-536.
40. Kreignbaum, E. K. et Smith, M. A. (1995). *Sport and fitness equipment design*. Human Kinetics, 218 pp.
41. Lambert, G. (1978) *Haltérophilie, le guide du spécialiste*. Éditions Vigot.
42. Lamontagne, M. (1989). *Introduction à la biomécanique*. Département de kinanthropologie. Université d'Ottawa, Ottawa, Ontario.
43. Larousse. (1989). *Grand Larousse Universel*.
44. Lavigne, A. et Noviel, D. (1975). *Traité théorique et pratique de la semelle orthopédique*. Scerdes.
45. Macaulay, D. et Ardley, N. (1989). *Comment ça marche*. Larousse, 383 pp.
46. MacMellan, G. E. (1984). *Skeletal Heel Strike Transients, Measurement, Implications, and Modification by Footwear*. Dans E. C. Frederick (Editeur), Sport Shoes and Playing Surfaces. Human Kinetics Publishers, pp. 76-86.
47. Miller, D. I. (1990). *Ground Reaction Forces in Distance Running*. Dans Biomechanics of Distance Running (Cavagna, P. R. ed.). Human kinetics Publishers, pp. 203-224.

48. Nigg, B. M. (1986a). *Biomechanical Aspects of Running.* Dans Biomechanics of Running Shoes, Nigg, B. M., éditeur. Human Kinetics Publishers, pp. 1-25.

49. Nigg, B.M. (1986b). *Experimental Techniques Used in Running Shoe Research*. Dans Biomechanics of Running Shoes, Nigg, B. M., éditeur. Human Kinetics Publishers, pp. 27-61.

50. Nigg, B. M., Bahlsen, A. H. Denoth, J. Luethi, S. M. et Stacoff, A. (1986). *Factors Influencing Kinetic and Kinematic Variables in Running*. Dans Biomechanics of Running Shoes, Nigg, B. M., éditeur. Human Kinetics Publishers, pp. 1-25.

51. Nigg, B. M., Denoth, J., Kerr, B., Luethi, S., Smith, D. et Stacoff, A. (1984). *Load Sport Shoes and Playing Surfaces*. Dans E. C. Frederick (Editeur), Sport Shoes and Playing Surfaces. Human Kinetics Publishers, pp. 1-23.

52. Parker, S. (1992). *Galilée et l'univers*. Édition le Sorbier, 32.

53. Pearsall, D. J. et Reid, G. (1994). *The study of human body segment parameters in biomechanics*. Sports Med. 18, pp. 126-140.

54. Perkins, P. J. et Whittaker, R. E. (1984). *Improving the Wear Performance of Sports Footware*. Dans Biomechanical Aspects of Sport Shoes and Playing Surfaces, editeurs: Nigg, B. M. et Kerr, B. A. Actes du International Symposium on Biomechanical Aspects of Sport Shoes and Playing Surfaces, pp. 177-184.

55. Perry, J. et Hislop, H. L. (1967). *Principles of Lower Extremity Bracing. American Physical Therapy Association*, Washington, DC, U.S.A., 96 pp.

56. Plaghenhoef S. (1971). *Patterns of Human Motion: A Cinematographic Analysis*, Englewood Cliffs, N. J., Prentice-Hall.

57. Prost, R. (1982). *Le saut en longueur*. Traité d'athlétisme: les sauts (éditeurs: Houvion, M., Prost, R. et Peyloz, R.) Vigot Frères, pp. 125-176.

58. Quaine, F. (1996). *Analyse statique et dynamique de la posture en quadrupédie verticale*. Thèse. Grenoble : Université Joseph Fourier.

69. Robert (1977). *Dictionnaire universel alphabétique et analogique des noms propres*. Le Robert, 107, avenue Parmentier.

60. Sears, F. W. and Semansky, M. W. (1970). *University Physics*. Addison Wesley publishing Co.

61. Schleihauf, R.E. (1979) A hydrodynamic analysis of swimming propulsion. *In* J. Terauds and E.W. Bedingfield (eds.), Swimming III, International Series on Sports Sciences, vol. 8, Baltimore : University Park Press, pp.70-109.

62. Silverstein, A., Silverstein, V. and Silverstein, R. (1994). *The Skeletal System*. Twenty-First century Books. 96 pp.

63. Stacoff, A. et Kaelin, X. (1983). *Pronation and Sport Shoe Design*. Dans Biomechanical Aspects of Sport Shoes and Playing Surfaces, éditeurs: Nigg, B. M. et Kerr, B. A. Actes du International Symposium on Biomechanical Aspects of Sport Shoes and Playing Surfaces, pp. 143-151.

64. Stacoff, A. et Luethi, S. M. (1986). *Special Aspects of Shoe Construction and Foot Anatomy*. Dans Biomechanics of Running Shoes, Nigg, B. M., éditeur. Human Kinetics Publishers, pp. 117-137.

65. Vaughan, C. L. (1984). *Biomechanics of Running Gait*. CRC Critical Reviews in Bioengineering, 2, pp. 1-48.

66. Vaughan, C. L., Davis, B. L. et O'Connor, J. C. (1992). *Dynamics of Human Gait*. Human Kinetics Publishers, 137 pp.

67. Wirhed, R. (1985). *Anatomie et science du geste sportif*. (Traduit par Default, J. et Audibert, J.). Éditions Vigot, 103 pp.

68. Winter, D. A. (1976). *The Locomotion Laboratory as a Clinical Assessment System*. Med. Progr. Technol., 4, pp. 96-106.

69. Winter, D. A. (1990). *Biomechanics and Motor Control of Human Movement*. John Wiley, 277 pp.

70. Winter, D. A. (1987). *The Biomechanics and Motor Control of Human Gait*. University of Waterloo Press, 72 pp.

71. Yamaghuci, G. T., Sawa, A. G.-U., Moran, D. W., Fessler, M. J. et Winters, J. M. (1990). A survey of human musculotendon actuator parameters. Dans Multiple muscle systems. *Biomechanics and movement organization*. Winters, J. M. et Woo, S. L.-Y. Springer-Verlag, pp. 717-774.

72. Zatsiorski, V., Seluyanov, V. et Chugunova, L. G. (1990). *Methods of Determining Mass-inertial Characteristics of Human Body Segments*. Dans Contempory Problems of Biomechanics (Chernyi, G. G. et Regirer, S. A., éditeurs) CRC Press, pp. 272-291.

INDEX

A

B

C

D

E

F

Q

R

S

T

U

V

W

Y